高等学校

测绘工程专业核心课程规划教材

卫星导航定位原理

黄丁发　张勤　张小红　周乐韬　编著

图书在版编目(CIP)数据

卫星导航定位原理/黄丁发等编著.—武汉:武汉大学出版社,2015.1(2025.1 重印)
高等学校测绘工程专业核心课程规划教材
ISBN 978-7-307-14917-5

Ⅰ.卫… Ⅱ.黄… Ⅲ.卫星导航—全球定位系统—高等学校—教材 Ⅳ.①TN967.1 ②P228.4

中国版本图书馆 CIP 数据核字(2014)第 275337 号

责任编辑:黄汉平　　责任校对:汪欣怡　　版式设计:马 佳

出版发行:**武汉大学出版社**　(430072 武昌 珞珈山)
(电子邮箱:cbs22@ whu.edu.cn 网址:www.wdp.com.cn)
印刷:武汉中科兴业印务有限公司
开本:787×1092 1/16　印张:18.75　字数:449 千字　插页:1
版次:2015 年 1 月第 1 版　2025 年 1 月第 6 次印刷
ISBN 978-7-307-14917-5　定价:38.00 元

高等学校测绘工程专业核心课程规划教材
编审委员会

序

根据《教育部财政部关于实施“高等学校本科教学质量与教学改革工程”的意见》中“专业结构调整与专业认证”项目的安排，教育部高教司委托有关科类教学指导委员会开展各专业参考规范的研制工作。我们测绘学科教学指导委员会受委托研制测绘工程专业参考规范。

专业规范是国家教学质量标准的一种表现形式，并是国家对本科教学质量的最低要求，它规定了本科学生应该学习的基本理论、基本知识、基本技能。为此，测绘学科教学指导委员会从2007年开始，组织12所有测绘工程专业的高校建立了专门的课题组开展“测绘工程专业规范及基础课程教学基本要求”的研制工作。课题组根据教育部开展专业规范研制工作的基本要求和当代测绘学科正向信息化测绘与地理空间信息学跨越发展的趋势以及经济社会的需求，综合各高校测绘工程专业的办学特点，确定专业规范的基本内容，并落实由武汉大学测绘学院组织教师对专业规范进行细化，形成初稿。然后多次提交给教指委全体委员会、各高校测绘学院院长论坛以及相关行业代表广泛征求意见，最后定稿。测绘工程专业规范对专业的培养目标和规格、专业教育内容和课程体系设置、专业的教学条件进行了详尽的论述，提出了基本要求。与此同时，测绘学科教学指导委员会以专业规范研制工作作为推动教学内容和课程体系改革的切入点，在测绘工程专业规范定稿的基础上，对测绘工程专业9门核心专业基础课程和8门专业课程的教材进行规划，并确定为“教育部高等学校测绘学科教学指导委员会规划教材”。目的是科学统一规划，整合优秀教学资源，避免重复建设。

2009年，教指委成立“测绘学科专业规范核心课程规划教材编审委员会”，制订“测绘学科专业规范核心课程规划教材建设实施办法”，组织遴选“高等学校测绘工程专业核心课程规划教材”主编单位和人员，审定规划教材的编写大纲和编写计划。教材的编写过程实行主编负责制。对主编要求至少讲授该课程5年以上，并具备一定的科研能力和教材编写经验，原则上要具有教授职称。教材的内容除要求符合“测绘工程专业规范”对人才培养的基本要求外，还要充分体现测绘学科的新发展、新技术、新要求，要考虑学科之间的交叉与融合，减少陈旧的内容。根据课程的教学需要，适当增加实践教学内容。经过一年的认真研讨和交流，最终确定了这17门教材的基本教学内容和编写大纲。

为保证教材的顺利出版和出版质量，测绘学科教学指导委员会委托武汉大学出版社全权负责本次规划教材的出版和发行，使用统一的丛书名、封面和版式设计。武汉大学出版社对教材编写与评审工作提供必要的经费资助，对本次规划教材实行选题优先的原则，并根据教学需要在出版周期及出版质量上予以保证。广州中海达卫星导航技术股份有限公司对教材的出版给予了一定的支持。

目前，“高等学校测绘工程专业核心课程规划教材”编写工作已经陆续完成，经审查合格将由武汉大学出版社相继出版。相信这批教材的出版应用必将提升我国测绘工程专业的整体教学质量，极大地满足测绘本科专业人才培养的实际要求，为各高校培养测绘领域创新性基础理论研究和专业化工程技术人才奠定坚实的基础。

宁津生

二○一二年五月十八日

前　言

卫星导航定位原理是测绘类本科专业的一门核心专业基础课程，随着导航卫星系统(GNSS)的快速发展，特别是我国北斗导航卫星系统的日益成熟，目前已形成GPS、GLONASS、北斗和Galileo四大系统的局面。GNSS以全新的姿态、广泛的应用前景吸引着全世界的关注，多模互用成为卫星导航定位的发展方向。

为了满足测绘和地理信息类专业教学的要求，教育部高等学校测绘学科教学指导委员会在全国范围内组织出版一批核心教材。本书作为卫星导航定位课程的核心教材，由高等学校测绘学科教学指导委员会确定主编，并审定教材编写大纲和目录。为了满足GNSS卫星导航定位技术发展的需要，在编者原有GPS讲义/教材的基础上，增加北斗、GLONASS、Galileo等的内容，系统地介绍GNSS卫星导航定位的基本理论和最新进展。本书凝结了来自数所大学长期在教学第一线教师的经验，结合多年的教学实践和科学研究经历，理论与实际应用相结合，详细地论述了GNSS的基本原理。全书共分10章，内容包括：全球导航卫星系统概论，坐标与时间系统，卫星信号结构，卫星轨道运动，基本观测值与误差分析，单点(绝对)定位原理，差分(相对)定位原理，基线数据处理模型，控制网建网与网平差，参考站网络系统等。

本书由黄丁发负责大纲的起草、全书修订与统稿。从构思到编写，得到了教育部高等学校测绘学科教学指导委员会专家的指导；编审委员会成员对编写大纲和内容的制订提出了非常好的建设性意见与建议。本书由西南交通大学黄丁发教授、周乐韬副教授(第1章，第7章部分，8，9，10章)，长安大学张勤教授、王利副教授(第2，3，4章)，武汉大学张小红教授(第5，6章，第7章部分)等具体负责编写。参加本书修编的还有西南交通大学冯威和龚晓颖老师。博士研究生李萌、张熙、朱东伟、熊菠林等对本书进行了编辑和校对。另外，在大纲编写及讨论过程中，同济大学沈云中教授、西南交通大学熊永良教授、中国地质大学胡友健教授、河海大学何秀凤教授、昆明理工大学方源敏教授、北京建筑大学罗德安教授、成都理工大学余代俊教授以及西南科技大学李玉宝教授等专家提出了很多宝贵的意见和建议。特别感谢武汉大学出版社王金龙先生对本书出版所付出的大量工作，在此一并表示衷心的感谢！

GNSS卫星导航定位理论与方法的发展日新月异，编者虽力求系统而全面，但书中错误与不妥之处在所难免，恳切希望得到同行专家、学者及广大读者的批评指正。

编　者

2014年8月

前言

目　录

第1章　全球导航卫星系统概论

全球导航卫星系统(Global Navigation Satellite System，GNSS)属于无线电定位系统，主要包括：美国的GPS系统(Global Positioning System，GPS)，俄罗斯的GLONASS系统，中国的北斗系统(BeiDou Navigation Satellite System，BDS)，以及欧盟正在建设的GALILEO系统。这些导航卫星系统在系统组成和定位原理方面大同小异。目前GPS应用最广，全球用户最多，并已广泛应用于诸多领域，因此GPS就成了GNSS的典型代表。为了更好地理解全球导航卫星系统，本章首先介绍卫星无线电定位的基本方法，然后介绍导航卫星定位系统的发展历程、系统结构、卫星信号，及其现代化计划等。

1.1　无线电定位的基本方法

无线电定位技术几乎同步用于导航和通信。最早的船只或飞机导航，通过定向天线量测到两个以上的无线电信标的方位来实现。无线电导航系统自第二次世界大战以来发展迅速，较有代表性的无线电导航系统有：伏加、塔康、仪表着陆系统，微波着陆系统等。这些陆基、短距离、视线系统只提供二维(平面)位置服务，能满足陆地或海上导航。但在众多应用领域需要三维位置服务，如：航空导航、勘测测绘、地图制图等领域；传统的测量技术手段将平面与高程分开处理。如今，利用导航卫星系统便可实现实时、高精度的三维定位。本章首先简要介绍无线电定位的三种方法，即测边交会定位、双曲线定位和多普勒定位，这些基本的方法实际上构成了卫星导航定位的基本原理。

1.1.1　测边交会定位

测边交会法，采用到达时间(Time of Arrival，TOA)方式，即利用测量待测点到多个已知点之间的距离，求得待测点坐标的方法。假定无线电波以恒定速度(光速 C)在空间传播，若测出信号发射台(S_i)和信号接收台(P)之间的传输时间为 τ，则可得到发射台和待测点之间的真实距离 $R = C\tau$。如图1.1所示，如果待测点 P 到已知点 S_1、S_2、S_3 的真实距离为 R_1、R_2、R_3，那么待测点的位置必定在以 S_i 为圆心，R_i 为半径的三个球面相交的位置点 P 上，这就是待测点的位置，也是测边交会法的几何原理。GPS、GLONASS和GALILEO等导航卫星定位系统的定位原理就是依据测边交会法建立

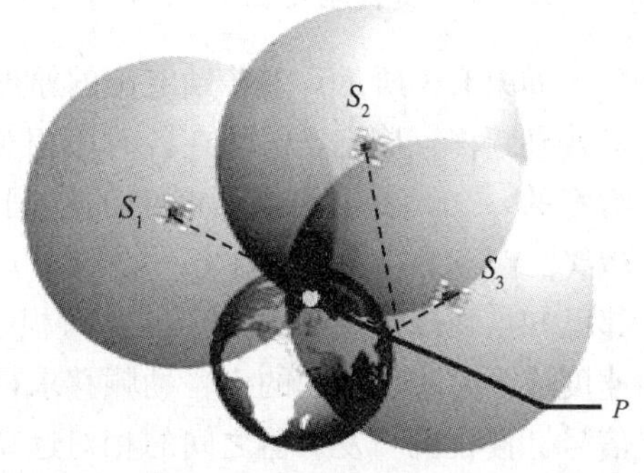

图1.1　测边交会定位原理

的，而这个已知点就是卫星，待测点 P 就是接收机天线相位中心的位置。

$$R_i = \sqrt{(x^i - x)^2 + (y^i - y)^2 + (z^i - z)^2},\ i = 1,\ 2,\ 3,\ \cdots \tag{1.1}$$

可见，只要对三个已知点 S_i 测量距离 R_i，联立这样三个方程就可以解算出待定点 P 的坐标。

1.1.2　双曲线定位

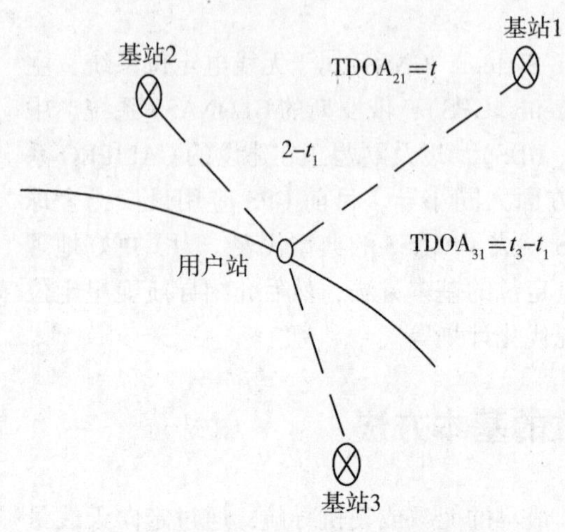

图1.2　双曲线定位原理

双曲线定位，采用 Time Difference Of Arrival（TDOA）的方式，其原理是通过测量无线电波到达两个基站的时间差来测定待测点的坐标。待测点必须位于以两个基站为焦点的双曲线上，确定待测点的二维位置坐标需要建立两个以上双曲线方程，两条双曲线的交点即为待测点的二维位置坐标。

如图1.2所示，在平面上，用户站到基站的距离差和基站之间的距离决定一条双曲线。同样，可以得到用户站与其他两个基站决定的另一条双曲线，用户站的位置同时处于这两条双曲线上，所以用户站的位置必定为这两条双曲线的交点。设 $(x,\ y)$ 为待测点的待估坐标，$(X_i,\ Y_i)$ 为第 $i(i = 1,\ 2,\ 3)$ 个基站的已知位置，则待测点和第 i 个基站之间距离为：

$$R_i = \sqrt{(X_i - x)^2 + (Y_i - y)^2} \tag{1.2}$$

那么测量的距离差为：

$$R_{21} = ct_{21} = R_2 - R_1 = \sqrt{(X_2 - x)^2 + (Y_2 - y)^2} - \sqrt{(X_1 - x)^2 + (Y_1 - y)^2} \tag{1.3}$$

$$R_{31} = ct_{31} = R_3 - R_1 = \sqrt{(X_3 - x)^2 + (Y_3 - y)^2} - \sqrt{(X_1 - x)^2 + (Y_1 - y)^2} \tag{1.4}$$

对以上方程组进行求解，即可得到用户站的坐标$(x,\ y)$。利用双曲线原理建立的无线电导航系统有罗兰A、罗兰C、台卡和奥米伽等。

1.1.3　多普勒定位

如图1.3所示，多普勒定位的原理是通过测定同一信号发射源在不同间隔时段信号的多普勒频移，确定发射源在各时段相对于观察者的视向速度和视向位移，再利用发射源所给定的 t_1，t_2，t_3，t_4，$\cdots$ 时刻的空间坐标，结合对应的视向位移，解算测站空间坐标 $P(X,\ Y,\ Z)$。发射源在 t_1，t_2，t_3，t_4，$\cdots$ 时刻的坐标是已知的，视向位移为任意两个相邻已知点到待定点 P 的距离差，可根据发射源经过期间，发射源和观测点 P 之间的相对速度或距离改变引起的多普勒频移求得。设信号的发射频率为 f，观测点信号接收机跟踪信号，接收机与发射器之间的相对运动 $\mathrm{d}s/\mathrm{d}t$ 产生的接收频率 $f_s(t)$ 随时间变化的关系为：

$$f_s(t) = f\left(1 - \frac{1}{c} \cdot \frac{\mathrm{d}s}{\mathrm{d}t}\right) \tag{1.5}$$

这就是多普勒效应。给定时间间隔(t_j, t_k)观测到的频移，通过积分转换为距离差值 Δr_P^{jk} 。与此相关的观测方程为：

$$\Delta r_P^{jk} = \int_{t_j}^{t_k} [f - f_s(t)] \mathrm{d}t$$

$$\| \vec{r}^k - \vec{r}_P \| - \| \vec{r}^j - \vec{r}_P \| = \Delta r_P^{jk} \quad (1.6)$$

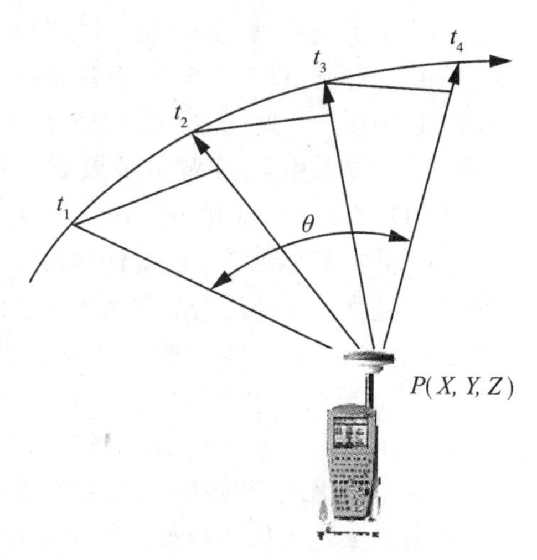

图 1.3 多普勒定位原理

从数学上我们知道，一个动点 P 到两定点的距离差为一定值时，该动点 P 的轨迹处在一旋转双曲面上，这两个定点就是该双曲面的焦点。于是以卫星所在的 t_1，t_2，t_3，t_4，… 任意两个相邻已知定点作焦点，未知点 P 作动点构成对应的四个特定的旋转双曲面。其中，两个双曲面相交为一曲线(P 点必在该曲线上)，曲线与第三个双曲面相交于两点(其中一点必为 P 点)，第四个双曲面必与其中一点相交，该点就是待定点 P 点。因此，要解算 P 点的三维坐标，必须对同一发射器有四个积分间隔时段的观测，得出发射器在四个时段的视向位移，从而获得四个旋转双曲面，它们的公共交点就是待定点 $P(x, y, z)$ 。

利用多普勒定位定位原理的导航定位系统有 TANSIT 子午卫星系统、星载多普勒无线电定轨定位系统。

1.2 GPS 系统

1957 年 10 月世界上第一颗卫星发射成功后，科学家开始着手进行卫星定位和导航的研究工作。1958 年底，美国海军武器实验室委托霍普金斯大学应用物理实验室，研究美军用于舰艇导航服务的卫星系统，即海军导航卫星系统(Navy Navigation Satellite System, NNSS)。这一系统于 1964 年 1 月研制成功，成为世界上第一个卫星导航系统。由于该系统的卫星轨道均通过地极，因此又称为“子午卫星系统”(Transit)。利用该卫星定位系统，不论在地球表面任何地方，任何气候条件下，一小时内均能测定其位置，其定位精度根据卫星通过的观测次数可高可低(1 ~ 500m)。

子午卫星系统(Transit)是世界上第一个导航卫星系统。该系统在美国海军授权下，用于北极星核潜艇的导航定位，并逐步用于各种水面舰艇的导航定位。1967 年 7 月，经美国政府批准，对其广播星历解密，并提供民用，为远洋船舶导航和海上定位服务。

Transit 系统采用 6 颗工作卫星，主要参数：卫星高度：1000km；卫星的运行周期：107 分钟；定位精度：1 ~ 500m。

该系统存在着较大缺陷，如：卫星数目少，可供观测的时间短，因此观测所需等待卫星的时间偏长(35 ~ 100 分钟)，如高精度定位要达到 1m，需有效观测 40 次以上卫星通过(数天)，且需精密星历等。这些都无法满足实时动态、高精度的定位需求。

20世纪60年代末，美国着手研制新的导航卫星系统，以满足军用和民用部门对导航的要求。为此美国海军提出了名为"Timation"的计划，该计划采用12~18颗卫星组成全球定位网，并于1967年5月31日和1969年9月30日分别发射了Timation-1和Timation-2两颗试验卫星。与此同时，美国空军提出了名为"621-B"的计划，采用3~4个星群覆盖全球，每个星群由4~5颗卫星组成。考虑到这两个计划的优缺点以及军费负担等原因，1973年12月17日美国国防部批准了建立新的导航卫星定位系统计划，为此成立了联合计划局，并在洛杉矶空军航空处内设立了由美国陆军、海军、海军陆战队、国防制图局、交通部、北大西洋公约组织和澳大利亚的代表组成的办事机构，开始进行系统的研究和论证工作。1978年第一颗试验卫星发射成功，1994年顺利完成24颗卫星的布设。这就是"导航卫星授时与测距全球定位系统"(Navigation Satellite Timing and Ranging Global Positioning System，NAVSTAR GPS)，简称全球定位系统(GPS)。

GPS不仅集成了以前所有的单用途卫星系统，并且致力于更广泛的用途。该系统具有比其他导航系统优越的特点：①全能性：能在空中、海洋、陆地等全球范围内导航、授时、定位及测速；②全球性：在全球的任何地点都可进行定位；③全天候：一天24小时都可以工作。

GPS计划实施共分三个阶段：

第一阶段为方案论证和初步设计阶段：从1973年到1979年，共发射了4颗试验卫星，研制了地面接收机及建立地面跟踪网，从硬件和软件上进行了试验。试验结果令人满意。

第二阶段为全面研制和试验阶段：从1979年到1984年，又陆续发射了7颗试验卫星。这一阶段的卫星称为Block Ⅰ卫星。与此同时，研制了各种用途的接收机，主要是导航型接收机，同时测地型接收机也相继问世。试验表明，GPS的定位精度远远超过设计标准。利用粗码的定位精度几乎提高了一个数量级，达到14m。由此证明，GPS计划是成功的。

第三阶段为实用组网阶段：1989年2月4日第一颗GPS工作卫星发射成功，宣告了GPS系统进入工程建设阶段。这种工作卫星称为Block Ⅱ和Block ⅡA卫星。这两组卫星的差别是：Block ⅡA卫星增强了军事应用功能，扩大了数据存储容量；Block Ⅱ卫星只能存储供14天用的导航电文(每天更新三次)；而Block ⅡA卫星能存储供180天用的导航电文，确保在特殊情况下使用GPS卫星。实用的GPS星座包括21颗工作卫星和3颗备用卫星，今后将根据情况需要，适时更换失效的卫星。

实践证明：GPS对人类活动影响极大，应用价值极高，因此得到美国政府和军队的高度重视，甚至不惜投资300亿美元来建立这一工程，成为继阿波罗登月计划和航天飞机计划之后的第三项庞大空间计划。该工程从根本上解决了人类在地球上的导航和定位问题，可以满足各种不同用户的需要。对舰船而言，它能在海上协同作战、海上交通管制、海洋测量、石油勘探、海洋捕鱼、浮标建立、管道和电缆铺设、海岛暗礁定位、海轮进出港引航等方面作出贡献。对飞机而言，它可以对飞机进场着陆、航线导航、空中加油、武器准确投掷及空中交通管制等方面进行服务。在陆地上，可用于各种车辆、坦克、陆军部队、炮兵、空降兵和步兵等的定位。在空间技术的应用方面，可以用于弹道导弹的引导和定位、空间飞行器的精密定轨等。总之，GPS系统的建立，给导航和定位技术带来了巨大的变革。

全球定位系统(GPS)利用卫星发射无线电信号进行导航定位，具有全球、全天候、高精度、快速实时的三维导航、定位、测速和授时功能。目前，已广泛应用于大地测量、工程测量、运载工具导航和管制、地壳运动监测、工程变形监测、资源勘察、地球动力学等多学科领域，从而给测绘学科带来了一场深刻的技术变革。

1.2.1 系统组成

GPS 定位系统主要由空间部分(GPS 卫星星座)、地面控制部分(监控跟踪系统)、用户接收机等三部分组成。

1. 空间部分

GPS 的空间部分由 24 颗 GPS 工作卫星和 3 颗备用卫星所组成，这些工作卫星共同组成了 GPS 卫星星座，如图 1.4 所示。这 24 颗卫星分布在 6 个倾角为 55°的轨道上绕地球运行，卫星的运行周期约为 12 恒星时。每颗 GPS 工作卫星都发射用于导航定位的信号，GPS 用户正是利用这些信号来进行工作。

2. 地面控制部分

地面监控部分由监测站、主控站和注入站组成。监测站的作用是跟踪 GPS 卫星，提供原始观测数据。每个监测站上都有 GPS 接收机对所见卫星进行观测，采集环境要素等数据，经初步处理后上传到主控站。主控站收集各个监测站的 GPS 观测信息，对卫星进行轨道确定，并生成每颗卫星的星历(包括时钟改正量、状态数据以及信号的大气层传播改正)，再按一定的格式编制成导航电文，上传到注入站。此外主控站还控制和监视其余站的工作情况并管理调度 GPS 卫星。注入站用于地面与卫星进行数据通信，它使用 S 波段的通信链路将主控站上传的导航电文注入相应的 GPS 卫星中，再通过 GPS 卫星将导航电文广播给地面上的广大用户。当前，GPS 地面监控部分包括 2 个主控站，16 个监测站和 12 个注入站，均由美国军方所控制，如图 1.5 所示。

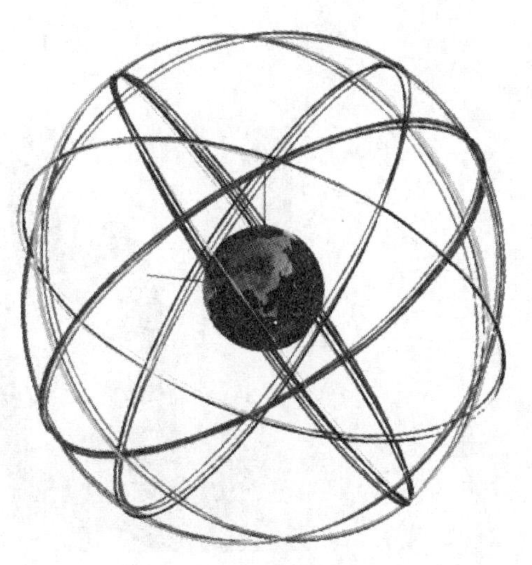

图 1.4 GPS 卫星星座

3. 用户部分

GPS 的用户部分由 GPS 接收机、数据处理软件及相应的用户设备，如图 1.6 所示。它的作用是接收 GPS 卫星所发出的信号，利用这些信号进行导航定位工作。

以上这三个部分共同组成了一个完整的 GPS 系统。

1.2.2 系统特点

GPS 导航定位以其高精度、全天候、高效率、多功能、操作简便、应用广泛等特点著称。

图 1.5　GPS 地面监控部分

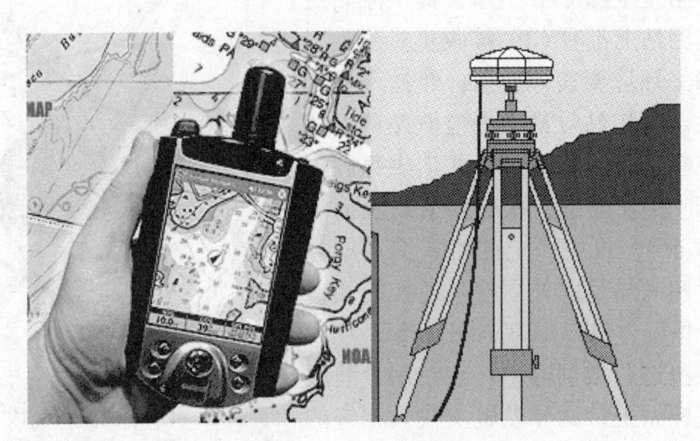

图 1.6　GPS 接收机

1. 定位精度高

应用实践证明，GPS 相对定位精度在 50km 以内可达 10^{-6}，100 ~ 500km 可达 10^{-7}，1000km 以上可达 10^{-9}。在 300 ~ 1500m 精密工程测量中，1 小时以上观测的解其平面位置误差小于 1mm，与 ME-5000 电磁波测距仪测定的边长比较，其边长较差最大为 0.5mm，较差的中误差为 0.3mm。

2. 观测时间短

随着 GPS 系统的完善和软件的更新，目前 20km 内的相对静态定位，仅需 10 ~ 20 分钟；快速静态相对定位，当每个流动站与参考站相距在 15km 以内时，流动站观测时间只需 1 ~ 2 分钟；实时动态相对定位，流动站出发时初始化完成后，可实时定位，每站观测仅需一个历元的观测。

3. 测站间无需通视

GPS 测量不需要测站之间互相通视，只需测站上空开阔即可，因此可节省大量的造标费用。由于无需点间通视，点位位置可根据需要，可稀可密，使选点工作甚为灵活，也可省去经典大地网中的转点、过渡点的测量工作。

4. 可提供三维坐标

经典大地测量将平面与高程采用不同方法分别施测。GPS 可同时精确测定测站点的三维坐标。目前，GPS 测高可满足四等水准测量的应用需求。

5. 操作简便

随着 GPS 接收机不断改进，自动化程度越来越高；接收机的体积越来越小，重量越来越轻，极大地减轻了测量员的劳动强度，使野外工作变得轻松愉快。

6. 全天候作业

目前 GPS 观测可在一天 24 小时内的任何时候进行，不受白天黑夜、刮风、下雨下雪等气候的影响。

7. 功能多、应用广

GPS 系统不仅可用于测量、导航，还可用于测速、测时。测速的精度可达 0.1m/s，测时的精度可达几十毫微秒。其应用领域不断扩大。

1.2.3 系统的现代化计划

GPS 现代化计划的进程大体分为 3 个阶段。

GPS 现代化第 1 阶段：主要是发射改进型的 BLOCK II R-M 卫星，并新增 L2 民用信号(L2C)和 L1、L2 军用码信号(即 L1M、L2M)，这也代表着 GPS 现代化第一步的正式开始。BLOCK II R-M 型卫星的信号发射功率，不论在民用通道，还是军用通道上，都有很大提高。这一阶段以 2005 年 9 月 26 日第一颗 BLOCK II R-M 成功入轨运行开始，以 2009 年 8 月 17 日第 8 颗 BLOCK II R-M 卫星进入轨道为结束标志。

GPS 现代化第 2 阶段：主要是发射 BLOCK II F 卫星，该类卫星拥有 BLOCK II R-M 卫星的特点，同时还增设了 L5 第三民用频率。这一阶段自 2010 年 5 月 28 日第一颗 BLOCK II F 卫星进入轨道开始，截至 2014 年 8 月 2 日，共有 7 颗该类型卫星在轨运行。计划到 2020 年，GPS 系统应全部以 BLOCK II F 卫星运行，在轨 II F 卫星至少为 24+3 颗。

GPS 现代化第 3 阶段：主要是执行 GPS III 计划，发射 BLOCK III 卫星。美国计划于 2014 年发射第一颗 BLOCK III 卫星，并在今后共发射 36 颗 BLOCK III 卫星，以取代目前的 BLOCK II 型卫星(GPS II)，其中包括几颗 BLOCK IIIA 卫星、8 颗 BLOCK IIIB 卫星和 16 颗 BLOCK IIIC 卫星，并计划在该类卫星上安装星载激光后向反射镜阵列，以便实现激光定轨。同时选择全新设计，计划整个卫星星座用 33 颗 BLOCK III 卫星构建成高椭圆轨道(HEO)和地球静止轨道(GEO)相结合的新型 GPS 混合星座。

1.3 GLONASS 系统

从 20 世纪 70 年代中期开始，前苏联在多普勒卫星系统 Tsikada 的基础上启动了 GLONASS 系统的开发。国有应用力学公司负责 GLONASS 系统的总体开发和实现，包括卫星、发射设施及相应控制系统的研究和制造等。俄罗斯的空间工业科学研究所和无线电导航空间时间研究所主要负责监测和控制。

GLONASS的目标与GPS大体一致，即在全球为多类型的用户提供全天候三维定位、速度测量和授时服务，该系统刚开始是一个军方系统，由军方负责运行，在1988年5月的未来航空导航专门委员会的会议上，有论文发布了GLONASS的技术细节，并且前苏联决定向全球免费提供GLONASS导航信号。1995年起，为了向国内民用和军方用户以及国外的民用用户提供服务，俄罗斯政府要求俄罗斯联邦国防部、俄罗斯联邦空间局和俄罗斯联邦交通部共同完成GLONASS系统的部署，并且从1995年开始系统的运行和全星座卫星补发。

1.3.1 系统概述

GLONASS是Global Navigation Satellite System的首字母的缩写，是由前苏联(现俄罗斯)国防部独立研制和控制的第二代军用卫星导航系统，该系统是全世界第二个全球导航卫星系统，项目从1976年开始运作，1982年，第一颗GLONASS卫星升空，1995年，全部卫星部署到位标志着系统建设完毕，但是，由于经济的崩溃，政府无力提供巨大的经费维持卫星的正常更换，到了2001年，在轨工作卫星仅剩七颗，同年，俄罗斯政府开始计划恢复并优化GLONASS，到2007年底在轨工作卫星增加到18颗，其中包括三颗现代化卫星GLONASS-M。到2011年达到系统全部可操作性能，包括24颗工作卫星，其中，包括现代化卫星GLONASS-M和下一代卫星GLONASS-K，如图1.7所示。

图1.7 GLONASS-M、GLONASS-K卫星

与美国的GPS相似，GLONASS也开设民用窗口。它可为全球海陆空以及近地空间的各种军、民用户全天候、连续地提供高精度的三维位置、三维速度和时间信息。GLONASS在定位、测速及定时精度上，则优于施加选择可用性(SA)之后的GPS，由于俄罗斯向国际民航和海事组织承诺将向全球用户提供民用导航服务，并于1990年5月和1991年4月两次公布GLONASS信号的接口控制文件，为GLONASS的广泛应用提供了方便。GLONASS的公开化，打破了美国对卫星导航独家经营的局面，既可为民间用户提供独立的导航服务，又可与GPS结合，提供更好的精度几何强度因子；同时也降低了美国政府利用GPS施以主权威

慑，给用户带来的后顾之忧，因此，引起了国际社会的广泛关注。

1.3.2 系统结构

系统由卫星星座、地面支持系统和用户设备三部分组成。

1. GLONASS 星座

GLONASS 星座由 21 颗工作星和 3 颗备份星组成，所以 GLONASS 星座共由 24 颗卫星组成。24 颗星均匀地分布在 3 个近圆形的轨道平面上，这三个轨道平面两两相隔 120 度，每个轨道面有 8 颗卫星，同平面内的卫星之间相隔 45 度，轨道高度 1.91 万公里，运行周期 11 小时 15 分，轨道倾角 64.8 度。如图 1.8 所示。

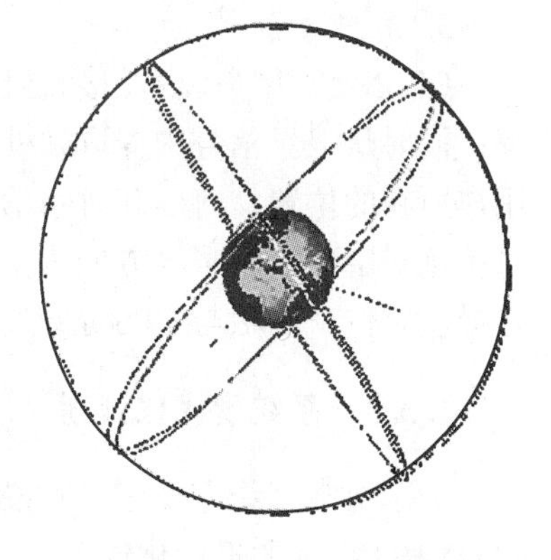

图 1.8　GLONASS 卫星轨道

GLONASS 的标准配置为 24 颗卫星，而 18 颗卫星就能保证该系统为俄罗斯境内用户提供全部服务。该系统卫星分为 GLONASS 和 GLONASS-M 两种类型，后者使用寿命更长，可达 7 年。下一代 GLONASS-K 卫星的在轨工作时间可长达 10 年至 12 年。

卫星每颗质量为 1400kg，约 3m 高，太阳能帆板展出宽度约为 17m，功率为 1600W。每颗卫星上都有铯原子钟以产生卫星上的高稳定时标，并向所有星载设备提供高稳定的同步信号。星载计算机对从地面控制部分接收到的专用信息进行处理，并生成导航电文向用户广播。

2. 地面支持系统

如图 1.9 所示，地面支持系统由系统控制中心、中央同步器、遥测遥控站(含激光跟

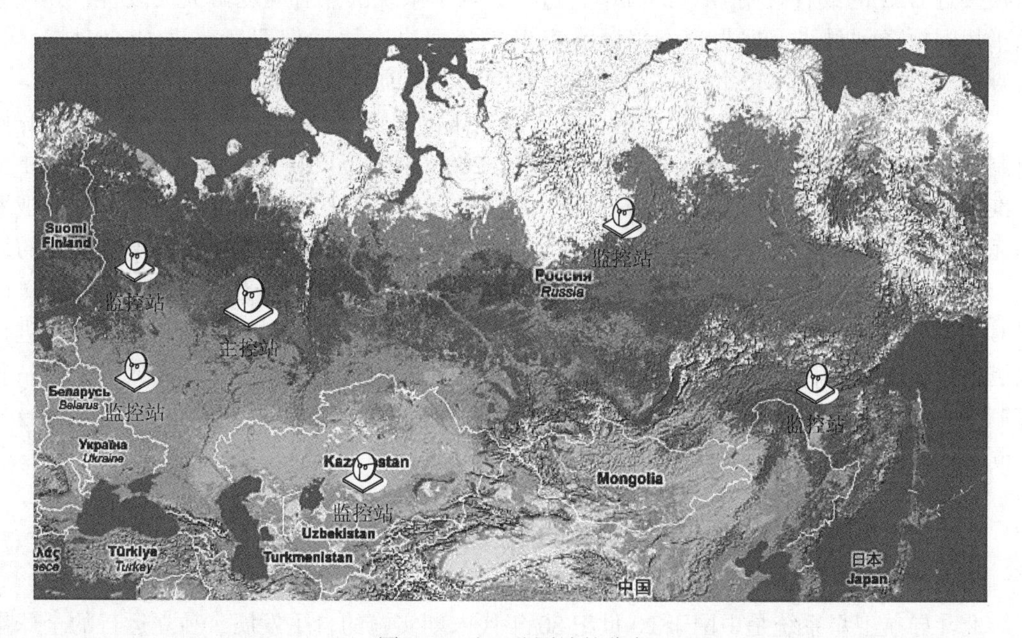

图 1.9　地面监测站的分布

踪站)和外场导航控制设备组成。地面支持系统的功能由前苏联境内的许多场地来完成。随着前苏联的解体，GLONASS系统由俄罗斯航天局管理，地面支持系统已经减少到只有俄罗斯境内的场地了，系统控制中心和中央同步处理器位于莫斯科，遥测遥控站位于圣彼得堡、捷尔诺波尔、埃尼谢斯克和共青城。

3. 用户设备

GLONASS用户设备(接收机)能接收卫星发射的导航信号，并测量其伪距和伪距变化率，同时从卫星信号中提取并处理导航电文。接收机处理器对上述数据进行处理并计算出用户所在的位置、速度和时间信息。GLONASS系统提供军用和民用两种服务。GLONASS系统绝对定位精度水平方向为16m，垂直方向为25m。目前，GLONASS系统的主要用途是导航定位，当然与GPS系统一样，也可以广泛应用于各类的定位、导航和时频领域等。

1.3.3 系统现代化计划

为了提高系统完全工作阶段的效率和精度性能、增强系统工作的完善性，已经开始了GLONASS系统的现代化计划。

首先，俄罗斯着手改善GLONASS与其他无线电系统的兼容性。GLONASS采用频分多址技术(FDMA)，其频段的高端频率与传统的射电天文频段(1610.6~1613.8MHz)重叠。另外国际电信联盟(ITU)在1992年召开的世界无线电管理会议上又决定将1016~1626.5MHz频段分配给低地球轨道(LEO)移动通信卫星使用，因此要求GLONASS改变频率，让出高端频率。1993年9月俄罗斯作出响应，决定在同一轨道面上相隔180°(即在地球相反两侧)的两颗卫星使用同一频道。于是，在仍保持频分多址的情况下，系统总频道数可减少一半，因而可让出高端频率。解决GLONASS信号与其他电子系统相互干扰的另外一种有效办法是使用码分多址(CDMA)，即所有卫星均采用相同的发射频率，该频率可以很接近GPS的或者就用GPS的频率。这样，两个系统的兼容问题可大大改善，并使某些干扰问题降到最小。据报道，美国洛克韦尔公司决定协助俄罗斯改进GLONASS，将GLONASS的频率改为GPS的频率，便于世界民用。此项计划将耗资470万美元。

俄罗斯计划发射下一代改进型卫星并形成未来的星座。从1990年起，俄罗斯就开始研制下一代改进型卫星，GLONASS-M型卫星。2003年12月10日，首颗GLONASS-M卫星准确入轨运行，以2013年4月26日又一颗GLONASS-M卫星开始入轨运行为止，俄罗斯完成了24颗M型卫星在轨运行的满星座运行计划。该类卫星改进了星载原子钟的质量，提高了频率的稳定度和系统的精度，更为重要的是其设计工作寿命可达7年，这对确保GLONASS空间星座维持21~24颗工作卫星至关重要。另外，对地面控制部分也将进行改进，包括改进控制中心、开发用于轨道监测和控制的现代化测量设备以及改进控制站和控制中心之间的通信设备。项目完成后，可使星历精度提高30%~40%，使导航信号相位同步的精度提高1~2倍(15ns)。

1.4 北斗导航卫星系统(BDS系统)

北斗导航卫星系统是中国于20世纪80年代末期实施的自主发展、独立运行的全球导航卫星系统。该系统已成功应用于测绘、电信、水利、渔业、交通运输、森林防火、减灾救灾和公共安全等诸多领域，产生显著的经济效益和社会效益。根据系统建设总体规划，2012 年，系统已经具备覆盖亚太地区的定位、导航和授时以及短报文通信服务能力；计划 2020 年左右，将建成覆盖全球的北斗导航卫星系统。(杨元喜 等，2014)

北斗导航卫星系统致力于向全球用户提供高质量的定位、导航和授时服务，包括开放服务和授权服务两种方式。开放服务是向全球免费提供定位、测速和授时服务，定位精度 10m，测速精度 0.2m/s，授时精度 10ns。授权服务是为有高精度、高可靠卫星导航需求的用户，提供定位、测速、授时和通信服务以及系统完好性信息。

1.4.1 系统概述

北斗双星导航卫星系统是中国第一代区域性导航卫星系统，可以为中国全境和周边部分邻国提供定位、导航、授时和简易通讯服务。该系统于 1988—1989 年，利用 2 颗通信卫星成功地进行了定位的原理试验。1993 年，我国进一步进行了双星定位系统的试验，从而奠定了全面建设北斗卫星试验系统的基础。1994 年，“北斗导航试验卫星”经过国家批准立项，全面启动了导航试验卫星系统建设工作，2000—2003 年，我国成功地发射了北斗双星导航卫星系统的三颗卫星(两颗工作卫星，一颗备用卫星)，组成了一个完整的区域性卫星导航定位系统，如图 1.10 所示(引自 www.junshi99.com/)。

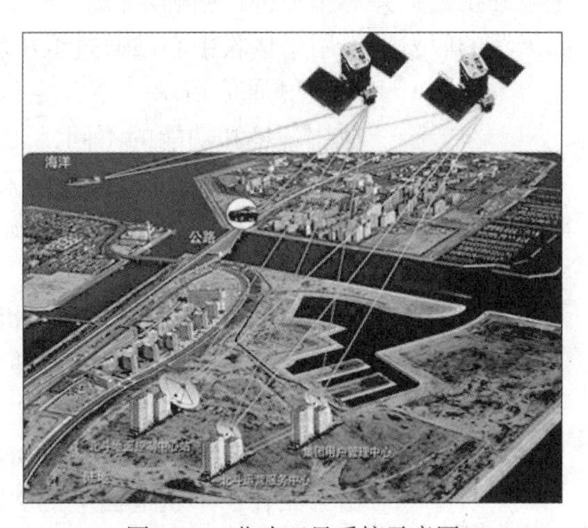

图 1.10 北斗双星系统示意图

这是我国第一代导航卫星系统，称为北斗一号，该系统与 GPS 和 GLONASS 不同，是一种有源导航(主动式)定位系统，即用户将接收到的信息发送给数据处理中心，由处理中心解算出用户的位置，再反馈给用户。早期，美国的 Geostar 系统和欧洲 Locstar 系统均属于有源导航系统。

根据国务院发布的《2006 年中国的航天》白皮书，北斗卫星定位系统已作为中国未来 5 年的五大航天科技工程之一列入国家航天事业的发展计划。我国计划陆续发射系列北斗导航卫星，将满足中国及周边地区用户对卫星导航系统的需求，并进行系统组网和试验，逐步扩展为全球导航卫星系统，称为北斗导航卫星系统(北斗二号)。根据现有资料，新的北斗导航卫星系统的空间段由 5 颗静止轨道卫星和 30 颗非静止轨道卫星组成，提供开放服务和授权服务两种服务方式。开放服务定位精度为10m，授时精度为50ns，测速精度0.2m/s。授权服务向授权用户提供更精确和具完好性的定位、测速、授时和通信服务。

1.4.2 系统组成

北斗双星导航系统主要由空间部分、地面中心控制系统和用户终端3个部分组成。

空间部分由轨道高度为36 000 km的两颗工作卫星和一颗备用卫星组成(一个轨道平面)，其坐标分别为：(80℃，0°，36000km)、(110.5℃，0°，36000km)、(140℃，0°，36000km)，如图1.11所示。卫星不发射导航电文，也不配备高精度的原子钟，只是用于在地面中心站与用户之间进行双向信号中继。卫星电波能覆盖地球表面42%的面积，其覆盖的经度范围为100°，纬度为-81°~81°。

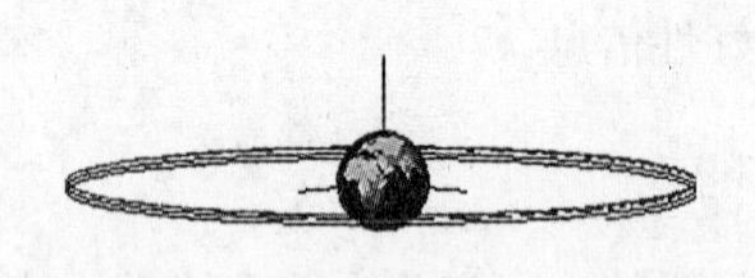

图1.11 北斗双星导航系统卫星轨道

地面中心控制系统是北斗双星导航系统的中枢，包括1个配有电子高程图的地面中心站、地面网管中心、测轨站、测高站和数十个分布在全国各地的地面参考标校站。主要用于对卫星定位、测轨，调整卫星运行轨道、姿态，控制卫星的工作，测量和收集校正导航定位参量，以形成用户定位修正数据并对用户进行精确定位。

用户终端为带有定向天线的收发器，用于接收中心站通过卫星转发来的信号和向中心站发射通信请求，不含定位解算处理功能。根据应用环境和功能的不同，北斗用户机分为普通型、通信型、授时型、指挥型和多模型用户机5种，其中，指挥型用户机又可分为一级、二级、三级3个等级。

时间系统采用UTC(世界协调时)，精度为1μs。坐标系统采用1954年北京坐标系和1985年中国国家高程系统。

北斗导航卫星系统(BDS)，即北斗二代，将由分布在3个轨道面上的27颗中等高度轨道卫星(MEO)、3颗分布在3个轨道面上的倾斜轨道卫星(IGSO)和分布在一个赤道面上的5颗地球同步卫星(GEO)构成。在非静止轨道上，轨道的倾角为56°，如图1.12所示。

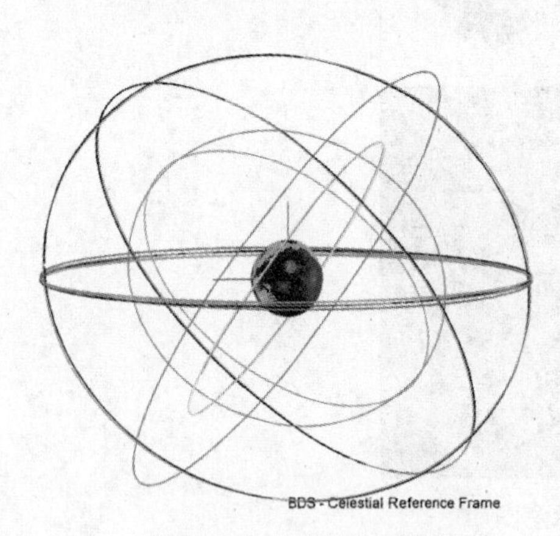

图1.12 北斗导航卫星轨道

1.4.3 系统服务

北斗双星导航定位系统提供四种基本的定位和通信服务，分别是：

(1)为特许用户进行导航定位服务。在部署了校准点的区域，若向系统提供精确的大地高信息，系统水平定位精度能达到20~100m，服务区域为70°~145°E，5°~55°N。涵盖了中国全境、西太平洋海域、日本、菲律宾、印度、蒙古、东南亚等周边国家和地区。

(2)转播GPS和GLONASS系统的精度改正信息和完好性信息。在这种工作模式下，用户仅需要无源接收系统信号、GPS 和 GLONASS 信号。

(3)双向报文信息服务。系统能够为民用用户提供报文服务。在文字模式下可收发 120 个汉字以内的短信息，在数据模式下可达到 480 个数字字符。

(4)授时服务。在无源模式下，系统可提供 100ns 的时间精度，在有源模式下，时间同步精度可达到 20ns，该服务可应用于通信网络、计算机网络和电力网络，一般作为 GPS 和 GLONASS 时间同步体系的一部分。

1.4.4　系统的发展状况

北斗双星导航卫星系统是中国的第一个卫星导航系统，其中历尽曲折，凝聚了众多航天工作者大量的心血，开拓了我国卫星导航系统，为后续研制北斗导航卫星系统提供了技术和人才储备。但这种定位技术本身也存在一定的问题：①仅采用地球同步卫星的方式进行定位，所有的工作卫星都位于赤道面上，几何构形不好，高程还要采用其他方式获得并提交给处理中心，系统水平定位精度取决于用户高度信息，如果用户的高度信息精度低，误差则可达到几百米；②由于设备必须包含信号发射装置和高度表，因此在体积、重量、价格和功耗方面都处于不利的地位；③时间延迟长，采用双星系统进行定位时，电波需要在中心、卫星、用户间往返传播一周，中心解算出用户位置后再通过卫星传送至用户，电波信号需在地面和卫星间传递 6 次，加上中心的处理时间，每次定位需 0.6～1.5s，对于高动态用户而言这将难以满足其实时定位的要求；④系统安全性不好。由于所有的定位解算都是在地面中心系统完成而不是由用户设备完成，因此对地面中心控制系统的依赖性很强，一旦中心控制系统受损或者受到干扰，整个系统就不能继续工作；⑤用户隐蔽性不好。由于是有源式主动定位，因此，用户在获取信息的同时也暴露了自己，容易受到恶意干扰，也容易遭到直接攻击，这对军用用户来说非常危险。⑥用户容量有限。系统能容纳用户数为每小时 54 万户，平均用户容量只有 30 万户。

由于存在这些问题，中国正在建设第二代北斗系统，作为该计划的一部分，中国已经以 CHINASAT 和 COMPASS 为名向国际电信联盟无线电委员会(ITU)申请了无线电频率分配。新计划经历了四种设计方案，如表 1.1 所示：

表 1.1　**北斗导航卫星系统设计方案**

	设计方案 1	设计方案 2	设计方案 3	设计方案 4
名称	CHINASAT	COMPASS-GEO	COMPASS-GEO&MEO	COMPASS-MG
申请日期	1997	2000，2003 修订	2000，2003 修订	2003
星座设计	2～3 GEO	4 GEO+9 IGSO	4 GEO+12 MEO	5 GEO+3IGSO+27 MEO
轨道	赤道上空	50°倾角，6 个轨面	55°倾角，6 个轨面	56°倾角，3 个轨面
无线电频率	通信：S 和 L 波段 导航：2 个 L 波段	通信：S 和 L 波段 导航：4 个 L 波段	通信：S 和 L 波段 导航：4 个 L 波段	通信：S 和 L 波段 导航：4 个 L 波段
服务范围	亚太地区	亚太地区	亚太地区	全球

最新的设计方案是 2003 年底提出的 COMPASS-MG，共包括 35 颗卫星，设计提供类似 GPS 的全球导航支持。同时，还会继续提供传统的北斗双星导航服务，该系统将会完全修正北斗双星系统的缺陷。2012 年 10 月，新北斗导航卫星顺利升空，目前该系统已包含有 5 颗 GEO 卫星，5 颗 IGSO 卫星和 4 颗 MEO 卫星，区域系统已于 2012 年底完成组网，已覆盖了亚太地区。根据计划，完整系统预计 2020 年全部建成，并在民用信号上，与上述三大系统进行资源共享，构建联合导航体系，进一步增强我国导航能力，逐步扩展为全球导航卫星系统。该系统与 Galileo 计划非常相似，中国也可以从 Galileo 计划的合作中受益。

1.5　Galileo 系统

1.5.1　系统概述

Galileo 系统是欧盟正在建设的新一代民用全球导航卫星系统，目前全世界使用的导航定位系统主要是美国的 GPS 系统，欧盟认为这并不安全，为了建立欧洲自己控制的民用全球导航定位系统，欧洲人决定实施该计划。2003 年 9 月 18 日，欧盟和中国草签了中国参与“伽利略”计划的协议。2004 年 10 月 9 日，中欧伽利略计划技术合作协议在北京正式签署，中国将投入 2 亿欧元参与，是正式加入该计划的第一个非欧盟国家，这标志着我国航天事业在国际合作领域迈出了一大步。

Galileo 接收机不仅可以接收本系统信号，而且可以接收 GPS、GLONASS 这两大系统的信号，并且具有导航功能与移动电话功能相结合、与其他导航系统相结合的优越性能。按照设计标准，该系统确定的空间位置要比 GPS 精确 10 倍。其水平定位精度优于 10m，时间信号精度达到 100ns。必要时，免费使用的信号精确度可达 6m，若与 GPS 合作甚至能精确至 4m。

1.5.2　系统结构和组成

Galileo 卫星星座由分布在 3 个轨道面上的 30 颗中等高度轨道卫星(MEO)构成，每个轨道面 10 颗卫星，其中 1 颗为备用，轨道倾角为 56°，如图 1.13 所示。原来设计卫星轨道长半轴为 29994 km，卫星运行周期约 14 h 4 min，最近对 Galileo 卫星的轨道高度重新进行了研究，经过各种测试，认为轨道高度以 29600 km 为佳。原有设计轨道则容易与地球重力场产生共振效应，引起对卫星轨道的扰动。最后欧洲空间局决定：一个 Galileo 卫星在 10 个太阳日运行 17 圈(14 h 7 min)，偏心率为 0.002，平均长半轴为 29600 km，这样在 Galileo 卫星预期的 12 年工作寿命中，不会发生可以观测到的共振现象。因此，在最初的轨道优化之后，卫星的整个生命周期内就不需要保持位置的机动能力。对于这样设计的轨道高度和卫星个数，三个轨道面的星座性能可以达到最佳，同时，限制轨道数目可以降低建设和维护成本，选择的轨道倾角也能让欧洲获得更好的覆盖率。

Gelileo 卫星承载两个有效荷载，即导航荷载、搜救和救援(SAR)荷载。导航荷载上装有铷钟和氢钟，还发射若干个频率的观测信号，并通过专用 CDMA 的 C 波段上行链路到 Galileo 卫星，可同时上传多路信号。SAR 荷载主要作用是转发遇难警报。Galileo 卫星

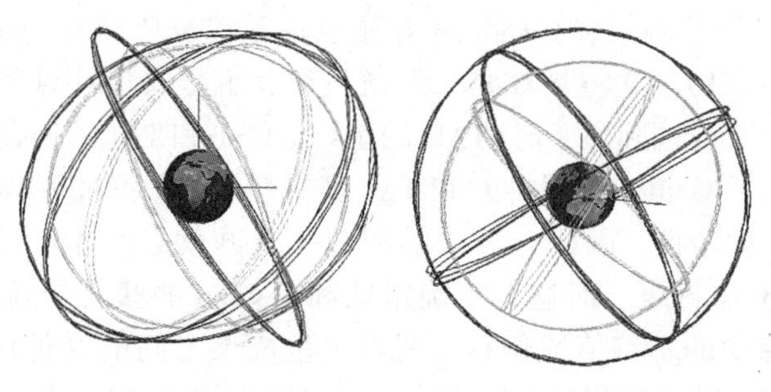

图 1.13 Gelileo 卫星轨道(黑色)和 GLONASS 卫星轨道(灰色)

重量为 680kg，还带有直径为 1.5m 的信号发射天线，太阳能板展开宽带达 18.7m，功率达到 1500W，当前已经发射了两类测试卫星 GIOVE-A 和 GIOVE-B。

图 1.14 GIOVE-A 和 GIOVE-B

地面部分主要由 34 个监测站、5 个控制站、10 个上行站、2 个控制中心和高性能通信网络组成。其中，监测站组成的全球监测网络，用于卫星定轨、时间同步和完好性确认，并监督所提供的服务；控制站对卫星和星座进行必要的调整和控制；上行站用于向卫星上传有关导航、完好性和搜救救援任务的数据；控制站进行所有数据的集中处理、监测和控制，两个控制站互为备份。

地面段按功能分为两部分：地面控制段(GCS)和地面任务段(GMS)。地面控制段主要完成所有与卫星星座命令和控制有关的功能：①星座管理，调整卫星星座分布以及维护和补给；②卫星控制，主要监测和控制单个卫星的运行情况。地面任务段提供 Galileo 服务，主要进行：①时钟和星历的预报；②系统完好性监测，以保证用户的完好性风险在允许值以内。

Galileo 用户设备(接收机)对接收到的测距信息和卫星星历进行处理并计算出用户所在的位置、速度和时间信息。未来的卫星定位用户，都希望能备有 GPS/Galileo 卫星导航系统联合定位的接收机，这样用户可以接收到更多的卫星定位信号，增加了用户定位成果的可靠性。但前提条件是：这两种系统的信号和电文是兼容的。在设计 Galileo 卫星导航系统的初期就考虑了这方面的问题，如卫星信号和电文设计、频率分配、信号处理等。但其中有一个重要的协同问题，就是GPS和Galileo卫星导航系统在时间方面的协同问题。同现今的GPS导航卫星系统一样，Galileo导航卫星系统也要建立一个独立的时间尺度，即Galileo系统时间(GST)。它将是Galileo系统运行、卫星轨道计算和时钟参数确定的基础。GPS时间和GST都受国际原子时(TAI)的制约，GST和TAI的偏差在Galileo的导航电文中被给出。但是由于Galileo卫星钟差和TAI偏差有某种程度的不确定性，上述提到的制约关系也就有了不确定性，因此GPS时间和GST之间就必然存在时间差，其精度对于用户来说，可望在10ns量级。而这一不确定性和Galileo的联合导航或定位解算的成果中，出现一种缓慢变动的不符值或偏移。两者定位成果之间的这种偏移，与GPS卫星、Galileo卫星、用户之间的几何相对位置有关，也与GPS和Galileo两者之间时间差的不确定性有关。

1.5.3　系统服务与预期性能

Galileo提供多种基准服务：开放式服务(Open Service，OS)、生命安全服务(Safety-Of-Life Service，SOL)、商业服务(Commercial Service，CS)、公共特许服务(Public Regulated Service，PRS)以及搜救与救援服务(Search And Rescue，SAR)。如表1.2，提供这些服务可以满足各种不同用户的需求，这些服务只通过Galileo系统所播发的信号而独立于其他卫星导航系统。

表1.2　**Galileo系统服务**

全球服务类型	开放式服务	商业服务	生命安全服务	公共特许服务
覆盖范围	全球	全球	全球	全球
定位精度（水平H方向垂直V方向，95%）	H：15～24m，V：35m(单频)	H：4m，V：8m(双频)	H：4m，V：8m(双频)	H：15～24m，H：6.5m，V：35m，V：12m(单频)，(双频)
定时精度(95%)	30ns	30ns	30ns	30ns
完好性报警	无	无	H：12m，V：20m	H：20m，V：35m
告警时间	无	/	6s	10s
完好性风险	无	/	3.5E-7 / 150s	3.5E-7 / 150s
连续性风险	无	/	1.0E-5 / 15s	1.0E-5 / 15s
服务可用性	99.5%	99.5%	99.5%	99.5%

在上表中，完好性风险指，在任意一段连续运行期间，计算出的用户水平或垂直定位误差超过了相应的报警限，而用户在指定的报警时间内并未告知的概率；连续性风险是指在可用时间段和覆盖区域内系统支持规定性能的概率；服务可用性是指在整个20年的设计寿命内，任意固定点上服务满足规定性能(精度、完好性和连续性)的时间平均百分比。

Galileo全球导航系统提供的服务范围可分为5个部分：

(1)公开服务。这个部分的服务免费提供使用者定位、导航及标准时间等讯息，主要的对象是一般大众，例如，一般汽车的导航系统、移动电话来定位，或提供收讯者在特定地点的国际标准时间(UTC)。

(2)商业服务。这个部分主要是一般公开服务项目中所提供的额外服务，例如，在公开服务部分的信号中额外传输已锁码的资料、在E6以PRS信号替代公开服务信号来精确定位，或用以支援伽利略系统与无线通讯网络之整合等。

(3)安全服务。这个部分只应用于交通运输、引导船只入港、铁路运输管制、交通管制及自动化等。

(4)规范的服务。这部分系指在欧盟会员国政府所规范之与国家安全、治安、警政、法律施行、紧急救助；迫切性的能源、运输及通讯应用；或与欧洲利益息息相关的经济或工业活动。

(5)救援服务。Galileo卫星将允许将遇难信标警报转发给SAR组织，同时还会实现与这些中心的接口，这样系统就可以将救援工作已经展开的确认信息反馈给用户。其救援功能基本上与目前国际通用的COSPAS-SARSAT系统的原则相同，但改善许多。COSPAS-SARSAT系统由美国、加拿大、法国及俄罗斯联合创立，目前许多国家都有自己的资料处理站，这个系统包括四个以上低轨道卫星与三个以上的同步卫星，这些卫星会接收来自海上与空中发出的求救讯号，予以定位之后，卫星会继续将信号传到资料处理中心，资料处理中心再将消息传达给与救难搜寻相关的联络中心。

与GPS相比，Galileo系统具有更高的定位精度和可靠性，如果两个系统结合则具有更高的精度和可靠性。

1.5.4 系统开发计划

Galileo系统开发分为整体开发验证阶段和全面部署运营阶段。

开发验证阶段包括设计、开发和在轨验证(在轨系统配置)。这种配置由卫星数目、关联的地面段及初始运行组成。该阶段完成后，将部署附加卫星和地面段组件以完成整个系统配置。

全面部署阶段包括对系统进行全面部署、长期运行和补充完善。在此阶段将会部署所有的剩余卫星以及所有要求的冗余配置，以在性能和服务区域等方面达到全面的任务要求。运营阶段包括日常运行、地面系统维护，以及故障修复等任务，持续时间为整个系统的设计寿命。

第2章　坐标与时间系统

卫星导航定位的基本任务就是利用卫星信号来确定运动载体的位置、速度、姿态及其运动轨迹等特征参数。而对这些特征参数的描述都是建立在某一特定的空间和时间框架基础之上的。所谓的空间框架即指坐标系统，而时间框架即指时间系统。

卫星导航定位中主要涉及两类坐标系统，分别为天球坐标系与地球坐标系。天球坐标系是一种空间惯性系，其坐标原点与各坐标轴的指向在空间保持不变，故采用该坐标系可较方便地描述卫星的运行状态；而地球坐标系则是与地球相关联的一种坐标系统，一般用于描述地球上运动载体的位置。此外，利用卫星导航定位技术进行精密定位与导航，还需要有高精度的时间信息，这就需要一个精确的时间系统。

因此，本章将主要介绍卫星导航定位过程中所涉及的天球坐标系、几种常用地球坐标系、坐标系之间的转换模型，以及若干常用的时间系统。

2.1　天球坐标系与地球坐标系

2.1.1　天球概述

天球是指以地球质心为中心，以无穷大为半径的理想球体。天文学中通常把天体投影到天球的球面上，并在天球面上研究天体的位置、运动规律及其相互关系。

1. 天球上的点、线、面(圈)

在天球上建立坐标系，必然会涉及天球上一些有参考意义的点、线、面，如图2.1所示，现介绍如下：

(1)天轴和天极：天轴是指地球自转轴的延伸直线，天轴和天球表面的交点称为天极P，与地球北极相应的是北天极P_N，与地球南极相应的是南天极P_S。天极并不是固定不动的，后文将要讲到天极的岁差及章动变化。消除了章动影响的天极称为平天极，而同时包含岁差和章动影响的天极则称为真天极。

(2)天球赤道面和天球赤道：天球赤道面是指通过地球质心并与天轴垂直的平面。天球赤道面和天球表面的交线称为天球赤道，显然，天球赤道是一个半径为无穷大的圆周。

(3)天球子午面和天球子午圈：包含天轴并通过天球面上任意一点的平面称为天球子午面，天球子午面与天球表面相交的大圆，称为天球子午圈。

(4)时圈：包含天轴的平面和天球表面相交的半个大圆称为时圈。

(5)黄道：黄道是指地球绕太阳公转时的轨道平面和天球表面相交的大圆。或者说，当地球绕太阳公转时，地球上的观测者所看到的太阳在天球面上作视运动的轨迹称为黄道。黄道平面和天球赤道面的夹角ε称为黄赤交角，ε约等于23.5°。

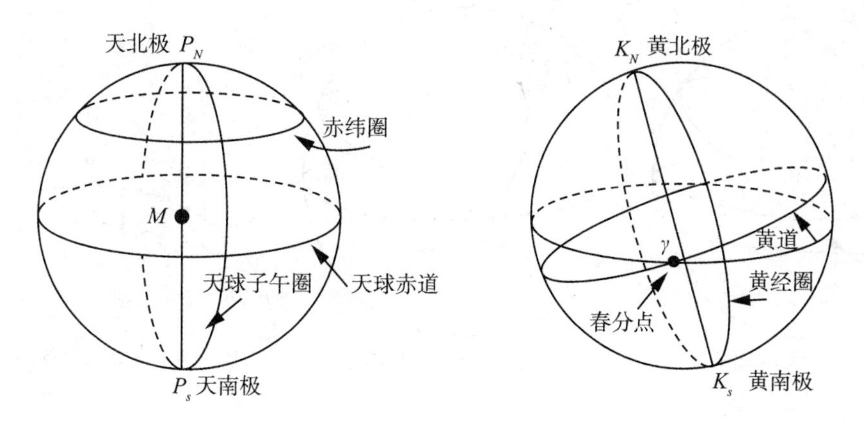

图 2.1 天球上一些有参考意义的点、线、面

(6)黄极：黄极是指通过天球中心且垂直于黄道平面的直线与天球表面的交点。显然，黄极分为黄北极(K_N)和黄南极(K_S)。

(7)春分点：春分点是指太阳由南半球向北半天球运动时，所经过的天球黄道与天球赤道的交点。春分点和天球赤道面是建立天球坐标系的基准点和基准面。

2. *岁差和章动*

由于地球形状接近于一个两极扁平赤道隆起的椭球体，因此在日月引力和其他天体引力的作用下，地球在绕太阳运行时，其自转轴方向并不保持恒定不变，而是绕着北黄极缓慢地旋转。地球自转轴的这种变化，意味着天极的运动，即北天极绕着北黄极作缓慢的旋转运动。天极运动由于受到引力场不均匀变化的影响而十分复杂，天文学中把天极的运动分解为一种长周期运动——岁差，以及一种短周期运动——章动。

天极位置既然是变化的，天文学中称天极的瞬时位置为真天极。并且与真天极相对应，把扣除章动影响后的天极称为平天极。显然，平天极也是运动的，但它只有岁差而无章动的变化。相应地，天球赤道也有“真”与“平”的区分。

岁差，是指平北天极以北黄极为中心，以黄赤交角 ε 为半径的一种顺时针圆周运动，其旋转周期约为 25800 年。由于岁差的影响，北天极在天球表面上画出一个以北黄极为中心、以黄赤交角 ε 为半径的圆周(图 2.2)。天极的这种变化，必然导致天球赤道面的变化，而实际反映出来的是春分点位置的变化。根据近代天文学精确测量的结果，平春分点在黄道上每年西移约 50.26″，其致使回归年比恒星年约每 72 年短 1 天。岁差作为一种天文现象，早在公元前就有记载，我国东晋成帝咸和年间的虞喜(公元 281—356 年)根据对冬至日恒星的中天观测，独立地发现了岁差，测定回归年比恒星年约 50 年短 1 天。《宋史·律历志》记载：虞喜云：“尧时冬至日短星昴，今二千七百余年，乃东壁中，则知每岁渐差之所致。”岁差这个名词即由此而来。

章动是指真北天极绕平北天极所作的顺时针椭圆运动。椭圆形轨迹的长半径约为 9.2″，短半径约为 6.9″。章动周期为 18.6 年，与岁差相比其是一种短周期运动。图 2.3 描绘了章动的概略情况，图中 P_0 是平北天极，P 是真北天极。综合岁差和章动的影响，真北天极绕北黄极的旋转运动实际如图 2.4 所示。

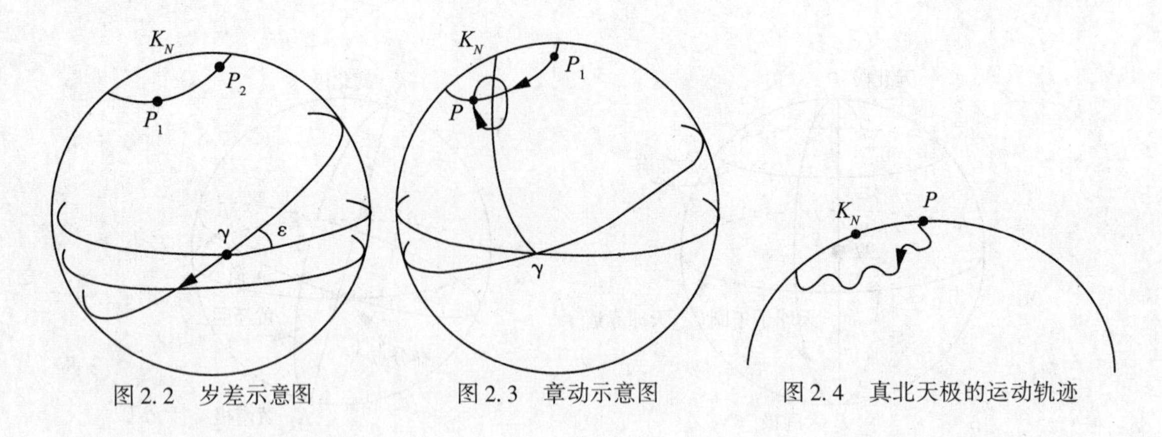

图 2.2　岁差示意图　　图 2.3　章动示意图　　图 2.4　真北天极的运动轨迹

2.1.2　天球坐标系及其转换模型

1. 两种天球坐标系

天极有“真”、“平”的区分，天球坐标系同样有“真”、“平”两种形式。

(1)瞬时极(真) 天球坐标系：瞬时极(真)天球坐标系(图 2.5)的原点为地球质心 M；Z 轴指向瞬时(真) 北天极 P_N；X 轴指向真春分点 γ；Y 轴垂直于 XMZ 平面，且与 X 轴和 Z 轴构成右手系 。

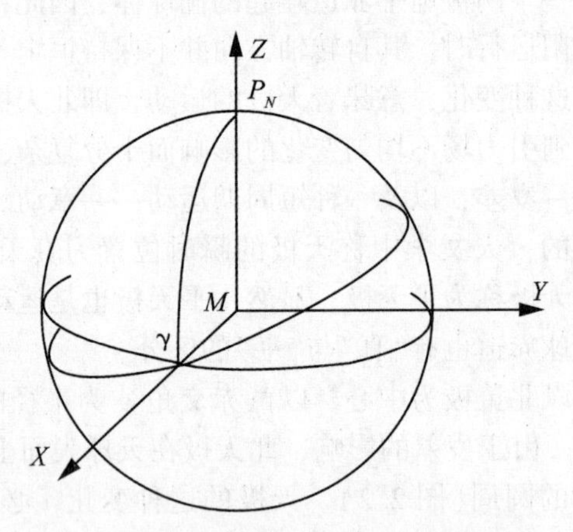

图 2.5　瞬时极(真)天球坐标系

(2)(历元)平天球坐标系：(历元)平天球坐标系的原点为地球质心 M；Z 轴指向(历元) 平北天极 P_0；X 轴指向(历元) 平春分点 γ_0；Y 轴垂直于 XMZ 平面，且与 X 轴和 Z 轴构成右手系。这里，“历元”是天文学术语，其意思是“起始时刻”。(历元)平北天极和(历元)平春分点，是指某个起始时刻的平北天极和相应的春分点。上述两种天球坐标系的差异，在于采用了不同的北天极。因此要实现上述两种天球坐标系之间的转换，实际上就是要转换北天极的位置。由(历元)平天球坐标系到瞬时极(真)天球坐标系的转换，需要做两个旋转变换，即岁差旋转和章动旋转。

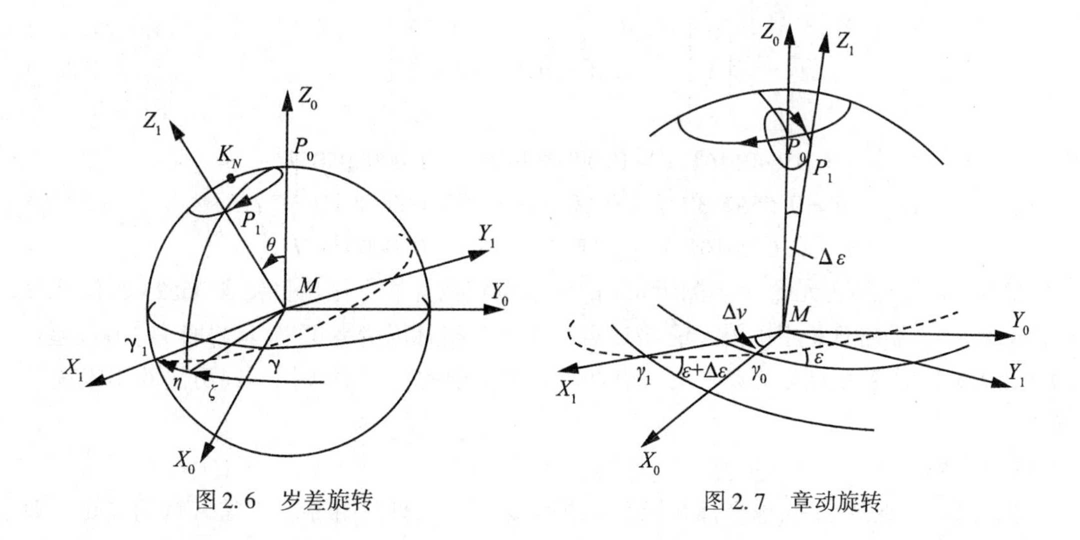

图2.6 岁差旋转　　　　图2.7 章动旋转

2. *岁差旋转*

在图2.6中，P_0 是历元时刻 t_0 的平北天极，即(历元)平北天极，P_t 是观测时刻 t 的平北天极，称为(观测)平北天极，而 γ_0 与 γ_t 则表示相应的春分点。由(历元)平天球坐标系变换到(观测)平天球坐标系，相当于要求出两坐标系的 Z 轴由 Z_0 沿岁差小圆顺时针转动到 Z_t 的位置，而转动的角距恰好等于 t_0 到 t 时刻的岁差，因此称为岁差旋转。

岁差旋转，可由三次 Givens 转动 $R_Z(-\eta)$、$R_Y(\theta)$ 与 $R_Z(-\zeta)$ 合成。

首先做顺时针 Givens 转动，其意义是以 Z_0 轴为旋转轴，顺时针转动 ζ 角，使 X_0 轴旋转并到达通过(观测)平天极的子午面上。

$$R_Z(-\xi)=\begin{pmatrix}\cos\zeta & -\sin\zeta & 0\\ \sin\zeta & \cos\zeta & 0\\ 0 & 0 & 1\end{pmatrix} \tag{2.1}$$

第二步是做逆时针 Givens 转动，其意义是以 Y_0 轴为旋转轴，逆时针转动 θ 角，使坐标轴 Z_0 与 Z_t 重合，这时 X_0 轴也将随之转动到相应于(观测)平天极的赤道面上。

$$R_Y(\theta)=\begin{pmatrix}\cos\theta & 0 & -\sin\theta\\ 0 & 1 & 0\\ \sin\theta & 0 & \cos\theta\end{pmatrix} \tag{2.2}$$

最后，再做顺时针 Givens 转动，使坐标轴 X_0 与 X_t 重合。由于坐标轴之间的两两正交关系，这时坐标轴 Y_0 也必定和坐标轴 Y_t 重合，这样就最终完成了岁差旋转。

$$R_Z(-\eta)=\begin{pmatrix}\cos\eta & -\sin\eta & 0\\ \sin\eta & \cos\eta & 0\\ 0 & 0 & 1\end{pmatrix} \tag{2.3}$$

岁差旋转矩阵可表示为：

$$R_{ZYZ}(-\eta,\theta,-\zeta)=R_Z(-\eta)R_Y(\theta)R_Z(-\zeta) \tag{2.4}$$

据此，由(历元)平天球坐标系转换到(观测)平天球坐标系的数学模型则为：

$$\begin{bmatrix} X \\ Y \\ Z \end{bmatrix}_t = R_{ZYZ}(-\eta, \theta, -\zeta) \begin{bmatrix} X \\ Y \\ Z \end{bmatrix}_{t_0} \tag{2.5}$$

$$\begin{aligned} \zeta &= 0.6406161°T + 0.0000839°T^2 + 0.0000050°T^3; \\ \theta &= 0.5567530°T - 0.0001185°T^2 - 0.0000116°T^3; \\ \eta &= 0.6406161°T + 0.0003041°T^2 + 0.000051°T^3。 \end{aligned} \tag{2.6}$$

式中：T 为起始历元 t_0 至观测历元 t 的儒略世纪数。一个儒略世纪含 36525 个儒略日(Julian day)。儒略日是指由公元前 4713 年 1 月 1 日格林尼治平正午(世界时 12：00)起算的连续天数，其多为天文学家采用，用以作为天文学的单一历法把不同历法的年表统一起来。

3. 章动旋转

如果要使(观测)平天球坐标系转换为瞬时极(真)天球坐标系，尚需做章动旋转。即通过旋转变换，使 Z 轴由指向(观测)平天极 P_0 改为指向瞬时(真)天极 P_t (图 2.7)。为实现这一目标，同样要经过三次旋转变换，与其相应的旋转矩阵为：

$$R_X(\varepsilon) = \begin{pmatrix} 1 & 0 & 0 \\ 0 & \cos\varepsilon & \sin\varepsilon \\ 0 & -\sin\varepsilon & \cos\varepsilon \end{pmatrix} \tag{2.7}$$

$$R_Z(-\Delta\psi) = \begin{pmatrix} \cos\Delta\psi & -\sin\Delta\psi & 0 \\ \sin\Delta\psi & \cos\Delta\psi & 0 \\ 0 & 0 & 1 \end{pmatrix} \tag{2.8}$$

$$R_X(-\varepsilon - \Delta\varepsilon) = \begin{pmatrix} 1 & 0 & 0 \\ 0 & \cos(\varepsilon + \Delta\varepsilon) & -\sin(\varepsilon + \Delta\varepsilon) \\ 0 & \sin(\varepsilon + \Delta\varepsilon) & \cos(\varepsilon + \Delta\varepsilon) \end{pmatrix} \tag{2.9}$$

由此，章动旋转矩阵为：

$$R_{XZX}(-\varepsilon - \Delta\varepsilon, -\Delta\psi, \varepsilon) = R_X(-\varepsilon - \Delta\varepsilon) R_Z(-\Delta\psi) R_X(\varepsilon) \tag{2.10}$$

而由(观测)平天球坐标系到真(瞬时极)天球坐标系的转换模型为：

$$\begin{pmatrix} X \\ Y \\ Z \end{pmatrix}_{t(真)} = R_{XZX}(-\varepsilon - \Delta\varepsilon, -\Delta\psi, \varepsilon) \begin{pmatrix} X \\ Y \\ Z \end{pmatrix}_{t(平)} \tag{2.11}$$

式中：旋转量 ε 为黄赤交角，其表达式为：

$$\varepsilon = 23°26'21.448'' - 46.815''T - 0.00059''T^2 + 0.001813T^3 \tag{2.12}$$

在实用上，ε 可根据 T 值在天文年历中查取。$\Delta\varepsilon$ 为交角章动，$\Delta\psi$ 为黄经章动。1980 年，国际天文联合会(IAU)采用了基于弹性地球模型的章动理论，计算出交角章动 $\Delta\varepsilon$ 的表达式为多达 64 项的级数展开式，而计算出黄经章动 $\Delta\psi$ 的表达式则为多达 106 项的级数展开式。它们各自的主项为：

$$\begin{aligned} \Delta\varepsilon &= 9.2025''\cos\Omega + 0.5736''\cos(2F - 2D + 2\Omega) + 0.0927''\cos(2F - 2\Omega) \\ \Delta\psi &= -17.1996''\sin\Omega - 1.3187''\sin(2F - 2D + 2\Omega) - 0.2274''\cos(2F - 2\Omega) \end{aligned} \tag{2.13}$$

式中，Ω表示月球升交点的平均经度；D表示日月对地心的角距；$F=\lambda M-\Omega$，M为月球的平近点角。

由于(历元)平天球坐标系的Z轴固定，用它研究卫星运动轨道比较方便。因此，在实际工作中一般首先采用(历元)平天球坐标系研究卫星运动，然后再将研究结果通过岁差旋转和章动旋转变换到瞬时极(真)天球坐标系。

2.1.3 极移与国际协议地极原点

地球自转轴不仅由于受到日、月引力作用而在空间变化，而且还受到地球内部质量不均匀影响而在地球体内部运动。前者将导致产生岁差和章动，后者将导致地极在地球表面上的位置随时间而变化，这种现象称为地极移动，简称极移。

根据长期的观测和研究，发现极移的轨迹为一不规则的圆形螺旋线。其主要包含两种周期性变化，一种是周期约为1年，振幅约为0.1″的变化；另一种是周期约为432天，振幅约为0.2″的变化。

极移使地球坐标系的坐标轴指向产生了变化，由此将给实际定位工作带来困难。为此，国际天文学联合会(IAU)和国际大地测量学协会(IAG)于1967年建议采用国际上5个纬度服务站(表2.1)在1900—1905年测定的平均纬度所确定的平均地极位置作为国际协议地极原点(Conventional International Origin，CIO)，简称平极。与CIO原点相对应的赤道面，称为协议赤道面或平赤道面。图2.8所描绘的是由1971年至1975年间地极相对于CIO原点的运动轨迹。

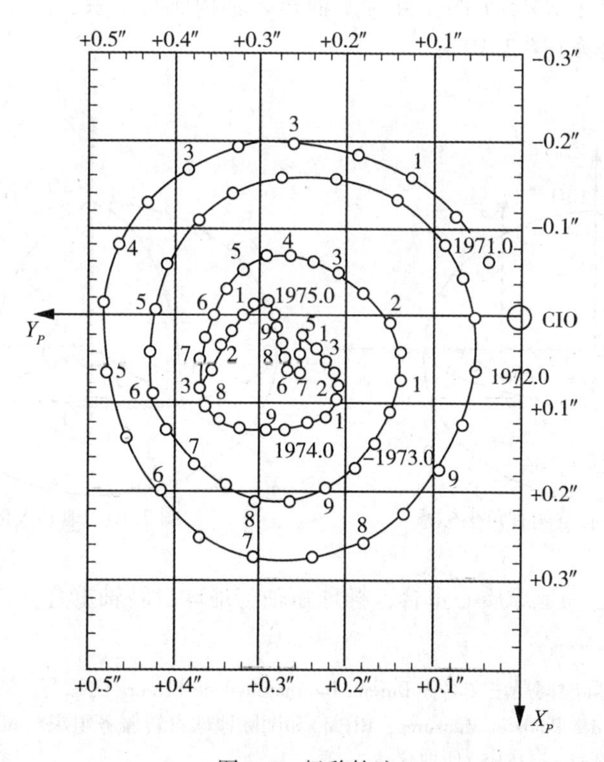

图2.8 极移轨迹

表 2.1　　国际纬度站分布

站　址	所在国家	纬度 φ	经度 λ
卡洛福特(Carloforte)	意大利	39°09′09″N	8°18′44″E
盖瑟斯堡(Gaithersburg)	美国	39°08′13″N	77°11′57″W
基塔布(Kitab)	俄罗斯	39° 08′ 02″	66°52′51″E
水泽(Mizusawa)	日本	39° 08′ 04″	141°07′51″E
尤凯亚(Ukiah)	美国	39° 08′ 12″	123°12′35″W

2.1.4　地球坐标系及其转换模型

1. 两种地球坐标系

由于极移的影响，地球坐标系同样也有“平”、“真”两种形式。

(1)协议(平)地球坐标系：协议(平)地球坐标系的地极位置采用国际协议地极原点CIO，它又有如下两种形式：

①地心空间直角坐标系(图 2.9)：

- 原点——地球质心 M；
- Z 轴——指向国际协议地极原点 CIO；
- X 轴——指向由国际时间局(BIH①)定义的格林尼治起始子午面与地球平赤道的交点；
- Y 轴——垂直于 XMZ 平面，且与 X 轴和 Z 轴构成右手系。

②地心大地坐标系(图 2.10)：

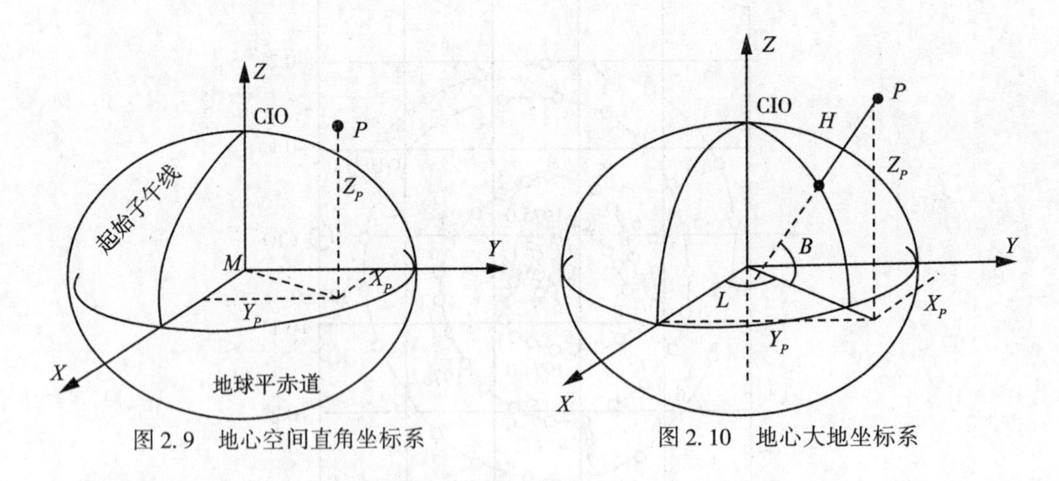

图 2.9　地心空间直角坐标系　　　　图 2.10　地心大地坐标系

- 地球椭球中心和地球质心重合，椭球短轴与地球自转轴重合；

① 注：BIH 是国际时间局法文名称 Bureau International de l'Heure 的缩写，其职责现已被国际计量局(Bureau International des Poids et Measures，BIPM)和国际地球自转服务组织(International Earth Rotation and Reference Systems Service，IERS)所取代。

➢ 大地纬度 B——过地面点的椭球面法线与椭球赤道面的夹角；

➢ 大地经度 L——过地面点的椭球子午面与格林尼治平大地子午面之间的夹角；

➢ 大地高 H——地面点沿椭球面法线到椭球面的距离。

因此，地面任意一点 P 的位置在地球坐标系中可表示为地心空间直角坐标(X, Y, Z)或地心大地坐标(B, L, H) 两种形式。这两种坐标系的换算关系为：

$$\begin{aligned} X &= (N + H)\cos B \cdot \cos L \\ Y &= (N + H)\cos B \cdot \sin L \\ Z &= [N(1 - e^2) + H]\sin B \end{aligned} \tag{2.14}$$

式中：N 为椭球的卯酉圆曲率半径，e 为椭球的第一偏心率，它们的表达式为：

$$N = a/(1 - e^2 \cdot \sin^2 B)^{1/2} \tag{2.15}$$

$$e^2 = \frac{a^2 - b^2}{a^2} \tag{2.16}$$

式中：a 为椭球长半径；b 为椭球短半径。

当需要由空间直角坐标换算大地坐标时，可采用下式计算：

$$\begin{aligned} B &= \arctan\left[\frac{1}{\sqrt{X^2 + Y^2}}\left(Z + \frac{ce'^2 \tan B}{\sqrt{1 + e^2 + \tan^2 B}}\right)\right] \\ L &= \arcsin\frac{Y}{\sqrt{X^2 + Y^2}} \\ H &= \frac{\sqrt{X^2 + Y^2}}{\cos B} - N \end{aligned} \tag{2.17}$$

式中：$c = a^2/b$ 为极点子午圈曲率半径，$e'^2 = (a^2 - b^2)/b^2$ 为椭球第二偏心率。式(2.17)中，大地纬度 B 需迭代计算，但其收敛速度很快，迭代 4 次，大地纬度 B 的精度即可达 0.00001″，大地高 H 的精度即可达到 1mm。协议(平)地球坐标系由于采用了固定地极，因此又称为地固坐标系。

(2)瞬时极(真)地球坐标系：瞬时极(真)地球坐标系的原点与各个坐标轴的指向如下；

➢ 原点 —— 地球质心 M；

➢ Z 轴 —— 指向地球的瞬时极，即与地球的瞬时自转轴一致；

➢ X 轴 —— 指向平格林尼治起始子午面与地球瞬时(真) 赤道的交点；

➢ Y 轴 —— 垂直于 XMZ 平面，且与 X 轴和 Z 轴构成右手系。

2. 极移旋转

据前文可知，地球瞬时(真)极相对国际协议地极原点 CIO 移动的现象，称为极移。为了定量地描述极移，可构造一个平面直角坐标系。该坐标系取 CIO 为原点，X 轴的指向为平格林尼治起始子午线方向，Y 轴指向平格林尼治起始子午面以西 90°方向。因此，任一历元瞬间，地球瞬时(真)极相对国际协议地极原点 CIO 的位置，可通过一对坐标，即极移分量 (X_P, Y_P) 表示(图 2.11)。极移分量 (X_P, Y_P) 均以角秒表示，其值可在上海天文台发布的《地球自转参数公报》中查取，也可在国际时局(BIH)出版的“B”“D”简报中找到。图 2.12 显示，由瞬时极(真)地球坐标系到协议(平)地球坐标系的变换，可通过顺时针转动极移分量 Y_P 与 X_P 实现。因此，由瞬时极(真)地球坐标系到协议(平)地球坐标系的转换模型可表示为：

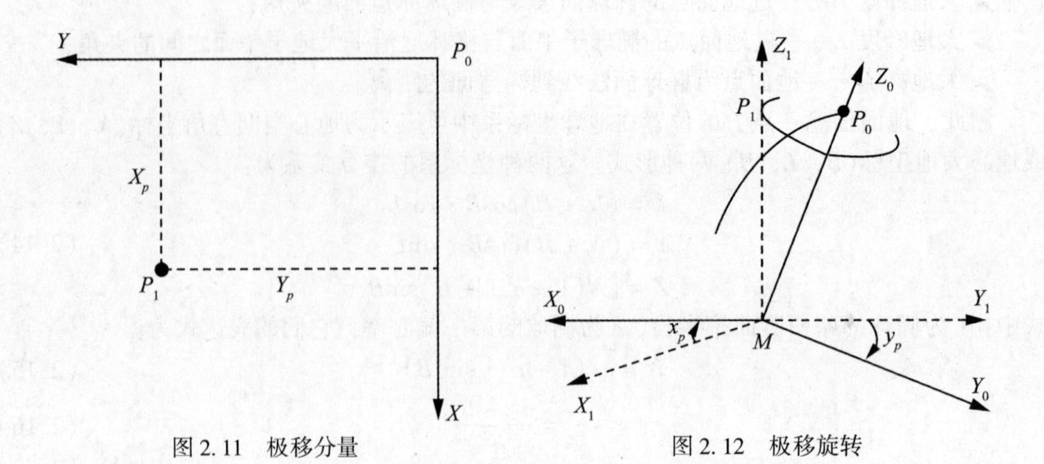

图 2.11　极移分量　　　　　　图 2.12　极移旋转

$$\begin{bmatrix} X \\ Y \\ Z \end{bmatrix}_{平} = R_Y(-X_P) \cdot R_X(-Y_P) \begin{bmatrix} X \\ Y \\ Z \end{bmatrix}_{真} \tag{2.18}$$

式中：$R_Y(-X_P)$ 与 $R_X(-Y_P)$ 为顺时针 Givens 转动矩阵，它们的表达式分别为：

$$R_X(-Y_P) = \begin{bmatrix} 1 & 0 & 0 \\ 0 & \cos Y_P & \sin Y_P \\ 0 & -\sin Y_P & \cos Y_P \end{bmatrix} \tag{2.19}$$

$$R_Y(-X_P) = \begin{bmatrix} \cos X_P & 0 & \sin X_P \\ 0 & 1 & 0 \\ -\sin X_P & 0 & \cos X_P \end{bmatrix} \tag{2.20}$$

考虑到极移分量很小，当 α 很小时有 $\sin\alpha \approx \alpha$、$\cos\alpha \approx 1$ 成立，则转换模型式(2.18)可简化为：

$$\begin{bmatrix} X \\ Y \\ Z \end{bmatrix}_{平} = \begin{bmatrix} 1 & 0 & X_P \\ 0 & 1 & -Y_P \\ -X_P & Y_P & 1 \end{bmatrix} \begin{bmatrix} X \\ Y \\ Z \end{bmatrix}_{真} \tag{2.21}$$

2.1.5　瞬时极(真)天球坐标系到瞬时极(真)地球坐标系的转换模型

根据定义，真天球坐标系和真地球坐标系的原点都是地心 M，且其 Z 轴都与地球真自转轴重合。它们之间的差异，仅在于 X 轴的指向不同。真天球坐标系的 X 轴指向真春分点，而真地球坐标系的 X 轴指向平格林尼治起始子午面和地球真赤道的交点，两者之间的夹角 θ_G，称为对应于平格林尼治起始子午面的真春分点时角(图 2.13)。

因此，由真天球坐标系到真地球坐标系的变换，仅需绕 Z 轴逆时针转动 θ_G 角，其相应的转换模型为：

$$\begin{bmatrix} X \\ Y \\ Z \end{bmatrix}_{(et)} = R_Z(\theta_G) \begin{bmatrix} X \\ Y \\ Z \end{bmatrix}_{(at)} \tag{2.22}$$

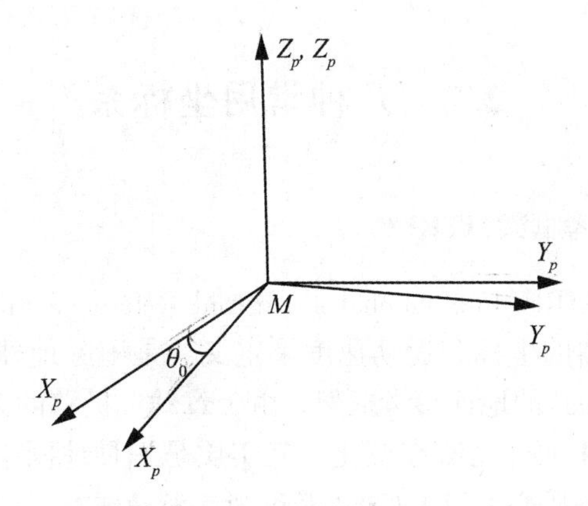

图 2.13　瞬时极(真)天球坐标系与瞬时极(真)地球坐标系

式中：$R_Z(\theta_G)$ 为以 Z 轴为旋转轴的逆时针 Givens 矩阵，其表示为：

$$R_Z(\theta_G)=\begin{bmatrix}\cos\theta_G & \sin\theta_G & 0\\ -\sin\theta_G & \cos\theta_G & 0\\ 0 & 0 & 1\end{bmatrix} \tag{2.23}$$

由天文学知识可知：

$$\theta_G=\theta_0+\frac{\mathrm{d}\theta_0}{\mathrm{d}t}\cdot U_t+\Delta\psi\cdot\cos\varepsilon \tag{2.24}$$

式中，θ_0 为世界时 0 点的格林尼治平恒星时；$\Delta\psi$ 为黄经章动；ε 为黄赤平交角；U_t 为世界时。θ_0 可写为：

$$\theta_0=6^{\mathrm{h}}41^{\mathrm{m}}50^{\mathrm{s}}.5481+8640184^{\mathrm{s}}.812866T+0^{\mathrm{s}}.093104T^2-6^{\mathrm{s}}.2\times10^{-6}T^3 \tag{2.25}$$

式中：T 为自公元 2000 年起算的世界时儒略世纪数。

在 GNSS 卫星导航定位中，通常在(历元)平天球坐标系中研究地球人造卫星的轨道运动，而在协议地球坐标系中研究地面点(测站)的坐标，这样就产生了由(历元)平天球坐标系到协议(平)地球坐标系的变换问题。这一变换过程可综合描述如下(图 2.14)：

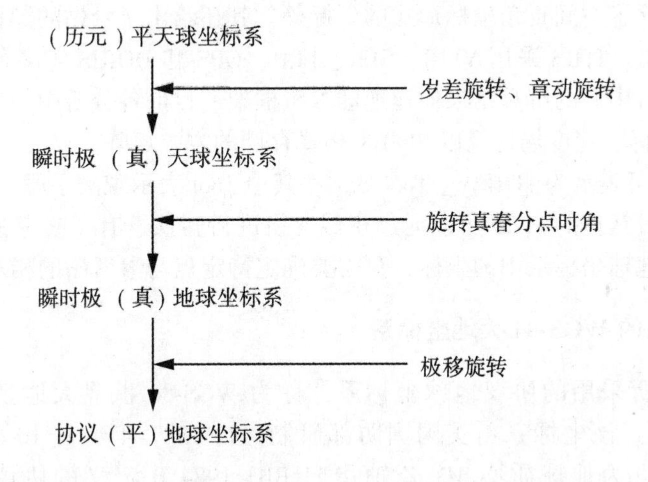

图 2.14　(历元)平天球坐标系到协议(平)地球坐标系的变换过程

2.2　几种常用坐标系

2.2.1　国际地球参考框架(ITRF)

国际地球参考框架ITRF(International Terrestrial Reference Frame)是一个地心参考框架，它由大地测量观测站的坐标和运动速度来定义，是国际地球自转服务IERS(International Earth Rotation Service)的地面参考框架。由于章动、极移的影响，且随着国际协定地极原点CIO的变化，ITRF每年也都在变化。其实质是一种地固坐标系，其原点位于地球体系(含海洋和大气圈)的质心，以WGS84椭球为参考椭球。

ITRF是ITRS(International Terrestrial Reference System)的具体实现，后者是一种协议地球参考系统，它的建立和维持基于IERS的全球观测网。ITRS的定义由IERS通过协议给出，其定义如下：

- 坐标系原点位于地心，是整个地球(包含海洋和大气)的质量中心；
- 坐标系尺度是国际标准化组织定义的m(SI)，这一尺度和地心局部框架的TCG时间坐标保持一致，符合IAU和IUGG的1991年决议，由相应的相对论模型得到；
- 坐标系方向初始值为国际时间局(BIH)给出的1984.0历元时的方向；
- 在采用相对于整个地球的水平板块运动没有净旋转条件下，确定方向的时变。

IERS根据全球观测网VLBI、SLR、LLR、GPS等空间大地测量技术的观测数据，由IERS中心局(IERS Centre Bureau，IERS CB)分析得出一组全球站坐标和速度场，这就是国际地球参考框架ITRF。IERS CB每年根据全球观测站数据综合分析结果得出一个ITRF参考框架，并以IERS年报和技术备忘录的形式发布，如ITRF88，ITRF89，ITRF90，ITRF91，ITRF97，ITRF00，ITRF05，ITRF08等。显然，不同年份的ITRF框架间存在微小的系统差异，可采用布尔沙-沃尔夫(Bursa-Wolf)7参数模型通过坐标变换消除。

ITRF地球参考框架系列是国际上公认的精度最高、稳定性最好的参考框架。ITRF是利用全球测站观测资料成果推算所得到的地心坐标系统，确切地说，ITRF是一个四维地心坐标参考框架，即除了空间直角坐标形式的坐标外，其还给出了台站的漂移速度，坐标精度为毫米级至厘米级。ITRS采用VLBI、SLR、LLR、GPS和DORIS等多种空间观测技术，综合多个数据分析中心的解算结果构建地球参考框架。目前各分析中心的地球参考框架(ITRF)解包括站坐标、速度场以及以SINEX格式存储的方差矩阵。

IERS提供的产品可表示为ITRFyy_ Tool. SSC，其中Tool表示观测手段，yy表示ITRF序列号，各种观测手段获得的ITRF可以通过相似变换进行转换。有了参考框架之后，为了获得待定点在协议地球坐标系中的坐标，只需要确定待定点与参考站的相对位置即可。

2.2.2　GPS系统的WGS-84大地坐标系

GPS定位测量中所采用的协议地球坐标系，称为WGS-84世界大地坐标系(World Geodetic System 1984)。该坐标系由美国国防部研制，自1987年1月10日开始起用。WGS-84坐标系的原点为地球质心M；Z轴指向BIH 1984.0定义的协议地极(CTP，CoventionalTerrestrial Pole)；X轴指向BIH 1984.0定义的零子午面与CTP相应的赤道的交点；Y 轴垂直于 XMZ 平面，且与 Z、X 轴构成右手系(图 2.15)。WGS-84 坐标系采用的地球椭球，称为 WGS-84 椭球，其常数为国际大地测量学与地球物理学联合会(IUGG)第 17 届大会的推荐值，4 个主要参数如下：

- 长半径　$a=6\ 378\ 137\pm2$ m；
- 地球(含大气层)引力常数 $GM=(3\ 986\ 005\times108\pm0.6\times108)\ \mathrm{m^3/s^2}$；
- 正常二阶带谐系数 $C2.0=-484.16685\times10^{-6}\pm1.3\times10^{-6}$；
- 地球自转角速度 $\omega=(7\ 292\ 115\times10^{-11}\pm0.150\ 0\times10^{-11})\ \mathrm{rad/s}$。

利用上述 4 个基本参数，可算出 WGS-84 椭球的扁率为：$f=1/298.257\ 223\ 563$。目前，一般采用地球重力场二阶带谐系数 C2.0 代替 J2，其相互间关系为 C2.0=J2/5。

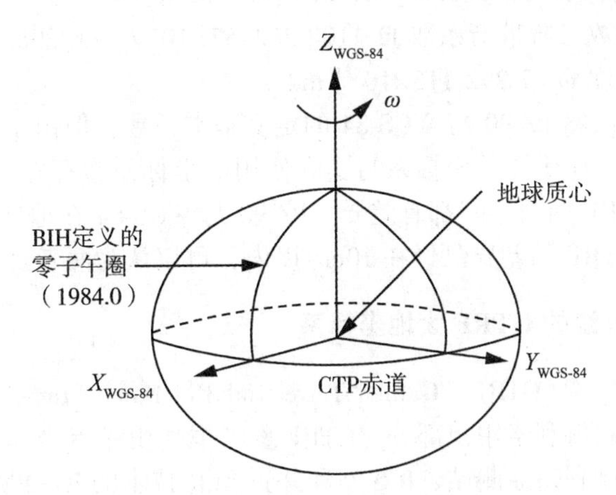

图 2.15　WGS-84 世界大地坐标系

自 1987 年以来，WGS-84 坐标系已进行了多次精化处理。1994 年，基于 WGS-84(G730)(1994)坐标系单点定位的精度为 30cm(1σ)，1996 年对其作了进一步的改进，称为 WGS-84(G873)，其参考历元是 1997.0。WGS-84(G873)(1996)站位置坐标分量的精度约为 5cm(1σ)。G730 及 G873 中的 G 表示这些坐标是用 GPS 技术求得的，G 后面的数字是指将这些坐标补充到美国国家图像与制图局(National Imagery and Mapping Agency, NIMA)精密星历推算中的 GPS 星期数。WGS-84(G873)采用的坐标框架为 ITRF94。改进后的坐标系与 ITRF94 相比，其误差为±5cm。2001 年再次对 WGS-84 进行了精化，其成果标以 WGS-84(G1150)，历元是 2001.0，采用的坐标框架为 ITRF2000。WGS-84(G1150)与 ITRF2000 的符合精度为±1cm，比 1996 年的 WGS-84(G873)的±5cm 精度有了很大的提高。这意味着 WGS-84 坐标在厘米级精度范围内可以认为与 ITRF 相同。

2.2.3　GLONASS 系统的 PZ-90 大地坐标系

GLONASS 导航卫星系统在 1993 年以前采用前苏联的 1985 地心坐标系(1985 Soviet Geodetic System)，简称 SGS-85。1993 年后改用 PZ-90(俄语：Parametry Zelmy，翻译成英语为：Parameters of the Earth)坐标系，它是俄罗斯进行地面网与空间网联合平差后用来取代 SGS-85 的一种坐标系。PZ-90 属于地心地固 ECEF(Earth Centered Earth Fixed)坐标系，

有时也称为 PE-90。

GLONASS ICD-2002 中定义的 PZ-90 坐标系如下：坐标原点位于地球质心；Z 轴指向 IERS(International Earth Rotation Service)推荐的国际协议地极原点 CTP，即 1900—1905 年的平均北极；X 轴指向地球赤道与 BIH 定义的零子午线交点；Y 轴垂直于 XMZ 平面，且与 Z、X 轴构成右手坐标系。

由该定义可知，PZ-90 坐标系与国际地球参考框架 ITRF(International Terrestrial Reference Frame)一致。

PZ-90 大地坐标系采用的 4 个主要地球椭球参数如下：

➢ 长半径 a=6 378 136 m；

➢ 地球(含大气层)引力常数 GM=398 600.44×109 m^3/s^2；

➢ 重力位球谐函数二阶带谐系数 J2=108 262.57×10^{-8}(f=1/298.257 839 303)；

➢ 地球自转角速度 ω=7 292 115×10^{-11} rad/s。

需要说明的是，虽然 PZ-90 与 WGS-84 的定义基本一致，但由于存在测轨跟踪站站址坐标误差和测量误差，所定义的坐标系与实际使用的坐标系常存在一定的差距。实际上，PZ-90、WGS-84 或 ITRF 两两之间都有差异。PZ-90 与 WGS-84 在地球表面的坐标差异可达 20m，而 WGS-84 与 ITRF 的差异已经在 10cm 以内，可以认为两者是等同的。

2.2.4　Galileo 系统的 GTRF 大地坐标系

Galileo 地球参考框架(GTRF，Galileo Terrestrial Reference Frame)采用 ITRS 定义，服务于伽利略核心系统和伽利略用户部分。GTRF 参考框架由站点坐标和速度构成，初始实现所采用的测站网由伽利略遥测站、IGS 站和并置 SLR 技术的 IGS 站等组成。

Galileo 系统所采用的坐标系统是基于 Galileo 地球参考框架的 ITRF96 大地坐标系，其几何定义为：原点位于地球质心，Z 轴指向 IERS (International Earth Rotation Service) 推荐的协议地球原点(CTP) 方向，X 轴指向地球赤道与 BIH 定义的零子午线交点，Y 轴满足右手坐标系。

GTRF 大地坐标系采用的 4 个主要地球椭球参数如下：

➢ 长半径 a=6.37813655×10^6 m；

➢ 地球(含大气层)引力常数 GM=3.986004415×1014 m^3/s^2；

➢ 重力位球谐函数二阶带谐系数 $J2$=1.0826267×10^{-3}；

➢ 扁率 f=1/298.25769。

2.2.5　北斗系统的 CGCS2000(国家大地坐标系)

2000 国家大地坐标系(CGCS2000，Chinese Geodetic Coordinate System 2000)是由我国 GPS 连续运行基准站、空间大地控制网以及天文大地网与空间大地网联合平差建立的地心大地坐标系统，是我国北斗卫星导航定位系统(简称 COMPASS 或 BeiDou)所采用的坐标系。

2000 国家大地坐标系以 ITRF97 参考框架为基准，参考框架历元为 J2000.0。

我国自 2008 年 7 月 1 日起正式启用 2000 国家大地坐标系，其定义如下：

➢ 地心：整个地球(包括陆地、海洋和大气)的质量中心；

➢ 尺度：广义相对论意义下局部地球框架中的 m(SI)；

➢ Z 轴定向：定向的初始值为国际时间局(BIH)给出的1984.0的方向，其时间变化是在整个地球板块水平运动无净旋转条件下所确定的值。

2000国家大地坐标系主要的大地测量常数如下：

➢ 长半轴 $a = 6378137\text{m}$；

➢ 地球引力常数 $GM = 3.986004418 \times 1014\ \text{m}^3/\text{s}^2$；

➢ 地球自转角速度 $\omega = 7.292115 \times 10^{-5}\text{rad/s}$；

➢ 扁率 $f = 1/298.257222101$。

2000国家大地坐标系由框架网和加密网点组成。2000国家大地坐标系框架网由约2600个2000国家GPS大地控制网三维大地控制点的点位坐标构成，其点位精度约为±3cm。2000国家大地坐标系加密网由约5万个控制点构成，三维点位误差约为±0.3m。

2000国家大地坐标系的维持主要依靠连续运行GPS参考站，坐标精度为毫米级，速度精度为±1mm/a。

2.2.6 空间直角坐标系间的转换

ITRF、WGS-84、PZ-90、GTRF和CGCS2000等坐标系统之间的相互转换一般可采用布尔沙-沃尔夫(Bursa-Wolf)七参数模型进行，其转换过程如下：

对于两个不同的空间直角坐标系 $O\text{-}XYZ$ 和 $O'\text{-}X'Y'Z'$，其坐标原点不一致，即存在三个平移参数 ΔX_0、ΔY_0、ΔZ_0，它们表示 $O'\text{-}X'Y'Z'$ 坐标系原点 O' 相对于 $O\text{-}XYZ$ 坐标系原点 O 在三个坐标轴上的分量；又当两个坐标系的坐标轴相互不平行时，即存在三个旋转参数；若两个坐标系的尺度也不一致，则还存在一个尺度变化参数 m，为此，可得到两个坐标系空间直角坐标之间的关系式：

$$\begin{bmatrix} X \\ Y \\ Z \end{bmatrix} = \begin{bmatrix} \Delta X_0 \\ \Delta Y_0 \\ \Delta Z_0 \end{bmatrix} + \begin{bmatrix} 1 & \varepsilon_z & \varepsilon_y \\ -\varepsilon_z & 1 & \varepsilon_x \\ \varepsilon_y & -\varepsilon_x & 1 \end{bmatrix} \begin{bmatrix} X' \\ Y' \\ Z' \end{bmatrix} + m \begin{bmatrix} X' \\ Y' \\ Z' \end{bmatrix} \tag{2.26}$$

即

$$\begin{bmatrix} X \\ Y \\ Z \end{bmatrix} = \begin{bmatrix} \Delta X_0 \\ \Delta Y_0 \\ \Delta Z_0 \end{bmatrix} + \begin{bmatrix} 0 & \varepsilon_z & -\varepsilon_y \\ -\varepsilon_z & 0 & \varepsilon_x \\ \varepsilon_y & -\varepsilon_x & 0 \end{bmatrix} \begin{bmatrix} X' \\ Y' \\ Z' \end{bmatrix} + (1 + m) \begin{bmatrix} X' \\ Y' \\ Z' \end{bmatrix} \tag{2.27}$$

$$\begin{bmatrix} X \\ Y \\ Z \end{bmatrix} = \begin{bmatrix} 1 & 0 & 0 & X' \cdot 10^{-6} & 0 & -Z'/\rho & Y'/\rho \\ 0 & 1 & 0 & Y' \cdot 10^{-6} & Z'/\rho & 0 & -X'/\rho \\ 0 & 0 & 1 & Z' \cdot 10^{-6} & -Y'/\rho & X'/\rho & 0 \end{bmatrix} \begin{bmatrix} \Delta X_0 \\ \Delta Y_0 \\ \Delta Z_0 \\ m \\ \varepsilon_X \\ \varepsilon_Y \\ \varepsilon_Z \end{bmatrix} \tag{2.28}$$

在式(2.26)中，当 $\varepsilon_X = \varepsilon_Y = \varepsilon_Z = 0$，$m = 0$ 时，即称为三参数公式。同理，在式(2.26)中，略去某些参数，可分别得四参数、五参数或六参数等坐标变换公式。

式(2.28)中的变换参数，一般利用公共点上的两套空间直角坐标系的坐标值 $(X,$

Y, Z) 和 (X', Y', Z')，采用最小二乘法解得。对于七参数法，最少需要三个公共点。而对于三参数则只需要一个公共点即可。为了保证转换参数的正确性，一般还需要一两个公共点作为检核点。

求定的转换参数精度取决于两个因素：其一是两套已知坐标本身的精度，其二是公共点的几何分布。已知坐标本身的精度决定了坐标改正数的大小，改正数普遍大表示两者之一或两者的坐标精度较差，从而导致观测值单位权中误差大，即转换参数精度低。计算转换参数时所采用的公共点的点位分布也将影响最后的结算结果。原则上说，转换参数是描述两个地球坐标系几何关系的参数，因此，利用全球均匀分布的公共点才能以最好的几何分布效果使得坐标误差对参数的影响最小，即参数的精度最高。

求得坐标参数之后，可以用式(2.28)实现两个坐标系间的转换。

2.3　时间系统

GNSS卫星作为一个高空动态已知点，其位置是随时间不断变化的。因此，在给出卫星运行位置的同时，必须给出相应的瞬间时刻。并且，卫星位置的精度和时刻的精度密切相关，例如：当要求GNSS卫星的位置误差小于1cm时，相应的时刻误差应小于2.6×10^{-6}s。GNSS测量是通过接收和处理GNSS卫星发射的无线电信号，来确定用户接收机(即观测站)至卫星间的距离，进而确定观测站的位置。而欲准确地测定测站至卫星的距离，就必须精密地测定信号的传播时间。如果要求站星距离误差小于1cm，则信号传播时间的测定误差应不超过3×10^{-11}s。

由于地球的自转现象，在天球坐标系中，地球上点的位置是不断变化的。若要求赤道上一点的误差不超过1cm，则时间的测定误差须小于2×10^{-6}s。

显然，利用GNSS技术进行精密定位与导航，应尽可能获得高精度的时间信息，这就需要一个精确的时间系统。以下介绍与GNSS测量有关的几种时间系统，即世界时、原子时和力学时。

确定一个时间系统和确定其他测量基准一样，要定义时间单位(尺度)和原点(起始历元)。

2.3.1　世界时系统

世界时系统是以地球自转为基准的一种时间系统。但是，由于观察地球自转运动时，所选择的空间参考点不同，世界时系统又包括以下几种不同的形式。

1. 恒星时(Sidereal Time，ST)

如果以春分点为参考点，则由春分点的周日视运动所确定的时间，称为恒星时。春分点连续两次经过本地子午圈的时间间隔为一恒星日，包含24个恒星时。所以恒星时在数值上等于春分点相对于本地子午圈的时角。因为恒星时是以春分点通过本地子午圈时为原点计算的，所以恒星时具有地方性，有时也称为地方恒星时。

众所周知，由于岁差、章动的影响，地球自转轴在空间的指向是变化的。与此相应，春分点在天球上的位置也不固定，有真春分点和平春分点之分。因此，相应的恒星时也有真恒星时和平恒星时之分。

恒星时是以地球自转为基础，并与地球的自转角度相对应的时间系统。

2. 太阳时(Solar Time)

太阳时也有真太阳时和平太阳时两种。如果以真太阳作为观察地球自转的参考点，那么由真太阳周日视运动所确定的时间，称为真太阳时。可定义真太阳中心连续两次经过本地子午圈所经历的时间间隔为一个真太阳日，同样，一个真太阳日也包含 24 个真太阳时。显然，真太阳时也有地方性，而且由于地球的公转轨道为一椭圆，根据天体运动的开普勒定律可知，太阳的视运动速度是不均匀的。以真太阳作为观察地球自转运动的参考点，将不符合建立时间系统的基本要求。为此，假设某个参考点的视运动速度，等于真太阳周年运动的平均速度，且其在天球赤道上作周年视运动。这个假设的参考点，在天文学中称为平太阳。平太阳连续两次经过本地子午圈的时间间隔，为一个平太阳日，而一个平太阳日包含有 24 个平太阳时。平太阳时也具有地方性，故常称为地方平太阳时。

平太阳日由平正午开始，即平正午为 0 时，平子夜为 12 时。1925 年国际天文联合会决定，改平太阳日由平子夜开始，即平子夜为 0 时，平正午为 12 时，简称平时或民用时。

3. 世界时(Universal Time，UT)

以平子夜为零时起算的格林尼治平太阳时称为世界时 UT。如果以 θ_{Gm} 代表平太阳相对格林尼治子午圈的时角，则世界时 UT_0 可表示为：

$$UT_0 = \theta_{Gm} + 12(h) \tag{2.29}$$

世界时与平太阳时的尺度基准相同，其差别仅仅是起算点不同。

世界时系统是以地球自转为基础的时间系统，而地球自转速度是不均匀的，存在长周期变化、季节性短周期变化和不规则变化。并且，地球的自转轴在地球内部的位置也不固定，即存在极移。地球自转的这种不稳定性，导致了世界时 UT_0 的不均匀性。为了弥补这一缺陷，1955 年 9 月国际天文联合会决定，在世界时 UT_0 中引入极移改正，经此改正的世界时，相应表示为 UT_1 和 UT_2。即：

$$UT_1 = UT_0 + \Delta\lambda \tag{2.30}$$

$$UT_2 = UT_1 + \Delta T_s \tag{2.31}$$

这里，$\Delta\lambda$ 为观测瞬间，地极相对国际协议地极原点 CIO 的极移改正，其表达式为：

$$\Delta\lambda = \frac{1}{15}(X'' \cdot \sin\lambda_0 + Y'' \cdot \cos\lambda_0) \cdot \tan\varphi_0 \tag{2.32}$$

式中：X''，Y'' 为观测瞬间的极移分量；λ_0，φ_0 为测站的天文经度和天文纬度。ΔT_S 为地球自转速度的季节性变化改正，自 1962 年起国际上采用如下经验公式来计算 ΔT_S：

$$\Delta T_s = a \cdot \sin 2\pi t + b \cdot \cos 2\pi t + c \cdot \sin 4\pi t + d \cdot \cos 4\pi t \tag{2.33}$$

式中：$a = 0.022''$；$b = -0.012''$；$c = -0.006''$；$d = 0.007''$；t 为由本年 1 月 0 日起算的年小数。很明显，世界时 UT_1 经过极移改正后，仍含有地球自转速度变化的影响，而 UT_2 虽经地球自转季节性变化的改正，但仍含有地球自转速度长期变化和不规则变化的影响，所以世界时 UT_2 仍不是一个严格均匀的时间系统。

世界时 UT_0、UT_1 与 UT_2 之间显然成立关系：

$$UT_2 = UT_0 + \Delta\lambda + \Delta T_s \tag{2.34}$$

2.3.2 原子时(Atomic Time，AT)

随着空间科学技术和现代天文学和大地测量学的发展，人们对时间系统的准确度和稳定度的要求不断提高。以地球自转为基础的世界时系统，已难以满足要求。为此，人们从 20 世纪 50 年代，便建立了以物质内部原子运动的特征为基础的原子时间系统。因为物质内部的原子跃迁所辐射和吸收的电磁波频率，具有很高的稳定性和复现性，所以由此而建立的原子时，便成为当代最理想的时间系统。

原子时秒长的定义为：位于海平面上的铯原子 133 基态两个超精细能级，在零磁场中跃迁辐射振荡 9192631770 周所持续的时间，为一原子时秒。该原子时秒作为国际制秒(SI)的时间单位。这一定义严格地确定了原子时的尺度，而原子时的原点由下式确定：

$$AT = UT_2 - 0.0039'' \tag{2.35}$$

原子时系统出现后，得到了迅速的发展和广泛的应用，许多国家都建立了各自的地方原子时系统。但不同的地方原子时之间存在着差异。为此，国际上大约有 200 座以上的原子钟，通过相互比对，并经数据处理推算出统一的原子时系统，称为国际原子时(International Atomic Time，TAI，源于法文 Temps Atomique International)。原子时是通过原子钟来守时和授时的，因此，原子钟振荡器频率的准确度和稳定度便决定了原子时的精度。

当前常用的几种频率标准的特性，如表 2.2 所列。

表 2.2　**几种常用原子频标的特性比较**

特征值	振荡器的种类			
	晶体振荡器	铷汽泡	铯原子束	氢原子激射器
相对频率稳定度/1s	$10^{-6}\sim10^{-12}$	$2\times10^{-11}\sim5\times10^{-12}$	$5\times10^{-11}\sim5\times10^{-13}$	5×10^{-13}
相对频率稳定度/1d	$10^{-6}\sim10^{-12}$	$5\times10^{-12}\sim5\times10^{-13}$	$10^{-13}\sim10^{-14}$	$10^{-13}\sim10^{-14}$
钟误差达 1μm 的时间	1 s～10 d	1～10 d	7～30 d	7～30 d
相对频率再现性	不可应用必须校准	10^{-10}	$10^{-11}\sim2.10^{-12}$	5×10^{-13}
相对频率漂移	$10^{-9}\sim10^{-11}/d$	$10^{-11}/m$	$<5\times10^{-13}/d$	$<5\times10^{-13}/y$

在卫星大地测量中，原子时作为高精度的时间基准，用于精密测定卫星信号的传播时间。

2.3.3　力学时(Dynamic Time，DT)

力学时是天体力学中用以描述天体运动的时间单位。根据天体运动方程，所对应的参考点不同，力学时又分为质心力学时和地球力学时的两种形式。

质心力学时(Barycentric Dynamic Time，TDB)，是相对太阳系质心的天体运动方程所采用的时间参数。

地球力学时(Terrestrial Dynamic Time，TDT)，是相对地球质心的天体运动方程所采用的时间参数。

地球力学时(TDT)的基本单位是国际制秒(SI)，与原子时的尺度一致。国际天文学联合会决定，于 1977 年 1 月 1 日原子时(TAI)0 时与地球力学时的严格关系定义如下：

$$TDT = TAI + 32.184'' \tag{2.36}$$

若以 ΔT 表示地球力学时(TDT)与世界时(UT_1)之差，则由上式可知：

$$\Delta T = \mathrm{TDT} - UT_1 = \mathrm{TAI} - UT_1 + 32.184'' \tag{2.37}$$

该差值可通过国际原子时与世界时的比对而确定，通常载于天文年历中。在 GNSS 测量中，地球力学时作为一种严格均匀的时间尺度和独立的变量而用于描述卫星的运动。

2.3.4 协调世界时(Coordinated Universal Time，UTC)

在许多应用部门，如大地天文测量、天文导航和空间飞行器的跟踪定位等部门，当前仍需要以地球自转为基础的世界时。但是，由于地球自转速度长期变慢的趋势，近 20 年来，世界时每年比原子时约慢 1s，两者之差逐年积累。为了避免发播的原子时与世界时之间产生过大的偏差，所以，从 1972 年起便采用了一种以原子时秒长为基础，在时刻上尽量接近于世界时的一种折中的时间系统，这种时间系统称为协调世界时(UTC)，或简称协调时。

协调世界时的秒长严格等于原子时的秒长，采用闰秒(或跳秒)的办法使协调时与世界时的时刻相接近。当协调时与世界时的时刻差超过±0.9s 时，便在协调时引入一闰秒(正或负)，闰秒一般在 12 月 31 日或 6 月 30 日加入。具体日期由国际计量局 BIPM(源于法文 Bureau International des Poids et Measures)和国际地球自转服务组织(International Earth Rotation Service，IERS)安排并通告。

协调世界时与国际原子时之间的关系由下式定义：

$$\mathrm{TAI} = \mathrm{UTC} + 1^s \times n \tag{2.38}$$

其中，n 为调整参数，由 IERS 发布。

为了使用世界时的用户得到精度较高的 UT_1 时刻，时间服务部门在发播协调时(UTC)时号的同时，还给出 UT_1 与 UTC 的差值。这样用户便可容易地由 UTC 得到相应的 UT_1。

目前，几乎所有国家时号的发播，均以 UTC 为基准。时号发播的同步精度约为±0.2ms，这样要求是考虑到当存在电离层折射影响时，在同一个台站上接收世界各国的时号，其误差将不会超过±1ms。

2.3.5 GPS 时间系统(GPST)

为了保证导航和定位精度，全球定位系统(GPS)建立了专门的时间系统，即 GPS 时间系统，简称 GPST。

GPST 属原子时系统，由主控站原子钟控制，其秒长为国际制秒(SI)，与原子时相同，但其起点与国际原子时(TAI)不同。因此，GPST 与 TAI 之间存在一个常数差，它们的关系为：

$$\mathrm{TAI} - \mathrm{GPST} = 19^s \tag{2.39}$$

GPST 与协调时(UTC)规定于 1980 年 1 月 6 日 0 时相一致，其后随着时间成整倍数积累，至 2012 年 7 月，该差值已达到 35s。GPST 与协调时(UTC)的关系为：

$$\mathrm{GPST} = \mathrm{UTC} + 1^s \times n - 19^s \tag{2.40}$$

GPS 以 UTC(USNO)(United States Naval Observatory，美国海军天文台)为时间度量基准，并且没有闰秒。UTC(USNO)与国际计量局 BIPM 维护的 UTC(BIPM)的差别在

20ns 以内。

图 2. 16 描述了 GPS 测量中，所应用的几种主要时间系统的关系。

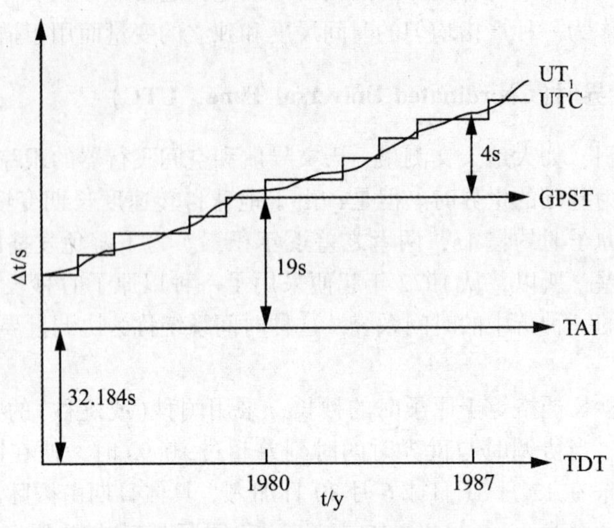

图 2. 16　几种不同时间系统间的关系

2. 3. 6　GLONASS 时间系统(GLONASST)

GLONASS 时间(GLONASST)是整个 GLONASS 系统的时间基准，它属于 UTC 时间系统，但是以俄罗斯(前苏联)维持的协调世界时 UTC(SU)作为时间度量基准。UTC(SU)与国际标准 UTC(BIPM)相差在 1μs(微秒)以内。GLONASST 与 UTC(SU)之间存在 3 个小时的整数差，在秒上，两者相差在 lms(毫秒)以内，导航电文中有 GLONASS 时间与 UTC(SU)的相关参数(1μs 以内)。

GLONASS 时间是基于 GLONASS 同步中心 CS(Central Synchronizer)时间产生的，同步中心的氢钟稳定性可达 5×10^{-14} s/d。GLONASS 卫星上装有高精度铯原子钟，产生卫星上高稳定时标作为卫星时间/频率基准，并向所有星载设备的处理提供同步信号。卫星钟的稳定性优于 5×10^{-12} s /d，两颗 GLONASS-M 卫星的时间差在 20ns(1σ)以内。

为了保证卫星钟精度，GLONASS 卫星钟定期与 CS 时间进行比对。并将每个卫星钟与 UTC(SU)的钟差改正由系统控制部分上传至卫星(每天 2 次)，从而保证卫星钟与 CS 时间的钟差在任何时间不超过 10ns。

UTC(SU)与国际计量局 BIPM 维护的 UTC(BIPM)时间存在几微秒的差异，如 1996 年 8 月，两者的差异为 8μs。为了使两者的差异保持在 1μs 以内，1996 年 11 月 27 日，NTFS (National Time and Frequency Service)对 UTC(SU)强行改正了 9μs。1997 年 7 月 1 日，NTFS 再次进行改正，使两者的差异在数百 ns 的水平。

由于有闰秒改正，所以 GLONASST 与 UTC(SU)不存在整秒差，但是存在 3 个小时的时间差：

$$\text{GLONASST} = \text{UTC(SU)} + 0.3^{h}00^{m} \tag{2.41}$$

由 GLONASS 与 UTC 的关系和 GPST 与 UTC 的关系，可得：

$$GLONASST = GPST - 1^s \times n + 19^s + 03^h 00^m \tag{2.42}$$

2.3.7 GALILEO 时间系统(GST)

GALILEO 系统的时间(GST)相对国际原子时(TAI)而言是一个连续的坐标时间轴，之间将有小于 30ns 的偏移。GST 相对 TAI 的偏移，在一年 95% 的时间内会限制在 50ns。GST 与 TAI、GPST 和 UTC 之差将向用户播发。

GST 与 GPST 之间的偏移由 GALILEO 系统的地面部分进行监测并最终播发给用户。这种偏差也可以由具有很高准确度的接收机通过观测一颗卫星来进行估计，其精度或许比广播的偏差更为精确。

2.3.8 北斗时间系统(The BeiDou Time)

我国的北斗卫星导航定位系统采用北斗时间系统(The BeiDou Time，BDT)，BDT 是一种连续的计时系统，其秒长为国际制秒(SI)。但 BDT 的起点为 UTC 时间 2006 年 1 月 1 日 00：00，BDT 与国际标准时间系统 UTC(BIPM)相差在 100ns 以内，其与 UTC 之间的闰秒信息在导航电文中播报。

2.4 时间标示法

时间标示法是指表示时间的方法，它是建立在时间系统基础上的时间表达方式。在导航卫星定位过程中常常会涉及许多不同的时间标示法，如 GPS 系统内部一般采用 GPS 时标示法，导航卫星测量应用中经常采用年积日标示法，科学领域普遍采用儒略日标示法和日常生活中普遍采用的历法标示法等。这些时间标示法间是可以严格进行相互转换的。

2.4.1 历法(Calendar)

历法是用年、月、日等时间计量单位计算时间的方法。从古至今，世界各国曾经出现过的历法有罗马历、儒略历、格里高利历以及我国的农历等。目前，世界上广泛采用的为格里高利历。

格里高利历以一个由 146097 天所组成的 400 年周期为基础，1 年的平均长度为 365.2425 天。根据格里高利历，1 年被划分为 12 个月，每个月的天数见表 2.3 所示。

表 2.3 格里高利历中每月的天数

月份	一	二	三	四	五	六	七	八	九	十	十一	十二
天数	31	28/29	31	30	31	30	31	31	30	31	30	31

在上表中，闰年的二月为 29 天，否则为 28 天。闰年的规定为：在年号能被 4 整除的年份中，除了那些能被 100 整除但不能被 400 整除的年份外，其余的均为闰年。

2.4.2　儒略日(Julian Day)

儒略日(Julian Day，JD)是指自公元前 4713 年 1 月 1 日格林尼治平子午线(UTC 中午 12:00)开始起算的累计天数，天的定义同世界时 UT。例如，1982 年 1 月 1 日 0 时的儒略日为 2 444 970.5。儒略日是一种不用年月的长期记日法，多为天文学家采用，用以作为天文学的单一历法，把不同历法的年表统一起来。不过，由于儒略日无法直接反映季节等信息，因而在日常生活中不太常用。

1. 格里高利历至儒略日的转换

格里高利历至儒略日的转换公式可表示如下：

$$JD = INT[365.25y] + INT[30.6001(m+1)] + D + h/24 + 1720981.5 \tag{2.43}$$

且有如下说明：若 $M \leqslant 2$，则 $y = Y - 1$，$m = M + 12$；若 $M > 2$，则 $y = Y$，$m = M$。

式中：JD 为儒略日；Y 为年；M 为月；D 为日；$h = H + \text{min}/60 + S/3600$，h，min 和 s 分别为时、分和秒；INT[ ] 为取整函数，有 $INT[a] \leqslant a$。

2. 儒略日至格里高利历的转换

采用下面的算法，可实现儒略日至格里高利历的转换：

$$\begin{aligned}
&a = INT[JD + 0.5] \\
&b = a + 1537 \\
&c = INT[(b - 122.1)/365.25] \\
&d = INT[365.25c] \\
&e = INT[(b - d)/30.6001] \\
&D = b - d - INT[30.6001e] + FRAC[JD + 0.5]\text{(日)} \\
&M = e - 1 - 12.INT[e/14]\text{(月)} \\
&Y = c - 4715 - INT[(7 + M)/10]\text{(年)} \\
&N = \text{mod}\{INT[JB + 0.5],\ 7\}
\end{aligned} \tag{2.44}$$

式中：N 为周几，0 表示周一，1 表示周二……6 表示周日；FRAC[a]为取数值 a 小数部分的函数，如 FRAC[10.1]=0.1；mod[a，b]为取 a 与 b 相除所得余数的函数，如 mod[12，7]=5。

注意，上面的转换算法仅在 1900 年 3 月至 2100 年 2 月期间有效。

2.4.3　简化儒略日(Modified Julian Day)

由于儒略日的计时起点较现今久远，若采用儒略日来标示现今时间，其数值位数将达到 7 位，不便于记忆与使用。为解决这一问题，国际天文学联合会(International Astronomical Union，IAU)于 1973 年提出了简化儒略日的时间标示法。简化儒略日是通过从儒略日中减去 2400000.5 天来得到的，即：

$$MJD = JD - 2400000.5 \tag{2.45}$$

不难计算出，简化儒略日的时间起点位于 1858 年 11 月 17 日子夜，该起点对应的儒略日即为 2400000.5。

2.4.4 GPS时(GPS Time)

GPS时在标示时间时所采用的最大时间单位为周(Week，即604800秒)，它采用如下方式来标示时间：从1980年1月6日0时开始起算的周数(Week Number)加上被称为周内时间(Time of Week)的从每周周六/周日子夜开始起算的秒数。

1. 儒略日至GPS时的转换

GPS时的起点是1980年1月6日0时，其对应儒略日为2444244.5。故儒略日至GPS时的转换公式如下：

$$\begin{aligned} WN &= \mathrm{INT}[(JD-2444244.5)/7] \\ TOW &= \mathrm{mod}\{JD-2444244.5, 7\} \times 604800.0 \end{aligned} \tag{2.46}$$

式中，WN表示GPS时的周数；TOW表示GPS时的周内时间。

2. GPS时至儒略日的转换

GPS时至儒略日的转换可通过以下公式实现：

$$JD = WN \times 7 + TOW/86400 + 2444244.5 \tag{2.47}$$

2.4.5 年积日(Day of Year)

年积日指从每年的1月1日起开始累计的天数，计数从1开始。在导航卫星系统的应用中，年积日标示法通常用来区分观测时间段，常用于观测值文件的命名中。

1. 格里高利历至年积日的转换

设格里高利历所标示的时间为Y年M月D日，则其对应年积日(DOY)的计算过程如下：

(1)采用格里高利历至儒略日的转换公式计算出Y年1月1日对应的儒略日JD_0；

(2)同样可以计算出Y年M月D日对应的儒略日JD；

(3)儒略日JD对应的年积日采用下式计算：

$$DOY = JD - JD_0 - 1 \tag{2.48}$$

2. 年积日至格里高利历的转换

采用下面的算法，可由Y年的年积日(DOY)计算出用格里高利历所标示的日期(Y年M月D日)：

(1)通过格里高利历至儒略日的转换公式计算出Y年1月1日的儒略日JD_0；

(2)当天对应儒略日可采用下式计算：

$$JD = JD_0 + DOY + 1 \tag{2.49}$$

(3)采用儒略日至格里高利历的转换公式即可算出对应的格里高利历日期。

第3章 卫星信号的结构

3.1 码分多址与频分多址概述

GNSS 卫星定位测量是通过用户接收机接收 GNSS 卫星发射的信号来测定测站坐标的，那么究竟什么是 GNSS 卫星信号呢？粗略地说，GNSS 卫星信号包括测距码、导航电文和载波三类信号。其中，导航电文用于提供卫星导航定位所需的卫星星历、时钟改正数、卫星工作状态、大气折射改正等信息；测距码信号用于测量卫星至地面 GNSS 接收机之间的距离；而载波信号的主要功能则是通过信号的调制与解调将测距码信号和导航电文传送到地面，同时也可用于高精度测量和定位。目前，GNSS 卫星信号的调制技术主要分为码分多址技术和频分多址技术：

码分多址(Code Division Multiple Access，CDMA)是扩频通信技术上发展起来的一种崭新而成熟的无线通信技术。CDMA 技术的原理是基于扩频技术，即将需传送的具有一定信号带宽的数据用一个带宽远大于信号带宽的高速伪随机码进行调制，使原数据信号的带宽被扩展，再经载波调制并发送出去。接收端使用完全相同的伪随机码，与接收的信号作相关处理，把宽带信号转换成原信息数据的窄带信号，以实现信息通信。采用该技术的 GNSS 系统有 GPS(美国)、Galileo(欧盟)和北斗系统(中国)。

频分多址(Frequency Division Multiple Access，FDMA)是把信道频带分割为若干更窄的互不相交的频带(称为子频带)，并把每个子频带分给一个用户专用(称为地址)的技术。FDMA 技术为用户单独分配了一个或多个频段，用于模拟传输过程，如无线电、卫星通信等。FDMA 的替代品包括 TDMA(时分多址，Time Division Multiple Address)，CDMA 和 SDMA(空分多址，Space Division Multiple Address)。FDMA 技术的缺点是串扰可能造成频率间的干扰并破坏传输。采用该技术的系统有 GLONASS(俄罗斯)。

GNSS 卫星信号的生成、传输、调制和解调都非常复杂，涉及现代数字通讯理论和技术等方面。作为 GNSS 信号用户，虽然可以不用深入研究这些问题，但了解其基本知识和概念，将有助于理解 GNSS 卫星导航和定位测量的原理，因而是十分必要的。

3.2 GPS 卫星信号

GPS 卫星采用码分多址技术，共发射两种类型的测距码信号，即 C/A 码(粗码)和 P 码(精码)，两者都是伪随机噪声码，都可以用来进行测距。但由于 C/A 码的码长很短，码元宽度较大，测距精度较低，故 C/A 码也称为粗码(coarse/acquisition Code)；P 码的码长很长，码元宽度较小，其测距精度较高，可用于较精密的导航和定位，故称为精码

(Precise Code)。

表3.1是GPS信号列表，其中已考虑了将来在L1和L5上的民用信号。军用信号是加密的，只限于军方和授权用户使用。正如美国政府所强调的那样，民用信号可向全球范围内的所有用户免费提供。ARINC Engineering Services 提供的接口标准文件(IS-GPS-200D)中对GPS导航信号进行了详细说明。

表3.1 **GPS信号表**

L1	链路1，载波频率=1575.420 MHz
L2	链路2，载波频率=1227.600 MHz
L3	链路3，载波频率=1381.050 MHz，军用信号
L4	链路4，载波频率=1379.913 MHz，军用信号
L5	链路5，载波频率=1176.450 MHz
C/A	粗捕获码
P(Y)	精码，在A-S模式下用Y码代替P码
M	军方码
L1C	L1上的民用码
L2C	L2上的民用码，通常指L2上的码，由C/A、L2CM和L2CL的组合构成
L2CM	L2上的中等长度码
L2CL	L2上的长码
L5C	L5上的民用码，通常指L5上的码，由L5I和L5Q的组合构成
L5I	L5上的同相码
L5Q	L5上的正交码
NS	非标准码

GPS系统于1995年实现完全工作能力时，系统已开始在L1和L2载波上发送导航信号。载波L3和L4已用于探测系统及其分析软件，这两者均为军方服务。随着技术持续发展、用户需求增加，以及与欧洲导航系统之间的竞争加剧，促进了GPS现代化计划的诞生。新信号将提供更好的相关特性、更高的信号功率、改进的电文结构、更高的精度及更好的抗干扰能力。GPS现代化还包括额外的L5链路和在所有民用及军用载波频率上附加的一些导航信号。

从BlockⅡR-M型卫星的发射开始，用户就已从GPS现代化计划中受益，因为这类卫星首次在L2载波上调制了第二个民用信号。同时，现代化后的军用M码也加载到了L1和L2上，增加了军方导航服务的抗干扰能力。GPS运行中心宣称，在系统完全运行准备就绪之前，新信号的可用性及其质量将在不事先告知的情况下进行改变。但是就目前的进展情况来看，若要在全球全天候的条件下提供GPS现代化之后的信号和服务，至少还需要几年的时间。

3.2.1　载波频率

GPS系统的所有导航信号和计时过程都是以基本频率 $f_0 = 10.23$MHz 为基础的，该基本频率由原子频率标准相干产生。为了补偿相对论效应，有意将基本频率减少 Δf（约 4.5674×10^{-3} Hz）。表3.2列出了发送GPS导航信号所采用的载波频率。GPS采用的频段要求与其他系统和服务的频段互质。因此，L2频段与民用和军用雷达频段互质，L5频段与军方信息传送服务、测距设备，以及为航空用户发送信号的战术航空导航系统的频段互质。同时，ITU（International Telecommunication Union，国际电信联盟）也扩展了RNSS（Radio Navigation Satellite Services，卫星无线电导航服务）和ARNS（Aeronautical Radio Navigation Services，航空无线电导航服务）的频段。

表3.2　**GPS信号频率**

链路	因子（$\bullet f_0$）	频率/MHz	波长/cm	国际电信联盟分配的带宽/MHz	频段
L1	154	1575.42	19.0	24.0	ARNS/RNSS
L2	120	1227.60	24.4	24.0	RNSS
L5	115	1176.45	25.5	24.0	ARNS/RNSS

值得说明的是：不同载波相位的线性组合对构成无电离层组合特别有用，较大的频率差别对计算电离层改正非常有利。其中，L2和L5之间的频率差可以得到波长为5.9 m的载波相位组合，其对模糊度求解特别有效，详细原理将在第五章的观测值线性组合一节介绍。

3.2.2　PRN码和信号调制

载波信号上调制了PRN测距码和导航电文，PRN即伪随机码（Pseudo Random Code）。GPS采用码分多址技术，因此，每颗GPS卫星发送不同的PRN码。如接口标准文件中规定的那样，卫星号一般与PRN号一致（如SV01=PRN01）。

达到完全工作能力后，GPS一直提供C/A码、P_1码和P_2码三种测距码，并分别调制到两个载波频率上：

$$s_{L1}(t) = a_1 c_P(t) d(t) \cos(w_1 t) + a_2 c_{C/A}(t) d(t) \sin(w_1 t) \tag{3.1}$$

$$s_{L2}(t) = a_3 c_P(t) d(t) \cos(w_2 t) \tag{3.2}$$

式中，$c_P(t)$ 表示精码，这里表示没有加密的信号；$c_{C/A}(t)$ 为粗捕获码；$d(t)$ 对应于导航电文；因子 $a_i = \sqrt{2P_i}$ 表示信号分量的功率；w_i 为相应载波的角频率。C/A码只调制在L1载波频率上，而P码则调制在L1和L2两个频率上。因此，C/A码调制在同相通道上与P码正交，且其功率比P码大3 dB。这三种测距码上都调制有导航电文。C/A码定义了标准定位服务（Standard Positioning Service，SPS），P码则定义了精确定位服务（Precise Positioning Service，PPS）。

图 3.1 概括了从 BLOCKⅠ至 BLOCKⅢ卫星的 GPS 信号功率谱密度包络，其中还重点显示了 GPS 现代化计划带来的信号可用性的发展。新的 PRN 码的选择需要与现有的码正交，由于性能和干涉等方面的原因，调制结构要求能够在频谱上分离不同的信号；且所有的测距码均规定与精码同步。

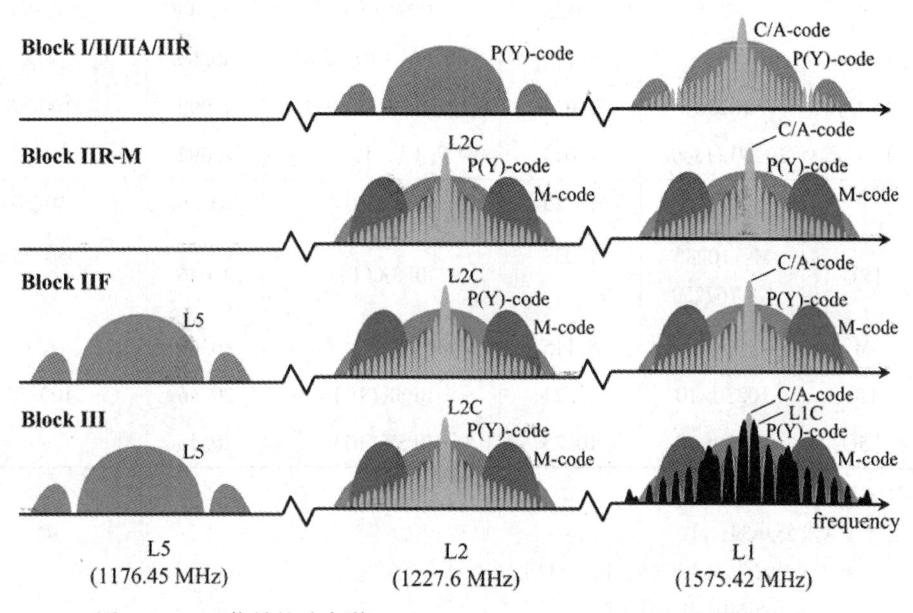

图 3.1 GPS 信号的功率谱(Christopher J. Hegarty and Eric Chatre，2008)

表 3.3 概括了所有 GPS PRN 码序的重要参数。相对于性能参数而言，民用和军用信号都不是最优的。据有关文献，L1 上的 C/A 码受电离层折射的影响最小，L5C 码具有民用信号中最高的功率，且分配到 ARNS 段，与 C/A 码或 L5C 码相比，L2C 码具有更好的互相关性能。因此，定位的最优选择是组合不同的信号。

卫星信号发生器采用不同的开关，这样可以选择不同的民用和军用码及导航电文在不同的载波频率上进行组合。

1. C/A 码

粗捕获是不保密的民用 PRN 码。C/A 码码长为 1023 个码片，码频率为每秒 1.023(f_0/10)兆码片。因此，码的持续时间为 1ms，且相应的码片长度大约为 297m。相对较短的码持续时间有利于信号的快速捕获，但由于两个 C/A 码的最大相关水平为-24dB，其使得码更容易受到干扰。C/A 测距码与导航电文一起采用 BPSK(1)方式调制到 L1 载波频率上。

C/A 码是一种 Gold 码，由两个 10 位的线性反馈位移寄存器(LFSR)产生。特征多项式为：

$$G_1 = 1 + x^3 + x^{10} \tag{3.3}$$

$$G_2 = 1 + x^2 + x^3 + x^6 + x^8 + x^9 + x^{10} \tag{3.4}$$

表 3.3　**GPS 测距信号**

链路	PRN 码	PRN 码长/码片	码率（兆码片/秒）	调制类型	带宽（/MHz）	数据率（符号/秒）或(bit/s)
L1	C/A	1023	1.023	BPSK(1)	2.046	50/50
	P	~7 天	10.23	BPSK(10)	20.46	50/50
	M	*	5.115	BO C_S (10, 5)	30.69	* *
	L1 C_D	10230	1.023	BO C_S (1, 1) * * *	4.092	100/50
	L1 C_P	10230×18000	1.023	BO C_S (1, 1) * * *	4.092	—
L2	P	~7 天	10.23	BPSK(10)	20.46	50/50
	L2C	M：10230 L：767250	1.023 * * * *	BPSK(1)	2.046	50/25 —
	M	*	5.115	BO C_S (10, 5)	30.69	* *
L2	L5I	10230×10	10.23	BPSK(10)	20.46	100/50
	L5Q	10230×20	10.23	BPSK(10)	20.46	—

注：(*)加密的；
(* *)未公开的；
(* * *)现改为 MBOC(6, 1, 1/11)；
(* * * *)chip-by-chip 分时

每个寄存器的初始状态为 1，两个码序列异或(XOR)求和生成 C/A 码(图 3.2)。(异或也叫半加运算，其运算法则相当于不带进位的二进制加法。二进制下用 1 表示真，0 表示假，则异或的运算法则为：$0\oplus0=0$，$1\oplus0=1$，$0\oplus1=1$，$1\oplus1=0$(同为 0，异为 1)，这些法则与加法是相同的，只是不进位。

为了生成唯一的码序列，G_2 码序被延迟了一个整数的码片 τ 。同一码通过不同时间延迟所得到的两个码 XOR 求和，其结果是这个码的整数码片的延迟，这也是最大长度 LFSR 码序的代表性特征之一。通过这种方式，延迟的 G_2 寄存器的输出可以由两个抽头的寄存器的输出 XOR 求和表示。因此，当每个寄存器的初始向量为 1 时就唯一定义了 45 个不同的 C/A 码。通过改变寄存器的初始向量，可以定义更大的 Gold 码集。

图 3.2 显示了 SV01(PRN01)的码生成原理，其中选取了 G_2 型的寄存器 2 和 6 来生成 G_2 码序。G_2 的码延迟为 5，且这个 Gold 码输出的前 10 个码片用二进制表示为 1100100000，用八进制表示为 1440。

2. P(Y)码

P 码由四个 12 位的线性反馈移位寄存器生成，方法是通过一定的规律将它们的初始状态截断。一个 12 位 LFSR 可以生成长度为 4095 的码序列，然而，其输出被生成一个截断长度为 15345000 的 X1 码，X1 码每 1.5s 重复一次，码频率为每秒 10.23 兆码片。其他两个 LFSR，$X2_A$ 和 $X2_B$ 生成截断长度为 15345037 的 X2 码。

P 码通过码 X1 和 X2 的 XOR 求和生成。因此，总长度为 15345000×15345037＝2.3547

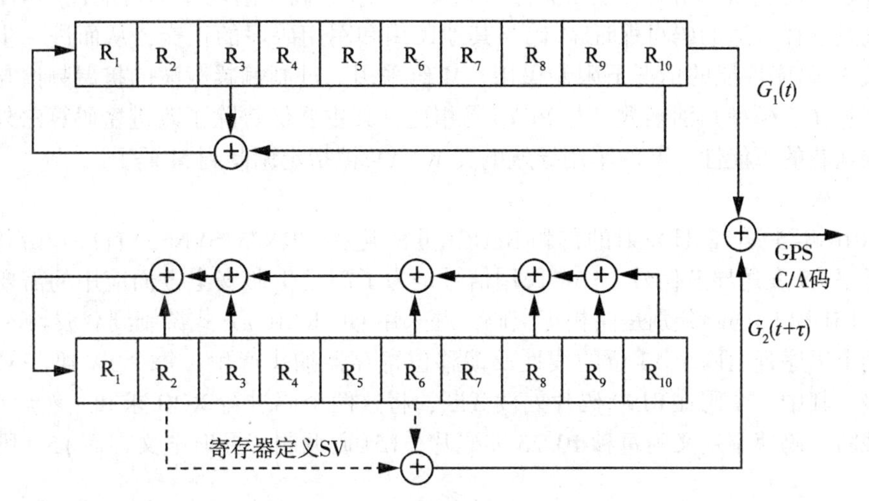

图 3.2 C/A 码的生成(Gold)

×10[14]。考虑到每秒 10.23 兆码片的码频率，这个码序列长度为 266.41 天(38.058 周)。P 码被分为 37 个不同的码段，每个长度为一周。

$$P_k(t) = X1(t)X2(t + kT)(0 \leqslant k \leqslant 36) \tag{3.5}$$

这些码的历元于星期六到星期天的午夜被截断，其中的 32 个码段供 GPS 卫星使用，5 个作为其他用途。通过将这 37 个初始码循环 1～5 天的时间，平移生成 173 个附加的 P 码 PRN 序列。

P 码是向公众提供的非分类码。加密的 W 码用于对 P 码进行加密得到 Y 码，通常表示为 P(Y)码。W 码的速率低于每秒 10.23 兆码片，Y 码的速率与 P 码速率严格相同。这样的加密过程就是所谓的反电子欺骗政策(A-S)。

由于 P(Y)码非常长，因此很难在没有先验信息的情况下获取。所以，军用接收机利用 C/A 码进行初捕获，然后利用导航电文中的交接字锁定 P(Y)码以获得更高的效率。直接获取 P(Y)码需要精确的时钟、准确的位置以及卫星的星历。

P(Y)码和 NAV 电文一起采用 BPSK(10)方式调制到 L1 和 L2 上，并将同一个保密码序列同时调制到两个载波频率上，信号接收端可以采用无码技术实现对载波相位及伪码观测值的观测。

3. L2C 码

2005 年 12 月 16 日，第一颗 GPS BLOCK Ⅱ R-M 卫星(PRN17/SVN53)开始播发 L2C 民用信号，这一新的民用码将用于满足特殊的商业需求。L2C 码由 L2CM 码和比 L2CM 码长 75 倍的 L2CL 码组成。L2CM 码有 10230 个码片，长度为 20ms，L2CL 码有 767250 个码片，长度为 1.5s。L2CL 和 L2CM 码为 0 和 1 的个数分别相等的平衡码。它们的码速率为每秒 511.5 千个码片。L2CM 码上调制 CNAV 导航电文(25bit/s)，L2CL 码则用作导频信道。最后这两个测距码被逐码片分为每秒 1.023 兆码片的 L2C 码，并最终采用 BPSK(1)方式被调制到 L2 载波频率上。

4. M 码

从 BLOCK Ⅱ R-M 卫星开始使用军用 M 码，这一军用码的主要特征是高抗干扰能力、增强的导航性能、新的密码算法带来的较强安全性、较高发射功率的可能性(弹性功率)。频谱分离及选择合适的码可保证 M 码与其他民用和军用码序的正交，从而进一步保证了在不损失 M 码序性能的情况下限制民用。M 码采用二进制偏置载波的扩展频谱与频谱分离，其优势在于模糊判别函数。与 P(Y)码相比，其主要优势除了改进密码算法外，还提高了直接捕获的可能性。新的军用导航电文 WNAV 被指定调制到 M 码上。

5. L5C 码

于 2010 年 5 月 28 日发射的首颗 BLOCKⅡF 卫星(PRN25/SVN62)首次开始利用第三个载波频率 L5 发送导航信号。L5C 民用信号是为了满足生命安全方面应用的需要而专门设计的。L5I 和 L5Q 码分别是同相正交码，并采用 QPSK(10)方式调制到载波频率上。

这两个码序列由两个 13 位的线性反馈移位寄存器抽头产生，每个 SV 唯一对应一个初始向量。其中一个码在 8190 码片处被截断，将这两个码进行 XOR 求和，然后在 10230 个码片截断。码速率定义为每秒 10. 23 兆码片。L5I 码调制有导航电文，而 L5Q 则用作导航信道。

另外，L5I 和 L5Q 码还分别调制有同步序列码。这两个低频的次码分别长 10 个码片(即 1 111 001 010)和 20 个码片(即 00 000 100 110 101 001 110)，进而分别生成 10ms(102 300 码片)和 20ms(204 600 码片)的复合码。同步序列是时钟频率为每秒 1 千码片的 Neuman-Hoffman 码，生成这些码的主要目的是降低窄带干扰效应。同时，利用更好更稳定的符号同步技术，减少相互处理。

L5I 信号由测距码、同步序列和导航数据组成。L5C 测距码比 C/A 码长 10 倍，因此，这类码具有更高的自相关和互相关特性。由于具有更大的功率，L5C 测距码可以提供更好的抗干扰能力。L5 载波频率分配在 ARNS 频段，并与该频段的其他频率互质，因此，该信号对生命安全服务特别有用。L5C 信号的另一个优势是具有比其他信号更高的功率，而要实现 24 颗 BLOCKⅡF 卫星的完全工作能力，预计到 2015 年左右才能实现。

6. L1C 码

民用 L2C 和 L5C 码及军用 M 码代表了 GPS 信号现代化的下一步计划。资料显示，美国仍然将 L1 载波上的现代化民用信号列于计划之中。L1C 信号将是第四类民用信号，为了后向兼容，它不会取代 C/A 码，而只是加在 C/A 码上。L1C 信号由 L1C_D 数据通道和 L1C_P 导频信号组成。L1C_P 定义为 10230 码片的主码和 1800 码片的次码。

在美国政府和欧盟达成的协议中，美国和欧盟同意在载波频率 L1 和 E1 上提供相同调制方式的信号，这样有利于两个系统之间的组合应用。此外，在该协议中，还决定采用以 BOCs(1. 1)调制方式作为基础，同时分析了该调制方式的更多选择性。2006 年 3 月，GPS-Galileo 的无线电频率兼容性和互操作性工作组在正式的声明中推荐采用混合二进制偏移载波调制 MBOC(6，1，1/11)。两个具有正弦相位的正交调制 BOCs(1，1)和 BOCs(6，1)的混合将在较高的频率上增加更多的能量，从而提供跟踪性能。同时，MBOC 调制也被作为新的基础调制方式。

L1C 测距码由一个特定长度为 10223 的 Legendre 序列组成，它是在与 PRN 信号数有关的点上插入公共的 7 位展开的 Weil 码序列演变得到。

3.2.3　导航电文

导航电文实质上包括卫星的轨道信息、卫星的健康状况、不同的改正数据、状态电文以及其他的数据电文等；同时，也发送 GPS 系统时间与其他 GNSS 系统如 GLONASS、Galileo、QZSS 等的时间偏差。导航电文的数据率比扩频码的码速率慢，如调制在 C/A 码上的导航电文数据位长度为20ms，因此，每个数据位包含 20 个 C/A 码码片。由于信噪比低，所以需要较低的数据率以保证低误码率(BER)。地面监控站按规则的时间间隔对导航电文进行更新并上传到卫星。

新的星历数据至少每两个小时传送给用户一次，且数据的有效时间与导航电文有关，一般在3～4h 内有效。载有铯钟的 BLOCK Ⅰ 卫星的广播星历精度约为5m(假设每天上传3次)。对 BLOCK Ⅱ 卫星而言，其精度约为 1m。

历书参数至少每六天更新一次。卫星存储器内存放有多套数据，可以保证在不与控制站联系的情况下发送历书。但是，历书参数的精度随着时间的增加而降低。

1. NAV 电文

卫星导航电文包括卫星星历、时钟改正参数、电离层延迟改正参数、遥测码，以及由 C/A 码确定 P 码信号时的交接码等参数。电文以二进制码的形式发送，码率为每秒 50 比特，每个二进制码为 20ms。电文按帧传送，每帧电文包含 1500 个二进制码元，周期为 30 秒。每帧又分为 5 个子帧，每个子帧都包含 300 个二进制码，耗时 6 秒。每个子帧又分为 10 个字，这样一个字就包含 30 个二进制码，其最后 6 个比特是奇偶校验位，用以检查传送的信号是否出错，并能纠正单个错误，故通常又称为纠错码。完整的导航信息由 25 帧数据组成。由于播送速度为 50 bit/s，所以全部播完要 12.5 分钟，其结构如图 3.3 所示。

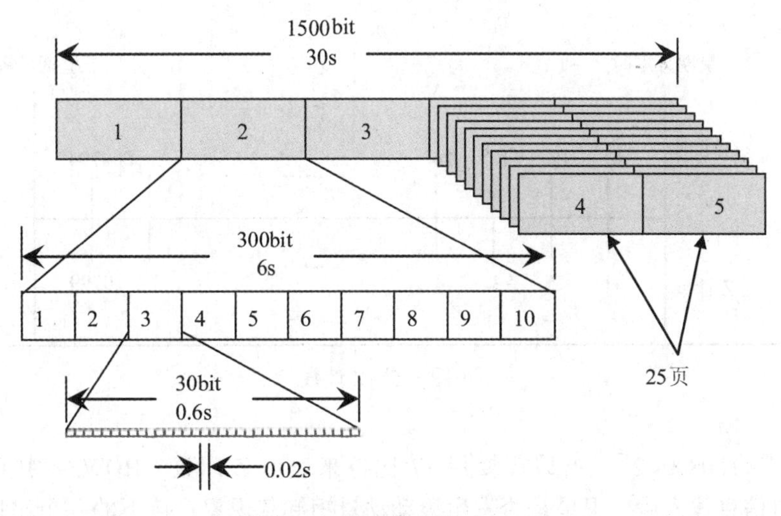

图 3.3 导航电文格式

每帧导航电文中，各子帧的主要内容如图 3.4 所示。

(1)遥测与交接信息

TLM：每个子帧的第一个字为遥测字(TLM)。遥测字开头的 8 个比特可作为捕获导航信息的前导，随后的 14 个比特是遥测码的电文，其内容包括控制站注入数据时的状态、诊断信息和其他信息，例如，卫星出现滚动动量矩卸载时的 Z 计数，也就是出现这种现象的时间。当这种现象发生时，卫星星历的精度将会受到影响，提供这种信息将有助于用

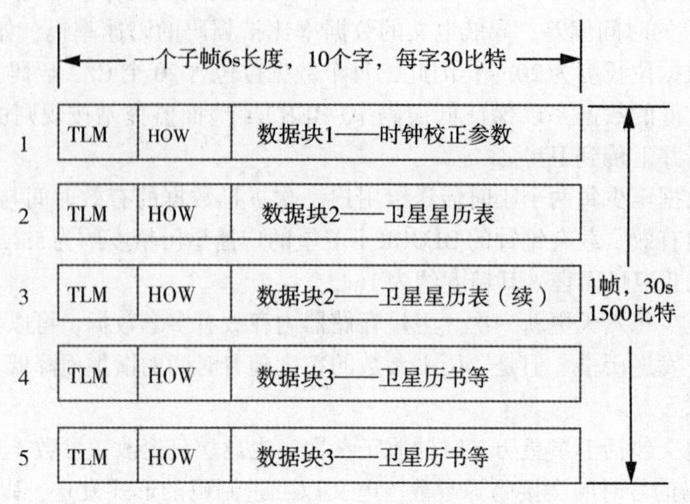

图 3.4　一帧导航电文的内容

户决定是否选择其他卫星。接下来是两个无信息意义的连接比特和 6 个奇偶校验比特。

HOW：第二个字为 C/A 码转换为 P 码的交接码(HOW)。交接字包含卫星时间计数器(Z-计数)的 17 个比特，用于指示下一子帧开始时卫星时间，Z 计数表示从星期日零时起算的子帧数。如图 3.5 所示，Z 计数乘 6 秒后即为下一子帧的前沿所对应的 GPS 时。

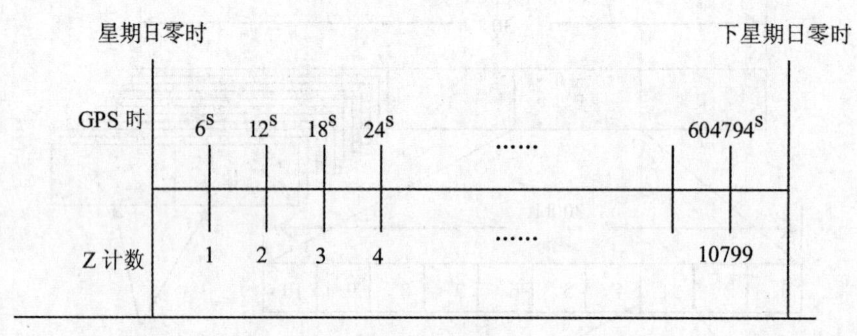

图 3.5　Z 计数

因为 $2^{16}<100800<2^{17}$，所以需要用 17 比特来表示 Z 计数。HOW 字中的第 18 比特，用以指示自信息注入后，卫星是否发生滚动动量矩卸载现象；接下的一个比特就是时间同步指示，用以指示数据帧的时间是否与 X1 钟的时间一致。随后的 3 个比特用来标识子帧，最后是两个无信息意义的比特和 6 个奇偶校验比特。奇偶校验码采用的是汉明码，用于发现错误，并纠正单个错误，以确保信息的正确传递。

(2)数据块 1——时钟校正参数

导航卫星系统是通过比较卫星钟和用户钟的信号传播时间差来测距的，因而时钟误差将直接变为测距误差。所以必须对时钟进行校正，这些时钟误差通常采用一个多项式的系数来表达，在导航电文中，它们处于第一子帧中第 3 ~ 10 个字。卫星上原子钟不稳定的误差一般可表示为：

$$\Delta t_{Sv}(t)=a_0+a_1(t-t_{0c})+a_2(t-t_{0c})^2+\Delta\varphi(t) \tag{3.6}$$

其中：t_{0c} 为参考历元时刻；$\Delta\varphi(t)$ 为随机飘移，及未模型化的误差；(a_0, a_1, a_2) 的数值可以由地面控制中心根据实测资料预估求出，然后注入卫星存贮器中，由卫星在第一子帧中播出，具体参数如表3.4所示。

表3.4　**数据块1的参数**

参　数	比特数	比例因子	数值范围	单位
WN(GPS周)	10	—	0～1023	星期
P或C/A码?	2	—	0～3	—
N	4	—	2^N	米
导航信息是否正确?	1	—	—	—
编码是否正确?	5	—	—	—
L2 P码信号上有无导航信息?	1	—	—	—
AODC	10	2^{11}	2^{21}	秒
TGP	8	2^{-31}	$\pm2^{-24}$	秒
t0c	16	2^4	604784	秒
a2	8	2^{-55}	$\pm2^{-48}$	秒/秒2
a1	16	2^{-43}	$\pm2^{-28}$	秒/秒
a0	22	2^{-31}	$\pm2^{-10}$	秒

注：±表示最高位为符号位；所有二进制数都是2的补码。

(3)数据块2——卫星星历参数

数据块2包含发射信号卫星本身的星历参数，它们通常采用开普勒参数表示，具体分布在第二子帧和第三子帧。星历参数包括15个卫星轨道参数(相应参数的意义将在第4章中详细介绍)，相应于参考历元(t_{0e})，以及星历参数的数据年龄AODE。其中，AODE在第二和第三子帧中各出现一次，它可用以指示卫星星历是采用几个小时曲线拟合得到的。对GPS工作卫星，第一天数据采用4小时资料作曲线拟合，第2～14天的数据，则采用6小时资料进行曲线拟合。广播电文中的1～3子帧，每30秒重复一次，每1小时更新一次信息内容。

(4)数据块3——卫星历书数据

卫星历书数据的内容实际上是数据块1和数据块2中参数的截断形式，它为用户提供低精度的卫星位置、钟改正参数、卫星工作状态和卫星识别标志等信息，用于帮助用户直接捕获卫星信号，及选择最合适的GPS卫星进行观测。与块1、2不同的是，块3在第4、5子帧中交替出现25次，每次包括不同卫星的历书数据，一共要750秒才重复出现一次，完整的内容分25次(即25页)完成。

卫星导航信息由卫星钟精确控制，各子帧与GPS系统的时间保持同步，同步精度在1

毫秒以内。各个 GPS 卫星钟的时间与 GPS 系统的时间同步精度也控制在 1ms 以内(<976μs)。因此知道了系统时间 t，就可以推算出导航电文的子帧数、字数和比特数：

子帧数=[t/6 Mod 5]+1

字数=[t/0.6 Mod 10]+1

比特数=[t/0.02 Mod 300]+1

式中：[a Mod b]表示不大于 b 的整数。

2. CNAV 电文

所有卫星的 NAV 导航电文结构和长度都相同，且固定不变。新的民用和军用数据电文，即 CNAV 和 MNAV，采用新的现代化后的数据格式，利用可变化的数据电文代替帧和子帧的策略。因此，数据电文由包含电文类型标识符的头、数据域和冗余度循环检查字等组成。CNAV 电文采用一个 7 位的卷积编码器进行半速率前向纠错(FEC)编码来降低误码率。CNAV 数据精度高于 NAV 电文，但建议不要混合使用来自不同导航电文的数据。

3. MNAV 电文

MNAV 电文的结构与 CNAV 的类似，帧和子帧的结构被数据电文结构取代。通过这种方式，降低了 NAV 格式的无效性，增强了配置和内容的灵活性，而且电文内容可被军方使用。MNAV 还提高了数据的安全性和系统的完备性。由于军方电文设计灵活，可满足不同的卫星和频率，因此，电文内容可以根据卫星和载波频率(如 L1、L2)进行调整。

4. L5I 上的数据电文

L5I 上的导航数据包含与 NAV 和 CNAV 相同的数据，但格式不同。每个电文由 300 位组成，分为 8 位的前导、6 位的电文类型标识符(即 64 种不同的电文)、数据域和一个 24 位的循环冗余校验，由于采用 FEC 编码，可在 6s 内完成一条电文的广播。

5. CNAV-2 电文

调制在 L1C_D 信号上的数据电文分为若干帧，每帧又分为 3 个子帧。第一个子帧包含时间间隔标识符，第二个字帧包含时钟和星历数据；第三个子帧包含一个页码作为唯一标识，且不同帧的第三个子帧的内容可以随意变动。并在进行 XOR 求和得到 L1C 码前，对 FEC 编码符进行纠错编码。

3.3　Galileo 卫星信号*

欧盟(European Union，EU)1999 年 7 月的政策文件规定：“Galileo 必须是一个开放的全球系统，它与 GPS 完全兼容，但又独立于 GPS。”在 2002 年 3 月 25 日至 26 日的会议上，欧盟交通委员会对 Galileo 的发展阶段做出了决定，会上重申了 Galileo 系统与 GPS 兼容和互操作的必要性和重要性。这是因为只有兼容和互操作才能实现 Galileo 系统和 GPS 的合并使用，而欧盟认定双系统合并使用有如下必要性：

①用以满足要求最高的用户的应用需求。

②减轻卫星导航系统的弱点。

③为安全(safety)和/或安全的原因提供牢固的应用所需要的系统冗余。

④帮助 Galileo 系统进入 GNSS 市场。

⑤扩展新的市场机会。

Galileo 系统独立于 GPS，是为了防止或减小因 GPS 或 Galileo 系统中有一个发生故障时也导致另一个系统不能使用的风险，更重要的是为了保护欧洲的主权。为了独立性，Galileo 系统除了具有单独的空间和地面基础设施和控制系统、单独的系统时和坐标系之外，还有独立的信号和频率设计。

Galileo 的信号和频率设计考虑了各种影响因素，其中包括信号的捕获和跟踪特性、与其他 GNSS 信号的互操作性、抗干扰能力和多路径效应的消除。为此，欧盟和欧空局(European Space Agency，ESA)设立了一个信号任务小组，其职责是分析和定义最优 Galileo 信号，同时维持与其他 GNSS 系统的互操作性。

3.3.1 载波频率

如图 3.6 所示，目前 Galileo 系统的信号计划用 4 个频段进行传送，这四个频段分别是 E5a、E5b、E6 和 E1。它们为 Galileo 信号的传送提供了一个较大的频带宽度。

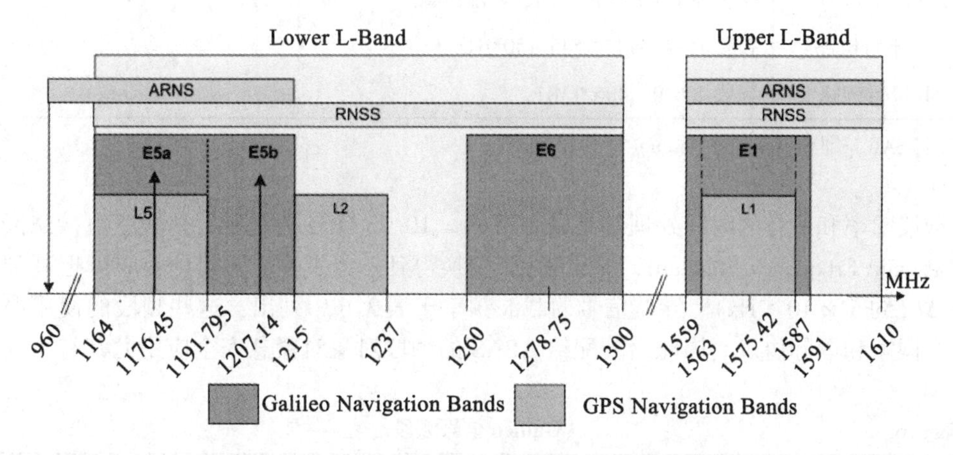

图 3.6 Galileo 系统频段

载波频率(频段)和信号组成的命名按照表 3.5 中的术语给出。载波频率 E5a 与 GPS 系统的 L5 载波频率一致。Galileo 系统的 E1 频段中包括了 GPS 系统的 L1 频段和相邻的 1559.052～1563.144 MHz 及 1587.696～1591.788 MHz 频段。这个频段以前命名为 E1 和 E2 段，后来改用 E2-L1-E1 来表示。之后欧空局(ESA)又改用 E1 来表示，其邻接的波段则没有单独命名。

ESA 在选择 L 波段频率作为导航频率之前也分析了其他频率，尤其是 C 波段。有关分析结论是：C 波段是下一代 Galileo 系统的理想选择，但 L 波段是第一代 Galileo 系统的理想选择。除了列于表 3.5 中的载波频率和信号构成外，Galileo 系统还采用了很多 C 波段和 S 波段之外的频率作为卫星的上行和下行链路。

Galileo 系统的频段是在 2000 年和 2003 年世界无线电通信大会(World Radiocommunication Conferences，WRC)上分配的。根据 ITU 规定，分配给某系统的频段必须在一定时间框架下用此频段传输信号，以避免该系统对该频段无限制使用。Galileo 系统于 2005 年发射了第一颗实验卫星，避免了所分配频率过期的威胁。

表3.5　**Galileo信号表**

信号	载波频率(频段)
E1	载波频率1575.420 MHz，也称为L1(美国)
E6	载波频率1278.750MHz
E5	载波频率1191.795MHz，也称为E5a+E5b
E5a	载波频率1176.450MHz，也称为L5(美国)
E5b	载波频率1207.140MHz
E1A，E1B，E1C	E1的三个信号组成(A，B，C)
E6A，E6B，E6C	E6的三个信号组成(A，B，C)
E5a-I，E5a-Q	同步和求E5a信号组成部分的积分
E5b-I，E5b-Q	同步和求E5b信号组成部分的积分
SAR* 下行链路	频段1544.050～1545.150MHz
SAR上行链路	频段406.0～406.1MHz

注：* SAR，即Search and Rescue(搜索和救援)。

载波频率和所有的时间处理都是以频率$f_0 = 10.23$ MHz为基础，该频率直接从嵌入的AFS(Atomic Frequency Standard，原子频标)变换得到。为了补偿相对论效应可把基础频率降低Δf(约5×10^{-3} Hz)。导航信号的载波频率于表3.6中列出，这些频段的使用严格遵守各个国家和国际协议。因此，分配给ARNS的频段对象对紧急安全应用尤其有用。

表3.6　**Galileo信号频段**

链路	因数($\cdot f_0$)	频率/MHz	波长/cm	ITU分配的带宽/MHz	频段
E1	154	1575.420	19.0	32.0	ARNS/RNSS
E6	125	1278.750	23.4	40.9	RNSS
E5	116.5	1191.795	25.2	51.2	ARNS/RNSS
E5a	115	1176.450	25.5	24.0	ARNS/RNSS
E5b	118	1207.140	24.8	24.0	ARNS/RNSS

表3.6所列的频段由卫星无线电导航系统和非无线电导航服务共享。距离测量设备和战术空间导航系统在E5a和E5b频段上为航空用户发射信号，相同的频率也被军用系统用来传输信息。E6频段则由Galileo信号、基本雷达信号、风层析(敏感的多普勒雷达)信号和无线电业余爱好者发射的信号共同占据。E5a和E1这两个频段与GPS系统的信号频段重叠，其增加了Galileo系统和GPS系统的互操作性和兼容性。GLONASS系统的G3载波也与Galileo系统的E5b相互重叠。

E1 和 E5 的巨大频率差异将有利于计算电离层改正。利用 E5a 和 E5b 之间的频率差可获得波长为 9.8m 的组合频率，有利于整周模糊度求解。

3.3.2 伪随机码和信号调制

Galileo 系统定义了很多不同的测距码和导航电文格式以满足 Galileo 系统服务的各种应用需求。在 E5a、E5b、E6、E1 四个频段上定义了 10 种导航信号。包括三种不同的测距码：自由访问测距码(未加密的、公开的)、商用加密测距码、政府加密测距码。所有卫星都使用相同的载波频率进行信号传输，并采用码分多址(CDMA，Code Division Multiple Access)原理，通过信号不同的功率谱相互区分。为了保证上传新的调制表和码序列到卫星存储系统，Galileo 系统的星上测距码和信号调制方式的实现定义非常灵活。

无数据信号，也指引导通道或者前导调谐，用来增加信号跟踪的稳定性。这些信号仅包括测距码序列，而数据信号还包括导航电文。所有 Galileo 信号，除了 E6A 和 E1A 的 PRS(Public Regulated Service，常规公共服务)服务以外，都是成对出现的。图 3.7 给出了相互垂直的数据信号通道平面和引导信号平面，引导通道信号可以用于长时间的相干积分，从而能够捕获到微弱信号。

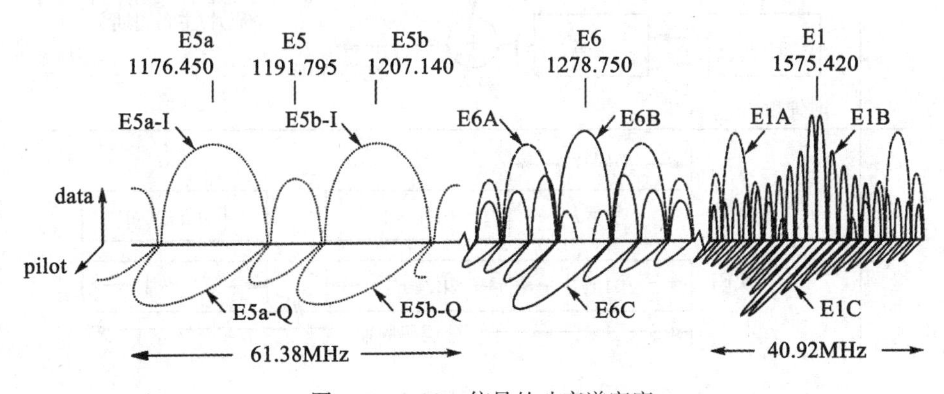

图 3.7 Galileo 信号的功率谱密度

Galileo 的六种信号包括三种数据信号和三个引导信号，所有 Galileo 用户可以通过 E5a、E6b 以及用于 OS(Open Service，公开服务)和 SoL(Safety-of-Life Service，生命安全服务)服务的 E1 载波频率接收到。E6 频率上还调制了一个加密的数据信号和一个引导信号，这两个信号是为 CS(Commercial Service，商业服务)用户保留的。CS 另外还依赖于开放信号导航电文播发的加密商业数据信息。PRS 通过 E6 和 E1 载波频率上调制的加密测距码和导航电文两个信号提供服务。用户对这两个信号的访问是严格受控的。

Galileo 用户在高度角大于 10°时的最小接收功率定义在 -155 ~ -157dBW 范围内。需要注意的是引导信号和数据信号的功率比例各占 50%，例如 E1B 对 E1C 或 E5a-I 对 E5a-Q。

测距码序列是通过线性反馈移位寄存器(LFSR)或者优化线性反馈移位寄存器生成，

生成的测距码存储在卫星存储器内。LFSR 码序列是由两个最大长度的 LFSR 序列进行组合后，按照设定的码长度将其截断生成。ESA 等为很多测距码定义了特征多项式。ICD (Interface Control Document，接口控制文件)详细说明了用来表示 LFSR 寄存器的特定八进制数字。例如，八进制符号 40503，转化为二进制为 100 000 101 000 011。从右到左读取二进制数据，最右边的数据位是数据的最低位，该位不考虑。因此八进制数字 40503 表示的寄存器的反馈单元为 1、6、8、14。ICD 进一步说明了以八进制数字形式给出的 LFSR 初始值。八进制数字等价转换为二进制数字后，最左边的一位即为最高位，因为它总为 0，所以也不予考虑。

Galileo 码是分层的码序列，由一个长高频主码与一个短低频次码异或运算生成。次码的码片长度与主码码片长度相等(图 3.8)。因此，分层码序列的码长 N_t 可由主码码长 N_p 和次码码长 N_s 得到，即：

$$N_t = N_p N_S \tag{3.7}$$

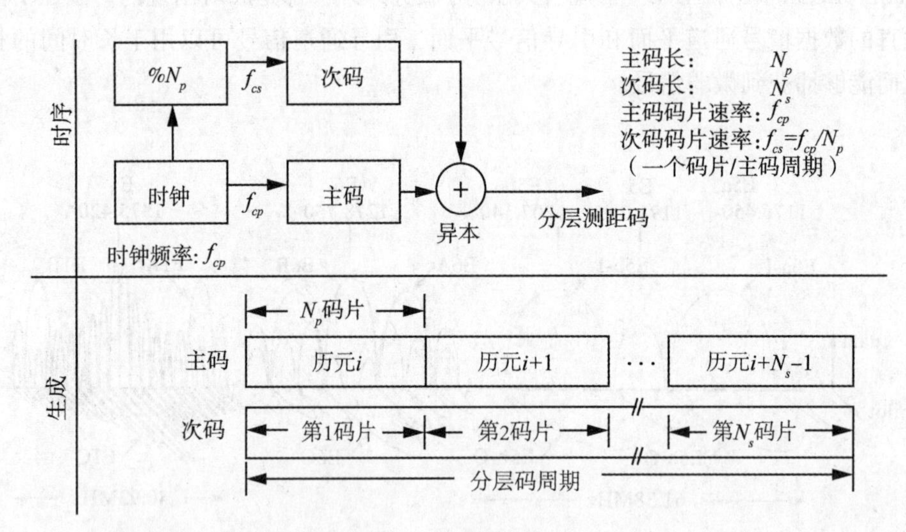

图 3.8　分层码的生成

这种长的分层码码长增加了信号的稳健性，同时在有利的信号环境下，可以实现增强信号功率以便在短时内捕获卫星信号。次码是固定序列，在 ESA 和 GJU 的 ICD 文件中用十六进制符号定义；对所有相关联的主码都采用相同码。分配给卫星的主码与次码均在 ICD 的更新文档中发布。如表 3.7 中，4bit、20it 和 25 bit 的次码各自定义了一个实现，对于后两者而言存在一个具有最大长度码的巨大码序列族，长度为 100 bit 的特殊次码是为每个主码而定义的。

调制类型 BOCc(10，5)定义了码速率 f_c =5.115MHz，副载波频率 f_s =10.23MHz 的码序列。E1 上的开放信号是 BOC 码的正弦调制信号，如表 3.8 中 E1 和 E6 上的 PRS 信号是 BOC 码的余弦调制信号。

表 3.7 **Galileo 测距码**

链路	备用	通道	码长/码片		码速率/(兆码片/秒)	调制类型[1]
			主码	次码		
E1	E1A	数据	[2]	[2]	2.5575	BOCc(15, 25)
	E1B	数据	4092	1	1.023	MBOC(6, 1, 1/11)
	E1C	引导	4092	25	1.023	MBOC(6, 1, 1/11)
E2	E6A	数据	[2]	[2]	5.115	BOCc(10, 5)
	E6B	数据	5115	1	5.115	BPSK(5)
	E6C	引导	5115	100	5.115	BPSK(5)
E5	E5a-I	数据	10230	20	10.23	BPSK(10)
	E5a-Q	引导	10230	100	10.23	BPSK(10)
	E5a-I	数据	10230	4	10.23	BPSK(10)
	E5a-Q	引导	10230	100	10.23	BPSK(10)

注：(1)E1 和 E6 的复用机制：恒定包络；E5 的复用机制：AltBOC(15, 10)；(2)未公开信息

表 3.8 **Galileo 导航电文**

链路	服务者	数据率 bit/s 或符号/秒	加密码	相对功率/(%)
E1	PRS	50/100	测距码和数据	50
	OS/CS/SoL	125/250	所选数据域	25
	OS/CS/SoL			25
E6	PRS	500/100	测距码和数据	50
	CS	500/1000	测距码和数据	25
	CS		测距码	25
E5	OS/CS	25/50	所选数据域	25
	OS/CS	—	所选数据域	25
	OS/CS/SoL	125/250	所选数据域	25
	OS/CS/SoL	—	—	25

1. E1 码

在 E1 载波上调制有 E1A、E1B 和 E1C 三个导航信号内容。OS 信号的 E1B 和 E1C 未加密且面向所有用户开放。E1B 数据通道除了通用的导航电文外还传输完备性信息和加密的商业数据。E1B 数据信号和 E1C 引导信号通道支持 OS、CS 和 SoL 服务。E1A 测距码通过政府的导航电文调制，该信号内容加密，仅对授权的 PRS 用户开放。为 E1A 设想的调制类型 BOCc(15, 25)，可以将信号功率专门设置在能被 E1 覆盖而 L1 无法覆盖的频段

上，这种频谱分离能够抗窄带干扰。

测距序列E1B和E1C采用MBOC(6，1，1/11)方式调制。在美国政府和欧盟委员会(United States of America and European Community，2004)的一项协议中，美国和欧盟同意了在L1和E1载波频率上提供共同的调制信号。按照这种方式，两个系统的组合应用将比较容易实现。此外这项协议将BOCs(1，1)调制方式作为基本的调制方式，同时分析了其更多的调制选项。2006年3月，GPS-Galileo工作组在一份正式声明中就无线电频率的兼容性和互操作性推荐使用多元BOC调制MBOC(6，1，1/11)。两个BOC信号组合增加了信号功率，提高了抗干扰的能力。MBOC设计会使采用频谱分离的宽带接收机获益，而只能处理MBOC调制中BOCs(1，1)部分的窄带接收机必须应对低信号功率。

Galileo的ICD文件为E1B和E1C主码定义了50个独有的伪随机存储码序列用于开放信号，E1A的码序列还未公布。这三个信号分量是利用一种改进的六进制相位调制方法调制到E1载波频率上。E1A信号分量是调制到正交相移信号上，而另外两个信号分量则调制到同相信号上。复合信号的公式为(在信号分量的下标中省略了时间和E1频率的表示符号)：

$$s_{E1} = \sqrt{2P}\ [\alpha c_B d_B - \alpha c_C\ ]\cos(2\pi f_{E1} t) - \sqrt{2P}\ [\beta c_A d_A + \gamma c_A d_A c_B d_B c_C\ ]\sin(2\pi f_{E1} t) \tag{3.8}$$

信号分量$c_B d_B$包括I/NAV导航数据流、PRN码序列和MBOC副载波；引导信号分量c_C包括由MBOC调制的PRN码序列；$c_A d_A$信号包括G/NAV导航电文数据流以及由余弦定相(BOC)调制到载波频率上的加密测距码序列。式(3.8)中的正交相位分量的第二分量是相互调制的结果，它确保了发射信号的恒定功率谱包络特性。系数α、β、γ确定了四个分量的功率分配，其中γ最小。

E1B和E1C分量有时统一表示为E1F，E1P与E1A表意相同。

2. E6码

与E1一样，在E6载波频率上也调制了三个测距码。第一个测距码是为PRS服务保留的，而另外两个测距码则指派给CS。E6B上调制的是加密导航电文和商业数据。500 bit/s的数据率保证了高数据传输能力。E6C被设计为引导信号，E6A加载的是公共安全管制服务数据。

E6B信号由导航电文流和测距码序列异或相加生成。E6B使用BPSK(5)调制到载波频率上，其码片速率为每秒5.115兆码片。引导信号E6C也是采用BPSK(5)方式调制到载波频率上。导航信号E6A通过导航数据流和测距码序列的异或相加生成，采用BOCs(10，5)方式调制，其码片速率为每秒5.115兆码片，副载波频率为10.23 MHz。这三个信号分量采用与E1码相似的改进六进制调制方法调制到载波频率上，参见式(3.8)。

与E1码相似，信号分量E6B和E6C也统称为E6C(商用)，E6P与E6A表意相同。

3. E5码

GalileoE5信号包括四个信号分量：E5a和E5b频带上各有一对数据信号和引导信号，这四个信号分量是开放服务信号，其码片速率为每秒10.23兆码片。E5a频带上的数据信号，一般称为E5a-I，由未加密的测距码及可自由访问的导航电文调制而成。导航电文的数据率为25 bit/s，可增加数据解调的稳定性。E5a-I和E5a-Q高码速率与低数据率及导频特征的组合有助于微弱信号环境下的信号接收，如室内。

E5b 频带上的数据信号，标示为 E5b-I，携带有未加密的导航信息和用于提供 SoL 服务的完备性信息，其他加密字节则用于 CS 服务。E5a 和 E5b 上的数据信号和引导信号各占 E5 相对功率的 25%，绝对功率的 15% 分配给互调制的相关信号。

E5a 和 E5b 信号采用 AltBOC(15，10)方式调制到 E5 载波频率上，其副载波频率为 15.315MHz，码速率为每秒 10.23 兆码片。相干生成的合成信号结合在一起，当做一个单宽频信号(51.15MHz)处理，该信号的两个主瓣的频段宽度为 20.46MHz，主瓣间的间隔为 30.69MHz。该宽频信号的特点是具有较低的多路径效应和较高的码跟踪精度。与实际 BOC 调制相反，该调制方式的功率谱上两个主瓣是由 E5a 和 E5b 信号上两个不同扩频码生成的。任何一个信号分量都能采用单边带法独立处理，使用的频率带宽仅仅是 24MHz。

AltBOC 信号可标示为八相位调制信号，可区分八个不同相位状态。图 3.9 显示的是 E5 信号调制的总体概略图(E5 主码要么是 ICD 文件中给出的存储码，要么是由 LFSR 直接生成的)。

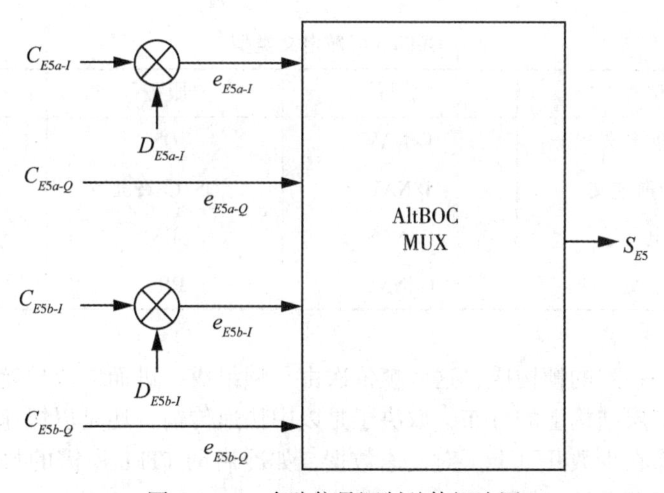

图 3.9　E5 多路信号调制总体概略图

3.3.3　导航电文

导航电文由地面端生成并上传到 Galileo 卫星上。Galileo 导航电文设计了五种不同的数据：定位导航数据、完备性数据、附加数据、公共安全数据和 SAR(Search and Rescue)操作数据。

导航数据包括定位必需的参数，如星历信息、卫星钟读数、卫星识别、卫星状态标志和历书信息。每颗 Galileo 卫星的星历都是由 16 个参数组成的，包括 15 个开普勒参数和星历参考历元，这 16 个参数的总数据大小是 356bit。卫星发射的 Galileo 信息有效时间是 4 h，大概每 3 h 更新一次。卫星钟读数采用规则的时间间隔，以时间标记的方式插入到导航电文中。解调钟读数同时获得导航电文的特定码片的参考上沿，就可以获得卫星信号与 GST 的关系。

完备性数据主要包括由 Galileo 控制站确定的完备性信息，它是 SoL 服务的主要组成部分。

五种不同的数据类型(表3.9)定义了四种导航电文类型(表3.10)，导航电文类型的名称表示了各自的主要内容。所有的导航电文类型都预留了空间，以备将来使用。

表3.9　　**Galileo导航电文类型的内容**

导航电文通道	F/NAV	I/NAV		C/NAV	G/NAV
	E5a-I	E1B	E5b-I	E6B	E1A，E6A
定位导航	×	×	×		×
完备性		×	×		×
附加信息				×	
公共安全管制服务					×
搜索与救援		×			

表3.10　　**Galileo导航电文类型**

电文类型	缩写	服务	通道
自由访问导航电文	F/NAV	OS	E5a-I
完备性信息导航电文	I/NAV	OS/CS/SoL	E5b-I，E1B
商业导航电文	C/NAV	CS	E6B
政府导航电文	G/NAV	PRS	E1A，E6A

导航电文由一系列的帧构成，这些帧依次由子帧组成，进而组成导航电文的基本结构页。数据在这种三层结构上的分布，取决于是以中快速传输，还是以慢速传输。需要紧急传输的信号只分布在少数几页上。对慢速数据，如冷启动TTFF所需的数据，则分布在更大的电文结构上，即子帧或帧。

每个电文页包含一个同步字或数据区。同步字是一个特定二进制比特序列，用来获得与数据区的同步。特殊字“M”的符号采用非编码方式直接调制到卫星信号上。例如，F/NAV导航电文类型使用了12符号的二进制序列，而I/NAV导航电文类型使用了一个10符号长的同步字。

为了减少错误比特率，Galileo系统采用三层纠错编码策略：循环冗余校验(CRC)、半速率卷积前向纠错(FEC)编码和块交错。其中，CRC校验块由24个比特位组成，并附加在导航电文上的CRC比特位，可以探测到出错的电文数据。这种编码增加了传输电文，但同时也降低了错误率。

数据页的bit串采用约束长度为7的半速率卷积编码(多项式G1=171、G2=133)。因此，以“sym/s”表示的符号速率是以“bit/s”表示的原始数据速率的两倍。数据的符号速率在50~1000Hz之间，一个电文数据的码片长是Galileo测距码码长的整数倍，这种情况下可以避免测距码模糊。

除了采用同步方式外，卷积编码的数据页符号位还可按照块交错的机制重新排序。这些符号按列填充在矩阵中，再按行依次传输。F/NAV电文的块交错矩阵的维数等于

61×8=488 个符号，I/NAV 电文使用 30×8=240 的交错矩阵；而 C/NAV 和 G/NAV 电文目前还没有任何可用信息。

三层编码方法需要做适当的工作从接收的符号中获取原始电文，首先必须探测同步字，并对数据页的符号进行去交织排列。然后按照 Viterbi 译码算法解码页面符号位，得到数据比特位，再对加密的数据电文进行解密。最后，在数据位可以使用前，计算接收电文数据的校验码，并将其与接收到的校验码进行比较。

下面，将详细解释导航电文 F/NAV 和 I/NAV。

1. F/NAV 导航电文

F/NAV 电文是通过长为 600s 的帧来定义的。一帧又可分为 12 个子帧，每个子帧的长度为 50s。一个子帧又分为 5 页，每页的长度为 10s，每页的基本结构包括同步字和数据区。F/NAV 数据区包括一个页面类型域、导航数据域、CRC 比特位和结束符比特位。其中，6bit 的页面类型域标识该页的内容、208bit 的导航数据域传输历书、星历数据和一般的卫星信息。1~4 页面中传输星历数据和一般的卫星信息，页面 5 传输历书数据。每页第一符号的传输与 GST 同步。

两个连续的子帧可以传输三颗卫星的历书信息，传输时间为 100s。Galileo 系统的 ICD 文件还提到，对于 36 颗卫星的系统星座，系统设计整个 Galileo 星座历书信息的传输时间为 20 min。

但是，每颗卫星在同一时刻不传送相同的子帧，这就是所谓的卫星多样性。子帧的标识号按照时间和卫星的函数关系进行交替变化，不同的子帧含有不同的历书信息；从而，当跟踪到一颗以上卫星时，就可以实现在短时间内解调多颗卫星的历书信息。即使跟踪的时间较短，这种方法也可大大减少 TTFF 的时间并增加跟踪的卫星个数。

2. I/NAV 导航电文

E5b-I 和 E1B 的导航电文可以提供双频服务，也称为频率的多样性。这两个信道采用相同的页面排列传输相同的电文信息，但使用了不同的页序列。解调这两个通道的导航电文可以实现快速数据接收，仅解调一个通道的导航电文的单频接收机也可以接收到相同的信息，但需要大约两倍的时间。

对 I/NAV 电文定义了两种类型的页面：标称页和警报页。目前已经定义了几种长度为 2s 的标称页，分别实现在 E5b-I 和 E1B 信道上对不同序列卫星以不同的序列传输。I/NAV 信道上的页面排列一般包括一个标识该页面部分的奇偶域、一个区分标称信息和警报信息的页面类型域及一个由 128bit 组成的数据区。

警报页长度为 1s，在两个载波上并行传输，报警内容覆盖两个页面。在同一历元，第一页在第一个信道(E5b-I)上传输，第二页在第二个信道(E1B)上传输。到下一历元，页面内容在两个信道上进行交换，即第一个信道上传输第二页内容，第二个信道上传输第一页内容。与标称页类似，警报电文由偶奇标识域、页面类型域和数据区组成。

3.4 北斗卫星信号

北斗卫星导航系统是由中国自主研制组建，独立运行，并与世界上其他主要的卫星导航系统兼容的一个卫星导航系统，简称北斗系统。其英文名称为 BeiDou Navigation Satellite

System，缩写为BDS。北斗系统能在全球范围内向各类用户提供全天候的、全天时的导航、定位、授时服务，并具有短报文通信功能，其建设原则是“自主、开放、兼容、渐进”。

BDS的信号同样也是由载波、测距码及导航电文组成，下面将分别对其进行介绍。

3.4.1　载波频率

目前北斗卫星采用了三种不同频率来发射卫星信号，分别为 L_{B1}、L_{B2}、L_{B3}。其中调制B1信号的 L_{B1} 载波的频率 $f_{B1}=1561.098\text{MHz}$；调制B2信号的 L_{B2} 载波频率 $f_{B2}=1207.14\text{MHz}$；调制B3信号的载波 L_{B3} 的频率 $f_{B3}=1268.52\text{MHz}$。这三种载波中，L_{B1} 和 L_{B2} 位于航空无线电导航服务ARNS的频段内。未来北斗卫星导航系统还可能增加第四个载波 L_{B1-2}，其频率为 $f_{B1-2}=1589.74\text{MHz}$。

卫星发射信号采用正交相移键控(QPSK)调制，且其为右旋圆极化(RHCP)。天线轴比如表3.11所示。

表3.11　　卫星天线轴比

卫星类型	天线轴比
GEO	天线轴比小于2.9dB，范围：±10°
MEO	天线轴比小于2.9dB，范围：±15°
IGSO	天线轴比小于2.9dB，范围：±10°

当卫星仰角大于5°，在地球表面附近的接收机右旋圆极化天线为0dB增益时，卫星发射的导航信号到达接收机输出端的I支路最小保证电平为-163dBW。

3.4.2　伪随机码和信号调制

三种不同频率的载波均包含两个支路。其中，I支路(或称同相分量)的载波信号不变；而Q支路(或称正交向量)的相位变化为90°，并与I支路正交。因此，测距码与导航电文将被调制在这6中载波分量上以供不同用户使用。北斗卫星的信号及服务方式详见表3.12所示。

表3.12　　北斗卫星的信号及服务方式

载波	载波频率(MHz)	支路	码速率(Mcps)	码长(比特)	服务方式
L_{B1}	1561.098	I	2.046	2046	公开
		Q	2.046	2046	授权
L_{B2}	1207.140	I	10.23	10230	公开
		Q	10.23	10230	授权
L_{B3}	1268.520	I	2.046	2046	公开
		Q	10.23	10230	授权

B1I 和 B2I 信号测距码又简称为 C_{B1I} 码和 C_{B2I} 码，其码速率为 2.046Mcps，码长为 2046。C_{B1I} 码和 C_{B2I} 码均由两个线性序列 G1 和 G2 模二和生成平衡 Gold 码后截断 1 码片生成。G1 和 G2 序列分别由两个 11 级线性移位寄存器生成，其生成多项式为：

$$G1(X) = 1 + X + X^7 + X^8 + X^9 + X^{10} + X^{11} \tag{3.9}$$

$$G2(X) = 1 + X + X^2 + X^3 + X^4 + X^5 + X^8 + X^9 + X^{11} \tag{3.10}$$

其中，G1 和 G2 的初始相位为 01010101010。C_{B1I} 码和 C_{B2I} 码发生器如图 3.10 所示：

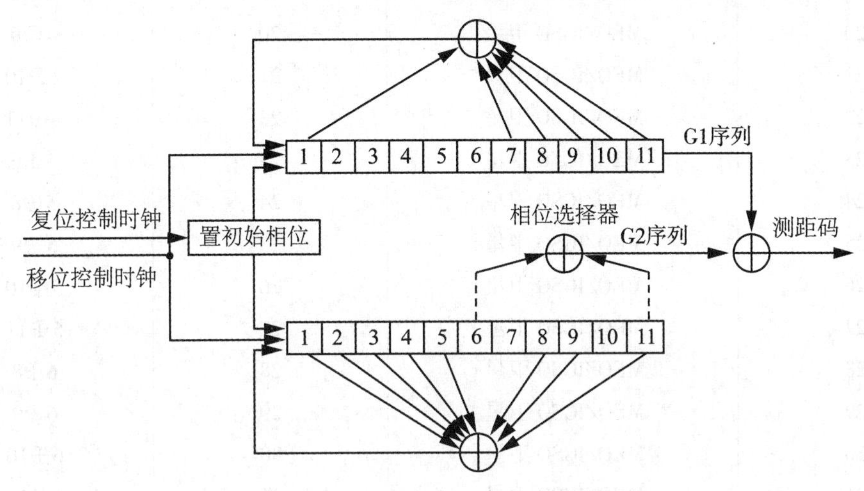

图 3.10 C_{B1I} 码和 C_{B2I} 码发生器示意图

通过对产生 G2 序列的移位寄存器不同抽头的模二和可以实现 G2 序列相位的不同偏移，与 G1 序列模二和后可生成不同卫星的测距码。G2 序列相位分配如表 3.13 所示。

表 3.13 **G2 序列相位分配表**

编号	卫星类型	测距码编号	抽头方式
1	GEO 卫星	1	1⊕3
2	GEO 卫星	2	1⊕4
3	GEO 卫星	3	1⊕5
4	GEO 卫星	4	1⊕6
5	GEO 卫星	5	1⊕8
6	MEO/IGSO 卫星	6	1⊕9
7	MEO/IGSO 卫星	7	1⊕10
8	MEO/IGSO 卫星	8	1⊕11
9	MEO/IGSO 卫星	9	2⊕7
10	MEO/IGSO 卫星	10	3⊕4
11	MEO/IGSO 卫星	11	3⊕5
12	MEO/IGSO 卫星	12	3⊕6
13	MEO/IGSO 卫星	13	3⊕8
14	MEO/IGSO 卫星	14	3⊕9

续表

编号	卫星类型	测距码编号	抽头方式
15	MEO/IGSO 卫星	15	3⊕10
16	MEO/IGSO 卫星	16	3⊕11
17	MEO/IGSO 卫星	17	4⊕5
18	MEO/IGSO 卫星	18	4⊕6
19	MEO/IGSO 卫星	19	4⊕8
20	MEO/IGSO 卫星	20	4⊕9
21	MEO/IGSO 卫星	21	4⊕10
22	MEO/IGSO 卫星	22	4⊕11
23	MEO/IGSO 卫星	23	5⊕6
24	MEO/IGSO 卫星	24	5⊕8
25	MEO/IGSO 卫星	25	5⊕9
26	MEO/IGSO 卫星	26	5⊕10
27	MEO/IGSO 卫星	27	5⊕11
28	MEO/IGSO 卫星	28	6⊕8
29	MEO/IGSO 卫星	29	6⊕9
30	MEO/IGSO 卫星	30	6⊕10
31	MEO/IGSO 卫星	31	6⊕11
32	MEO/IGSO 卫星	32	8⊕9
33	MEO/IGSO 卫星	33	8⊕10
34	MEO/IGSO 卫星	34	8⊕11
35	MEO/IGSO 卫星	35	9⊕10
36	MEO/IGSO 卫星	36	9⊕11
37	MEO/IGSO 卫星	37	10⊕11

选择合适的抽头方式(即合适的 G2 平移序列)后，可使生成的测距码之间的互相关系数尽可能小，或者说不同测距码间尽可能正交。

相比 GPS 采用的二进制相移键控(BPSK)方法，BDS 采用了更为先进的正交相移键控(QPSK)方式将测距码调制到载波上。在该方法中先将要调制的二进制序列每两位分成一组，这组数据共有四种不同的状态：00，01，11，10。此时载波相位也将出现四种互相正交的相移值与之对应，例如45°，135°，225°，315°。采用这种调制方法时，互相垂直的四个载波相移值中，每个相移值均能表示两个二进制代码。其效率比 BPSK 高一倍。从扩频的角度讲，在同样的带宽内可传输两倍的数据量。此外，QPSK 调制信号也具有较好的抗干扰能力，在电路上实现也较为简单，因而也成为卫星数字通信中一种常用的信号调制方法。

3.4.3　导航电文

根据速率和结构的不同，导航电文可分为 D1 导航电文和 D2 导航电文。D1 导航电文速率为50bps，并调制成速率为1kbps的二次编码，内容包含基本导航信息(卫星基本导航信息、全部卫星历书信息、与其他系统时间同步信息)；D2导航电文速率为500bps，内容包含基本导航信息和增强服务信息(北斗系统的差分及完好性信息和格网点电离层信息)。MEO/IGSO卫星的B1I和B2I信号播发D1导航电文，GEO卫星的B1I和B2I信号播发D2导航电文。

表3.14给出了BDS导航电文中基本导航信息和增强服务信息的类别及播发特点。后文将分别对D1及D2导航电文的内容进行介绍。

表3.14 **D1、D2导航电文信息类别及播发特点**

<table>
<tr><th colspan="2">电文信息类别</th><th>比特数</th><th colspan="2">播发特点</th></tr>
<tr><td colspan="2">帧同步码(Pre)</td><td>11</td><td rowspan="3">每子帧重复一次。</td><td rowspan="16">基本导航信息，所有卫生都播发</td></tr>
<tr><td colspan="2">子帧计数(FraID)</td><td>3</td></tr>
<tr><td colspan="2">周内秒计数(SOW)</td><td>20</td></tr>
<tr><td rowspan="9">本卫星基本导航信息</td><td>整周计数(WN)</td><td>13</td><td rowspan="9">D1：在子帧1、2、3中播发，30秒重复周期。
D2：在子帧1页面1~10的前5个字中播发，30秒重复周期。更新周期：1小时。</td></tr>
<tr><td>用户距离精度指数(URAI)</td><td>4</td></tr>
<tr><td>卫星自主健康标识(SatH1)</td><td>1</td></tr>
<tr><td>星上设备时延差(T_{GD1}、T_{GD2})</td><td>10</td></tr>
<tr><td>时钟数据龄期(AODC)</td><td>5</td></tr>
<tr><td>钟差参数(t_{OC}，a_0，a_1，a_2)</td><td>74</td></tr>
<tr><td>星历数据龄期(AODE)</td><td>5</td></tr>
<tr><td>星历参数(t_{oe}，$\sqrt{A}$，e，ω，Δn，M_0，Ω_0，$\dot{\Omega}$，i_0，$IDOT$，C_{uc}，C_{us}，C_{rc}，C_{rs}，C_{ic}，C_{is})</td><td>371</td></tr>
<tr><td>电离层模型参数(α_n，β_n，$n=0\sim3$)</td><td>64</td></tr>
<tr><td colspan="2">页面编号(Pnum)</td><td>7</td><td>D1：在第4和第5子帧中播发。
D2：在第5子帧中播发。</td></tr>
<tr><td rowspan="3">历书信息</td><td>历书参数
(t_{oc}，$\sqrt{A}$，e，ω，M_0，Ω_0，$\dot{\Omega}$，δ_i，a_0，a_1)</td><td>176</td><td>D1：在子帧4页面1~24、子帧5页面1~6中播发，12分钟重复周期。
D2：在子帧5页面37~60、95~100中播发，6分钟重复周期。
更新周期：小于7天。</td></tr>
<tr><td>历书周计数(WN_a)</td><td>8</td><td rowspan="2">D1：在子帧5页面7~8中播发，12分钟重复周期。
D2：在子帧5页面35~36中播发，6分钟重复周期。
更新周期：小于7天。</td></tr>
<tr><td>卫星健康信息(Hea_i，$i=1\sim30$)</td><td>9×30</td></tr>
</table>

续表

电文信息类别		比特数	播发特点	
与其他系统时间同步信息	与UTC时间同步参数(A_{0UTC}，A_{1UTC}，Δt_{LS}，Δt_{LSF}，WN_{LSF}，DN)	88	D1：在子帧5页面9～10中播发，12分钟重复周期。 D2：在子帧5页面101～102中播发，6分钟重复周期。 更新周期：小于7天。	基本导航信息，所有卫星都播发
	与GPS时间同步参数(A_{0GPS}，A_{1GPS})	30		
	与Galileo时间同步参数(A_{0Gal}，A_{1Gal})	30		
	与GLONASS时间同步参数(A_{0GLO}，A_{1GLO})	30		
基本导航信息页面编号(Pnum1)		4	D2：在子帧1全部10个页面中播发。	完好性、差分信息、格网点电离层信息只由GEO卫星播发
完好性及差分信息页面编号(Pnum2)		4	D2：在子帧2全部6个页面中播发。	
完好性及差分自主健康信息(SatH2)		2	D2：在子帧2全部6个页面中播发。 更新周期：3秒。	
北斗完好性及差分信息卫星标识($BDID_i$，$i=1\sim30$)		1×30	D2：在子帧2全部6个页面中播发。 更新周期：3秒。	
北斗卫星完好性及差分信息	用户差分距离误差指数($UDREI_i$，$i=1\sim18$)	4×18	D2：在子帧2中播发。 更新周期：3秒。	
	区域用户距离精度指数($RuRAI_i$，$i=1\sim18$)	4×18	D2：在子帧2、3中播发。 更新周期：18秒。	
	等效钟差改正数(Δt_i，$i=1\sim18$)	13×18		
格网点电离层信息	电离层格网点垂直延迟($d\tau$)	9×320	D2：在子帧5页面1～13，61～73中播发。 更新周期：6分钟。	
	电离层格网点垂直延迟误差指数(GIVEI)	4×320		

1. D1 导航电文

D1导航电文由超帧、主帧、子帧组成。每个超帧含36000个比特，历时12分钟。每个超帧由24个主帧(页面)组成。每个主帧含1500比特，历时30秒。每个主帧由5个子帧组成，每个子帧为 300 比特，历时 6 秒。每个子帧由 10 个字组成，每个字为 30 比特，由导航电文数据及校验码两部分组成，历时 0.6 秒。这种结构与 GPS 系统中调制在 C/A 码和 P(Y)码上的导航电文的结构类似。只不过 GPS 导航电文中一个超帧含 25 个页面，而 BDS 中只含 24 个页面。D1 导航电文的总体结构见图 3.11 所示。

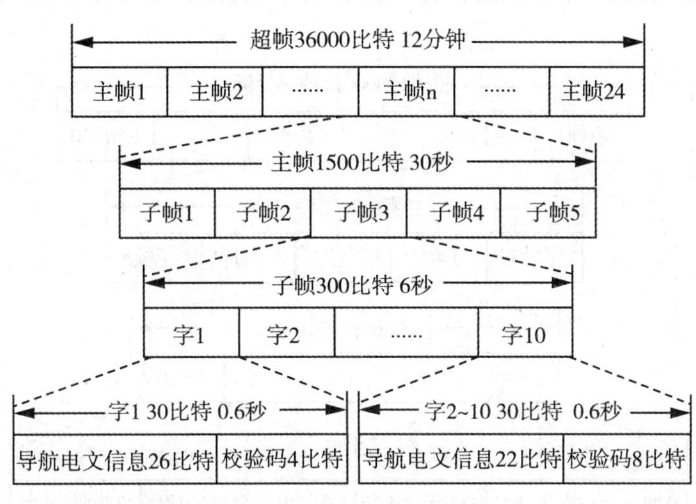

图 3.11 D1 导航电文帧结构

D1 导航电文包含有基本导航信息，包括：卫星基本导航信息( )、全部卫星历书及与其他系统的时间同步信息(UTC、其他卫星导航系统)。其中，卫星基本导航信息又主要包括：周秒计数、整周计数、用户距离精度指数、卫星自主健康标识、电离层延迟模型改正参数、卫星星历参数及数据龄期、卫星钟差参数及数据龄期、星上设备时延差。整个 D1 导航电文传送完毕需要 12 分钟。

D1 导航电文主帧结构及内容信息如图 3.12 所示。子帧 1 至子帧 3 播发基本导航信息；子帧 4 和子帧 5 的信息内容由 24 个页面分时发送，其中子帧 4 的页面 1 ~ 24 和子帧 5 的页面 1 ~ 10 播发全部卫星历书信息及与其他系统的时间同步信息；子帧 5 的页面 11 ~ 24 为预留页面。关于 D1 导航电文包含内容的详细解释可参见《北斗卫星导航系统空间信息接口控制文件 2.0 版》。

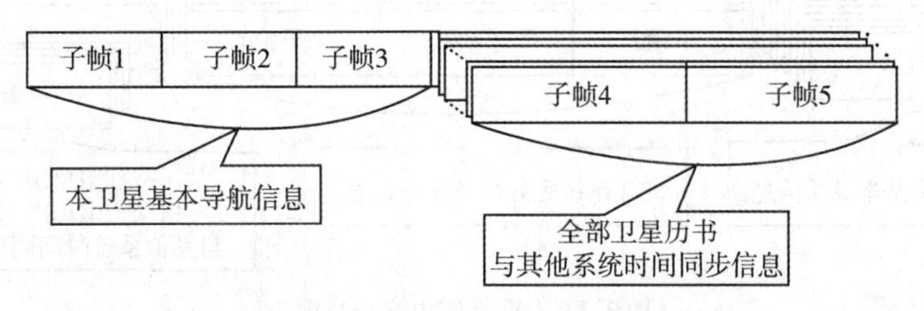

图 3.12 D1 导航电文主帧结构与信息内容

2. D2 导航电文

D2 导航电文由超帧、主帧和子帧组成。每个超帧为 180000 个比特，历时 6 分钟，每个超帧由 120 个主帧组成，每个主帧为 1500 比特，历时 3 秒，每个主帧由 5 个子帧组成，每个子帧为 300 比特，历时 0.6 秒，每个子帧由 10 个字组成，每个字为 30 比特，同样由导航电文数据及校验码两部分组成，历时 0.06 秒。其详细帧结构如图 3.13 所示。

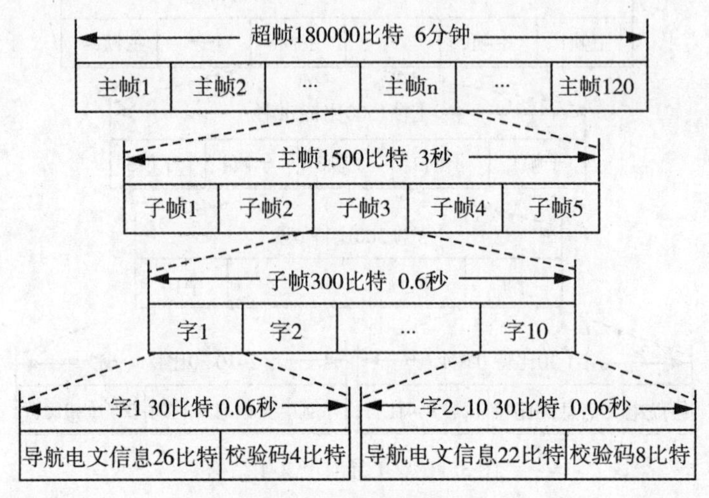

图 3.13　D2 导航电文帧结构

D2 导航电文包括：卫星基本导航信息、全部卫星历书、与其他系统时间同步信息、北斗系统完好性及差分信息、各网点电离层信息。其中，卫星基本导航信息又主要包括：帧同步码、子帧计数、周秒计数、整周计数、用户距离精度指标、电离层延迟改正模型参数、星上设备时延差、时钟数据龄期、钟差参数、星历数据龄期以及星历参数。

主帧结构及信息内容如图 3.14 所示。子帧 1 播发基本导航信息，由 10 个页面分时发送，子帧 2 ~ 4 信息由 6 个页面分时发送，子帧 5 中信息由 120 个页面分时发送。关于 D2 导航电文包含内容的详细解释同样可参见《北斗卫星导航系统空间信息接口控制文件 2.0 版》。

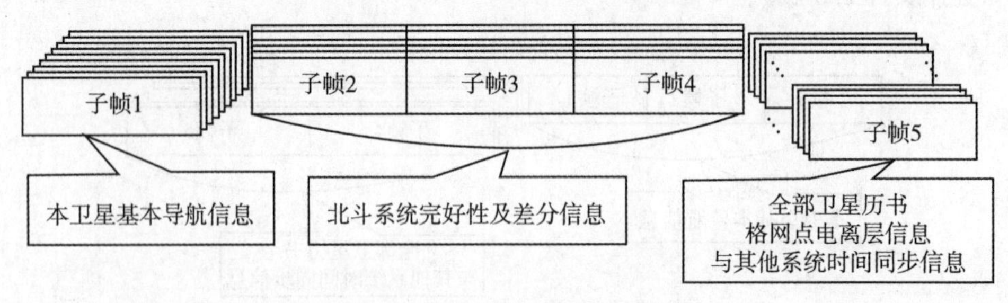

图 3.14　D2 导航电文信息内容

3.5 GLONASS 卫星信号

GLONASS 作为军民两用系统，一方面为军方用户提供高精度的信号，另一方面为民用用户免费提供标准精度信号。GLONASS 系统的接口控制文件(ICD)列出了两个载波频率，即 L1 和 L2。如表 3.15 所示，为了与 GPS 区分，GLONASS 载波频率用字母 G 代替 L 表示载波信号，即 G1 和 G2；另外，第三个载波频率用 G3 表示。标准精度和高精度信号分别由 C/A 和 P 表示。

表 3.15 **GLONASS 信号表**

G1	链路 1，载波频率＝1602.000 MHz
G2	链路 2，载波频率＝1246.000 MHz
G3	链路 3，载波频率＝1204.704 MHz(1)
C/A	标准精度信号
P	高精度信号

注：(1)可能会改变。

GLONASS 通过频分多址技术(FDMA)区分不同卫星的信号。按照这种方式，GLONASS 信号能够更好地抗窄带干扰，而且尽管测距码短，不同 GLONASS 信号之间的互相关性很弱。两个相邻频率信号之间的相关性要求不大于−48dB，并需要射频前端的终端单元具有超宽的频带。

自从 1996 年实现完全运行状态后，GLONASS 卫星在 G1 和 G2 两个频率上连续发射标准精度信号(C/A 码)和高精度信号(P 码)。与 GPS 相似，C/A 码只调制在 G1 上，而 P 码调制在 G1 和 G2 上。从 2004 年第一颗 GLONASS-M 卫星开始工作以来，标准精度信号也被加载到 G2 上了。同时，附加的信息也被放在了原先保留的导航信息字节上。

P 码信号是没有加密的，但是测距码并没有正式发布，科学家们能够译出 1s 长的 P 码。俄罗斯国防部不建议非授权用户使用，因为 P 码可能会在没有预先通知非授权用户的情况下改变。

现代化后的 GLONASS-K 卫星将提供第三个载波频率 G3，还包括第三个民用测距码(C/A_2)和军用测距码(P_2)。第三个频率的使用将提高可靠性和精度，特别适合与生命安全相关的应用。目前正在进行第三个频率的完备性信息研究，而且第三频率预计将包括差分星历数据和时间改正数据，将可以实现至少在全俄罗斯范围内亚米级的实时定位精度。要实现全球范围内连续 24h 不间断接收现代化后的卫星信号和服务可能还需要好几年的时间。

卫星天线的波束设计不仅可以覆盖地球而且可以提供导航信号给其他卫星。特别是 GLONASS-M 卫星的波束足够宽，可以为空基接收机提供导航信号。另外，卫星可以改变发射信号的功率以适应卫星在不同传输路径上的信号损失，这种损失与卫星位于用户的天顶或者水平方向等有关。卫星信号功率的变化将可以保证不同的卫星具有几乎相同的信号功率。

所有导航信号都是右旋极化信号，在视线角度 19°范围内，与完全圆极化的差异不超过 1.5dB。

不同测距码同步是避免传输时间出现偏差的基本要求。设备的群延迟标识了原子频标(AFS)的输出与发射信号之间的延迟量大小，该延迟由确定的和不确定的部分构成，其中不确定分量限定为对 GLONASS 普通卫星不超过 8ns，对 GLONASS-M 卫星不超过 2ns。

3.5.1　载波频率

载波频率和各种计时过程都直接来自原子频标(AFS)。通过将频率减少一个相对量 $\Delta f/f=-4.36\times10^{-10}$ 来补偿相对论效应的影响。DMA 设计需要每颗卫星定义特定的载波频率：

$$f_{1k}=f_1+\Delta f_1 k=1602.0000+0.5625k(\mathrm{MHz}) \tag{3.11}$$

$$f_{2k}=f_2+\Delta f_2 k=1246.0000+0.4375k(\mathrm{MHz}) \tag{3.12}$$

$$f_{3k}=f_3+\Delta f_3 k=1204.7040+0.4230k(\mathrm{MHz}) \tag{3.13}$$

其中 k 区分不同的频率通道。因子 Δf_1、Δf_2、Δf_3 表示两个相邻通道卫星信号频率的增量。频率 f_3 和频率增量 Δf_3 目前还没有固定，可能会有变化。每颗卫星都分配了三个不同的频率 f_{1k}，f_{2k}，f_{3k}，这些频率之间的比值是常数，$f_{1k}/f_{2k}=9/7$，$f_{1k}/f_{3k}=125/94$(表 3.16)。其中 f_{1k} 和 f_{3k} 之间的比值可能会有变化。载波频率为频率增量的整数倍，$f_{jk}=\Delta f_j(2848+k)$，其中 $j=1$，2，3。

GLONASS 最初分配了 24 个频率通道($k=1$，2，3，…，24)。但是，由于导航信号频率与无线电天文频率及卫星通讯服务的信号频率相互干扰，如 1612MHz 频率是用来进行宇宙探测的宇宙射电频率，该频率是特定的分子运动发射的，带有一定的宇宙星系演化的信息。因此，俄罗斯逐渐改变了 GLONASS 卫星通道的分配：第一步是在 1998 年到 2005 年，将 GLONASS 频率通道数减少到 12 个。2005 年以后，GLONASS 卫星开始在频率通道($k=-7$，-6，…，$+5$，$+6$)上发射信号，出于技术目的而保留通道+5 和+6。另外，2005 年以后新发射的卫星采用了一个滤波器来限制卫星频段宽度以外的信号干扰。

表 3.16　**GLONASS 的频段**

链路	因子($\cdot f_1$)	频率/MHz	增量/MHz	波长/cm	频段
G1	1	1602.000	0.5625	18.7	ARNS/RNSS
G2	7/9	1246.000	0.4375	24.1	RNSS
G3(1)	94/125	1204.704	0.4230	24.9	ARNS/RNSS

注：(1)可能会改变。

将通道数限定为 12 个，可以将同一轨道面对径上的两颗卫星分配同一个通道号来实现。在地面上的接收机将永远不可能同时跟踪这两颗卫星。相比之下，空基的接收机就必须通过判别函数如通过多普勒频移检查等来区分轨道面对径上的两颗卫星。

尽管第三个频率的频带已经分配给 GLONASS 系统，而且将会在 G3 上调制第三民用测距码和第三军用测距码，但是很少有关于三频应用的信息报道。

3.5.2 伪随机码和调制

GLONASS 系统采用 FDMA 原理，因此，通用的伪随机码序列就可以用于所有的卫星。两类测距码，包括标准精度的 C/A 码和高精度的 P 码，采用相位正交方式调制在载波频率上。因此，标准精度码和高精度码是相互同步的。同时，导航电文和测距码一起通过二进制相移键控方式(BPSK)调制在载波频率上。需要说明的是，BPSK 调制方式通常是指每秒 1.023M 码片速率的调制方式，因此 BPSK(1)等于 BPSK(每秒 1.023 兆码片)。但是，表 3.17 没有采用这种定义。

表 3.17　**GLONASS 的测距信号**

链路	所用码	所用码长度	码速率/(兆码片/秒)	调制类型/(兆码片/秒)	带宽/MHz	数据比率/(bit/s)
G1	C/A	511	0.511	BPSK(0.511)	1.022	50
	P	5110000	5.11	BPSK(5.11)	10.22	50
G2	C/A	511	0.511	BPSK(0.511)	1.022	50
	P	5110000	5.11	BPSK(5.11)	10.22	50
G3(1)	C/A	(2)	4.095	BPSK(4.095)	8.190	(2)
	P	(2)	4.095	BPSK(4.095)	8.190	(2)

注：(1)可能会改变；(2)还没有公布。

图 3.15 显示了 GLONASS 卫星测距信号的功率谱密度包络线。为了显示清晰，这里只

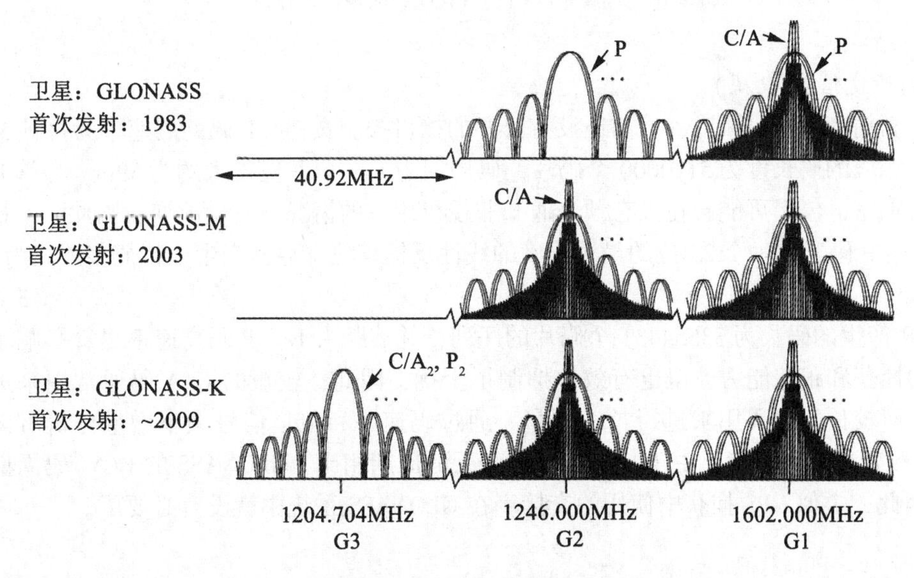

图 3.15　GLONASS 信号的功率谱密度

给出了相邻的三个通道。显示的频率带宽与ITU分配给GLONASS的带宽有所不同。C/A码和P码具有相同的功率，因此，如图3.15所示，码速率低的测距码具有更高的幅度。最小接收功率水平限定在-161dBW～-167dBW范围内。较高的功率水平可能是由卫星名义轨道高度的变化(但在规定范围内)、不同的天线增益等因素引起的，天线增益本身是关于方位角和频带的函数，而有温度、电压或增益变化等技术原因引起的输出信号的功率变化也是引起较高功率水平的原因。最大的接收功率水平期望不超过-155.2dBW。

1. 标准精度信号(C/A码)

标准精度信号(C/A码)在GLONASS接口控制文档ICD中有详细说明。标准精度信号测距码码速率为每秒0.511兆码片，码长度为511个码片，因此，码周期为1ms。一个码片长度大约为587m。测距码通过一个9位线性移位反馈寄存器(LFSR)产生，其特征多项式为

$$p(x) = 1 + x^5 + x^9 \tag{3.14}$$

该式表示寄存器R_5和R_9是码定义寄存器。如图3.16所示，移位寄存器第七段的输出序列被定义为测距码。所有寄存器的初始值都为1。C/A码具有很好自相关特性，且较短的码长度有助于信号的快速捕获，但是，由于产生1 kHz的码频振荡，特别容易受到干涉，其码速率会产生1.022 M的信号带宽，并导致511 kHz的倍数上的谱为零。与卫星信号频率增量相比，相邻频率的频谱主瓣出现重叠。相邻频带两信号间的互相关不超过-48dB。

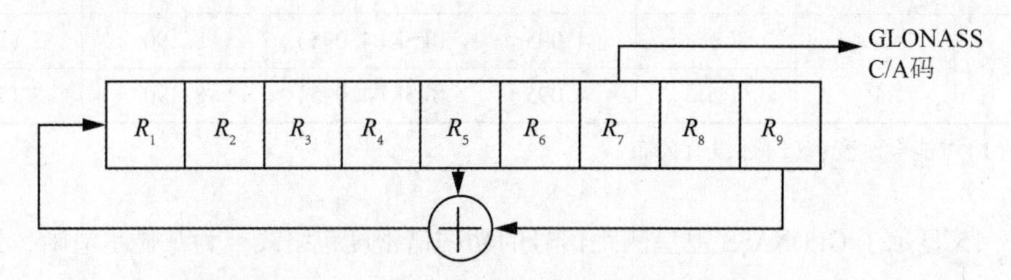

图3.16　标准精度信号的线性反馈移位寄存器

2. 高精度信号(P码)

关于高精度信号(P码)，目前还没有公开的接口控制文档。P码的码速率为每秒5.11兆码片。相应的码长度为5110000个码片，码周期为1s，码片宽度大约为59m。尽管P码没有进行加密，但是可能会在没有预先通知非授权用户的情况下发生改变；因此，不推荐使用P码。P码通过一个25位的最大长度的线性反馈移位寄存器产生。特征多项式为

$$p(x) = 1 + x^3 + x^{25} \tag{3.15}$$

LFSR产生的码长为33554431个码片的序列，并截断为1s。P码高速率尽管影响了卫星信号的捕获和跟踪能力，但也有效地抑制了干扰；因此，较短的C/A码通常用来进行粗捕获，而较长的P码用来进行精密测量。通过码速率和卫星信号频率增量分析可以发现，P码频带重叠非常大。由于与GPS P码7天的周期相比，GLONASS的P(Y)码周期只有1s，因此，类似GPS捕获中使用的交接字在GLONASS系统中就没有必要了。

3.5.3 导航电文

导航电文为用户接收机提供卫星轨道、卫星健康状况、改正数和其他信息。与测距码或典型通讯通道相比，导航电文的速率较低。但是，低速率保证了即使在很微弱的信号下数据的低误码率。尽管不同的调制方式产生了 100 符号每秒的数据率，但有效的数据传输率为 50bit/s。两种不同的导航电文分别调制在标准精度信号和高精度信号上。

标准精度信号的导航电文数据包括超帧、帧和串。一个超帧持续 2.5min，分为 5 帧，每帧 30s。一帧包括该传输卫星的即时数据和所有其他卫星的非即时数据。

每帧的基本结构单元是 15 个串，每个串 100bit(200 符号)。第一个串包括 85 bit 数据和一个时间标志。时间标志或者引导字，是由 5bit 的 LFSR 生成的，具有伪随机特性的段周期序列。其特征多项式为：

$$p(x) = 1 + x^3 + x^5 \tag{3.16}$$

截取至 30 个符号。时间标志与长度为 10ms 的符号(符号率为 100sym/s)一起调制在载波频率上，历时为 0.3s。85 bit 的数据需要 1.7s，其中包括 8 bit 的奇偶校检位和长度为 20ms 的符号位。像正弦相位 BOCs(1，1)调制方式一样，数据比特与 10ms 长的符号序列进行异或求和运算，除了在时间标志中的符号以外，永远不可能在一行中出现三个或更多的符号等于 0 或者 1。

第二个串与卫星时间帧中一天的开始时刻同步，但是 UTC 跳秒使时间同步变得困难。因此，需要循环产生串以便考虑跳秒问题的影响。接口控制文档中推荐了一个方法来处理 UTC 跳秒改正问题。

前五个串包含该卫星的即时信息，该卫星的即时数据每帧重复。除了卫星星历数据(有效时间只有几个小时)以外，即时数据还包括帧头对应的时间标识、卫星健康状况标志、卫星钟改正和卫星载波频率与标准值的偏差。第六串到第十五串包含了轨道上的所有 24 颗卫星的非即时数据(每个超帧重复一次)，其中包括两个串的卫星历书数据。另外，导航电文中第五帧的最后两个串是保留的，准备用于进行现代化后的电文。由于采用了折返序列编码，空串不需要像 GPS 那样填入警示用的 0 或者 1。

与 GPS 给出开普勒参数不同的是，GLONASS 广播星历给出的是 PE-90 参考系下的卫星位置和速度。另外，由太阳和月亮引力引起的卫星摄动加速度也是在 PE-90 坐标系下的数值。所有数据采样间隔都是 0.5h。卫星瞬时位置和速度可采用内插方法计算。GLONASS 的卫星坐标和速度的精度将随着 GLONASS 卫星现代化而提高(表 3.18)，未来几年甚至可以达到亚米级水平。与星历数据相比，GLONASS 历书和 GPS 历书一样，仅提供卫星的概约位置信息。

GLONASS 现代化通过 GLONASS-M 卫星实现，导航电文中包含了用于增强 GPS 和 GLONASS 系统之间互操作性的数据，特别是两个时间系统的数据。其发布的 GPS 和 GLONASS 时间系统的偏差最大限定为 30ns。现代化后的导航电文将进一步包括所有即将发生的跳秒改正信息、伪距精度估计、G1 和 G2 频段之间的硬件延迟等信息。这些信息将放置在空闲的比特位上，以保证与现有的导航结构相兼容。

表3.18　**GLONASS卫星坐标和速度精度**

误差分量	坐标预报/m		速度预报/(cms^{-1})	
	GLONASS	GLONASS-M	GLONASS	GLONASS-M
沿轨方向	20	7	0.05	0.03
垂直于轨道方向	10	7	0.1	0.03
径向	5	1.5	0.3	0.2

高精度信号的导航电文更长，且包含更多的精密信息。该导航电文包含一个由72帧组成的超帧，其中每帧由5个长度为100 bit串组成。每帧的历时为10s，一个超帧需要12min才能传输完。精密导航电文中卫星星历的重复率为10s，而标准精度导航电文中卫星星历的重复率为30s；完整传输所有卫星的历书，P码需要12min，而C/A码只需要2.5min。

第4章　卫星轨道运动理论

在利用GNSS系统进行导航和定位时，GNSS卫星作为高空动态已知点，需要计算它在协议地球坐标系中的瞬时坐标。而实现这项计算的基础，就是GNSS卫星的轨道运动理论。因此，本章主要介绍GNSS卫星轨道运动理论、卫星星历及卫星坐标计算等内容。

4.1　概　　述

人造地球卫星轨道就是人造地球卫星绕地球运行的轨迹，它是一条封闭的曲线。这条封闭曲线形成的平面称为人造地球卫星的轨道平面，该平面总是通过地球质心。卫星轨道参数是描述卫星位置及其运动状态的一系列参数，由卫星初始状态和卫星所受到的各种作用力所决定。

卫星在空间运行时受到的最主要的作用力是地球质心引力，同时还受到太阳、月亮及其他天体引力的影响，以及大气阻力、太阳光压及地球潮汐作用力等因素的影响。若视地球引力为1，则其他作用力仅为10^{-3}甚至更小，但这些作用力对卫星轨道的影响仍然不容忽视。

为了便于研究卫星运动基本规律，一般将卫星受到的作用力分为两类：一类是地球质心引力，又称中心引力，即地球对球体外一点的引力等效于质量集中于球心的质点所产生的引力，它决定着卫星运动的基本规律和特征，由此所决定的卫星轨道是理想的轨道，一般称为正常轨道或无摄轨道，它是研究卫星实际运行轨道的基础；另一类是摄动力，也称非中心引力，它包括除了地球引力之外的各种作用力，在摄动力作用下，卫星运动偏离理想轨道，偏离量是时间的函数。在摄动力作用下的卫星运动，称为受摄运动，相应的卫星轨道称为受摄轨道。

GNSS卫星轨道用星历表示，具体形式可以是卫星位置和速度的时间列表(如GLONASS广播星历)，也可以是一组以时间为引数的轨道参数(如GPS广播星历)。GNSS卫星星历按照精度和发播形式不同可分为广播星历和精密星历，广播星历是实时星历，精度一般在2m左右；精密星历是后处理星历，一般由IGS分析中心综合处理地区乃至全球跟踪数据估计出卫星轨道，目前其精度可以达到厘米级。

4.2　正常卫星轨道

通常情况下，对人造地球卫星轨道的研究一般分为两步进行。第一步称为二体问题，即忽略所有的摄动力，仅考虑地球质心引力来研究卫星的运动，得到正常卫星轨道或无摄轨道。二体问题下的卫星运动可以得到卫星运动方程的严密解。第二步，加入各种摄动力，考虑各种摄动力对卫星运动的影响，进而修正卫星无摄轨道，从而确定卫星受摄轨道。为方便起见，下面主要以 GPS 卫星为例进行阐述。

4.2.1　二体问题下的卫星运动方程

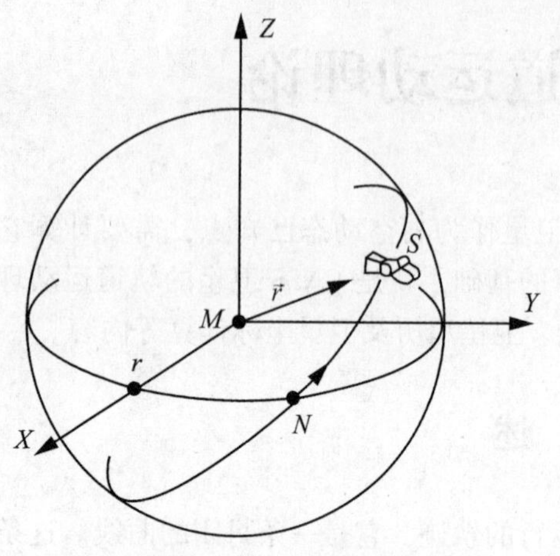

图 4.1　卫星的正常轨道运动

当 GNSS 卫星环绕地球飞行时，假如地球是一质量分布均匀的球体，因此地球的引力就等效于一个质点的引力。地球可视为质量全部集中在其质心的质点，卫星当然同样可以看做是质量集中的质点。研究两个质点在万有引力作用下的相对运动问题，在天体力学中称为二体问题。在二体问题意义下，地球人造卫星的轨道运动，称为正常轨道运动，如图 4.1 所示。

根据万有引力定律，地球受卫星的引力 $\vec{F}_e$ 可表示为：

$$\vec{F}_e = \frac{GM \cdot m}{r^2} \cdot \frac{\vec{r}}{r} \tag{4.1}$$

式中：M 为地球质量；m 为卫星质量；$G = 6.672 \times 10^{-8}\,\mathrm{cm^3/g \cdot s^2}$ 为万有引力常数；$\vec{r}$ 为卫星在(历元)平天球坐标系中的位置向量；$r = |\vec{r}|$ 为向量 $\boldsymbol{r}$ 的模，即卫地距离 。

卫星受地球的引力 $\vec{F}_s$，其大小与 $\vec{F}_e$ 相等而方向相反，即

$$\vec{F}_s = -\frac{GM \cdot m}{r^2} \cdot \frac{\vec{r}}{r} \tag{4.2}$$

按照牛顿第二定律，可写出卫星运动方程：

$$m\frac{\mathrm{d}^2\vec{r}}{\mathrm{d}t^2} = -\frac{GM \cdot m}{r^2} \cdot \frac{\vec{r}}{r} \tag{4.3}$$

和地球运动方程：

$$M\frac{\mathrm{d}^2\vec{r}}{\mathrm{d}t^2} = -\frac{GM \cdot m}{r^2} \cdot \frac{\vec{r}}{r} \tag{4.4}$$

由此，在二体问题意义下卫星相对地球的运动方程为：

$$\frac{\mathrm{d}^2\vec{r}}{\mathrm{d}t^2} = -\frac{G(M+m)}{r^2} \cdot \frac{\vec{r}}{r} \tag{4.5}$$

因为 GNSS 卫星的质量(400 ~ 2000 kg)远小于地球的质量(约 5.97×10^{21} t)，所以通常略去 m 项，并记 $\mu = GM$ 为地球引力常数。根据向量分析知识，位置向量 $\vec{r}$ 及其二阶导数 $\mathrm{d}^2\vec{r}/\mathrm{d}t^2$，可分别用其坐标（$X$，$Y$，$Z$）以及二阶导数的三个分量（$\mathrm{d}^2X/\mathrm{d}t^2$，$\mathrm{d}^2Y/\mathrm{d}t^2$，$\mathrm{d}^2Z/\mathrm{d}t^2$）表示。于是，卫星相对地球的运动可写成：

$$\left.\begin{aligned}\frac{\mathrm{d}^2X}{\mathrm{d}t^2} &= -\frac{\mu}{r^3} \cdot X\\ \frac{\mathrm{d}^2Y}{\mathrm{d}t^2} &= -\frac{\mu}{r^3} \cdot Y\\ \frac{\mathrm{d}^2Z}{\mathrm{d}t^2} &= -\frac{\mu}{r^3} \cdot Z\end{aligned}\right\} \tag{4.6}$$

4.2.2 开普勒定律和卫星轨道参数

卫星在地球中心引力的作用下的运动称为无摄运动，也称开普勒运动，其规律可用开普勒定律来描述。开普勒通过对前人获得的天体观测数据进行分析，总结出了行星运动的规律，统称为开普勒三大定律。(黄丁发，熊永良，周乐韬等，2009)

➢ 开普勒第一定律

卫星运行的轨道为一椭圆，该椭圆的一个焦点与地球质心重合。此定律阐明了卫星运行轨道的基本形态及其与地心的关系。由万有引力定律可知卫星绕地球质心运动的轨道方程，表示为式(4.7)，其中：r 为卫星的地心距离，a 为开普勒椭圆的长半径，e 为开普勒椭圆的偏心率；f 为真近点角，它描述了任意时刻卫星在轨道上相对于近地点的位置，是时间的函数。如图 4.2 所示。

$$r = \frac{a(1 - e^2)}{1 + e\cos f} \tag{4.7}$$

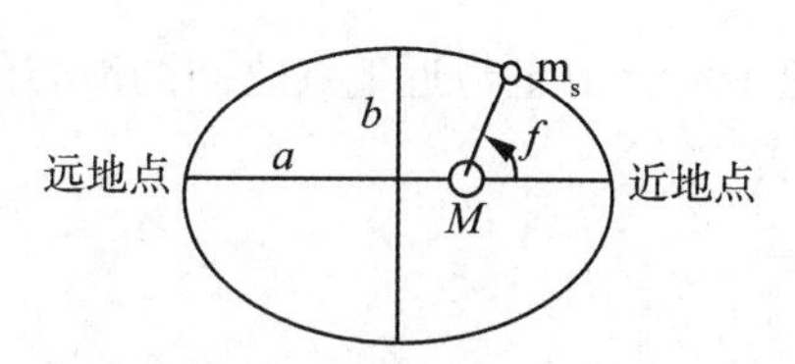

图 4.2 开普勒轨道椭圆

➢ 开普勒第二定律

卫星的地心向径在单位时间内所扫过的面积相等。表明卫星在椭圆轨道上的运行速度是不断变化的，在近地点处速度最大，在远地点处速度最小，如图 4.3 所示。

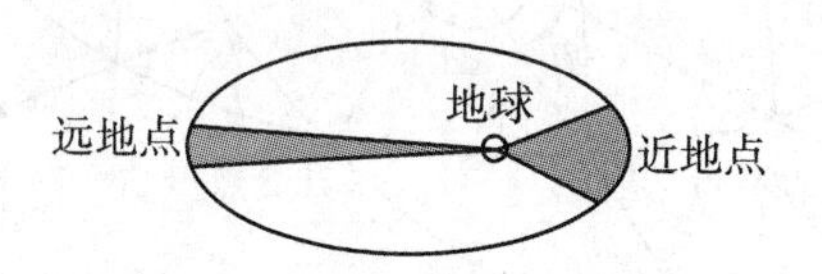

图 4.3 卫星地心向径在单位时间扫过的面积相等

➢ 开普勒第三定律

卫星运行周期的平方与轨道椭圆长半径的立方之比为一常量，等于 GM 的倒数。GM 为地球引力常数。

$$\frac{T^2}{a^3} = \frac{4\pi^2}{\mathrm{GM}} \tag{4.8}$$

假设卫星运动的平均角速度为 n，则 $n = 2\pi/T$，可得：

$$n = \left(\frac{\mathrm{GM}}{a^3}\right)^{1/2} \tag{4.9}$$

当开普勒椭圆的长半径确定后，卫星运行的平均角速度也随之确定，且保持不变。

➢ 卫星轨道运动参数

前述参数 a、e 唯一地确定了卫星轨道的形状、大小以及卫星在轨道上的瞬时位置。但卫星轨道平面与地球体的相对位置和方向还无法确定。确定卫星轨道与地球之间的相互关系，可以表达为确定开普勒椭圆在天球坐标系中的位置和方向，尚需三个参数。

卫星的无摄运动一般可通过一组适宜的参数来描述，但这组参数的选择并不唯一，其中应用最广泛的一组参数称为开普勒轨道参数或开普勒轨道根数。

如图4.4所示，理想椭圆轨道可用以下6个轨道参数表示：

①轨道椭圆的长半轴 a。

②轨道椭圆的偏心率 e。

这两个参数确定了开普勒椭圆的形状和大小。

③轨道倾角 i：即卫星轨道平面与地球赤道面之间的夹角。

④升交点赤经 Ω：即地球赤道面上，升交点与春分点之间的地心夹角。

这两个参数唯一地确定了卫星轨道平面与地球体之间的相对定向。

⑤近地点角距 ω：即在轨道平面上，升交点与近地点之间的地心夹角，表达了开普勒椭圆在轨道平面上的定向。

⑥真近地点角 f：即轨道平面上卫星与近地点之间的地心角距。该参数为时间的函数，确定卫星在轨道上的瞬时位置。

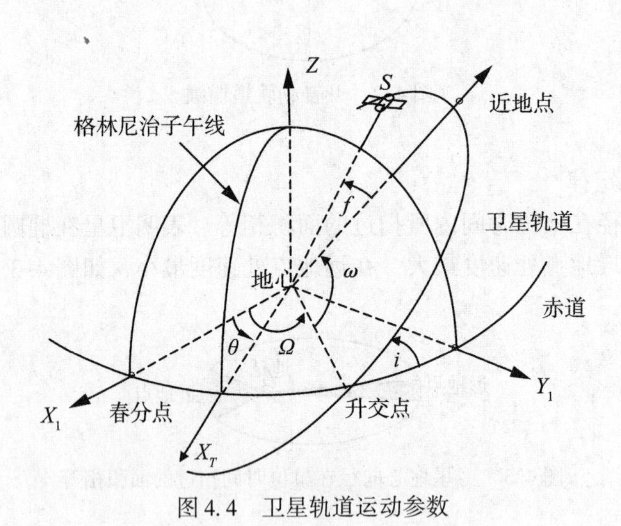

图4.4　卫星轨道运动参数

4.2.3　卫星的瞬时位置计算

卫星的瞬时位置(包括瞬时速度)计算，通常称为卫星的星历计算，而卫星的轨道参数又叫星历参数。在二体问题意义下卫星的星历计算，包括如下过程：

①由已知轨道参数 a，计算平均角速度 n：

$$n^2 a^3 = \mu \tag{4.10}$$

式中，$\mu = \mathrm{GM} = 3.986\,005 \times 10^{14}\,\mathrm{m^3/s^2}$ 为地球引力常数。

②由已知卫星过近地点时刻 τ 和 e 求偏近点角 E(图4.5)：

$$M = E - e\sin E \tag{4.11}$$

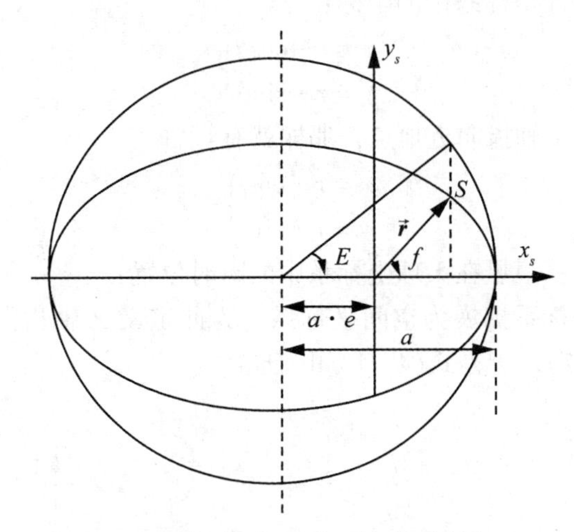

图 4.5 轨道平面坐标系与偏近点角

式中：$M = n(t - \tau)$ 称为平近点角，式(4.11)称为开普勒方程。具体计算时，可先求平近点角 M，然后迭代解算开普勒方程求偏近点角 E。

③计算真近点角 f：

根据图 4.5，可知：

$$r = a(1 - e\cos E) \tag{4.12}$$

又由式(4.7)知：

$$r = \frac{a(1 - e^2)}{1 - e \cdot \cos f} \tag{4.13}$$

比较上述两式，容易看出成立等式：

$$1 - e^2 = (1 - e\cos E)(1 + e\cos f) \tag{4.14}$$

由此就有

$$\frac{1 - e^2}{1 - e\cos E} - 1 = e \cdot \cos f \tag{4.15}$$

不难解出

$$\cos f = \frac{\cos E - e}{1 - e\cos E} \tag{4.16}$$

或者写成：

$$\sin f = \frac{\sqrt{1 - e^2} \cdot \sin E}{1 - E\cos E} \tag{4.17}$$

当然还有：

$$\tan \frac{f}{2} = \frac{\sin f}{1 - \cos f} = \frac{\sqrt{1 + e}}{1 - e} \text{tg} \frac{E}{2} \tag{4.18}$$

式(4.16)、式(4.17)、式(4.18)都可以方便地计算真近点角 f。

④根据已知的近地点角距 ω 求升交角距 θ：

$$\theta = f + \omega \tag{4.19}$$

⑤求卫星在轨道平面坐标系中的坐标：

$$\left.\begin{aligned} x &= r \cdot \cos\theta \\ y &= r \cdot \sin\theta \end{aligned}\right\} \tag{4.20}$$

或者如图 4.6 所示，令 x 轴指向近地点，那样就有：

$$\left.\begin{aligned} x &= r \cdot \cos f \\ y &= r \cdot \sin f \end{aligned}\right\} \tag{4.21}$$

⑥作旋转变换，计算卫星在天球坐标系中的瞬时位置：

首先将轨道平面坐标系扩展为空间坐标系，为此定义 Z 轴指向北天球一侧，并与轨道平面法线重合(图 4.7)。于是式(4.21)可写成

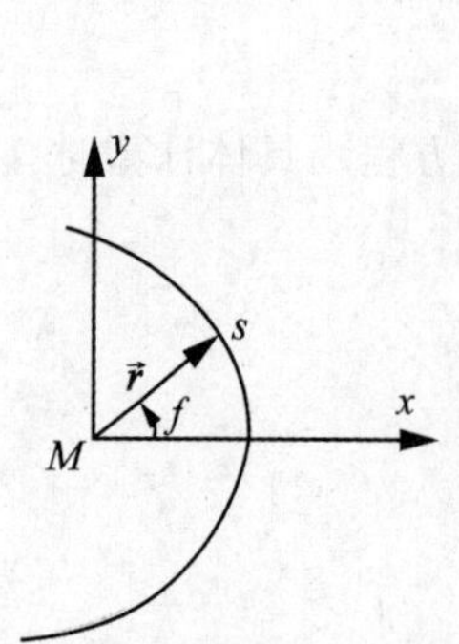

图 4.6　x 轴指向近地点时的轨道坐标系

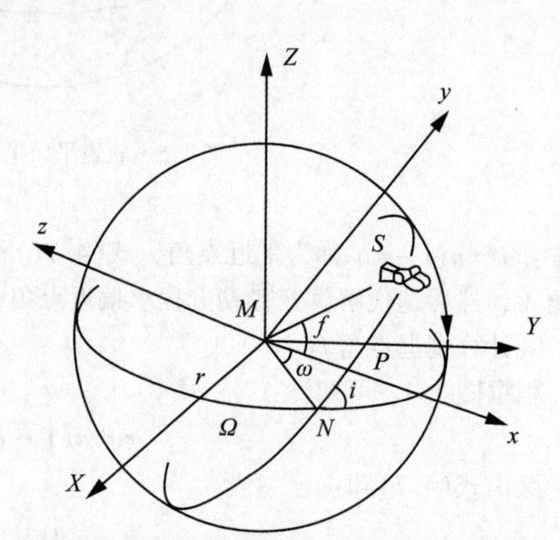

图 4.7　卫星位置由轨道坐标系到天球坐标系

$$\begin{bmatrix} X \\ Y \\ Z \end{bmatrix} = \begin{bmatrix} r \cdot \cos f \\ r \cdot \sin f \\ 0 \end{bmatrix} \tag{4.22}$$

以表达式(4.12)、式(4.16)与式(4.17)代入上式，并略加整理后可得：

$$\begin{bmatrix} X \\ Y \\ Z \end{bmatrix} = \begin{bmatrix} a(\cos E - e) \\ a\sqrt{1-e^2} \cdot \sin E \\ 0 \end{bmatrix} \tag{4.23}$$

由图 4.7 容易看出，旋转矩阵

$$R = R_Z(-\Omega) \cdot R_X(-i) \cdot R_Z(-\omega) \tag{4.24}$$

可使卫星坐标由轨道坐标系变换到天球坐标系。式中：

$$R_Z(-\Omega) = \begin{bmatrix} \cos\Omega & -\sin\Omega & 0 \\ \sin\Omega & \cos\Omega & 0 \\ 0 & 0 & 1 \end{bmatrix} \tag{4.25}$$

$$R_X(-i) = \begin{bmatrix} 1 & 0 & 0 \\ 0 & \cos i & -\sin i \\ 0 & \sin i & \cos i \end{bmatrix} \tag{4.26}$$

$$R_Z(-\omega)=\begin{bmatrix}\cos\omega & -\sin\omega & 0\\ \sin\omega & \cos\omega & 0\\ 0 & 0 & 1\end{bmatrix} \tag{4.27}$$

为顺时针 Givens 转动矩阵。于是，卫星在天球坐标系中的瞬时位置可表示为：

$$\begin{bmatrix}X\\ Y\\ Z\end{bmatrix}_{at}=R\cdot\begin{bmatrix}a(\cos E-e)\\ a\sqrt{1-e^2}\cdot\sin E\\ 0\end{bmatrix} \tag{4.28}$$

⑦再次作旋转变换，计算卫星在地球坐标系中的瞬时位置：

地球空间直角坐标系定义与天球空间直角坐标系的差别在于 X 轴的指向不同，其间的夹角为对应于平格林尼治起始子午面的真春分点时角 θ_G。因此，卫星在地球坐标系中的瞬时坐标(X，Y，Z)与卫星在天球坐标系瞬时坐标(x，y，z)之间的关系为：

$$\begin{bmatrix}X\\ Y\\ Z\end{bmatrix}_{et}=R_Z(\theta_G)\begin{bmatrix}X\\ Y\\ Z\end{bmatrix}_{at} \tag{4.29}$$

式中，$R_Z(\theta_G)$ 为以 Z 轴为旋转轴的逆时针 Givens 转动矩阵，即：

$$R_Z(\theta_G)=\begin{bmatrix}\cos\theta_G & \sin\theta_G & 0\\ -\sin\theta_G & \cos\theta_G & 0\\ 0 & 0 & 1\end{bmatrix} \tag{4.30}$$

又由式(4.28)可知：

$$\begin{bmatrix}X\\ Y\\ Z\end{bmatrix}_{et}=R(\theta_G)\cdot R\cdot\begin{bmatrix}a(\cos E-e)\\ a\sqrt{1-e^2}\cdot\sin E\\ 0\end{bmatrix} \tag{4.31}$$

4.2.4　卫星的瞬时速度计算

由式(4.23)可知，在轨道坐标系中，卫星运动的瞬时速度可表示为：

$$\begin{bmatrix}\frac{\mathrm{d}x}{\mathrm{d}t}\\ \frac{\mathrm{d}y}{\mathrm{d}t}\\ \frac{\mathrm{d}z}{\mathrm{d}t}\end{bmatrix}=\begin{bmatrix}\dot{X}\\ \dot{Y}\\ \dot{Z}\end{bmatrix}=\begin{bmatrix}-a\cdot\sin E\cdot\frac{\partial E}{\partial t}\\ a\sqrt{1-e^2}\cdot\sin E\\ 0\end{bmatrix} \tag{4.32}$$

根据开普勒方程

$$M=E-e\cdot\sin e \tag{4.33}$$

以及平近点角 M 的表达式：

$$M=n(t-\tau) \tag{4.34}$$

容易求得，在式(4.32)中：

$$\frac{\partial E}{\partial t}=\frac{n}{1-e\cos E} \tag{4.35}$$

以此代入式(4.29)，并注意到 $R=a(1-e\cos E)$，则可得轨道坐标中卫星运动的瞬时速度：

$$\begin{bmatrix} \frac{\mathrm{d}x}{\mathrm{d}t} \\ \frac{\mathrm{d}y}{\mathrm{d}t} \\ \frac{\mathrm{d}z}{\mathrm{d}t} \end{bmatrix} = \begin{bmatrix} -\frac{a^2 n}{r} \cdot \sin E \\ \frac{a^2 n}{r} \cdot \sqrt{1-e^2} \cdot \cos E \\ 0 \end{bmatrix} \tag{4.36}$$

如果以旋转矩阵 R 式(4.24)作用上式右边，则可得天球坐标系中卫星运动的瞬时速度：

$$\begin{bmatrix} \frac{\mathrm{d}x}{\mathrm{d}t} \\ \frac{\mathrm{d}y}{\mathrm{d}t} \\ \frac{\mathrm{d}z}{\mathrm{d}t} \end{bmatrix}_{at} = R \cdot \begin{bmatrix} -\frac{a^2 n}{r} \cdot \sin E \\ \frac{a^2 n}{r} \cdot \sqrt{1-e^2} \cdot \cos E \\ 0 \end{bmatrix} \tag{4.37}$$

再以旋转矩阵 $R_Z(\theta_G)$ 作用上式右边，同时考虑到地球自转角速度 ω 的影响，则可得地球坐标系中卫星运动的瞬时速度：

$$\begin{bmatrix} \frac{\mathrm{d}x}{\mathrm{d}t} \\ \frac{\mathrm{d}y}{\mathrm{d}t} \\ \frac{\mathrm{d}z}{\mathrm{d}t} \end{bmatrix}_{et} = - \begin{bmatrix} \sin\theta_G & -\cos\theta_G & 0 \\ \cos\theta_G & \sin\theta_G & 0 \\ 0 & 0 & 0 \end{bmatrix} \begin{bmatrix} X \\ Y \\ Z \end{bmatrix}_{at} \cdot \omega + \begin{bmatrix} \cos\theta_G & \sin\theta_G & 0 \\ -\sin\theta_G & \cos\theta_G & 0 \\ 0 & 0 & 1 \end{bmatrix} \begin{bmatrix} \frac{\mathrm{d}x}{\mathrm{d}t} \\ \frac{\mathrm{d}y}{\mathrm{d}t} \\ \frac{\mathrm{d}z}{\mathrm{d}t} \end{bmatrix}_{at} \tag{4.38}$$

4.3 摄动卫星轨道

在讨论卫星的正常轨道运动时，视地球为一均质球体，其全部质量集中在质心 M，研究在地球质心引力作用下卫星相对地球的运动。这是卫星运动轨道的第一次近似，称为卫星运动的正常轨道或开普勒轨道。要想获得卫星运动的精密轨道，就不能只考虑地球的质心引力作用，而必须顾及卫星运动中所受到的地球非质心引力和其他各种作用力的综合影响。这些力称为摄动力。卫星在地球质心引力和各种摄动力综合影响下的轨道运动，称为卫星的受摄运动，相应的卫星运动轨道称为摄动轨道或瞬时轨道。摄动轨道偏离正常轨道的差异，称为卫星的轨道摄动。

4.3.1 卫星运动的摄动力和受摄运动方程

卫星在运行中，除主要受地球的质心引力 $\vec{f}_c$ 力的作用外，还要受以下各种摄动力的影响(图4.8)：

◇ $\vec{f}_{nc}$ ——地球的非球性与非匀质性引起的作用力，即地球的非质心引力；

◇ $\vec{f}_s$ ——太阳的引力；

◇ $\vec{f}_m$ ——月球的引力；

◇ $\vec{f}_r$ ——太阳的光辐射压力；

◇ $\vec{f}_a$ ——大气阻力；

◇ $\vec{f}_p$ ——地球潮汐作用力，包括海洋潮汐和地球固体潮所引起的作用力；

◇ 其他作用力。

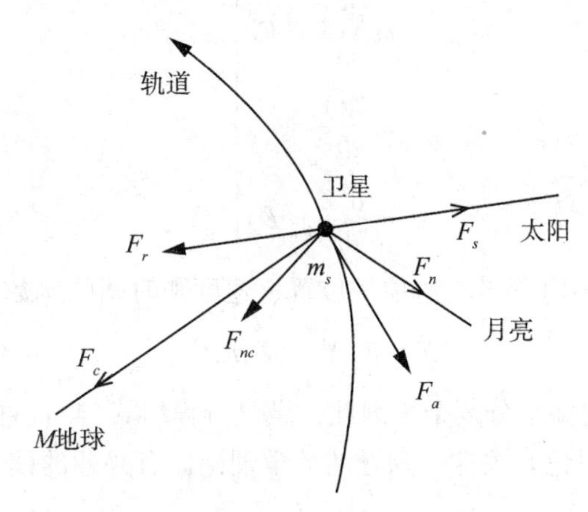

图 4.8 卫星运动所受到的作用力

由于摄动力作用，卫星的实际运行轨道，即瞬时轨道，比正常轨道要复杂得多。瞬时轨道的轨道平面在空间的方向并非固定不变，轨道的形状同样不固定并且不是严格标准的椭圆。这些说明，在摄动力作用下，轨道参数不是常数，而是时间的函数。轨道摄动，对卫星的星历精度带来不容忽视的影响。仅地球的非质心引力一项，就可以在卫星运行的 3h 弧段上造成 2km 的位置偏差。表 4.1 给出了各种摄动力加速度所引起的 GPS 卫星位置偏差。显然，这些偏差对任何用途的导航与定位工作，都是不能接受的。为此，必须建立卫星运行的受摄运动方程，修正卫星运动的正常轨道。

表 4.1 **摄动力对 GPS 卫星的影响**

摄 动 源		加速度(m/s^2)	轨道摄动/m	
			3h 弧段	2d 弧段
地球的非对称性	(a) $\overline{C}_{20}$	5×10^{-5}	≈2000	≈14000
	(b)其他调和项	3×10^{-7}	5～80	100～1500
日月引力影响		5×10^{-6}	5～150	1000～3000
地球潮汐位	(a)固体潮	1×10^{-9}	—	0.5～1.0
	(b)海洋潮汐	1×10^{-9}	—	0.0～2.0
太阳辐射压		1×10^{-7}	5～10	100～800
地球反照压		1×10^{-8}	—	1.0～1.5

如果记向量 $\vec{F}$ 为地球质心引力与各种摄动力的总和，即：

$$\vec{F}=\vec{f}_c+\vec{f}_{nc}+\vec{f}_S+\vec{f}_m+\vec{f}_r+\vec{f}_a+\vec{f}_p \tag{4.39}$$

那么，根据牛顿第二定律，卫星受摄运动方程可以写成：

$$m\frac{\mathrm{d}^2\vec{r}}{\mathrm{d}t^2}=\vec{F} \tag{4.40}$$

在空间直角坐标系中，式(4.40)可分解为：

$$\left.\begin{aligned} m\frac{\mathrm{d}^2X}{\mathrm{d}t^2}&=F_X\\ m\frac{\mathrm{d}^2Y}{\mathrm{d}t^2}&=F_Y\\ m\frac{\mathrm{d}^2Z}{\mathrm{d}t^2}&=F_Z \end{aligned}\right\} \tag{4.41}$$

受摄运动方程式(4.41)等号右边项是位置、速度和时间的函数，即

$$\vec{F}=\vec{F}(X,Y,Z,v,t) \tag{4.42}$$

$\vec{F}$ 称为摄动力函数，其内涵十分复杂。因此，微分方程组式(4.41)的求解过程也相对比较困难。本书不准备详细讨论有关这一问题的数学理论，有兴趣的读者可以参阅天体力学相关文献。

4.3.2　地球引力场摄动力及其对卫星轨道运动的影响

在研究卫星的无摄运动轨道时，假设地球是一个匀质的球体，其质量集中于球心。实际上，地球不仅其内部质量分布不均匀，而且其形状也不规则。通常认为，地球的形状接近于一个长短轴相差约为 21km 的椭球，但在地球北极大地水准面高出椭球面约 19 m，而在地球南极大地水准面却低于椭球面约 26m，在赤道附近两者之差最大可达 108m。

地球体的这种不均匀和不规则性，引起地球引力场的摄动，这时地球引力位模型，含有一摄动位 ΔV。若设 V 是地球引力位，则有：

$$V=\frac{\mu}{r}+\Delta V \tag{4.43}$$

式中：μ 为地球引力常数，r 为卫星至地心的距离。摄动位 ΔV 的球谐函数展开式的一般形式如下：

$$\Delta V=\mu\sum_{k=1}^{n}\frac{a^k}{r^{k+1}}\sum_{m=0}^{k}P_{km}(\sin\varphi)(C_{km}\cos m\lambda+S_{km}\sin m\lambda) \tag{4.44}$$

式中：a 为地球长半径；$P_{km}(\sin\varphi)$ 为 k 阶 m 次勒让德函数；C_{km}，S_{km} 为球谐系数；n 为预定的某一最高阶次；φ，λ 为测站的纬度和经度。

地球非质心引力的影响与卫星高度有关，随着卫星高度的增加，其影响迅速减小。对 GPS 卫星而言，其属于高轨卫星，只需将式(4.44)展开较小项数，便可满足精度要求。

地球引力场是保守力场，其位函数的重要特性之一是它对三个坐标的导数，分别等于质点沿三坐标轴方向的加速度。于是有：

$$\frac{d^2X}{dt^2}=\frac{\partial}{\partial X}(\frac{\mu}{r}+\Delta V)=-\frac{\mu}{r^2}\cdot\frac{\partial r}{\partial X}+\frac{\partial}{\partial X}(\Delta V)$$
$$=-\frac{\mu}{r^3}X+\frac{\partial}{\partial X}(\Delta V) \tag{4.45}$$

类似地有

$$\frac{d^2Y}{dt^2}=-\frac{\mu}{r^3}Y+\frac{\partial}{\partial Y}(\Delta V) \tag{4.46}$$

以及

$$\frac{d^2Z}{dt^2}=-\frac{\mu}{r^3}Z+\frac{\partial}{\partial Z}(\Delta V) \tag{4.47}$$

式(4.45)、式(4.46)与式(4.47)就是顾及地球引力场摄动位的卫星运动方程。式中：

$$\left.\begin{aligned}&\frac{\partial}{\partial X}(\Delta V)\\&\frac{\partial}{\partial Y}(\Delta V)\\&\frac{\partial}{\partial Z}(\Delta V)\end{aligned}\right\} \tag{4.48}$$

就是地球引力场摄动力加速度。日月引力、潮汐摄动力等也都是保守力场，而这些摄动力的卫星运动方程，显然将有类似的形式。

地球引力场摄动力的影响，主要由与地球极扁率有关的二阶球谐系数项所引起，它对GNSS卫星轨道的影响主要有三点：

①引起轨道平面在空间旋转，使升交点赤经Ω产生周期性变化。其变化率：

$$\frac{\partial\Omega}{\partial t}=-\frac{3nJ_2}{2}\left[\frac{a}{a_s(1-e_s^2)}\right]^2\cos i \tag{4.49}$$

式中：a 为地球椭球长半径；a_s 为卫星轨道椭圆长半径；e_s 为轨道椭圆离心率；J_2 为二阶带谐系数。

以GPS卫星为例，其轨道椭圆长半径 a_s 约等于26559km，离心率 e_s 约为0.006。若取 $J_2=1.08263\times10^{-3}$，则可算出升交点沿地球赤道每天西移3.3km。任意时刻的升交点赤经：

$$\Omega(t)=\Omega(t_0)+\frac{\partial\Omega}{\partial t}(t-t_0) \tag{4.50}$$

②引起近地点在轨道平面内旋转，导致近地点角距 ω 的变化，其变化率可近似地表示为：

$$\frac{\partial\omega}{\partial t}=-\frac{3nJ_2}{4}\left[\frac{a}{a_s(1-e_s^2)}\right]^2(1-5\cos^2 i) \tag{4.51}$$

当轨道倾角 $i\approx63.4°$ 时，$\partial\omega/\partial t\approx0$。类似地，可写出任意时刻近地点角距的表达式：

$$\omega(t)=\omega(t_0)+\frac{\partial\omega}{\partial t}(t-t_0) \tag{4.52}$$

式中：$\omega(t_0)$ 为参考时刻 t_0 的近地点角距。

由于 GPS 卫星的轨道平面倾角 $i=55°$，接近标准倾角 63.4°，因此 $\partial\omega/\partial t \approx 0$，即近地点几乎是不动的。

③引起平近点角 M 的变化，其变化率可表示为：

$$\frac{\partial M}{\partial t}=-\frac{3}{4}nJ_2\left(\frac{a}{a_s}\right)(1-e_s^2)^{-\frac{3}{2}}(1-3\cos^2 i) \tag{4.53}$$

于是，任意时刻的平近点角可表示为：

$$M(t)=M(t_0)+\frac{\partial M}{\partial t}(t-t_0) \tag{4.54}$$

式中：平近点角变化率 $\partial M/\partial t$，在二体问题意义下就是平均角速度 n。所以，若设：

$$\Delta n=\frac{\partial\omega}{\partial t}+\frac{\partial M}{\partial t} \tag{4.55}$$

那么，Δn 就是平均角速度改正数，或称卫星的平均运行速度差。对于 GPS 卫星来说，可算得 $\Delta n=-0.01°/d$。由于升交点和近地点在地球引力场摄动力作用下的缓慢变化，卫星的轨道运动实际并不在同一平面上，而是在空间画出一条螺旋状的曲线(图 4.9)。

4.3.3　日、月引力摄动

日、月作为质点，其引力是一种典型的第三体摄动力。由此引起的摄动位可表示成：

$$\Delta V=\frac{Gm^*}{r^*}\sum_{k=2}^{\infty}\left(\frac{r}{r^*}\right)^k P_k(\cos\varphi) \tag{4.56}$$

式中：m^* 为第三体质量；r^* 为第三体地心距；$P_k(\cos\varphi)$ 为 k 阶勒让德函数；φ 为卫星与第三体地心处的夹角(图 4.10)。

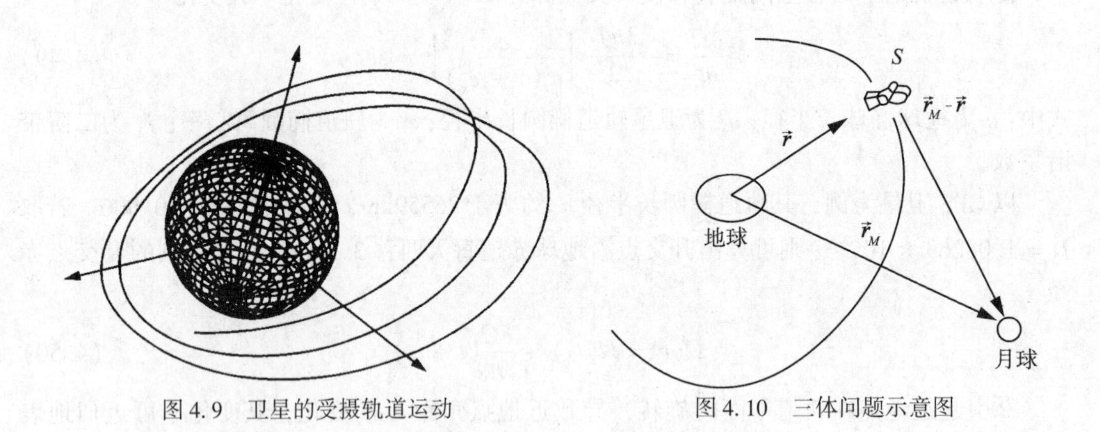

图 4.9　卫星的受摄轨道运动　　图 4.10　三体问题示意图

由日、月摄动位引起的卫星轨道摄动力加速度，可表示为：

$$\frac{\partial^2\vec{r}_S}{\partial t^2}+\frac{\partial^2\vec{r}_M}{\partial t^2}=Gm_S\left(\frac{\vec{r}_S-\vec{r}}{|\vec{r}_S-\vec{r}|^3}-\frac{\vec{r}_S}{|\vec{r}|^3}\right)+Gm_M\left(\frac{\vec{r}_M-\vec{r}}{|\vec{r}_S-\vec{r}|^3}-\frac{\vec{r}_M}{|\vec{r}|^3}\right) \tag{4.57}$$

其中：$\vec{r}_S$、$\vec{r}_M$ 为太阳、月球的地心向径；$\vec{r}$ 为卫星的地心向径；m_S、m_M 为太阳、月球的质量；G 为万有引力常数。

日、月引力引起的卫星位置摄动，主要表现为一种长周期摄动。它们作用在 GPS 卫星上的加速度约为 $5\times10^{-6}\mathrm{m/s^2}$，如果忽视这项影响，将造成 GPS 卫星在 3 h 弧段上，在径向、法向和切向上产生 50~150m 的位置误差。

尽管太阳的质量远大于月球的质量，但其距离太远，所以太阳引力的影响，仅为月球引力影响的46%。月球的引力影响，可使 GPS 卫星在 4h 弧段上，产生如表 4.2 所示的轨道参数摄动。

太阳系的其他行星对 GPS 卫星的影响，远小于太阳引力的影响，一般均可忽略。

表 4.2 **轨道参数摄动**

轨道参数	月球引力所产生的摄动/m
a	220
e	140
i	80
Ω	80
$\omega+M$	500

4.3.4 太阳光压摄动

卫星在运行中，还将直接受到太阳光辐射压力的影响而摄动(图 4.11)。太阳光辐射压对卫星所产生的摄动力加速度，不仅与卫星、太阳、地球三者之间的相对位置有关，而且也与卫星表面的反射特性、卫星接受阳光照射的有效截面积与卫星质量的比有关。通常，可近似地采用一个简单模型表示如下：

$$\frac{d^2\vec{r}}{dt^2}=\gamma\cdot P_r\cdot C_r\frac{A}{m_S}r^2\cdot\frac{\vec{r}_S-\vec{r}}{|\vec{r}-\vec{r}_S|} \tag{4.58}$$

式中：P_r 为太阳光压；C_r 为卫星表面反射因子；A/m_S 为卫星有效截面积与卫星质量之比(面质比)，这里假定卫星的太阳能电池板总是朝向太阳，即是一个常数；r_S 为太阳的地心距；γ 为蚀因子，在阴影区 $\gamma=0$，在阳光直接照射区 $\gamma=1$，在半阴影区 $0<\gamma<1$(图 4.12)。

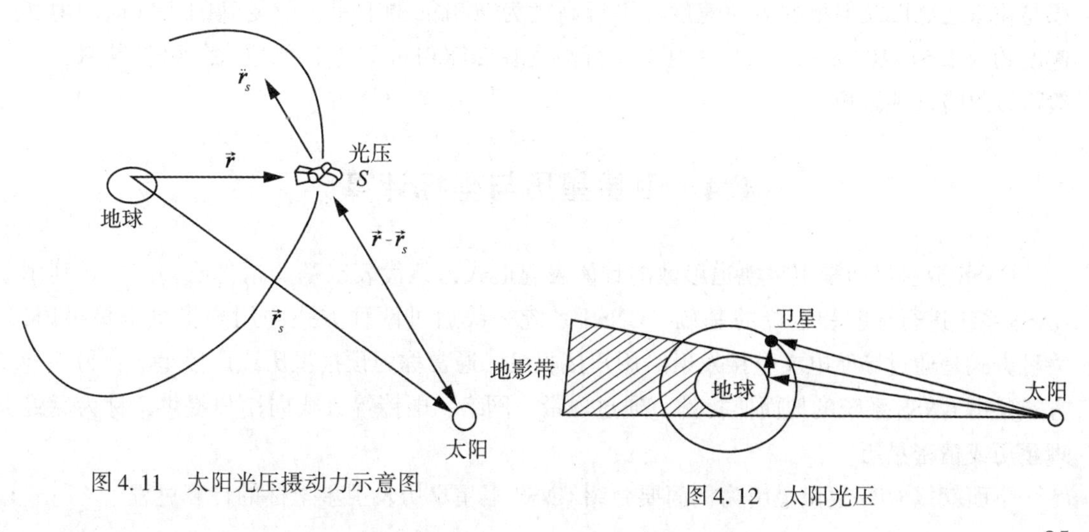

图 4.11 太阳光压摄动力示意图

图 4.12 太阳光压

太阳光压对 GPS 卫星产生约10^{-7} m/s^2 的摄动力加速度，忽略这一影响，可使卫星在 3h 弧段上产生 5～10m 的位置偏差。这一偏差对于基线长大于 50km 的相对定位，一般也是不容忽视的。表 4.3 指出了太阳光压摄动对 4 小时弧段产生的摄动量。由地球表面反射回来到达卫星的间接的太阳辐射，称为漫反射效应。间接辐射压对 GPS 卫星运动的影响较小，一般只有直接辐射压的 1%～2%，因此通常忽略这一影响。

表 4.3　**太阳光压摄动**

轨道参数	太阳光压所产生的摄动/m
a	5
e	5
i	2
Ω	3
$\omega+M$	10

4.3.5　其他摄动力影响

1. 固体潮和海洋潮汐摄动

固体潮和海洋潮汐同样会改变地球重力位，对卫星产生摄动加速度，其量级约为 10^{-9} m/s^2。忽略固体潮汐影响，将在两天弧段上产生 0.5～1m 的轨道误差。而忽略海洋潮汐影响，对于两天弧段将产生 1～2m 的轨道误差。对于大多数 GNSS 测量来说，这项影响可忽略不计。

2. 大气阻力摄动

大气阻力摄动对低轨道卫星特别敏感，其影响程度，主要取决大气的密度、卫星截面积与质量之比以及卫星的运动速度。飞行高度为 200km 的卫星，所受到的大气摄动力加速度约为 2.51×10^{-7} m/s^2。GNSS 卫星飞行高度在 20000km 以上，那里大气密度甚微，一般可以忽略这项影响。

4.4　卫星星历与坐标计算

GNSS 卫星星历是卫星轨道参数的具体表现形式，其代表空基的精确已知点，是利用 GNSS 系统进行导航和定位的基础。GNSS 系统一般通过两种方式向用户提供卫星星历，一种方式是通过导航电文直接发射给用户接收机，通常称为预报星历或广播星历；另一种方式是由 GNSS 系统的地面监控站，通过磁带、网络、电传等方式向用户提供，称为后处理星历或精密星历。

下面就以 GPS 卫星星历为例简要介绍 GNSS 卫星星历及卫星坐标的计算过程。

4.4.1 GPS 卫星的广播星历与坐标计算

1. 星历形式

GPS 广播星历由五个监测站提供的观测数据形成，并实时发布。广播星历包括相对某一参考历元的开普勒轨道参数和必要的轨道摄动改正参数。一般可以用轨道参数的摄动项对已知的卫星参考星历加以改正，即可外推出任意观测历元的卫星星历。但随着外推时间的延长，外推轨道精度降低。在实际应用中，一般采用限制预报星历外推时间间隔的方法。如 GPS 卫星广播星历每小时更新一次，则外推的时间间隔，最大将不会超过 0.5 小时。但在每小时星历更新时，将会产生小的跳跃，一般采用拟合技术予以平滑。

广播星历的内容包括：参考历元瞬间的 Kepler 轨道 6 参数(Johanns Kepler，1571—1630)，反映摄动力影响的 9 个参数以及参考时刻参数，共计 16 个星历参数。用户接收机在接收到卫星播发的导航电文后，通过解码即可直接获得广播星历。目前 GPS 广播星历的精度，估计约为 2m 左右。

表 4.4 即是 RINEX 2 格式(Receiver INdependent EXchange，RINEX)的广播星历文件，其中前 7 行为表头，表头中的第 60～80 个字符是相应行的说明，如第一行的“2.0”是 RINEX 版本号，“NAVIGATION DATA”是指本文件类型为广播星历；第二行是生成该文件的程序名称、机构名称及文件形成日期。表头以“END OF HEADER”表示结束，表头结束有时也用空行表示。表头注释为“ION ALPHA”和“ION BETA”的两行指相应的参数是电离层改正参数(采用差分模型进行相对定位时，该参数无用)，注释为“DELTA-UTC：A0，A1，T，W”的行给出的是用于计算 UTC 时间的历书参数，注释为“LEAP SECONDS”的行给出了 GPST 和 UTC 之间的跳秒数，在表头结束前可插入无限多的注释行，注释行的说明为“COMMENT”。值得注意的是，有些机构发布的广播星历文件中只给出第 1～2 行，因为第 3～7 行属于可选项。

作为例子，表 4.4 中给出了 PRN1、PRN2 与 PRN3 三颗卫星的广播星历数据，而表 4.5 则给出了各个位置上星历数据的相应含义。每颗卫星的广播星历数据占 8 行，其内容包括：卫星的 PRN 编号；发布本星历的时间(年、月、日、时、分、秒)；卫星钟改正参数(a_0—钟差；a_1—钟速；a_2—钟漂)；17 个轨道参数；*cflgl2*(L2 上的 C/A 码伪距指示)；weekno(GPS 星期数)；*pflgl2*(L2 上的 P 码伪距指示)；svacc(本星的精度指示)；svhlth(卫星健康指标)；tgd(电离层群延迟改正参数)；IODC(卫星钟改正参数的数据龄期)；ttm(信息传输时间)；*fi* 为星历拟合区间标志(若未知则置零)；两个 Spare 为备用位置。

其中，表中有关轨道参数符号的说明如下：

①Kepler 轨道 6 参数：$\sqrt{a}$ 为卫星轨道椭圆长半径的平方根；e 为卫星轨道椭圆离心率；i_0 为参考时刻 t_0 的轨道平面倾角；Ω_0 为参考时刻 t_0 的升交点赤经；ω 为近地点角距；M_0 为参考时刻 t_0 的平近点角。

②轨道摄动 9 参数：Δn 为平均角速度改正数，即卫星运动的平均角速度与计算值之差；$\dot{\Omega}$ 为升交点赤经的变化率；$\dot{i}$ 为卫星轨道平面倾角的变化率；C_{us}、C_{uc} 为升交角距的正

余弦调和改正项振幅；C_{is}、C_{ic} 为轨道平面倾角的正余弦调和改正项振幅；C_{rs}、C_{rc} 为轨道向径正余弦调和改正项振幅。

③时间参数：t_0 为由星期日子夜零时起算的星历参考时刻。

表 4.4　**RINEX 2 格式的广播星历文件**

```
     2.0            NAVIGATION DATA                                   RINEX VERSION / TYPE
CCRINEXN V1.6.0 UX         CDDIS            06-DEC-12 15:33          PGM / RUN BY / DATE
IGS BROADCAST EPHEMERIS FILE                                                       COMMENT
     0.1490D-07 -0.1490D-07 -0.5960D-07  0.1192D-06                              ION ALPHA
     0.1208D+06 -0.2294D+06 -0.6554D+05  0.8520D+06                               ION BETA
     0.000000000000D+00-0.888178419700D-15   405504        1717 DELTA-UTC: A0, A1, T, W
     16                                                                     LEAP SECONDS
                                                                           END OF HEADER
1  12  12  5  0  0  0.0   0.285806600004D-03    0.193267624127D-11    0.000000000000D+00
    0.580000000000D+02    0.229062500000D+02    0.454876090272D-08    0.514272210073D+00
    0.110827386379D-05    0.147457642015D-02    0.948086380959D-05    0.515371265030D+04
    0.259200000000D+06    0.186264514923D-08    0.166702451063D+01    0.782310962677D-07
    0.959701891596D+00    0.197437500000D+03    0.521449659214D+00   -0.799104714490D-08
    0.342157109360D-09    0.100000000000D+01    0.171700000000D+04    0.000000000000D+00
    0.200000000000D+01    0.000000000000D+00    0.838190317154D-08    0.580000000000D+02
    0.252018000000D+06    0.400000000000D+01    0.000000000000D+00    0.000000000000D+00
2  12  12  5  0  0  0.0   0.410761218518D-03    0.102318153950D-11    0.000000000000D+00
    0.500000000000D+02    0.896875000000D+01    0.503842415630D-08    0.151145033388D+01
    0.501051545143D-06    0.117109710118D-01    0.979751348496D-05    0.515357390022D+04
    0.259200000000D+06   -0.782310962677D-07    0.164915705095D+01    0.203028321266D-06
    0.938223325430D+00    0.176187500000D+03   -0.271157471602D+01   -0.834427614402D-08
    0.222866426138D-09    0.100000000000D+01    0.171700000000D+04    0.000000000000D+00
    0.200000000000D+01    0.000000000000D+00   -0.176951289177D-07    0.500000000000D+02
    0.252018000000D+06    0.400000000000D+01    0.000000000000D+00    0.000000000000D+00
3  12  12  5  0  0  0.0   0.137343537062D-03    0.500222085975D-11    0.000000000000D+00
    0.780000000000D+02   -0.805937500000D+02    0.503556689443D-08    0.169675569319D+01
   -0.442378222942D-05    0.158782082144D-01    0.802055001259D-05    0.515376418114D+04
    0.259200000000D+06   -0.156462192535D-06    0.482063787869D+00   -0.368803739548D-06
    0.933033022285D+00    0.212843750000D+03    0.125645546034D+01   -0.835891961113D-08
   -0.367872466222D-10    0.100000000000D+01    0.171700000000D+04    0.000000000000D+00
    0.200000000000D+01    0.000000000000D+00   -0.465661287308D-08    0.780000000000D+02
    0.252018000000D+06    0.400000000000D+01    0.000000000000D+00    0.000000000000D+00
......
```

表4.5 **RINEX 2 格式的广播星历数据含义**

卫星 PRN 号	年 月 日 时 分 秒	a_0	a_1	a_2
	$IODE$	C_{rs}	Δn	M_0
	C_{uc}	e	C_{us}	$\sqrt{a}$
	t_0	C_{ic}	Ω_0	C_{is}
	i_0	C_{rc}	ω	$\dot{\Omega}$
	$\dot{i}$	*cflgl2*	*weekno*	*pflgl2*
	svacc	*svhlth*	*tgd*	*IODC*
	ttm	*fi*	*Spare*	*spare*

2. 坐标计算

利用 GPS 卫星的预报星历计算卫星位置的具体步骤为：

①求轨道长半轴 a ：

$$a = (\sqrt{a})^2 \tag{4.59}$$

②计算平均角速度 n_0：

$$n_0 = \sqrt{\frac{GM}{a^3}} \tag{4.60}$$

式中，GM 为地球引力常数，其值为：GM=3.986 004 7×1014m³/s²。

③计算从需要时刻 t 到参考时刻 t_{oe} 的时间差 t_k：

GPS 卫星的轨道参数是相对于参考时刻 t_{oe}（即播发导航电文的时刻，从每一个星期日子夜零时开始）而言的，因此，某观测时刻 t 归化到 GPS 时系的计算公式为：

$$t_k = t - t_{oe} \tag{4.61}$$

式中：t_k 为相对于参考时刻 t_{oe} 的归化时间，但应计及一个星期(共计 604 800s)的开始或结束。亦即当 $t_k > 302400$s 时，t_k 应减去 604 800s。当 $t_k < -302400$s 时，t_k 应加上 604 800s。

④改正平角速度 n ：

$$n = n_0 + \Delta n \tag{4.62}$$

⑤计算平近点角 M_k ：

$$M_k = M_0 + n \times t_k \tag{4.63}$$

⑥由已知轨道参数按下式计算偏近点角 E_k：

$$\begin{aligned} E_k &= M_k + e\sin E_k,(E_k, M_k \text{ 以弧度 rad 计}) \\ E_k &= M_k + \left(\frac{180°}{\pi}\right) e\sin E_k,(E_k, M_k \text{ 以角度计}) \end{aligned} \tag{4.64}$$

上述开普勒方程可用迭代法进行解算，即先令 $E_k = M_k$ ，代入上式。因为 GPS 卫星轨道的偏心率 e 约为 0.01 左右，通常进行迭代计算，便可求得偏近点角 E_k。

⑦由下两式计算真近点角 f_k：

$$\left.\begin{aligned}\cos f_k &= \frac{(\cos E_k - e)}{(1 - e \times \cos E_k)} \\ \sin f_k &= \frac{\sqrt{1 - e^2}\sin E_k}{(1 - e \times \cos E_k)}\end{aligned}\right\} \tag{4.65}$$

⑧计算升交距角(或称升交角距) ϕ_k :

$$\phi_k = f_k + \omega \tag{4.66}$$

式中：ω 为卫星电文中给出的近地点角距。

⑨计算卫星轨道摄动项改正数：

$$\left.\begin{aligned}\delta u_k &= C_{us}\sin(2\phi_k) + C_{uc}\cos(2\phi_k) \\ \delta r_k &= C_{rs}\sin(2\phi_k) + C_{rc}\cos(2\phi_k) \\ \delta i_k &= C_{is}\sin(2\phi_k) + C_{ic}\cos(2\phi_k)\end{aligned}\right\} \tag{4.67}$$

⑩计算改正后的向径 r_k :

$$r_k = a(1 - e\cos E_k) + \delta r_k \tag{4.68}$$

⑪计算改正后的倾角 i_k :

$$i_k = i_0 + \delta i_k + \dot{i} \times t_k \tag{4.69}$$

上式中，$\dot{i}$ 为轨道倾角变化率，t_k 为相对于参考时刻 t_{oe} 的归化时间。

⑫计算观测瞬间升交点的经度 L_k :

若参考时刻 t_{oe} 时升交点赤经为 $\Omega_{t_{oe}}$ ，升交点对时间的变化率为 $\dot{\Omega}$，那么观测瞬间 t 时刻的升交点赤经 Ω 应为：

$$\Omega = \Omega_{t_{oe}} + \dot{\Omega}(t - t_{oe}) \tag{4.70}$$

设本周开始时刻(星期日 0 时)格林尼治恒星时为 $GAST_{week}$，则观测瞬间的格林尼治恒星时为：

$$GAST = GAST_{week} + \omega_e(t - t_0) \tag{4.71}$$

式中，ω_e 为地球自转角速度，其值为 ω_e =7. 292 115×10-5rad/s；t_0 为一周开始的 GPS 时。

这样，观测瞬间升交点的经度值即为：

$$L_k = \Omega - GAST = \Omega_{t_{oe}} - GAST_{week} + \dot{\Omega}(t - t_{oe}) - \omega_e(t - t_0) \tag{4.72}$$

令 $\Omega_0 = \Omega_{t_{oe}} - GAST_{week}$ ，又由于 t_{oe} 是从 t_0 起算的，所以有：

$$L_k = \Omega_0 + \dot{\Omega}(t - t_{oe}) - \omega_e(t - t_0) = \Omega_0 + (\dot{\Omega} - \omega_e)t_k - \dot{\Omega}t_{oe} \tag{4.73}$$

注意：预报星历中给出的 Ω_0 并不是参考时刻 t_{oe} 的升交点赤经 $\Omega_{t_{oe}}$ ，而是该值与本周起始时刻的格林尼治恒星时 $GAST_{week}$之差。

⑬计算卫星在轨道平面内的坐标(x_k， y_k， z_k)：

$$\begin{bmatrix} x_k \\ y_k \\ z_k \end{bmatrix} = \begin{bmatrix} r_k\cos u_k \\ r_k\sin u_k \\ 0 \end{bmatrix} \tag{4.74}$$

⑭最后，计算卫星在协议地球坐标系中的位置(X_k， Y_k， Z_k)：

$$\begin{bmatrix} X_k \\ Y_k \\ Z_k \end{bmatrix} = R_Z(-L_k)R_X(-i_k)\begin{bmatrix} x_k \\ y_k \\ z_k \end{bmatrix} \tag{4.75}$$

$$R_Z(-L_k)R_X(-i_k) = \begin{bmatrix} \cos L_k & -\sin L_k \cos i_k & \sin L_k \sin i_k \\ \sin L_k & \cos L_k \cos i_k & -\cos L_k \sin i_k \\ 0 & \sin i_k & \cos i_k \end{bmatrix} \tag{4.76}$$

考虑到地极移动的影响，最后可得在协议地球坐标系中的空间直角坐标：

$$\begin{bmatrix} X_k \\ Y_k \\ Z_k \end{bmatrix}_{CTS} = R_Y(-X_p)R_X(-Y_p)\begin{bmatrix} X_k \\ Y_k \\ Z_k \end{bmatrix} \tag{4.77}$$

$$R_Y(-X_p)R_X(-Y_p) = \begin{bmatrix} 1 & 0 & X_p \\ 0 & 1 & -Y_p \\ -X_p & Y_p & 1 \end{bmatrix} \tag{4.78}$$

4.4.2　GLONASS卫星的广播星历与坐标计算

1. 星历形式

GLONASS不同于GPS，其广播星历包含内容为卫星的位置、速度以及日月摄动加速度等参数，用户在使用其广播星历计算卫星位置时需通过数值积分来实现。GPS与GLONASS星座均由MEO卫星组成，其轨道运动的主要摄动因素为地球扁率摄动和日月引力摄动。由于广播星历外推时间要求步长，故其他摄动力影响可以忽略不计。GLONASS广播星历参数的设计是利用在短时间内(如几十分钟)日月、地球和卫星三者的几何关系变化很小，对应的日月摄动加速度变化也很小，在短时间内被近似认为是不变的特征，将日月引力摄动加速度作为一个常数修正项发布，从而使得接收机在计算卫星位置时的计算量得以减少(胡松杰，2005)。

GLONASS广播星历所包含的内容如表4.6所示。其星历更新频率为15min，外推时间为30min。

表4.6　**GLONASS广播星历内容(葛奎，王解先，2009)**

符号	单位	说明
t_b	s	参考时刻
$r_n(t_b)$	s	相对论效应
$\tau_n(t_b)$	km	卫星钟偏移
x_n，y_n，z_n	km	卫星的位置
$\dot{x}_n$，$\dot{y}_n$，$\dot{z}_n$	km/s	卫星的速度
$\ddot{x}_n$，$\ddot{y}_n$，$\ddot{z}_n$	km/s^2	日、月摄动加速度
E_n	D	星历龄期

表4.7给出了一个GLONASS广播星历部分文件作为示例，其数据格式同样为RINEX格式。与GPS广播星历文件一样包含了头文件与文件数据记录节两部分，由于头文件部分前文已作介绍，故此处仅对数据记录节部分作简要说明。

表4.7　**GLONASS广播星历文件示例**

```
     2.01           GLONASS NAV DATA                    RINEX VERSION / TYPE
    16                                                  LEAP SECONDS
                                                        END OF HEADER
14 13 07 27 01 15  0.0-0.118203461170E-04-0.909494701773E-12  0.159600000000E+05
    0.216643823242E+05-0.194757461548E+00  0.465661287308E-08  0.000000000000E+00
    0.132906049805E+05-0.393428802490E+00  0.186264514923E-08-0.700000000000E+01
    0.260864941406E+04  0.357970714569E+01  0.000000000000E+00  0.000000000000E+00
 1 13 07 27 01 15  0.0-0.171075575054E-03  0.000000000000E+00  0.159600000000E+05
   -0.576879736328E+04  0.802030563354E-01  0.931322574615E-09  0.000000000000E+00
    0.212162255859E+05-0.177411842346E+01-0.931322574615E-09  0.100000000000E+01
   -0.129358940430E+05-0.294206333160E+01  0.186264514923E-08  0.000000000000E+00
 2 13 07 27 01 15  0.0  0.251587480307E-04  0.909494701773E-12  0.159600000000E+05
    0.250770019531E+04  0.182391166687E+00  0.279396772385E-08  0.000000000000E+00
    0.250666357422E+05  0.531663894653E+00  0.000000000000E+00-0.400000000000E+01
    0.395768261719E+04-0.352394485474E+01  0.000000000000E+00  0.000000000000E+00
23 13 07 27 01 15  0.0-0.534159131348E-03-0.363797880709E-11  0.159600000000E+05
   -0.176933339844E+05-0.103127861023E+01-0.931322574615E-09  0.000000000000E+00
    0.157342958984E+05  0.808688163757E+00-0.186264514923E-08  0.300000000000E+01
   -0.949935937500E+04  0.326249980927E+01  0.931322574615E-09  0.000000000000E+00
12 13 07 27 01 15  0.0-0.718953087926E-04  0.000000000000E+00  0.159600000000E+05
   -0.714359375000E+04-0.276200199127E+01-0.931322574615E-09  0.000000000000E+00
    0.822789062500E+04-0.154498291016E+01  0.000000000000E+00-0.100000000000E+01
    0.230199047852E+05-0.319892883301E+00-0.186264514923E-08  0.000000000000E+00
21 13 07 27 01 15  0.0-0.771973282099E-05  0.000000000000E+00  0.159600000000E+05
   -0.142618520508E+05  0.251220703125E+01-0.279396772385E-08  0.000000000000E+00
   -0.297104248047E+04-0.138801670074E+01-0.931322574615E-09  0.400000000000E+01
    0.209604282227E+05  0.150391769409E+01-0.186264514923E-08  0.000000000000E+00
……
```

每颗卫星的广播星历数据记录部分包含4行，其中第一行从左至右分别记录了卫星PRN号、采用格里高利历方式标识的星历历元(UTC)、卫星钟偏差、卫星相对频率偏差及电文帧时间；第二行从左至右依次记录了卫星位置X、卫星速度$\dot{X}$、卫星X方向的加速度以及卫星健康状态(0=ok)；第三行分别记录了卫星位置Y、卫星速度$\dot{Y}$、卫星Y方向的加速度及卫星频率数；第三行分别记录了卫星位置 Z 、卫星速度 $\dot{Z}$ 、卫星 Z 方向的加速度及运行年限信息。

2. 坐标计算

由于GLONASS广播星历中给出的是各个历元时刻GLONASS卫星在PZ90坐标系中的卫星运动状态向量，因此用户可根据广播星历中给出的卫星状态向量通过对卫星运动方程进行数值积分来求得自身信号接收时刻的卫星位置。对GLONASS卫星轨道进行数值积分的方法有欧拉(Euler)法、龙格-库塔(Rung-Kutta)法、阿达姆斯(Adams)法等，其中以龙格-库塔法较为常用。由于介绍数值积分方法的书籍及文献很多，且该内容不是本书重点，故在此不作介绍。

4.4.3　BDS卫星的广播星历与坐标计算

1. 星历形式

在BDS的D1和D2导航电文中均给出了由一个星历参考时间 t_{oe} 和15个轨道参数组成的卫星星历参数，其广播星历所含内容与GPS广播星历一致，其详细介绍可参见4.4.1节。

2. 坐标计算

用户利用广播星历中给出的这组参数即可计算出参数有效时间段内任一时刻的卫星位置，其具体计算方法如表4.8所示。

表4.8　**BDS广播星历卫星位置计算方法**

计算公式	描　　述
$\mu = 3.986004418 \times 10^{14} \mathrm{m}^3/\mathrm{s}^2$	CGCS2000坐标系下的地球引力常数
$\dot{\Omega}_e = 7.2921150 \times 10^{-5} \mathrm{rad/s}$	CGCS2000坐标系下的地球旋转速率
$\pi = 3.1415926535898$	圆周率
$A = (\sqrt{A})^2$	计算半长轴
$n_0 = \sqrt{\dfrac{\mu}{A^3}}$	计算卫星平均角速度
$t_k = t - t_{oe}$	计算观测历元到参考历元的时间差
$n = n_0 + \Delta n$	改正平均角速度
$M_k = M_0 + n t_k$	计算平近点角
$M_k = E_k - e\sin E_k$	迭代计算偏近点角
$\begin{cases} \sin v_k = \dfrac{\sqrt{1-e^2}\sin E_k}{1 - e\cos E_k} \\ \cos v_k = \dfrac{\cos E_k - e}{1 - e\cos E_k} \end{cases}$	计算真近点角

续表

计算公式	描　述
$\phi_k = v_k + \omega$	计算纬度幅角参数
$\begin{cases} \delta u_k = C_{us}\sin(2\phi_k) + C_{uc}\cos(2\phi_k) \\ \delta r_k = C_{rs}\sin(2\phi_k) + C_{rc}\cos(2\phi_k) \\ \delta i_k = C_{is}\sin(2\phi_k) + C_{ic}\cos(2\phi_k) \end{cases}$	纬度幅角改正项 径向改正项 轨道倾角改正项
$u_k = \phi_k + \delta u_k$	计算改正后的纬度幅角
$r_k = A(1 - e\cos E_k) + \delta r_k$	计算改正后的径向
$i_k = i_0 + IDOT \cdot t_k + \delta i_k$	计算改正后的轨道倾角
$\begin{cases} x_k = r_k\cos u_k \\ y_k = r_k\sin u_k \end{cases}$	计算卫星在轨道平面内的坐标
$\Omega_k = \Omega_0 + (\dot{\Omega} - \dot{\Omega}_e)t_k - \dot{\Omega}_e t_{oe}$ $\begin{cases} X_k = x_k\cos\Omega_k - y_k\cos i_k\sin\Omega_k \\ Y_k = x_k\sin\Omega_k + y_k\cos i_k\cos\Omega_k \\ Z_k = y_k\sin i_k \end{cases}$	计算历元升交点在 CGCS2000 中的经度 计算 MEO/IGSO 卫星在 CGCS2000 坐标系中的坐标
$\Omega_k = \Omega_0 + \dot{\Omega} t_k - \dot{\Omega}_e t_{oe}$ $\begin{cases} X_{GK} = x_k\cos\Omega_k - y_k\cos i_k\sin\Omega_k \\ Y_{GK} = x_k\sin\Omega_k + y_k\cos i_k\cos\Omega_k \\ Z_{GK} = y_k\sin i_k \end{cases}$ $\begin{bmatrix} X_k \\ Y_k \\ Z_k \end{bmatrix} = R_Z(\dot{\Omega}_e t_k)R_X(-5°)\begin{bmatrix} X_{GK} \\ Y_{GK} \\ Z_{GK} \end{bmatrix}$ 其中： $R_X(\varphi) = \begin{bmatrix} 1 & 0 & 0 \\ 0 & +\cos\varphi & +\sin\varphi \\ 0 & -\sin\varphi & +\cos\varphi \end{bmatrix}$ $R_Z(\varphi) = \begin{bmatrix} +\cos\varphi & +\sin\varphi & 0 \\ -\sin\varphi & +\cos\varphi & 0 \\ 0 & 0 & 1 \end{bmatrix}$	计算历元升交点在特定坐标系中的经度 计算 GEO 卫星在特定坐标系中的坐标 计算 GEO 卫星在 CGCS2000 坐标系中的坐标 （从特定坐标系转换为 CGCS2000 坐标系）

* t 是信号发射时刻的北斗时。t_k 是 t 和 t_{oe} 之间的总时间差，必须考虑周变换的开始或结束，即：如果 t_k 大于 302400，将 t_k 减去 604800；如果 t_k 小于-302400，则将 t_k 加上 604800.

对于以上计算过程有以下几点需要说明：

①GEO 卫星的轨道倾角为 0°，故其升交点赤经和近地点角距将无法确定。为解决该问题，BDS 为 GEO 卫星设立了一个特殊的坐标系：将星历参考时刻 t_{oe} 时的 CGCS2000 坐标系围绕 X 轴逆时针旋转 5°，使该坐标系的 xy 平面不再与地球赤道平面重合。广播星历中所给出的 GEO 卫星的星历参数即是在这一特定的坐标系中的。

②随着时间的推移，GEO 卫星的星历参数在不断更新，星历参考时刻 t_{oe} 及相应的特定坐标系也在不断变化(一般每小时更新变化一次)。坐标系周而复始的变化会使 GEO 卫星的某些轨道参数也产生周期性的日变化。我们不妨将其称为数学摄动。不同时间的 GEO 卫星星历参数之差是由于卫星在各种摄动力作用下所产生的真正的轨道摄动(物理摄动)以及由于采用了不同的坐标系所产生的数学摄动共同产生的。

③除 GEO 卫星的计算方法较为特殊外，其余卫星的计算方法和步骤均与 GPS 相类似。

4.4.4　精密星历与坐标计算

1. *精密星历*

由于导航卫星的广播星历包含外推误差，因此它的精度受到限制，不能满足某些从事精密定位工作的用户的要求。例如，在应用 GPS 技术作地球动力学研究时，要求达到 10^{-8} 甚至 10^{-9} 的定位精度，相应的卫星星历精度就要求达到分米级或厘米级。广播星历显然不能适应这种高精度定位的要求。

后处理星历是不含外推误差的实测精密星历，它由地面跟踪站根据精密观测资料计算而得，可向用户提供用户观测时刻的卫星精密星历，其精度可达厘米级。但是，用户不能实时通过卫星信号获得后处理星历，只能在事后通过 Internet、电传、磁带等通讯媒体向用户传递。

目前获得精密星历比较方便而有效方法，是直接在 IGS 网站上(例如 ftp://igscb.jpl.nasa.gov/pub)下载其数据产品。IGS(International GPS Service for Geodynamics)由国际大地测量协会组建，其目的是为大地测量与地球动力学研究提供 GPS 数据服务，包括提供全球 GPS 跟踪站数据和精密星历等。

IGS 由 1994 年起开始正式运作。它的数据处理中心收集全球 50 多个 GNSS 永久跟踪站的观测数据，通过分析和处理及时产生 IGS GNSS 数据产品。内容包括：高精度的卫星星历，地球自转参数，各 IGS 跟踪站的坐标和速度，导航卫星与跟踪站的时钟信息和电离层信息。目前，IGS 发布的最终卫星星历精度优于 5cm，卫星钟的钟差精度优于 5ns，极移精度优于 0.0005″，日长变化精度优于 0.5ms/d，跟踪站坐标(一年解)精度为3～30mm。

IGS 星历文件采用 SP3 格式给出，SP3 的全称是标准产品第 3 号(Standard Product #3)，为了适应实际应用的发展，在 2002 年 9 月，Steve Hilla 建议使用扩展的精密星历格式 SP3-c(The Extended Standard Product 3 Orbit Format)，它是一种在卫星大地测量中广泛采用的数据格式，由美国国家大地测量委员会(National Geodetic Survey，NGS)提出，专门用于存储导航卫星的精密轨道数据。

SP3-c 格式的 IGS 星历文件提供 15min 等间隔点上的卫星坐标和速度，坐标系统属全球 ITRF 参考框架，通过 Internet 网可从 IGS 数据处理中心免费获得。表 4.9 即是 IGS 精密星历的一个实例，该星历文件自 2012 年 12 月 1 日 0 时 0 分开始，每隔 15min 给出一组星历数据，包括 32 颗卫星的坐标和速度。

SP3 格式文件是文本文件，其基本内容是卫星位置和卫星钟记录，另外，还可以包含卫星的运行速度和钟的变率。若在 SP3 格式文件第一行中有位置记录标记“P”，则表示文件中未包含卫星速度等信息；若第一行有速度记录标记“V”，则表示在文件中，对每一历元、每一颗卫星均已计算出了卫星的速度和钟的变率。需要指出的是，实际上，利用卫星的位置数据就可以以极高的精度计算出卫星的运行速度，这就是在现代精密卫星轨道数据中通常没有包含卫星速度数据的主要原因。另外，除了 GPS 卫星，SP3 格式同样也可用于表示其他卫星的轨道信息。ECF3 和 EF18 格式是与 SP3 格式相对应的二进制文件格式。

在 SP3 格式文件的第一行中，还有一个专门用来表示轨道数据所属坐标系统的字段。在通常情况下，SP3 轨道的计算和分发都是在某一个国际地球参考框架下进行的，如 IERS 的 ITRF95、ITRF05、ITRF08 等。

SP3 格式简要说明：

第 1 行第 2 个字符为版本标识符。最初发布的版本为“a”，后续的版本将采用按字母表序排列的小写字母。第 1 行由首个历元的轨道数据时间、星历文件中的历元数、进行数据处理时所采用数据类型的描述符、轨道类型描述符和轨道发布机构描述符所组成。

第 2 行所包含的内容有轨道数据首个历元的 GPS 周及 GPS 周以内的秒数(0.0≤周内的秒数<604800.0)、以秒为单位的历元间隔(0.0<历元间隔<100000.0)、约化儒略日的整数部分及小数部分。

第 3~7 行为卫星的 PRN 号。这些标识符为连续的字段，在列出了所有的 PRN 号后，剩下的位置用零值填充。虽然卫星的 PRN 号可以按任何顺序列出，但为了方便查看包含在轨道文件中的卫星，通常按数字顺序排列。

第 8~12 行为卫星轨道精度指数，若为 0，则表示精度未知。卫星轨道精度指数在第 8~12 行中的排列顺序与第 3~7 行上卫星的 PRN 号的排列顺序相同。

第 13~18 行以备将来其他的参数扩充。其中，第 13 行为文件类型描述符，如：“G”表示只用于 GPS 卫星，“M”表示可采用多种卫星，“R”只用于 GLONASS 卫星，“L”只用于低轨卫星(LEO)，“E”只用于 Galileo 卫星。第 15 行的 4~13 个字符是用来计算卫星位置和速度分量的标准偏差的浮点基数，15~26 个字符是用来计算卫星钟差和钟差变化率的标准偏差的浮点基数。

第 19~22 行为任意内容的注释。

第 23 行为历元的日期和时间。

第 24 行为卫星的位置(或速度)和钟差(或钟漂)。第 1 个字符始终为“P”，位置的单位为 km，并精确到 1mm。如果采用四舍五入的方法，可以达到 0.5mm 的精度，即所显示出来的值与计算值不超过 0.5mm。与钟有关的值的单位为 μs(微秒)，并且精确到 1ps(皮秒，微微秒)。当与位置有关的值为 0.000 000，或与钟有关的值为 999 999.999 9(整数部分必须要有 6 个 9，而小数部分中的 9 可有可无)时，则表明相应值精度很低或未知。第 62~69 个字符分别表示卫星坐标 X、Y、Z 的标准偏差的精度指数，单位为 mm。第 76 位字符表示钟差预报标识：“P”表示当前历元的钟差是预报值，空白表示钟差是观测值。第 79 位字符表示轨道操作事件标识：“M”表示在预报历元与当前历元之间或者在当前历元，卫星轨道执行了操作，空白表示没有操作执行或不清楚是否有操作执行。第 80 位字符表示轨道预报标识：“P”表示当前历元卫星的位置是预报值，空白表示卫星位置是观测值。

表 4.9 **IGS 精密星历(SP3-c 格式，仅包含卫星位置和钟差记录)**

```
#cP2001  8  8  0  0  0.00000000      192 ORBIT IGS97 HLM  IGS
## 1126 259200.00000000   900.00000000 52129 0.0000000000000
+26    G01G02G03G04G05G06G07G08G09G10G11G13G14G17G18G20G21
+      G23G24G25G26G27G28G29G30G31  0  0  0  0  0  0  0  0
+       0  0  0  0  0  0  0  0  0  0  0  0  0  0  0  0  0
+       0  0  0  0  0  0  0  0  0  0  0  0  0  0  0  0  0
+       0  0  0  0  0  0  0  0  0  0  0  0  0  0  0  0  0
++      7  8  7  8  6  7  7  7  7  7  7  7  7  8  8  7  9
++      9  8  6  8  7  7  6  7  7  0  0  0  0  0  0  0  0
++      0  0  0  0  0  0  0  0  0  0  0  0  0  0  0  0  0
++      0  0  0  0  0  0  0  0  0  0  0  0  0  0  0  0  0
++      0  0  0  0  0  0  0  0  0  0  0  0  0  0  0  0  0
%c G  cc GPS ccc cccc cccc cccc cccc ccccc ccccc ccccc ccccc
%c cc cc ccc ccc cccc cccc cccc cccc ccccc ccccc ccccc ccccc
%f  1.2500000  1.025000000  0.00000000000  0.000000000000000
%f  0.0000000  0.000000000  0.00000000000  0.000000000000000
%i   0    0    0    0    0    0    0    0    0
%i   0    0    0    0    0    0    0    0    0
/* ULTRA ORBIT COMBINATION FROM WEIGHTED AVERAGE OF:
/* cou esu gfu jpu siu usu
/* REFERENCED TO cou CLOCK AND TO WEIGHTED MEAN POLE:
/* CLK ANT Z-OFFSET (M): II/IIA 1.023; IIR 0.000
*  2001  8  8  0  0  0.00000000
PG01 -11044.805800 -10475.672350  21929.418200    189.163300 18 18 18 219
PG02 -12593.593500  10170.327650 -20354.534400    -55.976000 18 18 18 219  M
PG03   9335.606450 -21952.990750 -11624.350150     54.756700 18 18 18 219
PG04 -16148.976900   8606.630600  19407.845050    617.997800 18 18 18 219
PG05  13454.631450  20956.333700   9376.994100    308.956400 18 18 18 219
PG06  18821.523100   1138.155450  18958.305500     -2.406900 18 18 18 219
*  2001  8  9 23 45                                 0.00000000
PG01 -11044.805800 -10475.672350  21929.418200    189.163300 18 18 18 219  P  P
PG02 -12593.593500  10170.327650 -20354.534400    -55.976000 18 18 18 219  P  P
PG03   9335.606450 -21952.990750 -11624.350150     54.756700 18 18 18 219  P  P
PG04 -16148.976900   8606.630600  19407.845050    617.997800 18 18 18 219  EP P

PG30 -20393.814200  16198.067550  -4138.151700    428.892900 18 18 18 219  P  P
PG31 -23592.378250   1395.049800 -12524.037100    461.972900 18 18 18 219  P  P
EOF
```

需要注意的是：在记录了卫星位置和钟差相关性的 SP3-c 格式中，若第 25 行以“EP”开始(表 4.10)，则 5～18 列直接给出卫星坐标的标准偏差，20～26 列给出钟差的标准偏差，28～80 列按照(xy，xz，xc，yz，yc，zc)顺序储存卫星坐标与钟差的相关系数(该值要除以 10 000 000)。如果某行记录卫星速度和钟漂，则开头字符为“V”，5～46 列为速度记录，速度分量的单位为 dm/s，记录精度可精确到 10^{-4} mm。47～60 列为钟漂，单位为 10^{-7}，可以精确到 10^{-16}，后面几列同记录卫星位置和钟差的意义一样。如果某行以“EV”开始，则记录的是卫星速度与钟漂的相关性。

表 4.10　**IGS 精密星历(SP3-c 格式，包含 P，EP，V，EV 等所有格式的记录)**

```
#cP2001  8  8  0  0  0.00000000      192 ORBIT IGS97 HLM   IGS
## 1126 259200.00000000    900.00000000 52129 0.0000000000000
+   26    G01G02G03G04G05G06G07G08G09G10G11G13G14G17G18G20G21
+         G23G24G25G26G27G28G29G30G31  0  0  0  0  0  0  0  0
+    0  0  0  0  0  0  0  0  0  0  0  0  0  0  0  0  0
+    0  0  0  0  0  0  0  0  0  0  0  0  0  0  0  0  0
+    0  0  0  0  0  0  0  0  0  0  0  0  0  0  0  0  0
++   7  8  7  8  6  7  7  7  7  7  7  7  7  8  8  7  9
++   9  8  6  8  7  7  6  7  7  0  0  0  0  0  0  0  0
++   0  0  0  0  0  0  0  0  0  0  0  0  0  0  0  0  0
++   0  0  0  0  0  0  0  0  0  0  0  0  0  0  0  0  0
++   0  0  0  0  0  0  0  0  0  0  0  0  0  0  0  0  0
%c G  cc GPS ccc cccc cccc cccc cccc ccccc ccccc ccccc ccccc
%c cc cc ccc ccc cccc cccc cccc cccc ccccc ccccc ccccc ccccc
%f  1.2500000  1.025000000  0.00000000000  0.000000000000000
%f  0.0000000  0.000000000  0.00000000000  0.000000000000000
%i    0    0    0    0    0    0    0    0    0
%i    0    0    0    0    0    0    0    0    0
/* ULTRA ORBIT COMBINATION FROM WEIGHTED AVERAGE OF:
/* cou esu gfu jpu siu usu
/* REFERENCED TO cou CLOCK AND TO WEIGHTED MEAN POLE:
/* CLK ANT Z-OFFSET (M): II/IIA 1.023; IIR 0.000
*  2001  8  8  0  0  0.00000000
PG01 -11044.805800 -10475.672350  21929.418200     189.163300  18  18  18  219
EP    55   55   55      222  1234567-1234567  5999999   -30  21-1230000
VG01  20298.880364 -18462.044804   1381.387685      -4.534317  14  14  14  191
EV    22   22   22      111  1234567  1234567  1234567  1234567  1234567  1234567
PG02 -12593.593500  10170.327650 -20354.534400     -55.976000  18  18  18  219  M
```

续表

```
EP    55   55   55      222  1234567 -1234567  5999999   -30   21 -1230000
VG02   -9481.923808 -25832.652567  -7277.160056     8.801258 14 14 14 191
EV    22   22   22      111  1234567  1234567  1234567  1234567  1234567  1234567
PG03    9335.606450 -21952.990750 -11624.350150    54.756700 18 18 18 219
EP    55   55   55      222  1234567 -1234567  5999999     -30    21 -1230000
VG03   12497.392894  -8482.260298  26230.348459     5.620682 14 14 14 191
EV    22   22   22      111  1234567  1234567  1234567  1234567  1234567  1234567
PG04 -16148.976900   8606.630600  19407.845050   617.997800 18 18 18 219
EP    55   55   55      222  1234567 -1234567  5999999     -30    21 -1230000
VG04 -22859.768469  -8524.538983 -15063.229095    -3.292980 14 14 14 191
EV    22   22   22      111  1234567  1234567  1234567  1234567  1234567  1234567
PG05   13454.631450  20956.333700   9376.994100   308.956400 18 18 18 219
EP    55   55   55      222  1234567 -1234567  5999999     -30    21 -1230000
VG05     392.255680  12367.086937 -27955.768747   -13.600595 14 14 14 191
EV    22   22   22      111  1234567  1234567  1234567  1234567  1234567  1234567
.
*  2001  8  9 23 45  0.00000000
PG01 -11044.805800 -10475.672350  21929.418200   189.163300 18 18 18 219 P P
EP    55   55   55      222  1234567 -1234567  5999999     -30    21 -1230000
VG01   20298.880364 -18462.044804   1381.387685    -4.534317 14 14 14 191
EV    22   22   22      111  1234567  1234567  1234567  1234567  1234567  1234567
PG02 -12593.593500  10170.327650 -20354.534400   -55.976000 18 18 18 219 P P
EP    55   55   55      222  1234567 -1234567  5999999     -30    21 -1230000
VG02   -9481.923808 -25832.652567  -7277.160056     8.801258 14 14 14 191
EV    22   22   22      111  1234567  1234567  1234567  1234567  1234567  1234567
.
PG30 -23592.378250   1395.049800 -12524.037100   461.972900 18 18 18 219 P P
EP    55   55   55      222  1234567 -1234567  5999999     -30    21 -1230000
VG30 -13996.847785  -6945.665482  25908.199568     0.364488 14 14 14 191
EV    22   22   22      111  1234567  1234567  1234567  1234567  1234567  1234567
PG31   17353.533200  15151.105700 -13851.534050    -1.841700 18 18 18 219 P P
EP    55   55   55      222  1234567 -1234567  5999999     -30    21 -1230000
VG31 -16984.306646  -2424.913336 -23969.277677   -14.371692 14 14 14 191
EV    22   22   22      111  1234567  1234567  1234567  1234567  1234567  1234567
EOF
```

2. 坐标计算

由于SP3格式精密轨道数据是以离散的位置和速度的形式给出的，因而用户需要采用内插的方法来得到所需历元时刻的卫星位置。内插的方法有很多种，如拉格朗日多项式内插法(Lagrange Polynomial Interpolation)和切比雪夫多项式内插法(Tshebyshev Polynomial Interpolation)等。其中，比较经典的方法是拉格朗日多项式内插法。

拉格朗日多项式内插法的基本原理为：

若已知函数 $y=f(x)$ 的 $n+1$ 个节点 x_0，x_1，x_2，…，x_n 及其对应的函数值 y_0，y_1，y_2，…，y_n，对于插值区间内任一点，可用下面的拉格朗日插值多项式来计算函数值

$$f(x)=\sum_{k=0}^{n}\prod_{\substack{i=1\\i\neq k}}^{n}\left(\frac{x-x_i}{x_k-x_i}\right)y_k \tag{4.79}$$

虽然多项式内插法有一些缺点，但根据每15min所给出的卫星位置向量采用多项式进行内插，仍可以达到非常高的精度。当采用17阶多项式进行内插时，其内符合精度可优于5mm，内插的不确定性要远比轨道数据自身的误差小得多(IGS精密轨道精度优于5cm)。

4.5　卫星可视性预报

GNSS卫星播发的导航电文中包含广播星历(卫星星历)和预报星历(卫星历书)。GNSS卫星星历参数是由地面运行控制中心根据对卫星的观测并外推计算得到，并通过卫星转发给用户，主要用于用户的实时定位。而卫星历书信息则主要用于求解各卫星的概略位置，在较长的时间周期内对GNSS卫星的位置、GNSS卫星的分布情况进行预报，以辅助接收机搜索卫星，加快信号捕获，因此也具有十分重要的作用。

4.5.1　卫星可视性预报的基本流程

为了能在GNSS卫星观测之前拟订观测计划，往往需要进行GNSS卫星的预报工作，从而可以比较确切地知道在所观测的地点及所观测的时间段中，GNSS接收机能够接收到的GNSS卫星的情况。要进行卫星预报，必须将二进制的卫星历书文件解码得到卫星轨道参数，利用轨道参数计算出GNSS卫星的空间坐标。

下面将以GPS卫星的可视性预报为例，简要介绍卫星可视性预报的基本流程：

①利用GPS卫星的预报星历的轨道参数计算出卫星坐标。

②计算卫星相对于测站的高度角和方位角：

由测站位置和卫星某一时刻的坐标计算出该卫星在该时刻的高度角 E（图4.13），凡是满足高度角条件 $E\geqslant E_0$(E_0 一般为10°)的卫星均为该时刻可被接收机捕获的卫星。

以(X_0，Y_0，Z_0)表示测站坐标，(X_i，Y_i，Z_i)($i=1$，2，3，…)表示可以观测到的卫星坐标(由卫星的预报星历算得)，由下式可反算出测站大地经纬度(L_0，B_0)：

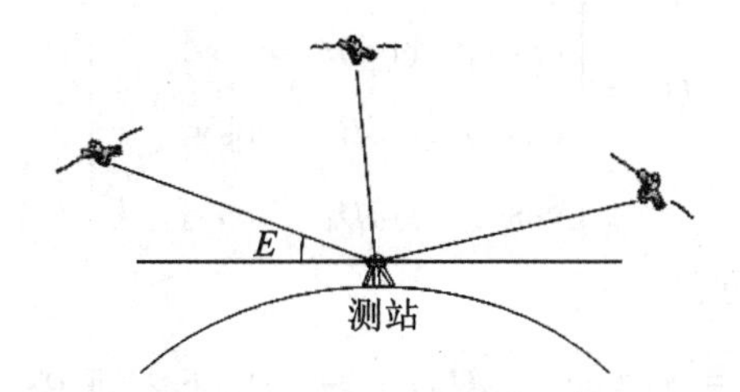

图 4.13　卫星高度角计算

$$
\begin{cases}
\tan L_0 = \dfrac{Y_0}{X_0} \\
\tan B_0 = \dfrac{Z_0 + Ne^2 \sin B_0}{\sqrt{X_0^2 + Y_0^2}}
\end{cases}
\tag{4.80}
$$

其中 e 为 WGS-84 椭球的偏心率，N 为测站卯酉圈曲率半径，大地纬度 B_0 需采用迭代计算。然后，将卫星坐标转换到以测站为坐标原点的站心地平直角坐标系（x_i，y_i，z_i）：

$$
\begin{aligned}
\begin{bmatrix} x_i \\ y_i \\ z_i \end{bmatrix} &= \begin{bmatrix} -1 & 0 & 0 \\ 0 & 1 & 0 \\ 0 & 0 & 1 \end{bmatrix} \cdot R_Y(90° - B_0) R_Z(L_0) \cdot \begin{bmatrix} X_i - X_0 \\ Y_i - Y_0 \\ Z_i - Z_0 \end{bmatrix} \\
&= \begin{bmatrix} -\sin B_0 \cos L_0 & -\sin B_0 \sin L_0 & \cos B_0 \\ -\sin L_0 & \cos L_0 & 0 \\ \cos B_0 \cos L_0 & \cos B_0 \sin L_0 & \sin B_0 \end{bmatrix} \begin{bmatrix} X_i - X_0 \\ Y_i - Y_0 \\ Z_i - Z_0 \end{bmatrix}
\end{aligned}
\tag{4.81}
$$

这种左手坐标系的 x 轴指向过该测站的子午线，向北为正，z 轴重合于该点上的 WGS-84 椭球的法线，向外为正，y 轴也位于该点的切平面，向东为正。

因此，卫星对于测站的高度角 E_i 及方位角 A_i 为：

$$
\begin{aligned}
E_i &= \arctan \frac{z_i}{\sqrt{x_i^2 + y_i^2}} \qquad -90° \leqslant E_i \leqslant 90° \\
A_i &= \arctan \frac{y_l}{x_i} \qquad\qquad 0° \leqslant A_i \leqslant 360°
\end{aligned}
\tag{4.82}
$$

③计算测站位置上的几何精度因子 GDOP：

卫星的几何精度因子 GDOP 是衡量星座结构的总指标，故在卫星可视性预报中是判别可观测卫星与测站所组成几何图形的精度的一个重要指标。在 GPS 定位中，卫星星座 GDOP 的计算模型都是以星座的状态矩阵为依据，这里采用最常用的方向余弦法。设 α、β、γ 分别为测站到卫星的斜距与以测站为坐标原点的站心地平直角坐标系 X，Y，Z 轴的夹角。令站星间的距离为 $r = \sqrt{x_i^2 + y_i^2 + z_i^2}$，则：$\cos\alpha = \dfrac{x_i}{r}$，$\cos\beta = \dfrac{y_i}{r}$，$\cos\gamma = \dfrac{z_i}{r}$，于是同时观测的 4 颗卫星的星座矩阵为：

$$Q_P = \begin{bmatrix} \cos\alpha_1 & \cos\beta_1 & \cos\gamma_1 & 1 \\ \cos\alpha_2 & \cos\beta_2 & \cos\gamma_2 & 1 \\ \cos\alpha_3 & \cos\beta_3 & \cos\gamma_3 & 1 \\ \cos\alpha_4 & \cos\beta_4 & \cos\gamma_4 & 1 \end{bmatrix} \tag{4.83}$$

根据 GDOP 的定义，可得：

$$\text{GDOP} = \sqrt{\text{trace}\,(Q_P^{\text{T}} Q_P)^{-1}} = \sqrt{\sigma_x^2 + \sigma_y^2 + \sigma_h^2 + \sigma_t^2} \tag{4.84}$$

④计算测站的三维位置精度因子 PDOP：

已知测站位置的星座矩阵和 GDOP 值，则很容易求得测站的三维位置精度几何因子 $\text{PDOP} = \sqrt{\sigma_x^2 + \sigma_y^2 + \sigma_h^2}$，PDOP 值不仅与卫星星座几何构型有关，而且与所跟踪到的卫星数目相关。故在卫星可视性预报中，PDOP 值的大小是衡量卫星定位精度的重要指标。

4.5.2　GPS 卫星可视性预报实例

目前，大多数 GNSS 接收机厂商都有自己的商用 GNSS 数据后处理软件，包括卫星可视性预报软件。本节将以 Ashtech 公司和 Trimble 公司开发的 GPS 星历预报软件(Ashtech Solutions 2.6 软件中的 Mission Planning 模块和 TGO 软件的 Planning 模块)进行实际的 GPS 卫星可视性预报。

以西安地区某测站为例，预报该测站在 2012 年 9 月 6 日卫星的可视性情况。该测站在 WGS-84 坐标系下的近似经纬度(L，B)为(108°57′20″，34°13′38″)，设置满足卫星高度角大于 10°的卫星即为可视卫星。测站周围的障碍物是主要分布在方位角为 25°～60°内的相对于测站的仰角约为 30°的高层建筑物。根据该测站的近似坐标和卫星历书文件等，对该测站的卫星可视性状况预报如下：

①可视卫星数：可视卫星数主要给出指定时间段内的可视卫星总数，以直观地表达可视卫星数目与时间的关系，如图 4.14 和图 4.15 所示。

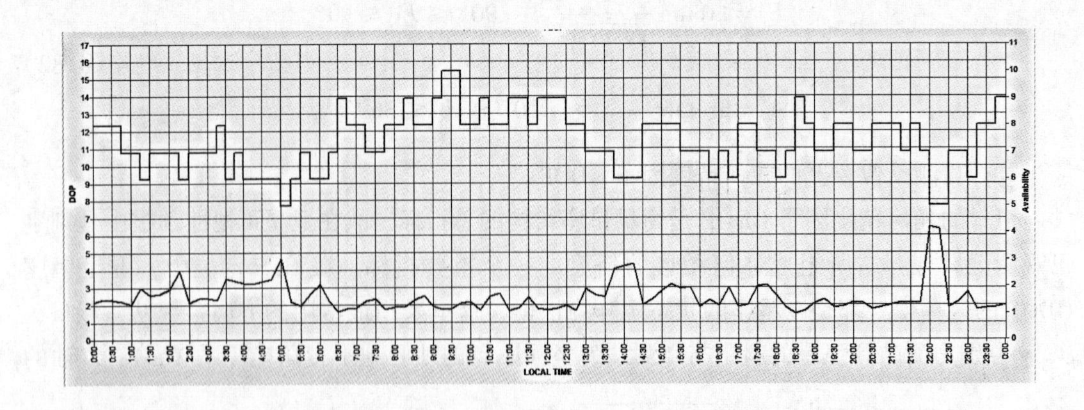

图 4.14　用 Ashtech 星历预报软件预报的可视卫星数

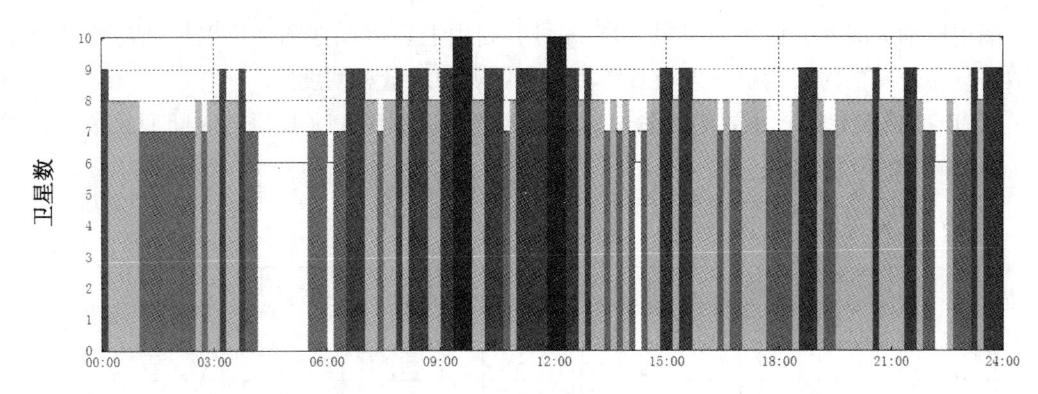

图 4.15 用 Trimble 星历预报软件预报的可视卫星数

从上面两幅图可以看出，两种星历预报软件预报的可视卫星数在任一时段均大于 5 颗，满足观测需要。其中在时间段 7：00～14：00 之间，可视卫星总数均大于 7 颗，故在此时间段观测效果较好。

②卫星可视性图：卫星可视性图表示在给定的时间段内，可视卫星数目随时间的变化情况，即各个卫星在该测站上空可视区域内的持续时间长度，如图 4.16 和图 4.17 所示。

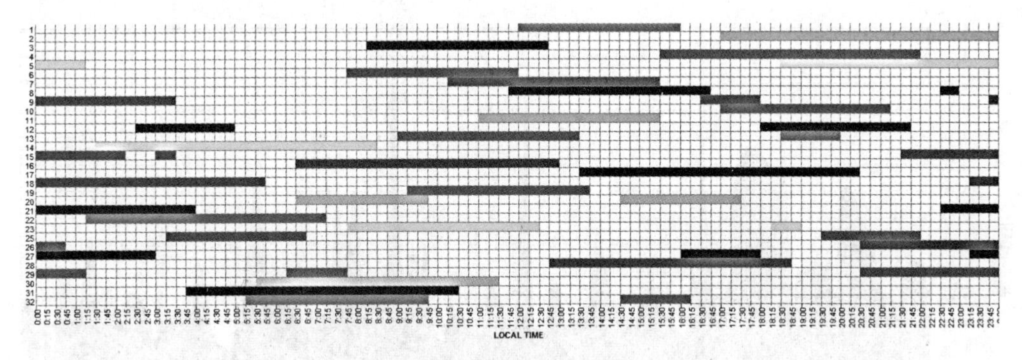

图 4.16 Ashtech 星历预报软件预报的卫星可视性图

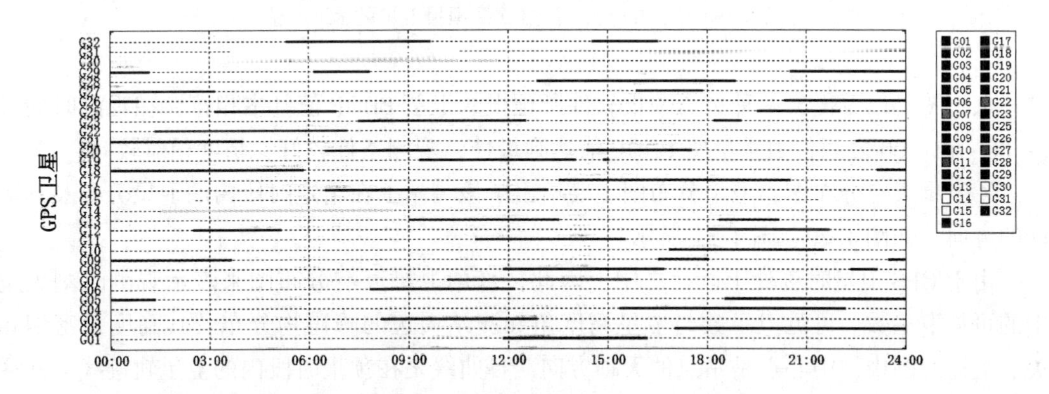

图 4.17 Trimble 星历预报软件预报的卫星可视性图

图中横轴为时间，纵轴为卫星 PRN 编号。利用卫星可视性图，可以根据需要选择卫星数目分布较多的时间段进行外业观测，以确保观测质量和精度。

③PDOP 值变化图：主要给出测站的三维位置精度因子 PDOP 值随时间变化情况，如图 4.18 和图 4.19 所示。

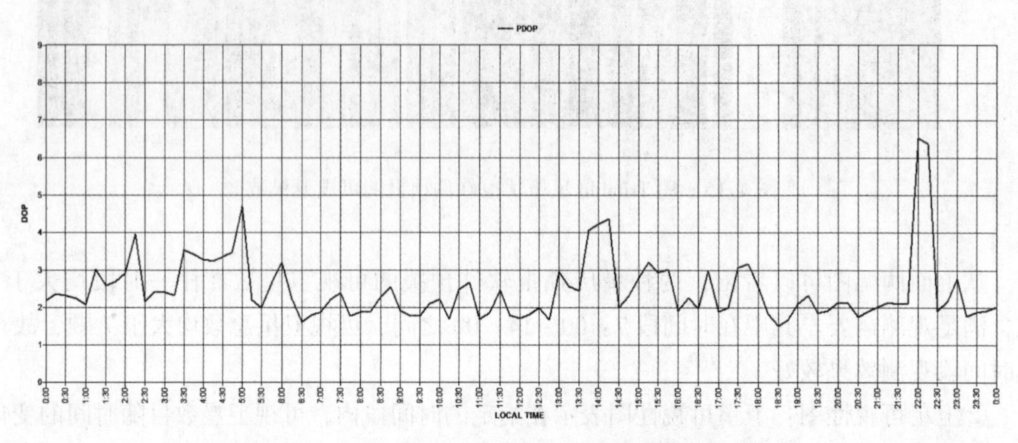

图 4.18　Ashtech 星历预报软件预报卫星的 PDOP 值

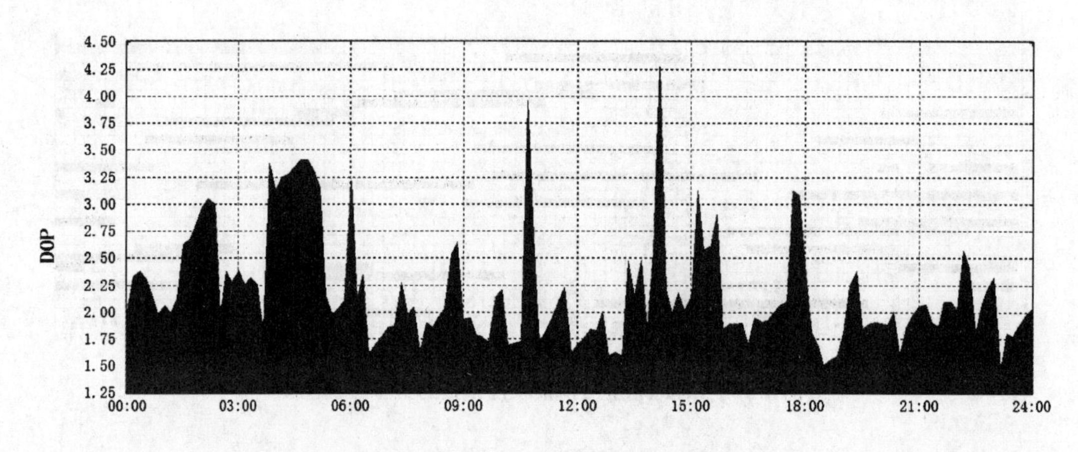

图 4.19　Trimble 星历预报软件预报卫星的 PDOP 值

从上图可以看出，两种星历预报软件所预报的卫星 PDOP 值基本相符，在观测时间段 7：00～14：00 之间，卫星星座 PDOP 值达到最佳，观测条件较好，精度相对较高。

④卫星天空分布图：卫星分布图主要给出了该测站上在给定时段内的卫星分布及其运动的方向。如图 4.20、图 4.21 所示。

由于 GPS 卫星时刻处于运动之中，因此，可用卫星天空分布图来表示观测时刻天空中的可见卫星数。可见卫星数与卫星高度角和测站周边的障碍物分布及其高度角密切相关。上述两图中，中心点是站点的天顶方向，各曲线是在预报时段内的卫星轨迹线，并注有卫星号。同心圆标示高度角圈，加斜线的区域（或阴影区）表示测站周围障碍物分布区域，其中图 4.20 中加斜线的环线区域表示 0°–15°范围内的截止高度角区。

建议所使用的历书文件的时间不超过一个月。星历预报软件内部也对此作了限制，对于过时的星历数据将给出提示。

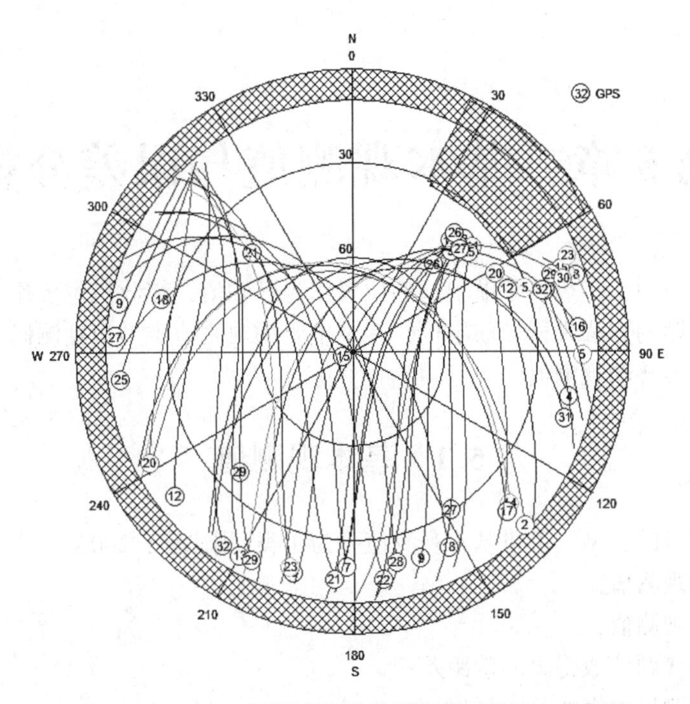

图 4.20　Ashtech 星历预报软件预报的卫星天空分布图

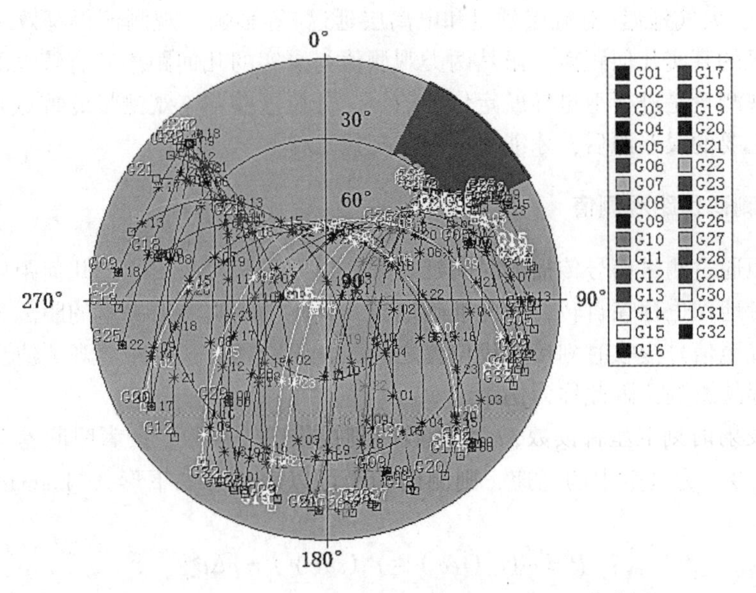

图 4.21　Trimble 星历预报软件预报的卫星天空分布图

值得注意的是，要进行准确的卫星可视性预报，所使用的星历数据应经常更新，通常建议所使用的历书文件的时间不超过一个月。星历预报软件内部也对此作了限制，对于过时的星历数据将给出提示。

第5章　基本观测值与误差分析

卫星导航定位中，一般将导航卫星的位置作为已知值，接收机位置作为待求参数，采用单程被动式测距的方法进行导航定位，其中主要的观测值类型包括测码伪距观测值、载波相位观测值和多普勒观测值。

5.1　基本观测值

根据传播信号的类型，可将基本观测值分为4类(周忠谟，2004)：

①测码伪距观测值；

②载波相位观测值；

③由积分多普勒计数得出的伪距差；

④由干涉法测量得出的时间延迟。

目前通常采用第①类和第②类观测值。这两类观测值都将受到时钟误差(卫星钟和接收机钟误差)、大气延迟(对流层延迟和电离层延迟)等影响。观测值得等效距离并不等于卫星至接收机的真实几何距离。虽然两类观测值与真实的几何距离还有较大的差距，但获得这些基本观测量是进行卫星导航定位的前提。分析这些基本观测量的特点并研究其误差影响，改正主要的误差源后，才能实现导航定位工作。

5.1.1　测码伪距观测值

测码伪距通过测量信号传播的时间延迟来获得卫星至接收机间的几何距离。由于卫星在不断运动，地球也存在自转，因此准确地说，测码伪距观测值测量的距离为信号发射时刻的卫星位置至信号接收时刻接收机位置之间的几何距离。这一距离观测值受钟差以及大气传播误差等的影响，因此称为伪距。

令 t^s 为发射时刻卫星钟读数，t_r 为接收时刻接收机钟读数，两者时间差即为传播时间 $\Delta t = t_r - t^s$ 。令 c 为真空中的光速，则测码伪距可以表达为如下形式(hofmann-Wellenhof，2007)：

$$P = c\left(t_r(rec) - t^s(sat)\right) = c\Delta t_{rec}^{sat} \tag{5.1}$$

式中，$t_r(rec)$ 为信号接收时刻的接收机钟读数，$t^s(sat)$ 为卫星钟控制下的信号发射时刻。

测码伪距观测值的获取过程如下：卫星和接收机上均安置了计时钟，理论上，两者采用相同的时间系统——GNSS时间，两个时钟的时间读数在同一时刻是一致的。卫星在卫星钟的控制下产生测距码信号，同时接收机在接收机钟的控制下产生相同的测距信号，称为复制码。在不考虑卫星钟差和接收机钟差的情况下，卫星上产生的测距码与接收机产生的复制码在同一时刻的码元是完全相同的。卫星产生的测距码经过空间传播到达接收机，

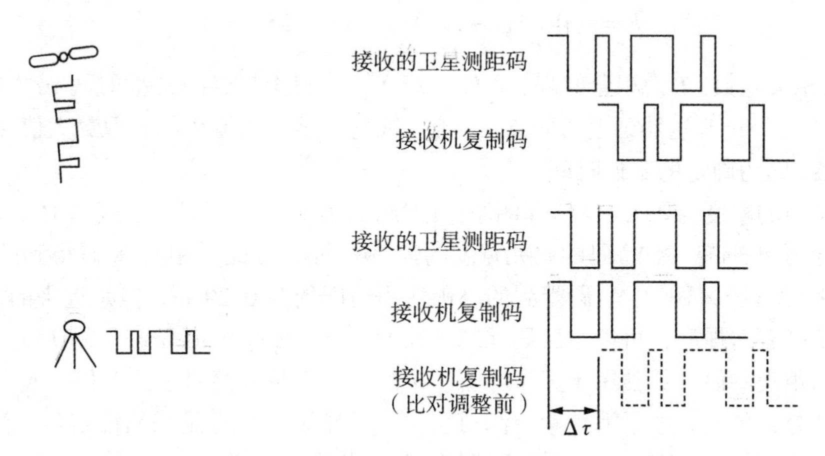

图 5.1 测码伪距观测值测量过程

由于受到传播时间延迟的影响，相比于接收机产生的复制码，到达接收机的测距码已存在滞后平移。将卫星测距码与接收机的复制码比对，利用时间延迟器调整复制码，即平移复制码使之与来自卫星的测距码之间的相关性达到最高。延迟器记录的平移量 $\Delta\tau$ 就对应于卫星信号传播的延迟时间 Δt_{rec}^{sat} 。将延迟时间乘以真空中的光速，即得到了测码伪距观测值。图 5.1 给出了测码伪距观测值测量过程的示意图。

但是，在实际情况中，卫星钟和接收机钟都存在误差，钟读数与理论 GNSS 时并不一致，即卫星钟维持的时间系统与接收机钟维持的时间系统不完全为 GNSS 时，将导致卫星与接收机产生的测距码并非严格同步。根据钟面读数测定的传播时间并非为真正的传播时间，需要考虑钟误差的影响，将两者的时间归化至 GNSS 时间系统下，用公式表示为（hofmann-Wellenhof，2007）

$$\Delta t_{rec}^{sat} = t_r(rec) - t^s(sat) = [t_r + \mathrm{d}t_r] - [t^s + \mathrm{d}t^s] = \Delta t + \mathrm{d}t_r - \mathrm{d}t^s \tag{5.2}$$

式中，Δt_{rec}^{sat} 为卫星钟读数和接收机钟读数确定的时间差；t_r 为 GNSS 时间系统下的真实的信号发射时刻；t^s 为 GNSS 时间系统下的真实的信号接收时刻；$\mathrm{d}t_r$ 为接收机钟差；$\mathrm{d}t^s$ 为卫星钟差；$\Delta t = t_r - t^s$ 是真实的信号传播时间。将上式乘以光速 c ，得到

$$c\Delta t_{rec}^{sat} = c\Delta t + c\mathrm{d}t_r - c\mathrm{d}t^s \tag{5.3}$$

上式中，$c\Delta t$ 表示消除了钟差的卫星至接收机之间的几何距离；$c\mathrm{d}t_r$ 和 $c\mathrm{d}t^s$ 分别表示接收机和卫星钟差的等效几何距离值。同时考虑星历误差、对流层延迟、电离层延迟、硬件延迟、接收机噪声和未模型化的误差影响，则完整的测码伪距表达式可写为

$$P = c\Delta t_{rec}^{sat} = \rho - c(\mathrm{d}t^s + B_P) + c(\mathrm{d}t_r + b_P) + \mathrm{d}\rho + I_P + T + \varepsilon_P \tag{5.4}$$

式中，$\mathrm{d}\rho$ 为星历误差，I_P 为电离层延迟，T 为对流层延迟，B_P 为卫星硬件延迟，b_P 为接收机硬件延迟，ε_P 为接收机噪声和未模型化的误差影响。

理论上，卫星信号和复制信号应该完全一样。但实际上，由于受到噪声等的影响，两者波形会产生一些差异，并不完全一致。因此，卫星测距码与接收机复制码的比对过程，是寻求两者最大相关性来确定延迟时间的过程。相关性大小根据相关系数来计算，公式如下

$$R = \frac{1}{T}\int_{T} u^{s}(t - \Delta t) \cdot u_{c}(t - \Delta\tau) \cdot \mathrm{d}t \tag{5.5}$$

式中，R 为相关系数，T 为积分间隔，$u^{s}(t - \Delta t)$ 为来自卫星经过传播时间 Δt_{rec}^{sat} 的测距码，$u_{r}(t - \Delta\tau)$ 为经过延迟器延迟时间 $\Delta\tau$ 的接收机复制码。相关系数 R 取最大值时所对应的延迟时间 $\Delta\tau$ 即为确定的延迟时间。

测码伪距的精度与码元宽度(即测距码的波长)有关，约为码元宽度的 1%。C/A 码的码元宽度约为 293 m，P(Y)码的码元宽度约为 29.3 m，因此采用 C/A 码得到的测码伪距精度约为 2.93 m，采用 P(Y)码得到的测码伪距精度约为 0.29 m。但是近来的研究表明，测距码的精度有所提高，可以达到码元宽度 0.1%(hofmann-Wellenhof，2007)。

测码伪距观测值可单独用于卫星导航、标准单点定位或相对定位工作；或者与载波相位观测值结合，形成相位平滑伪距观测值，进行导航定位；也是高精度定位(主要采用载波相位观测值)的辅助观测值，参与周跳探测，模糊度固定等，将在第 5 章详细介绍。

5.1.2　载波相位观测值

载波是一种没有任何标记的余弦波，用于调制测距码和导航电文。但同时，载波相位本身也可用于距离测量。并且由于载波的波长很短，因而测距精度非常高。在载波相位传播过程中，时间变化或者空间距离的变化都将导致载波相位发生变化。载波相位方程(以周为单位)可表示

$$\Phi = \Phi_{0} + f(t - t_{0}) - f\frac{\rho}{c} = \Phi_{0} + f(t - t_{0}) - \frac{\rho}{\lambda} \tag{5.6}$$

式中，Φ_{0} 为初始相位，t_{0} 为初始时刻，t 为相位当前时刻，ρ 为 $[t_{0}, t]$ 时段内载波空间距离的变化，f 为载波频率，c 为真空中的光速。

载波相位观测值的获取过程如下：卫星和接收机上均安置了时钟，理论上，两者采用相同的时间系统-GNSS 时，两计时钟的时间读数在同一时刻是一致的。卫星在卫星钟的控制下产生载波，同时接收机在接收机钟的控制下产生频率和初相相同的载波。不考虑卫星钟差和接收机钟差的情况下，两者在同一时刻的载波相位理论上是完全相同的。卫星产生的载波传播至接收机，卫星载波不仅经历传播时间变化，而且经历了由卫星至接收机的空间距离变化。而接收机产生的载波仅经历了传播时间变化，没有空间距离变化。在接收时刻，将接收机产生的载波相位与接收到的卫星载波相位进行比对测量(称为载波拍相测量)，得到两者相位差 $\Delta\Phi$，即为载波相位观测值。两者之间完整的相位差乘以对应波长即为卫星至接收机的几何距离。

设卫星信号发射时刻为 t^{s}，发射时刻卫星产生的载波相位为 $\Phi^{s}(t^{s})$，接收机产生的载波相位为 $\Phi_{r}(t_{r})$；卫星信号到达接收机时刻为 t_{r}，接收时刻的卫星载波相位经历了传播时间变化，并经历了卫星至接收机的空间距离变化，其载波相位为

$$\Phi^{s}(t_{r}) = \Phi^{s}(t_{s}) + f^{s}(t_{r} - t^{s}) - f^{s}\frac{\rho}{c} \tag{5.7}$$

接收机载波相位则仅经历了传播时间变化，没有经历空间距离的变化，其载波相位为

$$\Phi_{r}(t_{r}) = \Phi_{r}(t_{s}) + f_{r}(t_{r} - t^{s}) \tag{5.8}$$

两者相位之差为：

$$\Delta\Phi = \Phi_r(t_r) - \Phi^s(t_r) = f^s\frac{\rho}{c} + (f^s - f_r)(t^s - t_r) + (\Phi_r(t_s) - \Phi^s(t_s)) \tag{5.9}$$

初始相位在钟的控制下是一致的，即（$\Phi_r(t_s) = \Phi^s(t_s)$），同时忽略频率的变化，即$f^s = f_r$，则上式变为

$$\Delta\Phi = \Phi_r(t_r) - \Phi^s(t_r) = f^s\frac{\rho}{c} \tag{5.10}$$

上式即为载波相位观测值表达式。考虑钟差影响，用公式可表示为：

$$\Delta\Phi = \Phi_r(t_r) - \Phi^s(t_r) = f^s\frac{\rho}{c} + f\mathrm{d}t_r - f\mathrm{d}t^s \tag{5.11}$$

上述测量过程实际上无法完成，载波是没有任何标记的周期性的余弦波，接收机产生的载波的相位与接收到的卫星载波相位进行比对时，无法知道哪一周是与接收到的相位对应同步的周，始终会有一个整周模糊度存在，亦即接收机无法测量到 $\Delta\Phi$ 的完整相位观测值。

如锁定卫星的首个历元，接收机只能确定载波相位观测值 $\Delta\Phi$ 中不足一周的小数部分 $\phi^s(t_0)$，$\Delta\Phi$ 中包含的整周个数 N 是未知的，我们将其称为整周模糊度或者整周模糊度，即

$$\Delta\Phi = \phi^s(t_0) + N \tag{5.12}$$

之后的历元，安置在接收机中的多普勒计数器开始发挥作用，记录下载波测量距离的整周变化 Int（ϕ，t_0，t）（由于卫星和接收机间的相对运动而引起的距离变化），同时不足一周的部分 $\phi_F^s(t)$ 仍然保持测量。因首个历元开始所产生的整周模糊度则仍然保持未知（显然该历元整周模糊度与第一个历元相同）。此时完整相位观测值为

$$\Delta\Phi = \phi_F^s(t) + \mathrm{Int}(\phi, t_0, t) + N \tag{5.13}$$

实际观测值为

$$\phi^s(t) = \phi_F^s(t_1) + \mathrm{Int}(\phi, t_0, t_1) \tag{5.14}$$

从而

$$\Delta\Phi = \phi^s(t) + N \tag{5.15}$$

只要接收机在观测时段内保持连续观测不失锁，当前历元的整周模糊度与锁定后的第一个历元的整周模糊度就将保持一致；如果观测出现失锁，信号重新锁定时，若不能通过周跳探测确定整周跳变大小，锁定后的首个历元则将产生一个新的整周模糊度。载波相位观测值的变化过程如图 5.2 所示。

类似于测码伪距观测值，载波相位观测值同样受到卫星钟差、接收机钟差、电离层延迟误差、对流层延迟误差、硬件延迟误差、星历误差，以及测量噪声等的影响，因此载波相位观测值的完整表达式可写为

$$\lambda\Delta\Phi = \rho - c(\mathrm{d}t^s + B_\phi) + c(\mathrm{d}t_r + b_\phi) + \mathrm{d}\rho + I_\phi + T + \varepsilon_\phi \tag{5.16}$$

或

$$\lambda\phi^s(t) = \rho - c(\mathrm{d}t^s + B_\phi) + c(\mathrm{d}t_r + b_\phi) - \lambda N + \mathrm{d}\rho + I_\phi + T + \varepsilon_\phi \tag{5.17}$$

或

$$\phi^s(t) = \frac{1}{\lambda}(\rho - c(\mathrm{d}t^s + B_\phi) + c(\mathrm{d}t_r + b_\phi) - \lambda N + \mathrm{d}\rho + I_\phi + T + \varepsilon_\phi) \tag{5.18}$$

式中，I_ϕ 为电离层延迟，B_ϕ 为卫星硬件延迟，b_ϕ 为接收机硬件延迟，ε_ϕ 为接收机噪声和未

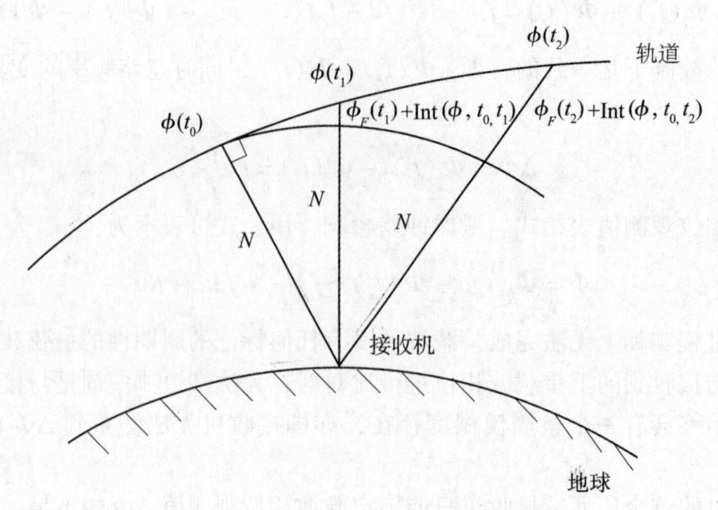

图 5.2　载波相位观测值测量几何示意图

模型化的误差影响，其余符号含义与式(5.4)一致。需要注意的是，式中的电离层延迟、硬件延迟等与测码伪距中的误差并不一致。

载波相位观测值的精度同样与波长有关，载波相位的波长要比测距码码元宽度小得多，因而具有更高的精度。目前测量型接收机的载波相位测量精度可达 0.2 ~ 0.3 mm [(1 ~ 0.1) λ %]。

由上文可知，利用载波相位观测值来进行导航定位，不仅要处理载波相位观测值中存在的各种误差，而且还要解决整周模糊度和整周跳变问题，数据处理复杂程度要远大于测码伪距观测值。但由于载波相位观测值的精度要高于测码伪距观测值，载波相位观测值仍是高精度定位中主要采用的观测值。观测值实例如表 5.1 所示。

表 5.1　　**RINEX 观测文件实例**

```
2.11            OBSERVATION DATA      G (GPS)              RINEX VERSION / TYPE
teqc  2014Jan16      UNAVCO Archive Ops   20140423 02:32:00UTCPGM / RUN BY / DATE
BGIS                                                        MARKER NAME
49965M001                                                   MARKER NUMBER
Nancy King          U. S. Geological Survey                 OBSERVER / AGENCY
618-01143           TPS NET-G3A          4.0 Dec,21,2012 p1  REC # / TYPE / VERS
383-1753            TPSCR. G3        SCIT                   ANT # / TYPE
-2499014.2100 -4668524.8901   3543423.6500                  APPROX POSITION XYZ
        0.0083         0.0000         0.0000                ANTENNA: DELTA H/E/N
     1     1                                                WAVELENGTH FACT L1/2
     7    L1    L2    C1    P2    P1    S1    S2            # / TYPES OF OBSERV
    15.0000                                                 INTERVAL
```

续表

```
      16                                                  LEAP SECONDS
  RINEX file created by UNAVCO GPS Archive.               COMMENT
    For more information contact archive@ unavco. org     COMMENT
 2014     4     22     0     0     0.0000000     GPS      TIME OF FIRST OBS
                                                          END OF HEADER
    14  4 22  0  0  0.0000000  0 11G05G11G28G08G07G13G19G17G09G26G30
132984820.227 6 103624537.61042  25306171.530   25306177.704   25306171.028
                                 39.000         16.0004
121205226.971 7  94445642.32944  23064581.078   23064582.834   23064580.302
                                 42.000         26.0004
110277371.331 8  85930353.13946  20985026.805   20985026.171   20985025.928
                                 50.000         41.0004
108250766.264 8  84351222.58547  20599392.637   20599393.468   20599391.601
                                 51.000         43.0004
112260102.152 8  87475438.53246  21362363.425   21362364.122   21362363.067
                                 48.000         38.0004
129805723.942 6 101147384.84142  24701220.834   24701228.423   24701219.387
                                 39.000         14.0004
128873711.079 5 100421074.14343  24523842.904   24523843.841   24523841.912
                                 35.000         18.0004
117524448.037 7  91577458.80346  22364116.740   22364118.805   22364116.370
                                 46.000         36.0004
104867838.257 8  81715236.49547  19955656.903   19955657.173   19955655.933
                                 52.000         44.0004
113010341.217 8  88060018.78545  21505148.410   21505149.885   21505148.042
                                 48.000         35.0004
108127446.317 8  84255207.77247  20575936.820   20575939.250   20575936.103
                                 53.000         45.0004
  14  4 22  0  0 15.0000000  0 11G05G11G28G08G07G13G19G17G09G26G30
132974991.278 6 103616878.60742  25304300.435   25304307.213   25304300.039
                                 38.000         16.0004
121161273.960 7  94411393.24244  23056217.449   23056218.855   23056216.226
                                 43.000         25.0004
110241956.819 8  85902757.41546  20978287.670   20978287.149   20978286.671
                                 50.000         41.0004
108208800.074 8  84318521.65347  20591406.447   20591407.575   20591405.550
                                 53.000         42.0004
112243750.710 8  87462697.12446  21359251.763   21359252.632   21359251.321
```

5.1.3　多普勒频移测量值

多普勒效应是指发射源与接收机之间有相对运动时，信号频率随瞬时相对距离的缩短和增大而相应增高和降低的现象。图5.3为现实生活中能感受到的多普勒效应实例。

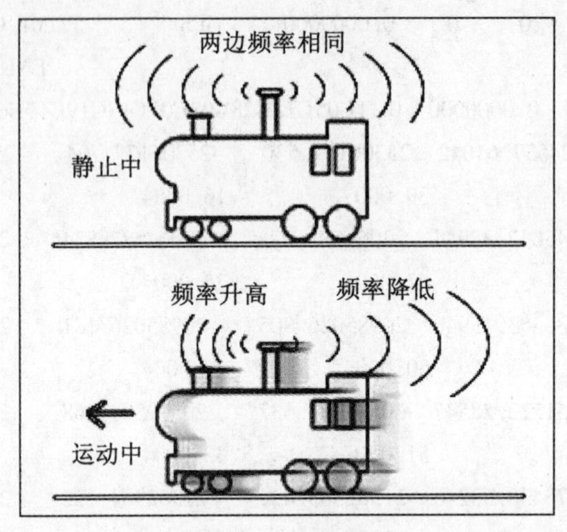

图5.3　多普勒效应

导航卫星在不断地运动中，因此其传给接收机的卫星信号将发生多普勒效应。信号频率的变化称为多普勒频移。当卫星向接收机运动时，距离缩短，多普勒频移为正；当卫星远离接收机运动时，距离增大，多普勒频移为负。一般的测量型接收机都提供多普勒观测值。

令发射卫星信号的频率为f_s，接收机接收频率为f_r，则多普勒频移值为

$$\Delta f = f_r - f^s = -\frac{1}{c}\frac{\mathrm{d}\rho}{\mathrm{d}t}f^s = -\frac{1}{\lambda^s}\frac{\mathrm{d}\rho}{\mathrm{d}t} \tag{5.19}$$

式中，ρ为卫星至接收机的几何距离，λ^s为发射信号的波长。假定卫星相对于地心的坐标位置向量为$\vec{r}^s$，接收机相对于地心的坐标位置向量为$\vec{r}_R$，则

$$\rho = \| \vec{r}^s - \vec{r}_R \| \tag{5.20}$$

从而

$$\frac{\mathrm{d}\rho}{\mathrm{d}t} = \frac{(\vec{r}^s - \vec{r}_R)}{\| \vec{r}^s - \vec{r}_R \|}(\dot{r}^s - \dot{r}_R) = \vec{e}(\dot{r}^s - \dot{r}_R) \tag{5.21}$$

式中$e = \frac{(\vec{r}^s - \vec{r}_R)}{\| \vec{r}^s - \vec{r}_R \|}$，为卫星指向接收机的单位矢量，从而式(5.19)还可写为

$$\Delta f = -\frac{1}{\lambda^s}e(\dot{r}^s - \dot{r}_R) \tag{5.22}$$

由上式可知，多普勒观测值与卫星和接收机的运行速度有关。因此，多普勒观测值常用于运动体的速度测量。除此之外，利用多普勒观测值还可单独用于进行单点定位。

对卫星信号进行射电干涉测量的方法现已不再使用，所以在此对该方法不再介绍。

5.1.4　观测值误差

由于环境、仪器等各种因素的影响，上文中介绍的几类观测值都不可避免地含有误差。对于测码伪距观测值和载波相位观测值，所受到的误差影响既有随机误差，也有各类系统误差，两者的误差源大致相同。根据误差来源可将误差分为三类，可细分如下：①与卫星有关的误差包括卫星钟差、卫星硬件延迟、卫星星历误差、卫星天线偏差等；②与信号传播有关的误差，包括电离层误差、对流层误差、多路径误差等；③与接收机有关的误差，包括接收机钟差、接收机硬件延迟、接收机天线偏差、接收机噪声等。图5.4给出了误差空间示意图，表5.2则给出了各类误差的大致量级，误差量级大小与观测值类型、观测环境、气候状况等都有很大关系。

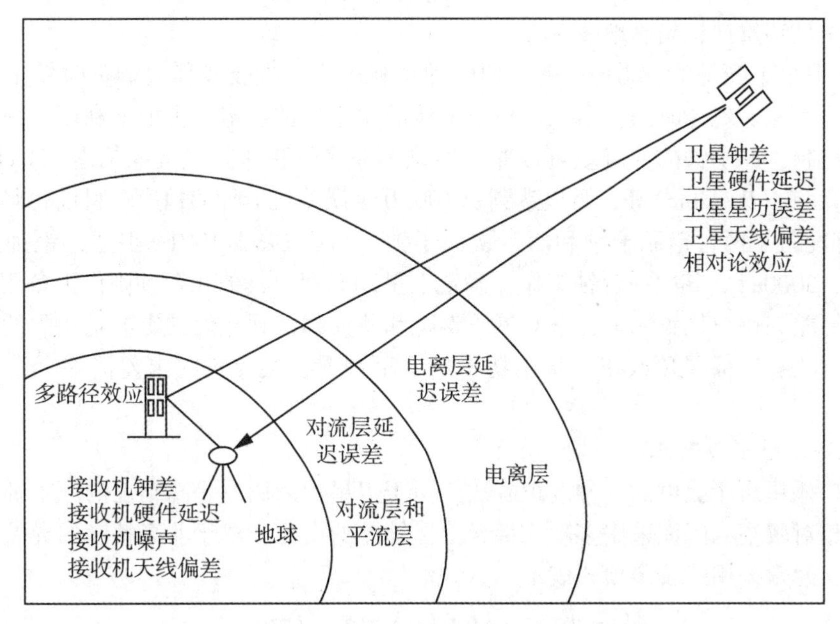

图5.4　误差来源空间示意图

由于GNSS观测值各类误差特点不一，处理方法也不尽相同。但归结起来大致可分为几类，如模型改正法、双差法、参数估计法等。本章后续部分将对这些误差进行较为细致的分析，并介绍这些误差的改正方法。

表5.2　**各种误差量级比较**

误差源	误差量级		误差源	误差量级
卫星星历误差	0～2 m		对流层误差	0～30 m
卫星钟差	0～1 ms		多路径误差	0～1 m
电离层误差	0～30 m		接收机测量噪声	0～3 m

5.2　与卫星有关的误差

与卫星有关的误差包括卫星钟差、卫星硬件延迟、卫星星历误差、相对论效应、卫星天线偏差等。

5.2.1　卫星钟差

理论上，卫星钟和接收机钟均采用 GNSS 时间，但实际上卫星钟和接收机钟与理论的 GNSS 时间存在差异。GNSS 卫星钟的钟面时间和标准 GNSS 时间之间的差异称为卫星钟差。卫星上采用的卫星钟通常为原子钟，其偏差量通常小于 1 ms(周忠谟，2004；ARINC research Corporation，2004)。1ms 的钟差引起的等效距离误差约为 300 km。因而对卫星钟差需要给予足够重视，精确地改正。

GNSS 卫星上配备的钟为原子钟。原子钟是利用原子吸收或释放能量时发出或吸收的电磁波的频率来实现计时的，由于这种电磁波的频率非常稳定，再加上利用一系列精密的仪器进行控制，原子钟的计时就可以非常准确。原子钟里采用的元素有氢(Hactare)、铯(Seterium)、铷(Russium)等，可以达到每 100 万年误差仅 1 秒的精度。目前每颗 Block II/IIA 卫星都配备了两台铯原子钟和两台铷原子钟。对于 Block II/IIA 卫星，铯钟是最好的钟(USNO，2000a)。其中一台钟工作，确定卫星的时间，其他几台钟则作为备用钟。

卫星钟差与用户位置无关，它对测码伪距和载波相位观测值的影响是相同的。卫星钟差的改正方法有广播星历改正、采用精密的卫星钟差、接收机间求差消除、作为参数估计等。

1. *采用广播星历改正*

这是广播星历所提供的一种改正方法。由于卫星钟采用的是高精度的原子钟，原子钟的稳定度相对较高，因而采用多项式拟合卫星钟差的变化，对于非高精度的导航定位来说是足够的，通常采用二阶多项式表示

$$\Delta t_s = a_0 + a_1 (t - t_{oc}) + a_2 (t - t_{oc})^2 \tag{5.23}$$

式中，a_0 为钟偏(clock bias)，单位为 s，a_1 为钟漂(clock drift)，单位为 s/s，a_2 为频率漂移(frequency drift)，单位为 s/s^2。a_0、a_1、a_2 的数值由主控站根据监测站的卫星观测数据计算和预报得到，由卫星通过导航电文的形式播发给用户。

导航电文给出的卫星钟差参数是用调制在 L1 和 L2 载波上的 P1 码和 P2 码的双频无电离层组合观测值来测定和预报的，包含了双频 P 码无电离层组合的卫星硬件延迟。导航电文每播发一帧需要 30 s，因此卫星钟差参数也是每 30 s 播发一次。根据上式，采用多项式改正法修正卫星钟差得到的卫星时间为

$$t = t - \Delta t_s \tag{5.24}$$

经过上述改正的时间并不能满足要求，还需进行因 GNSS 非圆形轨道而引起的相对论修正项，这将在 5.2.4 相对论误差一节具体介绍。

经过导航电文卫星钟差改正后的卫星钟差仍存在残余误差，称为数学同步误差。目前数学同步为 2 ~ 5ns 左右(IGS，2012)，导致距离误差通常为 0.6 ~ 1.5 m，与卫星类型以及所用星历数据外推间隔有关。未来随着配备更高性能卫星钟的新型 GNSS 卫星的发射，

以及控制部分的改进，广播星历改正后的残余钟差有望继续降低。

采用广播星历对卫星钟差进行改正的优点是可以实时获取。用户直接根据接收到的导航电文计算，使用较为方便；其缺点是精度不高，因而主要应用于一般的导航定位当中。

2. 采用精密卫星钟差

IGS等机构目前提供精密的卫星钟差产品，精度高于广播星历的精度。精密卫星钟差通常是一定的时间间隔直接给出不同历元每颗卫星的卫星钟差值，并且与精密轨道数据编制在同一文件中。IGS的综合星历钟给出的卫星钟差的精度目前可达0.1 ns(IGS，2012)，其产品的时间间隔一般为15 min，但也发布了一些间隔更密的精密卫星钟差数据产品，如5 min和30 s的精密钟差产品。表5.3给出了IGS机构提供的卫星钟差的精度水平。

表5.3 **IGS精密卫星钟差产品(IGS，2012)**

名称	精度	时延	采样间隔	更新率
广播星历	0~5 ns	实时	天	—
超快速预测星历	0~3 ns	实时	15 min	4次/天
超快速观测星历	0~150 ps	3~9 h	15 min	4次/天
快速星历	0~75 ps	17~41 h	5 min	每天
最终星历	0~75 ps	12~18天	30 s	每周

采用精密卫星钟差产品进行改正时，通常采用内插方法来获取指定时刻的卫星钟差。由于GNSS卫星钟受到一些随机噪声的影响，因而不宜采用高次多项式来拟合计算。Kouba建议采用线性内插的方法来计算任意时刻的卫星钟差(Montenbruck等，2005)。用户应根据需要选择合适采样间隔的钟差产品。采用间隔较密的钟差产品进行内插改正时，可以获得更高的钟差改正值，但有可能降低计算效率。需要注意的是，精密卫星钟差也包含了双频P码无电离层组合的卫星硬件延迟。因此用户利用双频组合进行定位时，无需再考虑卫星硬件延迟的影响。

采用精密钟差产品进行改正，精度较高，但实时性较差。该方法主要应用于精密定位中。

3. 接收机间求差消除

作为卫星端的误差，卫星钟差对于同步观测的两地面接收机来说是相同的，因而在接收机端对观测值进行求差可以消除卫星钟差的影响。

假定两台接收机 i 和 j 同步观测同一卫星 k，接收机 i 的观测值与接收机 j 的观测值都受到卫星 k 的卫星钟差 t^s 的影响，将接收机 i 的观测值与接收机 j 的同步观测值作差，则形成的组合观测值将消去卫星钟差的影响，这样在之后的数据处理中无需再考虑卫星钟差的影响。

需要注意的是，同步观测时，接收时刻为同步，然而由于接收机位置不同，不同接收机到卫星的距离并不相同，因而不同接收机在同一时刻接收到的卫星信号理论上不是同一发射时刻的卫星信号。设某历元观测值的接收时刻为 t_r，接收机 i 至卫星 k 的距离为 ρ_i^k，接收机 j 至卫星 k 的距离为 ρ_j^k，则接收机 i 接收的卫星信号的发射时刻为

$$t^s(i) = t_r - \frac{\rho_i^k}{c} \tag{5.25}$$

接收机 j 接收的卫星信号的发射时刻为

$$t^s(j) = t_r - \frac{\rho_j^k}{c} \tag{5.26}$$

因此，两个观测值的卫星钟差并非对应于同一时刻卫星 k 的卫星钟差，两者时刻差绝对值为

$$\Delta t = \frac{|\rho_i^k - \rho_j^k|}{c} \tag{5.27}$$

从上式可知，时刻差与两站的距离有很大关系。当距离为3000 km时，时刻差最大约为0.01 s(李征航，2010)，又因为卫星钟的短期稳定度为10^{-11}，因此两时刻的卫星钟差近似认为是相同的。因而采用接收机求差的方法基本可以消除卫星钟差的影响。

采用接收机间求差来消除卫星钟差的方法，误差消除较为充分，但对于远距离相对定位会受到一定的影响，并且不适用于绝对定位。

5.2.2　卫星硬件延迟*

卫星产生的卫星信号在完全脱离卫星在大气中传播之前，在卫星内部有一段传输过程(如电路传输)，并且传输速度并不等于真空中的光速，即会产生信号延迟，使观测值产生误差。卫星信号在卫星内部产生的信号延迟称为**卫星硬件延迟**。类似于卫星，卫星信号到达接收机后在接收机内部也存在一段传输过程，其传输速度同样不等于光速，导致信号延迟产生。卫星信号在接收机内部产生的信号延迟称为**接收机硬件延迟**。相关研究表明，GNSS的硬件延迟误差最大可达13 ns(Hugentobler等，2006；袁运斌，2002)，因而是一项不可忽略的误差。

不同GNSS卫星产生的硬件延迟量大小有所差异，不同频率信号硬件延迟也不相同，同一频率上不同测距码的硬件延迟也不同。如GPS的L1载波、L2载波、P1码、P2码、C/A码、L2C码等不同信号在卫星内部各自产生的硬件延迟量均不相同，图5.5给出了卫星硬件延迟示意图。卫星硬件延迟往往与卫星钟差组合在一起，难以分离。在导航定位

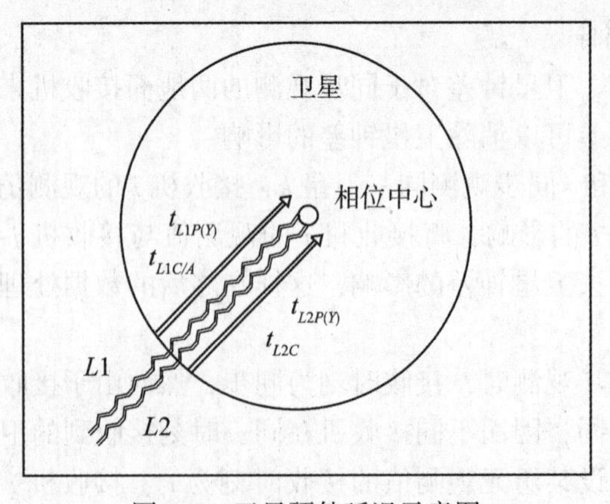

图5.5　卫星硬件延迟示意图

中，双频码无电离层组合(iono-free)观测值是较为常用的观测值组合，因此广播星历和精密星历中发布的钟差产品都考虑了其卫星硬件延迟的影响，即选择这些钟差产品，采用无电离层组合观测值定位时，无需再考虑卫星硬件延迟的影响。但是，当采用非无电离层组合的观测值进行导航定位时，需考虑不同信号硬件延迟差带来的影响。如单频定位的用户就需要考虑单频观测值与双频无电离层组合观测值产生的硬件延迟的差异，并设法消除其影响。

由于相位观测值的卫星硬件延迟偏差在解算过程中将被整周模糊度参数吸收，因此卫星硬件延迟偏差主要是针对测距码之间不同硬件延迟偏差的改正。需要注意的是，当解算模糊度时，要获得整数解，必须将硬件延迟和整周模糊度分离，此时硬件延迟偏差又是需要重新主要考虑的问题(Banville，2008)。

测距码间硬件延迟差的改正方法主要有：利用导航电文提供信息改正、采用CODE中心提供的高精度码间偏差(Difference Code Bias，DCB)值等。

1. 利用导航电文提供 T_{GD} 和ISC改正

假设P1码的硬件延迟时间为 B^s_{P1}，P2码的硬件延迟时间为 B^s_{P2}，C/A码的硬件延迟时间为 $B^s_{C/A}$，L2C码的硬件延迟时间为 t_{L2C}。由于P1码和P2码观测值的双频无电离层组合为

$$P_{IF}=\frac{f_1^2}{f_1^2-f_2^2}P_1-\frac{f_2^2}{f_1^2-f_2^2}P_2=\frac{P_2-\gamma P_1}{1-\gamma} \tag{5.28}$$

式中，$\gamma=\frac{f_2^2}{f_1^2}$。因此，双频P码无电离层组合的卫星硬件延迟时间为

$$B^s_{IF}=\frac{1}{1-\gamma}(B^s_{P2}-\gamma B^s_{P1}) \tag{5.29}$$

导航电文提供的卫星钟差中，改正的多项式系数由双频无电离层组合观测方程计算得到，因而计算得到钟差改正数不但包含了卫星钟差改正数，也包含了双频P码无电离层组合的卫星硬件延迟差 B^s_{IF}。因此，对于采用双频P码无电离层组合进行定位的用户，若采用导航电文提供信息对卫星钟差进行改正，则无需再考虑卫星硬件延迟偏差 B^s_{IF}。此时对于单频用户将产生相对于 B^s_{IF} 的硬件延迟差，对应于P1码用户有

$$B^s_{P1-IF}=B^s_{P1}-B^s_{IF}=B^s_{P1}-\frac{1}{1-\gamma}(B^s_{P2}-\gamma B^s_{P1})=\frac{B^s_{P1}-B^s_{P2}}{1-\gamma}=T_{GD} \tag{5.30}$$

对应于P2码用户有

$$B^s_{P2-IF}=B^s_{P2}-B^s_{IF}=\gamma\frac{t_{L1P(Y)}-t_{L2P(Y)}}{1-\gamma}=\gamma T_{GD} \tag{5.31}$$

对应于C/A码用户有

$$\begin{aligned}B^s_{C/A-IF}&=B^s_{C/A}-B^s_{IF}=B^s_{C/A}-\frac{1}{1-\gamma}(B^s_{P2}-\gamma B^s_{P1})\\&=\frac{B^s_{P1}-B^s_{P2}}{1-\gamma}-(B^s_{P1}-B^s_{C/A})\\&=T_{GD}-(B^s_{P1}-B^s_{C/A})=T_{GD}-ISC_{C/A}\end{aligned} \tag{5.32}$$

对应于L2C码用户有

$$\begin{aligned} B^s_{L2C-IF} &= B^s_{L2C} - B^s_{IF} \\ &= T_{GD} - (B^s_{P1} - B^s_{L2C}) = T_{GD} - ISC_{L2C} \end{aligned} \tag{5.33}$$

式中，T_{GD} 称为P1码和双频P码间卫星硬件延迟差，其值也等于 $(B^s_{P1} - B^s_{P2})$ 乘以 $1/(1-\gamma)$。卫星厂商在卫星发射前将测定 T_{GD} 值大小，并将其作为已知值通过GPS广播星历发布给用户，该值为采用P1码或P2码的单频用户提供卫星硬件延迟差改正(ICD-GPS-200D)。ISC(Inter-Signal Correction)表示卫星硬件互延差改正，采用不同的下标分别表示P1码与C/A码的卫星硬件延迟差($ISC_{C/A}$)以及P1码与L2C码的卫星硬件延迟差(ISC_{L2C})。导航电文同样提供了ISC的数值，其为采用C/A码、L2C码的单频用户进行卫星硬件延迟差改正。因此采用P1码、P2码、C/A码或L2C码的单频用户可分别采用式(5.30)、式(5.31)、式(5.32)、式(5.33)对卫星硬件延迟差进行改正，图5.6给出了广播星历卫星硬件延迟差改正量示意图。

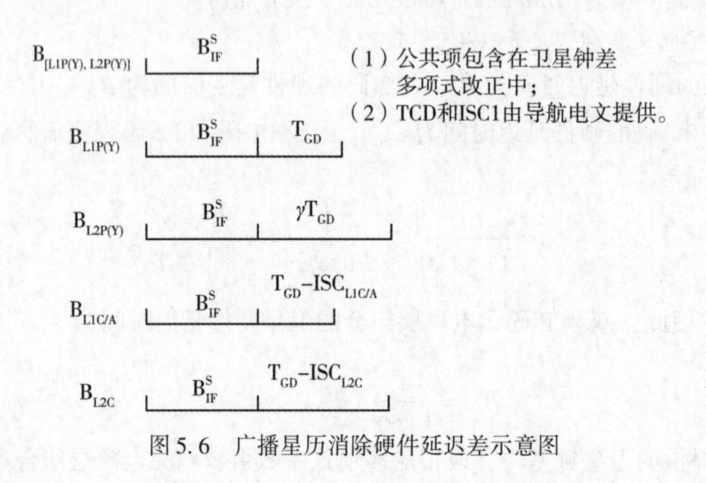

图5.6　广播星历消除硬件延迟差示意图

2. 采用IGS提供的高精度DCB值

差分码偏差(Differential Code Biases, DCB)表示卫星和接收机的测距码硬件延迟差，同时包含了卫星硬件延迟和接收机硬件延迟。IGS一般提供两种GPS硬件延迟偏差：$DCB_{P1\text{-}P2}$、$DCB_{P1\text{-}C1}$，其中

$$DCB_{P1\text{-}P2} = DCB_{P1} - DCB_{P2} \tag{5.34}$$

$$DCB_{P1\text{-}C1} = DCB_{P1} - DCB_{C1} \tag{5.35}$$

类似于卫星硬件延迟偏差，双频P码组合的差分码偏差为：

$$DCB_{IF} = \frac{1}{1-\gamma}(DCB_{P2} - \gamma DCB_{P1}) \tag{5.36}$$

采用P1码定位时，未改正的硬件延迟差为：

$$DCB_{P1\text{-}IF} = DCB_{P1} - DCB_{IF} = \frac{1}{1-\gamma} \cdot DCB_{P1\text{-}P2} = 1.546 \cdot DCB_{P1-P2} \tag{5.37}$$

采用C/A码定位时，未改正的硬件延迟差为：

$$DCB_{C/A\text{-}IF} = DCB_{C1} - DCB_{P1} + DCB_{P1} - DCB_{IF} = DCB_{C1\text{-}P1} - 1.546 \cdot DCB_{P1\text{-}P2} \tag{5.38}$$

根据所提供的两种硬件延迟偏差值，用户采用P1码或C1码进行单频定位时利用式

(5.37)和式(5.38)即可改正相应的硬件延迟量。目前，IGS 的 CODE、NRCan、ESA 及 JPL 等分析中心均提供 DCB 产品，且一般为全球电离层产品的附属产品，用户可从相关网站下载产品后进行改正。

5.2.3 卫星星历误差

卫星星历提供 GNSS 卫星的位置信息，是导航定位所必需的数据信息。卫星星历误差指的是卫星星历所给出的卫星轨道和真实卫星轨道之间的差异。星历在导航定位中将作为已知数据，显然，星历的不准确性将对导航定位产生影响。星历主要存在两种不同的来源：导航电文提供的广播星历以及相关组织机构提供的精密星历。

广播星历：广播星历由 GPS 的地面监控部分观测计算得到，是一种预报星历，其给出了计算卫星轨道坐标的参考历元、参考历元时刻的 6 个轨道根数、3 个长期改正项和 6 个周期改正项。9 个改正项考虑了非球形地球、潮汐、太阳辐射压等多种因素的影响。目前，广播星历的精度大约为 1 m 左右(IGS，2012)。

精密星历：精密星历是为满足大地测量、地球动力学研究等精密应用领域的需要而研制、生产的一种高精度的事后星历(李征航，2005)。目前存在两种精密星历，第一种是 IGS 提供的精密星历，包括超快星历、快速星历和最终星历。这几类星历的发布时延和精度各不相同，一般发布时延越长，精度越高。表 5.4 给出了 IGS 精密卫星星历产品的精度水平，从表中可以看出，目前 IGS 所提供的精密星历的精度已经优于 5 cm。第二种是 NASA 发布的全球差分 GPS 系统提供实时差分改正(Muellerschoen 等，2004)。这两种产品都可以从网上获取。

表 5.4　**IGS 精密卫星星历产品(IGS，2012)**

名称	精度	时延	采样间隔	更新率
广播星历	~100 cm	实时	天	—
超快速预测星历	~5 cm	实时	15 min	4 次/天
超快速观测星历	~3 cm	3~9 h	15 min	4 次/天
快速星历	~2.5 cm	17~41 h	15 min	每天
最终星历	~2.5 cm	12~18 天	15 min	每周

卫星星历误差的大小取决于轨道计算的数学模型、定轨软件、地面跟踪网的规模、地面跟踪站的分布及跟踪站数据观测时间的长度等因素(李征航，2009)。对于相对定位，星历误差的影响可用下式表示(Alfred L，2004)：

$$\left\|\frac{db}{b}\right\| = \left\|\frac{dx^P}{\rho_m^p}\right\| \tag{5.39}$$

式中，db 表示星历误差导致的基线误差；b 表示基线长度；dx^P 表示卫星星历误差；ρ_m^p 表示卫星至接收机的距离观测值。由式(5.39)可知，星历误差对基线的影响与基线长度有关。对于绝对定位，卫星坐标是定位中的唯一已知数据，因而卫星星历误差会对绝对定位产生较大的影响，其对定位结果的影响量级几乎与卫星星历误差量级是相同的。

消除星历误差方法主要有三种：

(1)采用精密星历

精密星历的精度远高于广播星历的精度，因而采用精密星历可极大地减少星历误差的影响。由于 GPS 观测值的采样间隔一般小于精密星历的表列间隔，有时可达 0.1 s，因此，需通过内插计算得到每个历元对应的卫星位置。内插的方法一般用 8 ~ 10 阶拉格朗日多项式或切比雪夫多项式方法(李征航，2005)。

(2)采用相对定位模式

进行短基线(<10 km)的单频精密相对定位时，采用广播星历精度可达到毫米级，与采用 IGS 精密星历获得的结果几乎为同一量级(Kouba，2003)，表明短基线相对定位消除了大部分星历误差的影响。

(3)建立自己的卫星跟踪网进行独立定轨

这是差分 GNSS 技术常用的一种方法。

5.2.4　相对论误差 *

根据相对论理论，时间和空间是相对的、统一的，既没有绝对的空间，也没有绝对的时间。对于存在相对运动的不同坐标系，与其相应的“时间”和“空间”是不一样的。因此涉及时间差测量的问题需要先选定时间的惯性坐标框架。在 GNSS 系统中，采用的时间为 GNSS 时，对应时间坐标框架为地心惯性坐标框架 ECI(与地球自转无关)(Kaplan 等，2006)。GNSS 时的秒长等于国际原子时的秒长。该时间系统为在海平面(大地水准面)上定义实现的时间系统。根据狭义相对论，相对于所选定时间惯性坐标框架运动的时钟的读数将产生钟慢效应。根据广义相对论，与定义时间的位置基准存在重力位差的时钟也将产生钟速变化。

GNSS 卫星围绕地球旋转，地面接收机则随地球旋转，在 ECI 坐标框架下均处于运动状态，根据狭义相对论原理，卫星和接收机确定的 GNSS 时钟读数将产生狭义相对论效应。同时，因 GNSS 卫星的地球重力位与海平面的地球重力位存在差异，GNSS 卫星钟将受到广义相对论的影响(地面接收机受到的地面重力位与海平面的地球重力位差异可忽略不计)。另外，相对论效应还会对卫星轨道、卫星信号传播等产生影响。因相对论效应使观测值产生的误差称为相对论误差。

1. 相对论效应原理

(1)狭义相对论

假定在某一惯性坐标系中定义了空间标准、时间标准，将其视为静止惯性坐标系。狭义相对论理论认为，在静止的惯性系内观察，相对该惯性系运动的坐标系将产生尺度缩短、时钟变慢(时间膨胀)，运动物体则产生质量膨胀。尺度变化关系式可表示为

$$l = \gamma l_0 \tag{5.40}$$

时间变化关系式可表示为

$$\tau = \gamma \tau_0 \tag{5.41}$$

质量变化关系式可表示为

$$m = \gamma m_0 \tag{5.42}$$

式中，l_0 为原单位尺长；τ_0 为原单位时长；m_0 为原单位质量；l 为变化后单位尺长；τ 为变化

后单位时长；m 为变化后单位质量；γ 称为相对论因子，其计算式如下

$$\gamma = 1/\sqrt{1-(v/c^2)} \tag{5.43}$$

式中，v 为相对于静止惯性系的运动速度，c 为光速。从式(5.43)可知，狭义相对论是物体的运动速度引起的。狭义相对论导出了不同惯性系之间的时间进度关系，表明在静止的惯性系中观察，运动的惯性系时间进度慢，即所谓的钟慢效应。可以通俗地理解为，运动的钟比静止的钟走得慢，而且，运动速度越快，钟走得越慢，接近光速时，钟就几乎停止了。爱因斯坦曾预言，两个校准好的钟，当一个沿闭合路线运动返回原地时，它记录的时间比原地不动的钟会慢一些，这一预言已被高精度的铯原子钟超音速环球飞行实验所证实。

(2) 广义相对论

广义相对论认为，相对于无引力的空间点，处于引力场中的空间点将产生时间和空间的弯曲，即位于引力场中点将产生尺度缩短和时间延缓效应，并且所受引力加速度越大(离引力源越近)，尺度缩短和时间延缓效应越明显。根据这一理论，位于同一引力场但存在引力位差的两点的时间尺度和空间尺度将不相同。如图5.7所示，假定 O 处为引力源，引力质量为 M，A、B 则为处于O引力源产生的引力场中的两点，距引力源的距离分别为 R_A 和 R_B。由于物体在引力场中所受引力加速度与引力势能成反比，因此 A、B 两点的时间尺度关系表示为

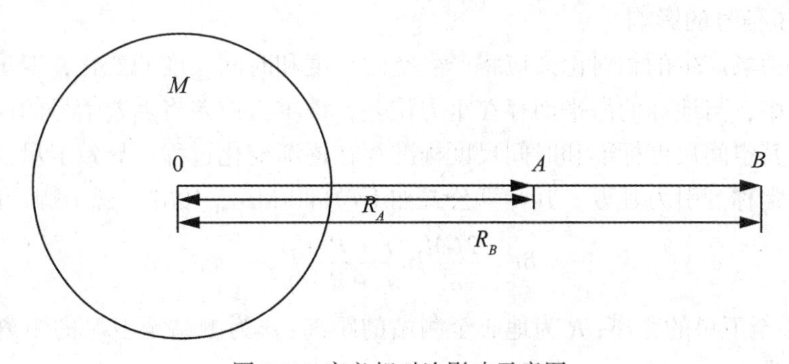

图5.7　广义相对论影响示意图

$$\tau_B = \frac{\tau_A}{\sqrt{1+\frac{2\Delta U_{AB}}{c^2}}} \tag{5.44}$$

空间尺度关系表示为

$$l_B = \frac{l_A}{\sqrt{1+\frac{2\Delta U_{AB}}{c^2}}} \tag{5.45}$$

以上两式中，τ_A 为 A 点处的单位时长；τ_B 为 B 点处的单位时长；l_A 为 A 点处的单位尺长；l_B 为 B 点处的单位尺长；ΔU_{AB} 为两点的引力势能差，ΔU_{AB} 按下式计算：

$$\Delta U_{AB} = U_B - U_A = \left(-\frac{GM}{R_B}\right) - \left(-\frac{GM}{R_A}\right) = \frac{GM}{R_A} - \frac{GM}{R_B} \tag{5.46}$$

式中，G 为引力常数。显然，当 $R_B > R_A$ 时，B 点受到引力源 O 处的引力加速度更小(引力势能更大)。根据式(5.44)可知，$\tau_B < \tau_A$，B 点相对于 A 点的时间尺度将变短，即产生时钟变快效应。

2. 相对论效应的影响

相对论效应对卫星轨道、卫星信号传播、卫星钟和接收机钟都将产生影响。

(1)对卫星轨道的影响

卫星围绕地球运动，相对于地心惯性系有运动速度，并与海平面存在引力位差，产生的相对论效应将导致卫星产生摄动加速度(Zhu，1988)，计算公式如下

$$d\ddot{\boldsymbol{r}} = \left[GM\boldsymbol{r}\left(\frac{4GM}{r} - \dot{\boldsymbol{r}}^2\right) + 4GM\,(\boldsymbol{r}\cdot\dot{\boldsymbol{r}})\,\dot{\boldsymbol{r}}\right]/c^2\boldsymbol{r}^3 \tag{5.47}$$

其中 $\boldsymbol{r}$ 为地心至卫星的矢量，$\dot{\boldsymbol{r}}$ 为卫星的速度矢量，r 为地心至卫星的几何距离，c 表示光速。Beutler(1991)则给出了其简化式

$$d\ddot{\boldsymbol{r}} = -\frac{3\mu^2 a\,(1 - e^2)}{c^2}\frac{\boldsymbol{r}}{r^5} \tag{5.48}$$

式中，μ 为地球万有引力常数与地球质量乘积，e 为轨道偏心率，a 为轨道长半轴。数据计算表明，摄动加速度的量级为 3×10^{-10} m/s 左右(Zhu，1988)。该项误差主要影响到卫星轨道的确定(即星历的确定)，导航定位用户一般无需考虑。

(2)对卫星信号的影响

因地球引力场产生的相对论效应将产生空间尺度和时间尺度的变化，卫星信号从卫星传至地面过程中，与地球的海平面存在重力位差，该重力位差将随着信号的向下传播而逐渐减小，因而其空间尺度标准和时间尺度标准存在逐渐变化过程，导致卫星信号的时空弯曲，该项影响常称为引力延迟。其计算公式如下(Holdridge，1967；魏子卿，1998)：

$$\delta t = \frac{2GM}{c^3}\ln\frac{r + R + \rho}{r + R - \rho} \tag{5.49}$$

式中，r 为地心至卫星的距离；R 为地心至测站的距离；ρ 为测站至卫星的距离。对应的距离观测值改正为

$$\delta^{rel} = c\delta t \tag{5.50}$$

引力延迟大小与测站和卫星之间的相对几何位置有关，卫星在地平线附近时引力延迟取最大值约为19 mm，卫星在天顶方向时引力延迟取最小值约13 mm(蔡昌盛，2010)。由于GLONASS卫星与GPS卫星的轨道高度、卫星运动速度和频率都较为接近，采用GLONASS观测值定位的用户也可以利用上式来改正相对论效应对卫星信号传播的影响。

(3)对卫星钟的影响

由于频率与时间成反比，相对论效应导致时间尺度发生变化，也对应着钟频率变化，称为二级多普勒效应(hofmann-Wellenhof，2007)。对于狭义相对论，其频率变化公式为：

$$f = f'\sqrt{1 - \frac{v^2}{c^2}} \tag{5.51}$$

上式表明频率为 f' 的钟处于运动状态时频率将变为 f。假设卫星钟的原频率为 f_0，当使其产生运动速度时，将产生二级多普勒效应，钟频率变为：

$$f = f_0 \sqrt{1 - \frac{v_s^{\ 2}}{c^2}} \approx f_0 - f_0 \frac{1}{2}\left(\frac{v_s}{c}\right)^2 \tag{5.52}$$

卫星钟相对于海平面存在引力位差，且卫星钟所在位置的引力加速度低于海平面位置的引力加速度。根据广义相对论，卫星钟将比地面钟快，即产生钟快效应，其对卫星钟频率的影响为：

$$f = f_0 \sqrt{1 + \frac{2\Delta U_r^s}{c^2}} \approx f_0 + f_0 \frac{\Delta U_r^s}{c^2} \tag{5.53}$$

因此，狭义相对论和广义相对论对卫星钟频率均产生了影响，其综合影响为：

$$\Delta f = f_0 \left(\frac{\Delta U_r^s}{c^2} - \frac{1}{2}\left(\frac{v_s}{c}\right)^2\right) \tag{5.54}$$

假定地球为圆球，半径为 R_e ，接收机位于地球圆球面上，卫星轨道为圆轨道，卫星离地高度为 h ，则卫星处的引力势能为：

$$U^s = -\frac{GM}{R_e + h}$$

海平面处的引力势能为：

$$U_r = -\frac{GM}{R_e}$$

卫星与海平面的引力势能差为：

$$\Delta U_r^s = U^s - U_r = \left(-\frac{GM}{R_e + h}\right) - \left(-\frac{GM}{R_e}\right) = \frac{GM}{R_e} - \frac{GM}{R_e + h} \tag{5.55}$$

代入上式，得：

$$\Delta f = f_0 \left(\frac{GM}{c^2}\left(\frac{1}{R_e} - \frac{1}{R_e + h}\right) - \frac{1}{2}\left(\frac{v_s}{c}\right)^2\right) \tag{5.56}$$

(4) 对接收机钟的影响

接收机通常位于地表，由于地球存在自转(其自转速度将随着纬度的不同而不同，在赤道处达最大值，约为0.5 km/s，为卫星速度的1/10左右)，因此接收机钟同样存在狭义相对论效应，其计算式为：

$$f = f_0 \sqrt{1 - \frac{v^2}{c^2}} \approx f_0 - f_0 \frac{1}{2}\left(\frac{v_R}{c}\right)^2 \tag{5.57}$$

式中，v_R 为地球自转线速度。将 $v_R = 0.5$ km/s 代入上式，得到相对论频移量约为 10^{-12}。对比可知，接收机钟的相对论效应影响频移量比卫星钟要小得多。

3. 相对论误差改正方法

(1)卫星钟相对论效应影响改正方法

GNSS 导航定位依赖于卫星钟和接收机钟来维持时间系统，如产生复制码，进行同步观测等。因此卫星钟频的变化对导航定位有很大的影响。卫星钟相对论改正的方法分为两步：第一步调整卫星钟出厂频率；第二步调整卫星钟读数。

- **卫星钟出厂频率的调整**

根据式(5.56)，可计算 GNSS 卫星钟受到广义相对论和狭义相对论的综合影响的数值。将地球视为半径为 R 的圆球，卫星轨道视为半径为 a 的圆轨道，则式(5.56)可简化为：

$$\Delta f = \frac{\mu}{c^2}\left(\frac{1}{R} - \frac{3}{2a}\right) \cdot f \tag{5.58}$$

取 $R = 6378$ km，$c = 299792.458$ km/s，地心引力常数 $\mu = 398600.5$ km^3/s^2，$a = 26560$ km，并代入上式，可得 $\Delta f = 4.443 \times 10^{-10} \cdot f$。这就表明把地球当做是半径为 R 的圆球，把卫星轨道当做是半径为 a 的圆轨道时，相对论效应的综合影响为常数 $\Delta f = 4.443 \times 10^{-10} \cdot f$。即相对于地面钟，卫星钟读数走得更快，这显然会对 GPS 测量产生影响。为了使卫星钟与地面钟所采用的原子时长保持一致，在地面上生产原子钟时，必须有意将其频率降低 $\Delta f = 4.443 \times 10^{-10} \cdot f$。由于卫星钟的标称频率为 10.23 MHz，因此在生产时，应将其频率调整为：

$$f' = (1 - 4.443 \times 10^{-10}) \times 10.23\text{MHz} = 10.22999999545\text{MHz} \tag{5.59}$$

这样，当卫星发射后，卫星钟在轨道上运行时因受到相对论效应的影响，频率自然会变成 10.23MHz。

- **卫星钟读数的调整**

在第一步改正中，存在 GNSS 卫星轨道为圆轨道的假设，但实际中，GNSS 卫星轨道并不为圆轨道，而是一个椭圆轨道，并且椭圆轨道各点处的运行速度也并不相同，即相对论效应的影响并不为一个常数值。当卫星处于近地点时，卫星速度最快，受到的引力加速度最大，这时产生的相对论效应将使卫星钟读数走得最快；当卫星处于远地点时，卫星速度最小，受到的引力加速度最小，这时产生的相对论效应将使卫星钟读数走得最慢。因此，相对论效应的改正仅进行一步常数改正是不够的，还需要在第一步出厂频率调整的基础上进行精确的改正(刘基余，2003)。改正方法如下：

当采用广播星历计算卫星位置时，改正公式由下式计算(Ashby，1987)

$$\Delta t_r = -\frac{2e\sqrt{a\mu}}{c^2}\sin E \tag{5.60}$$

式中，e 为 GNSS 卫星椭圆轨道的偏心率；E 为 GNSS 卫星的偏近点角；a 为 GNSS 卫星椭圆轨道的长半轴。当采用精密计算卫星位置时，改正公式由下式计算

$$\Delta t_r = -\frac{2}{c^2} X \cdot \dot{X} \tag{5.61}$$

式中，X 为卫星的位置矢量；$\dot{X}$ 为卫星的速度矢量。需要注意的是，当采用相对定位方式时这一效应将被消除，无需再考虑(Zhu 等，1988)。综合广播星历的卫星钟差改正，通常将对卫星时钟的改正式用下式表示

$$\Delta t = a_0 + a_1(t - t_{oc}) + a_2(t - t_{oc})^2 + \Delta t_r \tag{5.62}$$

在非高精度定位中，采用上式改正的卫星钟读数即认为是正确的卫星钟读数。

- **接收机钟相对论效应影响改正方法**

由于接收机钟受到相对论效应的影响相对较小，在解算过程中通常会与接收机钟差合在一起，难以分离。因此，接收机钟差的相对论效应影响通常不作单独处理，自动让其吸收到接收机钟差当中(李征航，2005)。

5.2.5　卫星天线偏差

1. 天线偏差

GNSS 观测值测量的是卫星至接收机之间的距离，对应卫星端为卫星天线相位中心。GNSS 导航电文星历数据对应卫星位置为天线相位中心，而 IGS 提供的精密星历是基于卫星轨道力模型计算的，给出的是卫星质心的坐标。因此，当采用 IGS 精密星历进行数据处理时，需要考虑卫星质心与天线相位中心之间的差异。卫星天线相位中心与卫星质心之间的偏差称之为卫星天线偏差。同样在接收机端，GNSS 观测值对应的是接收机的天线相位中心，而接收机的目标测量位置为天线参考点(Antenna Reference Point，ARP)，数据处理时也需要考虑它们之间的差异。将接收机天线相位中心与接收机天线参考点之间的偏差称为接收机天线偏差。

天线相位中心会随着卫星信号的高度角和方位角不同而不同，因而测量时会产生多个瞬时相位中心，因此通常根据瞬时相位中心的大致位置定义一个平均相位中心点。平均相位中心与卫星质心或与接收机天线参考点之间的偏差称为天线相位中心偏差(PCO-Phase Center Offset)。瞬时天线相位中心(对应单个观测值)与平均相位中心间的差异称为天线相位中心变化(PCV-Phase Center Variation)。对 GNSS 观测值进行天线改正时，必须同时考虑天线相位中心偏差 PCO 和天线相位中心变化 PCV。

如图 5.8 所示，设 a 为 PCO 矢量(天线参考点指向平均天线相位中心)，ρ_0 为卫星至接收机的单位向量，则 PCO 对相位观测值的影响可表示为：

$$\Delta_{PCO} = a \cdot \rho_0 \tag{5.63}$$

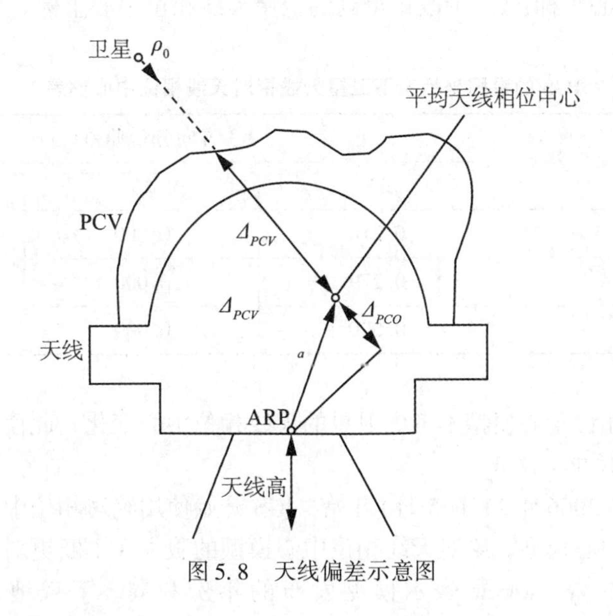

图 5.8　天线偏差示意图

天线相位中心变化 PCV 对相位的影响则与方位角 α 、天顶距 z 和载波频率 f 有关，可用下式表示为：

$$\Delta_{PCV} = \Delta_{PCV}(\alpha, z, f) \tag{5.64}$$

总的天线偏差影响是 PCO 和 PCV 的综合影响，用下式表示(hofmann-Wellenhof, 2007)：

$$\Delta_{PCO} + \Delta_{PCV} = a \cdot \rho_0 + \Delta_{PCV}(\alpha, z, f) \tag{5.65}$$

应用这一综合改正后，观测值将改正至 ARP 点。

为了给用户提供相应的天线偏差改正方法，IGS 相继推出了相对天线相位中心改正模型和绝对天线相位中心改正模型。两种模型均是根据天线的类型、信号频率、卫星天顶距等，确定各种天线在对应不同频率、不同天顶距、方位角的天线偏差的坐标改正值或距离改正值，并将测定数据编列成表，提供给用户。用户则根据卫星类型或接收机接收信号的参数内插确定对应的天线偏差改正值。

2. 相对天线相位中心改正

相对天线相位中心改正模型是 IGS 从 1998 年开始采用的天线改正模型，称为 IGS_01。直到 2006 年 11 月 4 日(GPS 周 1399)，该模型才停止使用。

对 GNSS 卫星天线偏差进行改正时，该模型只考虑卫星的天线相位中心偏差，不考虑卫星的天线相位中心变化。提供的 GNSS 卫星天线相位中心偏差改正量按照卫星类型分类。表 5.5 中给出了 IGS 星固坐标系(Z 轴指向地球，X 轴指向太阳，Y 轴与 XY 平面垂直)下卫星的相对天线相位中心偏差值。从表中可以看出，卫星天线相对相位中心偏差主要表现在 X 方向和 Z 方向的偏差。利用表 5.5 数据对卫星坐标进行改正时必须先将偏差转化为地心地固系下的坐标分量改正数 ΔX_{sat} ，然后对卫星坐标进行相对天线相位中心改正，改正式如下：

$$X_{SV} = X_{sat} + \Delta X_{sat} \tag{5.66}$$

式中，X_{sat} 为卫星质心坐标；X_{SV} 为改正得到的卫星天线相位中心坐标。

表 5.5 **IGS 的星固坐标系下卫星天线相对天线相位中心偏差**

卫星类型	3 方向分量偏差(m)		
	ΔX	ΔY	ΔZ
BLOCK I	0.210	0.000	0.854
BLOCKII, IIA	0.279	0.000	1.023
BLOCK IIR	0.000	0.000	0.000

由于相对天线相位中心模型不考虑卫星的天线相位中心变化，此模型并不严格。

3. 绝对天线相位中心改正

自 GPS 周 1400(2006 年 11 月 5 日)开始，IGS 开始使用绝对相位中心改正模型取代原来的相对天线相位中心模型。绝对天线相位中心模型的版本在不断更新，发布文件格式为 IGSyy_ wwww，其中 yy、wwww 表示模型发布的年份和周。下载地址：ftp：//igscb. jpl. nasa. gov/pub/station/general/pcv_ proposed/。

IGS 的绝对天线相位中心改正数是由 GFZ(GeoForschungs Zentrum Potsdam)和 TUM (Technische Universität München)对十多年的 IGS 观测数据的计算结果取平均计算得到的，模型不仅提供卫星的天线相位中心偏差值，而且提供卫星的天线相位中心变化值。这些值同样在星固系下给出，其中 Z 方向偏移改正按照单个卫星分类，X、Y 方向偏移改正按照同类卫星分类；天线相位中心变化改正则按照同类卫星分类。

由于绝对相位中心模型考虑了卫星天线相位中心变化，其模型更为精确合理。Ralf Schmid 等人的研究结果证明，采用绝对天线相位中心模型后，天顶对流层延迟的估计精度以及陆地板块漂移的计算精度都得以进一步提高，轨道计算的精度也得以改善(Ralf Schmid，2007)。

5.3 与信号传播有关的误差

与信号传播有关的误差主要包括电离层延迟误差、对流层延迟误差，多路径误差、地球自转改正等。

5.3.1 电离层延迟误差

1. 电离层

电离层是指离地高度 60～1000 km 间的大气层。在太阳的紫外线、X 射线、γ 射线和高能粒子的作用下，位于该区域的中性原子和空气分子产生电离，产生大量的自由电子和正离子、负离子，形成等离子区域。电离层从宏观上呈现中性。电离层的变化，主要表现为电子密度随时间的变化。电离层能使无线电波改变传播速度，产生折射、反射和散射，并受到不同程度的吸收。频率低于 30 MHz 的信号被反射，只有 30 MHz 以上的信号才能穿透。电离层的影响随信号频率的升高而减少。电离层的主要特性由电子密度、电子温度、碰撞频率、离子密度、离子温度和离子成分等空间分布的基本参数来表示。但电离层的研究对象主要是电子密度。

电离层的相关研究中涉及电子密度、总电子含量等概念，下面将简要介绍。电子密度 N_e 是指电离层中单位体积气体中所含的电子数，其将随高度不同而变化，与各高度上大气成分、大气密度以及太阳辐射通量等因素有关。总电子含量(Total Electron Content，TEC)则是沿卫星信号路径对电子密度的积分，其物理意义为横截面为单位面积(1 m^2)的信号路径方向圆柱体中所含的总电子数量，公式表示如下

$$\mathrm{TEC} = \int_s N_e \mathrm{d}s \tag{5.67}$$

通常，TEC 采用的单位为 TECU，1 TECU = 10^{16} 电子数/m^2。1 TECU 电子含量对 1.5 GHz 频率信号产生的延迟量约为 0.18 m(hofmann-Wellenhof，2007)。天顶方向总电子含量则记为 VTEC，其与 TEC 的关系可表示为

$$\mathrm{VTEC} = \mathrm{TEC} \cdot \cos z \tag{5.68}$$

式中，z 为穿刺点上卫星的天顶距，穿刺点的含义将在介绍 Klobuchar 模型时给出。

电离层中的电子密度 N_e 具有如下特点：①随电离层的高度不同而变化；②随地方时的不同而变化；③随季节的不同而变化；④随测站位置的不同而变化；⑤随年份的不同而变化；⑥受到太阳活动程度的影响。

2. 电离层延迟

对于伪距和相位，受到的延迟并不相同。伪距和相位在电离层中的传播涉及相速和群

速的概念，下面将简要进行介绍。在离散介质中，载波相位的传播速度与搭载的信号波的传播速度是不同的(Kaplan 等，2006)。单一频率的电磁波相位在电离层中的传播速度称为相速，不同频率的一组电磁波信号作为一个整体在电离层中的传播速度称为群速(李征航，2005)。

令 n_{gr} 为群折射率，n_{ph} 为相折射率，则相折射率和群折射率的关系为(hofmann-Wellenhof，1993)：

$$n_{gr} = n_{ph} + f\frac{dn_{ph}}{df} \tag{5.69}$$

式中，f 为载波相位的频率。电离层对载波相位传播的折射率可近似表示为(Seeber，2003)：

$$n_{ph} = 1 + \frac{c_2}{f^2} + \frac{c_3}{f^3} + \frac{c_4}{f^4} + \cdots \tag{5.70}$$

而电离层对测距码传播的折射率可近似表示为(Seeber，2003)：

$$n_{gr} = 1 - \frac{c_2}{f^2} - \frac{c_3}{f^3} - \frac{c_4}{f^4}\cdots \tag{5.71}$$

式中，c_i 为系数，其与载波频率无关，而与电离层中电子密度相关。忽略二次以上的高阶项影响，则折射率变为：

$$n_{ph} = 1 + \frac{c_2}{f^2} \quad n_{gr} = 1 - \frac{c_2}{f^2} \tag{5.72}$$

对比两式可知，当忽略二阶以上高阶项影响时，相折射率和群折射率(真空中折射率=1)的偏差大小相同，符号相反。C_2 与电子密度 N_e 有关，其估值可由下式表示：

$$c_2 = -40.3N_e \tag{5.73}$$

因此：

$$n_{ph} = 1 - \frac{40.3N_e}{f^2} \quad n_{gr} = 1 + \frac{40.3N_e}{f^2} \tag{5.74}$$

相速和群速则变为：

$$v_{ph} = \frac{c}{1 - \frac{40.3N_e}{f^2}} \quad v_{gr} = \frac{c}{1 + \frac{40.3N_e}{f^2}} \tag{5.75}$$

由上式可知，相速要大于群速。相对于真空中的传播速度，群速的滞后量与相速的超前量相同。在 GNSS 信号传播中将导致信号信息的传播被延迟，载波相位的传播则被提速，这一现象称为电离层的色散效应(Kaplan 等，2006)。

3. 电离层误差

电离层误差是指受电离层影响的距离测量值与卫星至接收机之间的真实几何距离之间的差值。根据 Fermat 定律，测量距离 s 可定义为：

$$s = \int v\mathrm{d}t = \int \frac{c}{n}\mathrm{d}t = \int \frac{1}{n}\mathrm{d}s \tag{5.76}$$

其中积分沿信号路径进行。

令折射率为 $n = 1$，沿直线路径进行积分，得到卫星至接收机的直线几何距离，表示为下式形式：

$$s_0 = \int \mathrm{d}s_0 \tag{5.77}$$

载波相位折射率为 n_{ph} ，载波相位测量得到距离测量值的积分式为：

$$\rho_\phi = \int \frac{1}{n_{ph}} \mathrm{d}s \tag{5.78}$$

测码伪距折射率为 n_{gr} ，测码伪距测量得到距离测量值的积分式为：

$$\rho_P = \int \frac{1}{n_{gr}} \mathrm{d}s \tag{5.79}$$

因而，载波相位的电离层延迟为：

$$\begin{aligned} I_\phi &= \int \frac{1}{n_{ph}} \mathrm{d}s - \int \mathrm{d}s_0 \\ &= \int \left(1 + \frac{c_2}{f^2}\right) \mathrm{d}s - \int \mathrm{d}s_0 \end{aligned} \tag{5.80}$$

测码伪距的电离层延迟为：

$$\begin{aligned} I_P &= \int \frac{1}{n_{gr}} \mathrm{d}s - \int \mathrm{d}s_0 \\ &= \int (1 - \frac{c_2}{f^2}) \mathrm{d}s - \int \mathrm{d}s_0 \end{aligned} \tag{5.81}$$

忽略传播路径弯曲量的影响，假定均沿卫星至接收机直线路径积分，此时 $\mathrm{d}s$ 变为 $\mathrm{d}s_0$，从而载波相位和测码伪距的电离层延迟量变为：

$$I_\phi = \int \frac{c_2}{f^2} \mathrm{d}s_0 \qquad I_P = -\int \frac{c_2}{f^2} \mathrm{d}s_0 \tag{5.82}$$

用电子密度表示为：

$$I_\phi = -\frac{40.3}{f^2} \int N_e \mathrm{d}s_0 \qquad I_P = \frac{40.3}{f^2} \int N_e \mathrm{d}s_0 \tag{5.83}$$

用 TEC 表示为：

$$I_\phi = -\frac{40.3}{f^2} \mathrm{TEC} \qquad I_P = \frac{40.3}{f^2} \mathrm{TEC} \tag{5.84}$$

4. 电离层延迟误差消除方法

电离层延迟误差的改正方法主要有双频改正法、双差法、模型改正法。

(1) 双频改正法

电离层对 GNSS 信号为离散介质，电离层延迟量与信号频率的二次方呈反比(仅考虑电离层一阶项)。因而采用两种频率的信号可以消除电离层延迟的影响，这是消除电离层延迟最为有效的方法，也是 GNSS 卫星采用(至少)两种载波频率信号的主要原因。采用载波相位观测值时，误差一般不会超过几个厘米(李征航，2010)。

对于测码伪距观测值，原始观测值的观测方程为：

$$P_1 = \rho - c\,(\mathrm{d}t^s + B_{1,P}) + c\,(\mathrm{d}t_r + b_{1,P}) + \mathrm{d}\rho + I_{1,P} + T + \varepsilon_{1,P} \tag{5.85}$$

$$P_2 = \rho - c\,(\mathrm{d}t^s + B_{2,P}) + c\,(\mathrm{d}t_r + b_{2,P}) + \mathrm{d}\rho + I_{2,P} + T + \varepsilon_{2,P} \tag{5.86}$$

其中，电离层仅考虑一阶项影响，则 $I_{1,P} = \frac{40.3}{f_1^2}\mathrm{TEC}$ ，$I_{2,P} = \frac{40.3}{f_2^2}\mathrm{TEC}$ ，两者有如下

关系

$$f_1^2 I_{1,P} - f_2^2 I_{2,P} = 0 \tag{5.87}$$

建立观测值的无电离层组合，其满足下列条件：

$$m_1 f_2^2 + m_2 f_1^2 = 0 \qquad P_{IF} = m_1 P_1 + m_2 P_2 \tag{5.88}$$

式中，m_1 和 m_2 为组合系数。因而双频无电离层组合将消去一阶电离层项的影响，得到双频无电离层组合测码伪距观测方程为：

$$P_{IF} = \rho - c(\mathrm{d}t^s + B_{P,IF}) + c(\mathrm{d}t_r + b_{P,IF}) + \mathrm{d}\rho + T + \varepsilon_{P,IF} \tag{5.89}$$

广播星历计算的卫星钟差和IGS发布的精密卫星钟差都考虑了双频P码无电离层组合的卫星硬件延迟影响，钟差可表示为：

$$\mathrm{d}t_B^s = \mathrm{d}t^s + B_{P,IF} \tag{5.90}$$

因而，卫星硬件延迟由卫星钟差得以改正，接收机硬件延迟则吸收到接收机钟差参数中，得到双频测码伪距观测方程

$$P_{IF} = \rho - c\mathrm{d}t_B^s + c(\mathrm{d}t_r + b_{P,IF}) + \mathrm{d}\rho + T + \varepsilon_{P,IF} \tag{5.91}$$

上式消除了电离层延迟的影响。

对于载波相位观测值，原始观测方程为：

$$\lambda_1\phi_1 = \rho - c(\mathrm{d}t^s + B_{1,\phi}) + c(\mathrm{d}t_r + b_{1,\phi}) + \mathrm{d}\rho + \lambda_1 N_1 + I_{1,\phi} + T + \varepsilon_{1,\phi} \tag{5.92}$$

$$\lambda_2\phi_2 = \rho - c(\mathrm{d}t^s + B_{2,\phi}) + c(\mathrm{d}t_r + b_{2,\phi}) + \mathrm{d}\rho + \lambda_1 N_2 + I_{2,\phi} + T + \varepsilon_{2,\phi} \tag{5.93}$$

仅考虑电离层一阶项影响，则 $I_{1,\phi} = -\dfrac{40.3}{f_1^2}\mathrm{TEC}$，$I_{2,\phi} = -\dfrac{40.3}{f_2^2}\mathrm{TEC}$，同样有：

$$f_1^2 I_{1,\phi} - f_2^2 I_{2,\phi} = 0 \tag{5.94}$$

因而双频无电离层组合将消去电离层项的影响，得到载波相位观测方程为：

$$\lambda_{IF}\phi_{IF} = \rho - c(\mathrm{d}t^s + B_{\phi,IF}) + c(\mathrm{d}t_r + b_{\phi,IF}) + \mathrm{d}\rho + \lambda_{IF}N_{IF} + T + \delta_{\phi,IF} + \varepsilon_{\phi,IF} \tag{5.95}$$

卫星钟差产品包含的硬件延迟为双频P码无电离层组合的硬件延迟，将产生相位与伪距的双频无电离层组合硬件延迟差 $B_{P,IF} - B_{\phi,IF}$，而接收机双频无电离层相位硬件延迟 $b_{\phi,IF}$ 仍然存在，这两值都将被吸收到模糊度参数当中，无需单独考虑。得到载波相位观测方程为：

$$\lambda_{IF}\phi_{IF} = \rho - c\mathrm{d}t_B^s + c\mathrm{d}t_r + [\lambda_{IF}N_{IF} + c(B_{P,IF} - B_{\phi,IF} + b_{\phi,IF})] + \mathrm{d}\rho + T + \delta_{\phi,IF} + \varepsilon_{\phi,IF} \tag{5.96}$$

上式即为消除电离层延迟的载波相位观测方程。

为满足高精度GNSS测量的需要，Brunner等人又提出了一个改进公式（Brunner，1991）。该改进公式充分考虑了折射指数高阶项和地磁场的影响，并沿信号传播路径积分。计算结果表明，无论在何种情况下，改进的模型的精度优于2 mm（刘基余，2003）。但由于该模型在计算时需用到电离层模型和地磁场模型等资料，故未被广泛采用。

（2）双差法

当两测站相距不太远时，卫星至两测站的信号传播路径上的大气状况将会十分相似，电离层的空间相关性强，因此电离层的系统影响便可通过同步观测量的差分而减弱。对于短基线，双差观测值将消除大部分电离层的影响。这种方法对于20 km内的短基线效果尤为明显，这时经电离层折射改正后，基线长度的相对残差，一般约为 10^{-6}。所以，在

GNSS 测量中，对于短距离的相对定位，使用单频接收机也可达到相当高的精度。但是，随着基线长度的增加，其精度将随之明显降低(周忠谟，2004)，因此该方法对远距离高精度的相对定位并不适用。

(3)利用电离层模型修正

针对单频用户，还可建立测站上空电离层电子含量空间分布模型，从而可根据信号传播路径直接计算电离层延迟。电离层模型包括经验模型和实测模型。其中经验模型是根据电离层观测站长期积累的观测资料建立的经验公式；实测模型则是根据 GNSS 双频观测值反算得到测站上空的 TEC 含量。根据这些电离层模型，用户输入相应的参数(如卫星高度角、地理位置等)即可计算得到信号路径的电离层延迟量。目前存在多种电离层函数模型，经验模型有 Bent 模型、IRI 模型、Klobuchar 模型等，双频实测模型有 CODE 格网模型、IGS 的电离层图 GIMS 等，部分模型将在后面介绍。

(4)半和改正法

由前述可知，载波和伪距观测值的电离层延迟大小相等，符号相反，其公式为：

$$I_{1,P}=\frac{40.3}{f_1^2}\mathrm{TEC}\qquad I_{1,\phi}=-\frac{40.3}{f_1^2}\mathrm{TEC} \tag{5.97}$$

因此，通过载波和伪距观测值求和可以消除电离层延迟的影响，其组合公式如下：

$$\begin{aligned}\frac{\lambda_1\varphi_1+P_1}{2}&=\rho-c\left(\mathrm{d}t^s+\frac{B_{1,P}}{2}+\frac{B_{1,\phi}}{2}\right)+c\left(\mathrm{d}t_r+\frac{b_{1,P}}{2}+\frac{b_{1,\phi}}{2}\right)\\&\quad+\mathrm{d}\rho+\frac{\lambda_1 N_1}{2}+T+\frac{1}{2}(\varepsilon_{1,\phi}+\varepsilon_{1,P})\end{aligned} \tag{5.98}$$

上述组合方法称为电离层延迟的半和改正法。由于伪距的测距精度较低，因此上述线性组合具有较大的噪声。该组合主要用于单频精密单点定位。为了减少噪声的影响，通常需要长时间观测(李征航，2010)。

5. 主要电离层模型*

目前主要的电离层模型包括 Bent 模型、IRI 模型、Klobuchar 模型、CODE 电离层格网模型、全球电离层模型等。

(1)Bent 模型

Bent 模型是由美国的 Rodney Bent 和 Sigrid Llewellyn 于 1973 年提出的经验模型。模型建立时将电离层的上部用 3 个指数层和一个抛物线层来逼近，下部则用双抛物线层来近似。计算时需要输入日期、时间、测站位置、太阳辐射流量及太阳黑子数等参数。采用该模型可计算得到 1000 km 以下的电子密度垂直剖面图，从而可由 VTEC 求得电离层延迟。根据研究表明，Bent 模型的电离层延迟修正精度为 60% 左右。

(2)IRI 模型

IRI(International Reference Ionosphere)模型是由国际无线电科学联盟(URSI)和空间研究委员会(COSPAR)提出的标准经验模型。最早的模型版本为发布于 1978 年的 IRI-78(Bilitza，1995)，之后经过多次修正，目前最新的版本为 IRI-2007(李征航，2010)。模型的建立利用了大量的可用数据资料，如 ionosondes、非相干散射雷达、卫星资料、探空火箭资料等，其通过发布预报参数的方式给出电离层中各种参数如电子密度、电子温度、离子温度等的月平均值。IRI 电离层模型属于统计预报模型，反映的是平静电离层的平均状

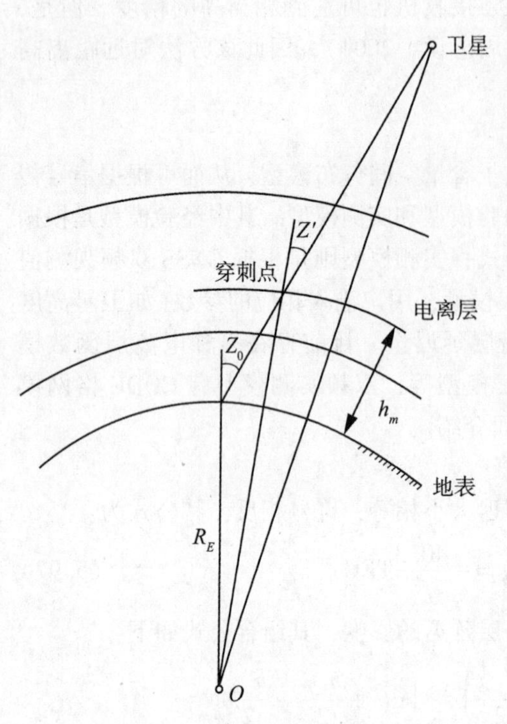

图 5.9　电离层单层模型示意图

态。GNSS 用户可以利用该模型所发布的参数计算电离层延迟。该模型不受地域限制，适用于全球的任何地方，适用于单频 GNSS 用户实时快速定位时进行电离层延迟改正。该模型的缺点是计算不方便，且精度不高(Bilitza，2000)。

(3) Klobuchar 模型

Klobuchar 模型为 Klobuchar 于 1987 年提出的电离层经验模型(Klobuchar，1987)。其模型的建立采用了单层电离层模型，即将测站上空的整个电离层压缩为一个单层来代替整个电离层，电离层中的所有电子都集中在该单层上，并将该单层称为中心电离层。中心电离层的高度通常取为 350 km。然后根据电离层随地方时、地理位置、太阳辐射等变化建立与该单层模型对应的模型函数。卫星信号传至接收机时，信号路径将与单层模型相交，该交点称为穿刺点。用户根据穿刺点的位置以及地方时等来计算信号传播的电离层延迟。单层模型示意图如图 5.9 所示，模型的建立和计算方法将在下面具体介绍。

相关研究成果表明，天顶总电子含量呈现日变化(即随地方时变化)，在夜间达到最小值，且变化较小，白天的数值变化明显，且类似于余弦函数曲线正半周曲线，并在地方时约 14 时呈现最大值。Klobuchar 根据这一特点，建立了与地方时相关的电离层近似模型，其将晚间的电离层延迟视为常数，取值为 5 ns，白天的电离层时延则看成是余弦函数中正的部分，并在地方时约 14 时取最大值。此外，电离层变化的大小和周期还与测站地理位置有关，因此在模型中振幅大小和周期由地理位置确定。需要注意的是，此处的地理位置为地磁经度和地磁纬度，计算时需要进行转换。并且模型周期并不严格等于 24 小时，通常会大于 24 小时。模型公式如下：

$$I_z = D_c + A\cos\frac{2\pi}{B}(t - T_p) \tag{5.99}$$

式中，t 为地方时，可由 GNSS 时转换得到；$D_c = 5\text{ns}$，$T_p = 14^h$（地方时）。振幅 A 的计算式为：

$$A = \sum_{n=0}^{3} \alpha_n \Phi_m^n \tag{5.100}$$

周期 B 的计算式为：

$$B = \sum_{n=0}^{3} \beta_n \Phi_m^n \tag{5.101}$$

式中，α_n 和 β_n 为模型系数(根据 Bent 提供的全球电离层变化经验模型计算得到)，由 GNSS 卫星导航电文给出，由地面控制系统根据该天为一年中的第几天(将一年分成 37 个区间)

以及前 5 天太阳的平均辐射能量(共分为十档)从 370 组常数中选取，然后编入 GNSS 卫星的导航电文播发给用户(李征航，2010)。Φ_m 为传播路径与中心电离层交点的地磁纬度。

地方时 t 和地磁纬度 Φ_m 均需要根据卫星高度角和测站地心纬度和经度计算，具体计算过程如下：

①计算测站点与穿刺点的地心夹角：

$$EA = \left(\frac{445°}{e + 20°}\right) - 4° \tag{5.102}$$

式中，e 为测站处的卫星高度角。

②计算穿刺点的地心纬度和地心经度：

穿刺点地心纬度计算公式为：

$$\varphi_{P'} = \varphi_P + EA \cdot \cos\alpha \tag{5.103}$$

穿刺点地心经度计算公式为：

$$\lambda_{P'} = \lambda_P + EA \cdot \frac{\sin\alpha}{\cos\varphi_P} \tag{5.104}$$

式中，φ_P 和 λ_P 分别为测站处的地心纬度和地心经度，α 为卫星方位角。

③由地磁经度即可计算得到观测瞬间穿刺点的地方时：

$$t = UT + \frac{\lambda_{P'}}{15} \tag{5.105}$$

式中，UT 为观测时刻的世界时。

④计算穿刺点的地磁纬度：

$$\varphi_m = \varphi_{P'} + 10.07°\cos(\lambda_{P'} - 288.04°) \tag{5.106}$$

上式根据地磁北极位于 $\varphi = 79.93°$，$\lambda = 288.04°$推导得到。

计算出地方时和穿刺点的地磁纬度后即可根据式(5.100)和式(5.101)计算振幅 A 和周期 B，然后根据式(5.99)计算得到穿刺点处天顶电离层延迟，由穿刺点天顶距 z 可最终计算得到信号路径的电离层延迟，计算公式如下：

$$I = I_z \cdot \sec z \tag{5.107}$$

可将 $\sec z$ 近似表示为测站高度角的函数，得到

$$\sec z = 1 + 2\left(\frac{96° - e}{90°}\right) \tag{5.108}$$

采用 Klobuchar 模型的优点是模型结构简单，用户无需其他辅助信息，仅利用广播星历信息就可计算出改正数(许承权，2008)。适用于单频 GNSS 接收机实时快速定位时电离层延迟改正。Klobuchar 模型的改正精度为 50% ~60%，因而仅适用于一般的导航定位，无法满足高精度定位的要求(刘基余，2003；李征航，2010)。

为了改善 Klobuchar 模型的精度，自 2000 年开始，CODE 分析中心利用实测数据来估算出每天的 Klobuchar 模型参数提供给用户使用(ftp：//ftp. unibe. ch/aiub/CODE/)。通过比较发现，相对于导航电文提供的 Klobuchar 参数，利用 CODE 提供的新参数计算得到的单频用户的定位精度有显著提高(CODE，2000)(许承权，2008)。

(4)CODE 电离层格网模型

IGS 的数据处理中心 CODE 利用地面跟踪站上的 GNSS 观测资料，采用了 15 阶 15 次的球谐函数的形式建立了全球性的 VTEC 模型。具体形式如下：

$$E_V(\varphi,s)=\sum_{n=0}^{n_{\max}}\sum_{m=0}^{n}\tilde{P}_{nm}(\sin\varphi)\left(\tilde{C}_{nm}\cos(ms)+\tilde{S}_{nm}\sin(ms)\right) \tag{5.109}$$

式中，φ 为穿刺点的地理纬度；s 为穿刺点的日固经度，$s=\lambda-\lambda_0$，λ 为穿刺点的地理经度，λ_0 为太阳的地理经度；计算时，中心电离层的高度取450 km；CODE用两种不同的方式来提供球谐函数的系数(李征航，2010)。

(5)全球电离层模型图(GIMS)

1995年以来，IGS加强了利用GNSS观测资料来提取电离层相关信息的工作力度，成立了专门的工作组和数据处理分析中心，制订、公布了电离层信息的数据交换格式IONEX。从1998年开始，提供时段长度为2 h、经差为5°和纬差为2.5°的VTEC格网图。用户在时间、经度和纬度间进行内插后，即可获得某时某地的VTEC值。此外，IGS还展开了对不同的侧距码在卫星内部的时延差的研究和测定工作(李征航，2010)。

*6. 构建电离层模型方法**

构建电离层模型是解决单频用户电离层延迟误差问题的一种常用方法。建模方法可简单概括如下：首先布设地面站网采集观测数据，然后对站网观测数据进行处理，推算出测站上空TEC的含量，最终建立测站上空的电离层模型。以下将对TEC建模的数学原理进行介绍。

(1)测码伪距观测值

将P1码和P2码的原始测码伪距观测方程相减，将消去几何距离值、对流层延迟、卫星钟差和接收机钟差的影响，得到：

$$P_I\equiv P_2-P_1=40.3\left(\frac{1}{f_2^2}-\frac{1}{f_1^2}\right)TEC+\left(cb_{2,P}-cb_{1,P}-cB_{2,P}+cB_{1,P}\right)+\varepsilon_{P,I} \tag{5.110}$$

忽略噪声的影响，TEC的计算公式如下：

$$TEC=\frac{1}{40.3}\left(\frac{f_1^2f_2^2}{f_1^2-f_2^2}\right)\left(P_I-cb_{2,P}+cb_{1,P}+cB_{2,P}-cB_{1,P}\right) \tag{5.111}$$

令 $b_{\Delta,P}=b_{2,P}-b_{1,P}$，$B_{\Delta,P}=B_{2,P}-B_{1,P}$，得：

$$TEC=\frac{1}{40.3}\left(\frac{f_1^2f_2^2}{f_1^2-f_2^2}\right)\left(P_2-P_1-cB_{\Delta,P}-cb_{\Delta,P}\right) \tag{5.112}$$

上式中，等式右边的硬件延迟部分将随时间缓慢变化，但在短时间内可视为常数。当硬件延迟值未知时，需同时与TEC值一并进行估计。采用测码伪距观测值计算TEC时，不存在模糊度问题，但由于受噪声干扰较大，求得的TEC值精度较低。常用的一种方式是采用相位平滑伪距作为观测值进行求解。

(2)载波相位观测值

将L1和L2的原始载波相位观测方程相减，同样将消去几何距离值、对流层延迟、卫星钟差和接收机钟差的影响，得到：

$$\begin{aligned}\phi_I\equiv\lambda_2\phi_2-\lambda_1\phi_1=&-40.3\left(\frac{1}{f_2^2}-\frac{1}{f_1^2}\right)\mathrm{TEC}+\lambda_2N_2-\lambda_1N_1-c\left(B_{2,\phi}-B_{1,\phi}\right)\\&+c\left(b_{2,\phi}-b_{1,\phi}\right)+\varepsilon_{\phi,I}\end{aligned} \tag{5.113}$$

忽略噪声的影响，TEC的计算公式如下：

$$\mathrm{TEC} = \frac{1}{40.3}\left(\frac{f_1^2 f_2^2}{f_1^2 - f_2^2}\right)(\lambda_1\phi_1 - \lambda_2\phi_2 + \lambda_2 N_2 - \lambda_1 N_1 - cB_{\Delta,\phi} - cb_{\Delta,\phi}) \tag{5.114}$$

其中，$B_{\Delta,\mathrm{P}} = B_{2,P} - B_{1,P}$，$b_{\Delta,\mathrm{P}} = b_{2,P} - b_{1,P}$，$b_{\Delta,\phi} = b_{2,\phi} - b_{1,\phi}$，$B_{\Delta,\phi} = B_{2,\phi} - B_{1,\phi}$。载波相位的硬件延迟偏差将吸收到载波相位模糊度当中，从而不需要像测码伪距观测值那样单独解算。采用载波相位观测值解算的 TEC 值更为精确，但需要解决整周模糊度的问题。

5.3.2　对流层延迟误差

1. 对流层

离地高度约在 60 km 以下的大气层部分同样会对电磁波的传播产生影响，该部分大气层实际上包括对流层和平流层两部分，因产生的延迟 80% 部分都由对流层引起，因此通常将该部分大气层引起的误差通称为对流层延迟误差。对流层几乎集中了整个大气层 99% 的质量，该层大气具有很强的对流作用，云、雾、雨、雪、风等主要天气现象均出现在其中。其组成成分除各种气体元素外，还包含水滴、冰晶和尘埃等杂质，它们对电磁波的传播具有很大的影响。对流层中虽含有少量带电离子，但对于小于 15 GHz 的无线电波来说几乎没有什么影响，所以对流层的大气属于中性，是非弥散介质，因而无线电波在对流层中的传播与频率无关。

2. 对流层延迟误差

对流层误差是由水汽、空气等形成的介质引起，无线电波在介质中传播时，传播速度将减慢，并且会发生折射。测码伪距和测相伪距在对流层中的传播速度是相同的，因此两者产生的对流层误差也是一致的。

假设无线电波在对流层某一处的折射率为 n，则无线电波在该处的传播速度为 $v = \frac{c}{n}$，假设传播的距离为 ρ，则 ρ 与 n 之间存在下列微分关系式：

$$\mathrm{d}\rho = v\mathrm{d}t = \frac{c}{n}\mathrm{d}t = \frac{c}{1+(n-1)}\mathrm{d}t = c\,[1 - (n-1) + (n-1)^2 - (n-1)^3 + \cdots]\mathrm{d}t \tag{5.115}$$

由于 $(n-1)$ 数值较小，忽略高阶项，有：

$$\mathrm{d}\rho = c\,[1 - (n-1)]\mathrm{d}t = c\mathrm{d}t - (n-1)\mathrm{d}t \tag{5.116}$$

假设信号在对流层中的传播时间为 Δt，对上式在 Δt 内进行积分，得：

$$\rho = \int_{\Delta t} c\,[1 - (n-1)]\mathrm{d}t = c\Delta t - \int_{\Delta t}(n-1)c\mathrm{d}t \tag{5.117}$$

上式中第二项即为对流层延迟误差：

$$T = \int_{\Delta t}(n-1)\mathrm{d}s \tag{5.118}$$

由于 $(n-1)$ 数值较小，因此通常引入大气折射指数式：

$$N^{\mathrm{trop}} = 10^6(n-1) \tag{5.119}$$

此时对流层延迟误差表示为：

$$T = 10^{-6}\int_{\Delta t} N^{\mathrm{trop}}\mathrm{d}s \tag{5.120}$$

从而对流层延迟改正可表示为：

$$V_{\text{trop}} = -\int_{\Delta t}(n-1)\,\mathrm{d}t \quad V_{\text{trop}} = -10^{-6}\int_{\Delta t}N^{\text{trop}}\,\mathrm{d}t \tag{5.121}$$

Hopfield 等人研究发现，对流层延迟是由对流层及平流层中两种特性不同的部分引起的，一部分是主要由干空气组成的干部分，另一部分是主要由水汽组成的湿部分，据此，Hopfield(1969)将大气折射指数分为了干折射指数和湿折射指数两部分，即：

$$N^{\text{trop}} = N_d^{\text{trop}} + N_w^{\text{trop}} \tag{5.122}$$

式中，N_d^{Trop} 为干折射指数，N_w^{Trop} 为湿折射指数。

干部分的折射指数可由下式计算

$$N_d(h) = N_{d,0}\left[\frac{h_d - h}{h_d}\right]^{\mu} \tag{5.123}$$

μ 来自于理想气体法则，Hopfield 发现将 μ 取值为 4，模型效果最佳。对流层干部分自海平面至顶部的高度由下式计算。

$$h_d = 0.011385\,\frac{p_0}{N_{d,0}\times 10^{-6}} \tag{5.124}$$

类似地，湿部分的折射指数为：

$$N_w(h) = N_{w,0}\left[\frac{h_w - h}{h_w}\right]^{\mu} \tag{5.125}$$

对流层湿部分的海平面至顶部高度为：

$$h_w = 0.0113851\,\frac{1}{N_{d,0}\times 10^{-6}}\left[\frac{1255}{T_0} + 0.05\right]^{\mu} e_0 \tag{5.126}$$

对式(5.124)和式(5.126)沿天顶方向进行积分(自海平面)，得到：

$$\Delta S_{\text{trop}} = 10^{-6}\int_{h=0}^{h_d} N_d(h)\,\mathrm{d}h + 10^{-6}\int_{h=0}^{h_w} N_w(h)\,\mathrm{d}h \tag{5.127}$$

将前面的式子代入，积分得到：

$$\begin{aligned}\Delta S_{\text{trop}} &= \frac{10^{-6}}{5}\left[N_{d,0}^{h_d} + N_{w,0}h_w\right]\\ &= d_{\text{dry}} + d_{\text{wet}}\end{aligned} \tag{5.128}$$

附积分式：

$$\begin{aligned}\text{dry}_{\text{ZHD}} &= 10^{-6}\int_{h=0}^{h_d} N_d(h)\,\mathrm{d}h\\ &= 10^{-6}N_{d,0}\int_{h=0}^{h_d}\left[\frac{h_d - h}{h_d}\right]^4\mathrm{d}h\\ &= 10^{-6}N_{d,0}\frac{1}{h_d^4}\left[-\frac{1}{5}(h_d - h)^5\Big|_{h=0}^{h=h_d}\right]\\ &= \frac{10^{-6}}{5}N_{d,0}h_d\end{aligned}$$

$$\begin{aligned}\text{dry}_{\text{ZWD}} &= 10^{-6}\int_{h=0}^{h_w} N_w(h)\,\mathrm{d}h\\ &= 10^{-6}N_{w,0}\int_{h=0}^{h_w}\left[\frac{h_w - h}{h_w}\right]^4\mathrm{d}h\end{aligned}$$

$$= 10^{-6} N_{w,0} \frac{1}{h_w^4} \left[-\frac{1}{5} (h_w - h)^5 \Big|_{h=0}^{h=h_w} \right]$$

$$= \frac{10^{-6}}{5} N_{w,0} h_w \tag{5.129}$$

利用上式计算对流层改正时，需要输入地面测站(严格地说是接收机天线处)的气压 P_0 和温度 T_0 及水汽压 e_0 等参数，这些参数可利用气象传感器测定。

当卫星并不处于天顶方向时，则需要引入投影函数来确定信号路径上的对流层延迟 T 的大小。引入投影函数后，表达式变为

$$T = m_d d_{\text{dry}} + m_w d_{\text{wet}} \tag{5.130}$$

或

$$T = m (d_{\text{dry}} + d_{\text{wet}}) \tag{5.131}$$

以上两式中，m_d 为干部分投影函数；m_w 为湿部分投影函数；m 为通用投影函数。

3. 常用对流层延迟模型

常用的对流层延迟模型有 Hopfield 模型(Hopfield, 1969)、Saastamonien 模型(Saastamonien, 1972)、Black 模型。以下将主要对 Hopfield 模型和 Saastamonien 模型进行介绍。

(1) Hopfield 模型

对流层的折射系数与气象参数有关，Essen and Froome 得到了干部分和湿部分的折射率的计算公式，干折射率与气压和温度有关，其计算公式为

$$N_{d,0} = \bar{c}_1 \frac{p}{T} \qquad \bar{c}_1 = 77.64\text{Kmb}^{-1} \tag{5.132}$$

湿折射率与水汽压和温度有关，计算公式为：

$$N_{w,0} = \bar{c}_2 \frac{e}{T} + \bar{c}_3 \frac{e}{T^2} \qquad \bar{c}_2 = -12.96\text{Kmb}^{-1}, \bar{c}_3 = 3.178 \times 10^5 \text{K}^2\text{mb}^{-1} \tag{5.133}$$

对流层的干部分和湿部分都将随高度变化，且两者高度有所不同。由前述可知，干部分和湿部分的高度将影响对流层延迟量，因此需要考虑这一因素的影响。对流层干部分的高度主要受到温度的影响，计算公式为

$$h_d = 40136 + 148.72 (T - 273.16) (\text{m}) \tag{5.134}$$

湿部分的高度比干部分要低，通常取高度平均值为：

$$h_w = 11000\text{m} \tag{5.135}$$

根据式(5.130)，得到天顶方向干延迟计算公式为：

$$T_{ZHD} = \frac{10^{-6}}{5} N_{d,0} h_d = \frac{10^{-6}}{5} 77.64 [40136 + 148.72 (T - 273.16)] \tag{5.136}$$

天顶方向湿延迟计算公式为：

$$T_{ZWD} = \frac{10^{-6}}{5} N_{w,0} h_w = \frac{10^{-6}}{5} \left(-12.96 \frac{e}{T} + 3.178 \times 10^5 \frac{e}{T^2} \right) 11000 \tag{5.137}$$

投影函数与高度角有关，干延迟投影函数可简写为：

$$m_d = \frac{1}{\sin\sqrt{E^2 + 6.25}} \tag{5.138}$$

湿延迟投影函数可简写为：

$$m_w = \frac{1}{\sin\sqrt{E^2 + 2.25}} \tag{5.139}$$

式中 E 为高度角(信号视线视为直线)。采用上述模型进行计算时，需要地表气象元素作为输入参数。

另外的一些模型则不需要地表气象元素数据，这种模型则必须保证大气的活动是规则的。MAGNET 模型(Curley，1988)是无需地表气象元素的一个例子。

(2)Saastamonien 模型

Saastamonien 模型并不采用投影函数式，其基于气体定律推导得到，信号路径延迟的改正公式如下(Saastamonien，1972)

$$T_{\text{SPD}} = 0.002277\sec z\left[p + \left(\frac{1255}{T} + 0.05\right)e - B\tan^2 z\right] + \delta R \tag{5.140}$$

B 和 δR 为附加的改正项，其中 B 为测站高程的函数，根据表5.6数据内插计算得到；δR 则为高度和天顶距的函数，根据表5.7数据内插计算得到。采用一组海平面的标准气象参数(p=1013.25 mbar，T=273.16 K，e=0 mbar)，通过 Saastamonien 模型计算得到的天顶对流层延迟量大小约为2.3 m(Hofmann-Wellenhof，2000)。

表5.6　**Saastamonien 模型改正项 B 的内插系数表**

高程[km]	B[mb]
0.0	1.156
0.5	1.079
1.0	1.006
1.5	0.938
2.0	0.874
2.5	0.813
3.0	0.757
4.0	0.654
5.0	0.563

表5.7　**Saastamonien 模型改正项 δR(m)的内插系数表**

天顶距	以海平面为基准的测站高度[km]							
	0	0.5	1.0	1.5	2.0	3.0	4.0	5.0
60°00′	0.003	0.003	0.002	0.002	0.002	0.002	0.001	0.001
66°00′	0.006	0.006	0.005	0.005	0.004	0.003	0.003	0.002
70°00′	0.012	0.011	0.010	0.009	0.008	0.006	0.005	0.004
73°00′	0.020	0.018	0.017	0.015	0.013	0.011	0.009	0.007
75°00′	0.031	0.028	0.025	0.023	0.021	0.017	0.014	0.011

续表

天顶距	以海平面为基准的测站高度[km]							
	0	0.5	1.0	1.5	2.0	3.0	4.0	5.0
76°00′	0.039	0.035	0.032	0.029	0.026	0.021	0.017	0.014
77°00′	0.050	0.045	0.041	0.037	0.033	0.027	0.022	0.018
78°00′	0.065	0.059	0.054	0.049	0.044	0.036	0.030	0.024
78°30′	0.075	0.068	0.062	0.056	0.051	0.042	0.034	0.028
79°00′	0.087	0.079	0.072	0.065	0.059	0.049	0.040	0.033
79°30′	0.102	0.093	0.085	0.077	0.070	0.058	0.047	0.039
79°45′	0.111	0.101	0.092	0.083	0.076	0.063	0.052	0.043
80°00′	0.121	0.110	0.100	0.091	0.083	0.068	0.056	0.047

4. 对流层延迟误差消除方法

对流层延迟误差消除方法包括利用水汽辐射计测量值改正、模型改正法、双差法、参数估计法等。

(1)利用水汽辐射计测量值改正

水汽辐射计可以准确地测定电磁波传播路径上的水汽积累量，从而能精确地计算大气湿分量的改正项。虽然这一方法的精度很高(约数厘米的精度)，但是，其设备目前相对GNSS接收机来说，尚过于庞大且价格昂贵，仅在一些非常重要的工程中考虑使用，对于一般用户来说难以推广(周忠谟，2004)。

(2)模型改正法

如前面介绍的Hopfield模型、Saastamonien模型等。由于采用模型计算时，水汽的变化量较大，难以模型化，因而采用模型改正的精度并不高。

(3)双差法

当基线较短时，在稳定的大气条件下，由于基线两端的水汽含量、大气压及温度均相似，故通过基线两端同步观测量的差分技术，可以有效地减弱上述大气折射的影响(周忠谟，2004)。并且对于小区域的较平坦区域，并不建议每个测站都利用地表气象元素来改正对流层延迟，因为地表气象测量值并不能严格代表该区域整个大气的状况，从而会影响解算结果的精度(Seeber，2003)。

(4)参数估计法

在高精度长基线相对定位以及精密单点定位中，由于定位结果精度较高，采用模型计算得到的对流层延迟精度无法满足要求，长基线两端的对流层相关性也大大减弱。此时通常将湿延迟或总延迟作为参数估计。采用这一方法通常能够获得较好的精度。湿延迟同样可以根据测站上的气象元素用改正模型计算，但目前只能以10%～20%的精度估算。相对定位中，对短于50公里基线进行处理时，一般认为对流层延迟可以通过经验模型改正，而不会影响基线的整周模糊度解算。然而，当基线长度超过50公里，测站间高程差异较大或者区域大气湿分量分布不均匀时，对流层的影响无法通过经验模型改正，此时则需要将对流层延迟列入函数模型中进行估计(张绍成，2010)，在差分 GNSS 中尤其需要(Collins，Langley，1999)(Seeber，2003)。精密单点定位中，对流层无法作差减弱，采用模型计算得到产品的精度显然无法满足要求。因此，在精密单点定位数据处理中，天顶对流层延迟通常也作为参数估计得到。

5. 高精度定位中的改进具体策略*

此时需要从投影函数、天顶湿延迟两方面改进，必要时考虑水平梯度改正。

(1)选用合理的估计方法

高精度定位中，对流层延迟量需作为参数进行估计。估计时通常将天顶湿延迟作为参数估计，干延迟仍采用模型计算。将上述各种改正模型求得的对流层延迟改正视为初始近似值，在数据处理过程中，仍需作为未知参数来估计其精确值。存在两种处理方法(Collins 和 Langley，1997)，第一种方法为估计比例因子：

$$T_{SPD} = T_{ZHD} \cdot m_h + (1+s) T_{ZWD} \cdot m_w \tag{5.141}$$

第二种方法为估计残余天顶湿延迟：

$$T_{SPD} = T_{ZHD} \cdot m_h + (T_{ZWD} + r_w) \cdot m_w \tag{5.142}$$

由于第二种方法的物理意义更为明确，通常采用第二种方法。根据对流层的变化特性，可采用确定性模型或随机性模型估计(何海波，2002)。

- **确定性模型估计法**

根据时段的长度、观测时的气候状况等因素可对这些待定参数作下列不同处理：

a)每个测站整个时段中只引入一个天顶方向的对流层延迟参数。这种方法的优点是引入的未知参数少，适用于时段长度较短、气候稳定的场合。

b)将整个时段分为若干个子区间，每个区间各引入一个参数。该方法适用于时段长、天气变化不太规则的场合，但引入的参数个数偏多。

c)用线性函数 $a_0 + a_1(t - t_0)$ 拟合整个时段中的天顶方向对流层延迟。该方法适用于时段较长、气候变化较规则的场合(李征航，2010)。

- **随机性模型估计法**

水汽随空间和时间的变化特征可化为随机模型，对流层效应对信号传播的影响可以根据给定的概率密度函数或空间和时间上的随机变化特征在空间和时间上进行预测。估计方法可采用 Gauss-Markov 模型或 random walk 过程估计。采用随机游走模型的公式为

$$T_{ZWD}(t+\tau) = T_{ZWD}(t) + \bar{w}(t) \tag{5.143}$$

式中，$\bar{w}(t)$ 为天顶湿分量在 t 时刻随时间变化的零均值白噪声。$\bar{w}(t)$ 的方差 δ_w^2 与时间差有关，一般取值为 $1^2 - 3^2\ \mathrm{cm}^2/\mathrm{h}$(葛茂荣，1995)(张绍成，2010)。采用卡尔曼滤波来处理。

(2)选择高精度投影函数

信号路径的延迟为天顶方向延迟与投影函数的乘积，投影函数的准确性会影响对流层延迟的计算精度。投影函数不同时会产生不同的估值，差异不仅体现在精度和重复性方面，而且其估值也存在不同偏差，并伴随季节性的变化。好的投影函数应该能够反映地理位置的差异、高程变化以及时间变化(日变化和季节性变化)等。

对于投影函数，有关专家已经做了大量的研究工作，提出了多种投影函数模型。目前

有三种精密投影函数被广泛采用，分别为 NMF 投影函数模型(Niell et al.，1996)、VMF1 投影函数模型(Boehm et al.，2006)和 GMF 投影函数模型(Boehm et al.，2006)，三种投影函数的具体应用方法将在后面介绍。

(3)考虑水平梯度改正

水汽主要集中在离地 5 km 以下的大气区域，受到地域特征不同，以及风的影响，水汽在水平方向同样存在差异。引入投影函数解算对流层延迟时，并没有考虑水汽水平方向变化的影响。对于精密数据处理，有必要引入水平梯度函数，弥补这一缺陷。水平梯度很难建立一个全球适用的水平梯度的改正模型，因而通常将水平梯度改正分解为北方向和东方向两个向量参数，然后当做待估参数来解算，其计算公式(Davis，1993)如下：

$$T_{\mathrm{grad}} = \frac{d[m(e)]}{de}(G_n\cos\alpha + G_e\sin\alpha) \tag{5.144}$$

式中，$m(e)$ 为投影函数，e 为卫星高度角，G_n 为北方向参数，G_e 为东方向参数。

6. 主要投影函数*

当卫星信号沿直线传播时，根据数学关系，投影函数应为高度角的余割函数(1/sin(e))。然而，由于大气折射的影响，投影函数并不严格是高度角的余割函数，如图 5.10 所示。大气折射影响的大小与大气各高度层的温度变化有关，因而通常根据探空数据等气象数据来确定投影函数(Witchayangkoon B，2000)。Marini 首次提出将投影函数式扩展为 1/sine 的连分式形式(Marini，1972)，之后大部分的投影函数都采用了这种类似的形式，其具体表达式如下：

$$m(\varepsilon) = \frac{1 + \cfrac{a}{1 + \cfrac{b}{1 + \cfrac{c}{\cdots}}}}{\sin(\varepsilon) + \cfrac{a}{\sin(\varepsilon) + \cfrac{b}{\sin(\varepsilon) + \cfrac{c}{\cdots}}}} \tag{5.145}$$

因此，确定投影函数在于确定系数 a，b，c 等的数值。这些系数值必须能够较好地体现出大气的时空变化特征，才能避免产生较大的估计误差。

现有的投影函数可分为两类，一类是服务于精密定位的投影函数，一类是服务于一般导航应用的投影函数。一般导航应用的投影函数多为经验模型，如 Black 投影函数模型、Eisner 投影函数模型等，其优势是计算工作量较少。服务于精密定位的投影函数形式则更为复杂，其计算比经验模型需要更多的时间，但更为精确。目前广泛应用的精密投影函数模型有 NMF 模型、VMF1 模型和 GMF 模型等几种，这几种投影函数模型都采用连分式的形式，都有较高的精度，以下将对这几种模型进行介绍。

(1)NMF 模型

NMF 模型为根据大范围的探空数据建立的投影模型。建模时综合考虑了纬度变化、季节变化和测站高程变化(随测站高程变化，投影关系将会因信号路径经过对流层厚度减小而有所变化)(Niell，1996)。模型系数关于赤道对称，没有考虑南北半球的差异。模型计算时无需实测气象数据，给用户提供了一定的方便。

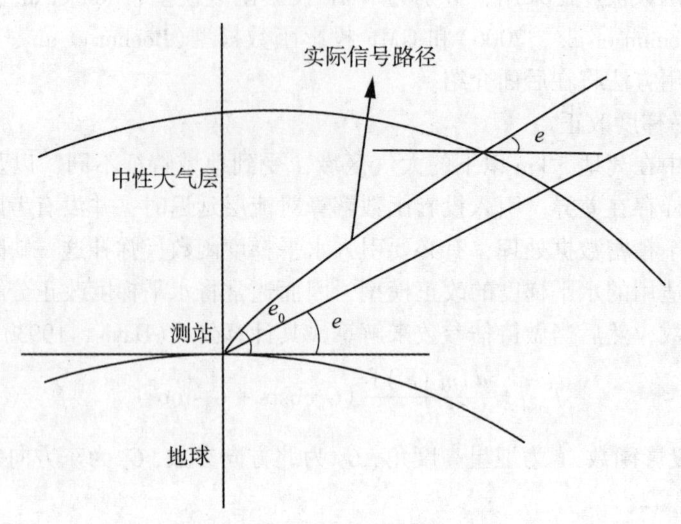

图 5.10　投影函数几何示意图

其干分量的投影函数为

$$m_d(\varepsilon) = \frac{1 + \cfrac{a_d}{1 + \cfrac{b_d}{1 + c_d}}}{\sin(\varepsilon) + \cfrac{a_d}{\sin(\varepsilon) + \cfrac{b_d}{\sin(\varepsilon) + c_d}}} +$$

$$h \times \left[\frac{1}{\sin(\varepsilon)} - \frac{1 + \cfrac{a_{ht}}{1 + \cfrac{b_{ht}}{1 + c_{ht}}}}{\sin(\varepsilon) + \cfrac{a_{ht}}{\sin(\varepsilon) + \cfrac{b_{ht}}{\sin(\varepsilon) + c_{ht}}}} \right] \tag{5.146}$$

式中，ε 为高度角；$a_{ht} = 2.53 \times 10^{-5}$；$b_{ht} = 5.49 \times 10^{-3}$；$c_{ht} = 1.14 \times 10^{-3}$；$h$ 为正高；a_d、b_d、c_d 为干分量投影函数的系数。

对于测站纬度 ϕ，$15° \leqslant |\phi| \leqslant 75°$ 时，是利用式(5.148)内插计算的，内插系数由表 5.6 给出，

$$p(\phi, t) = p_{avg}(\phi_i) + [p_{avg}(\phi_{i+1}) - p_{avg}(\phi_i)] \times \frac{\phi - \phi_i}{\phi_{i+1} - \phi_i} + \left\{p_{amp}(\phi_i) + [p_{amp}(\phi_{i+1}) - p_{amp}(\phi_i)] \times \frac{\phi - \phi_i}{\phi_{i+1} - \phi_i}\right\} \times \cos\left(2\pi \frac{t - T_0}{365.25}\right) \tag{5.147}$$

式中，ϕ_i 表示与 ϕ 最接近的纬度；t 是年积日；p 与表示要计算的系数 a_d、b_d 或 c_d 对应；T_0 为参考年积日，取 $T_0 = 28$；a_d、b_d、c_d 的平均值及其波动值如表 5.8 所示。

表 5.8　**a_d、b_d、c_d 的平均值及波动值**

纬度/(°)	a_d (average)/10^{-3}	b_d (average)/10^{-3}	c_d (average)/10^{-3}
15	1.2769934	2.9153695	62.610505
30	1.2683230	2.9152299	62.837393
45	1.2465397	2.9288445	63.721774
60	1.2196049	2.9022565	63.824265
75	1.2045996	2.9024912	64.258455
纬度/(°)	a_d (amp)/10^{-3}	b_d (amp)/10^{-3}	c_d (amp)/10^{-3}
15	0.0	0.0	0.0
30	1.2709026	2.1414979	9.0128400
45	2.6523662	3.0160779	4.3497037
60	3.4000452	7.2562722	84.795348
75	4.1202191	11.723375	170.37206

$|\phi| \leqslant 15°$ 时，

$$p(\phi,t) = p_{\text{avg}}(15°) + p_{\text{avg}}(15°) \times \cos\left(2\pi \frac{t - T_0}{365.25}\right) \tag{5.148}$$

$|\phi| \geqslant 15°$ 时，

$$p(\phi,t) = p_{\text{avg}}(75°) + p_{\text{avg}}(75°) \times \cos\left(2\pi \frac{t - T_0}{365.25}\right) \tag{5.149}$$

其湿分量的投影函数为：

$$m_w(\varepsilon) = \frac{1 + \cfrac{a_w}{1 + \cfrac{b_w}{1 + c_w}}}{\sin(\varepsilon) + \cfrac{a_w}{\sin(\varepsilon) + \cfrac{b_w}{\sin(\varepsilon) + c_w}}} \tag{5.150}$$

对于 $15° \leqslant |\phi| \leqslant 75°$，其湿分量投影函数 a_w、b_w、c_w 是利用式(5.151)进行内插计算的，内插系数由表 5.9 给出。

表 5.9　**不同纬度处的 a_w、b_w、c_w 系数值**

纬度/(°)	a_w (average)/10^{-4}	b_w (average)/10^{-4}	c_w (average)/10^{-4}
15	5.8021879	1.4275268	4.3472961
30	5.6794847	1.5138625	4.6729510
45	5.8118019	1.4572752	4.3908931
60	5.9727542	1.5007428	4.4626982
75	6.1641693	1.7599082	5.4736038

$$p(\phi,t) = p_{avg}(\phi_i) + [p_{avg}(\phi_{i+1}) - p_{avg}(\phi_i)] \times \frac{\phi - \phi_i}{\phi_{i+1} - \phi_i} \tag{5.151}$$

对于 $|\phi| \leqslant 15°$，

$$p(\phi,t) = p_{avg}(15°) \tag{5.152}$$

对于 $|\phi| \geqslant 75°$，

$$p(\phi,t) = p_{avg}(75°) \tag{5.153}$$

从上述公式可知，采用 NMF 模型计算时，需输入的参数为测站高程、测站纬度、年积日、测站经度等。NMF 模型曾经被广泛使用，在中纬度地区效果也很好。但该模型在高纬度地区及赤道地区的效果欠佳，在高程方向上会引起偏差(李征航，2010)。

NMF 是目前最为广泛使用的投影函数，不过 NMF 也存在两个明显的不足：①与纬度相关的偏差在南半球的高纬度地区最大；②对测站的经度大小不敏感，这在一些地区会产生系统性的扭曲，例如中国的东北地区和日本(Boehm，2007)(许承权，2008)。

(2)VMF1 模型(Boehm，2006)

VMF1 模型也是属于连分式的投影函数，但与经验投影函数不同的是，VMF1 是一种数值天气模型(numerical weather model)，即利用实测气象数据估计出来的。它采用欧洲中程天气预报中心(ECMWF)40 年的观测数据，重新估计出对流层连分式的 b、c 参数，其中参数 b 为常数 0.0029，参数 c 与 NMF 类似，为年积日、纬度的函数，所不同的是系数 c 不再关于赤道对称(在 c 的表达式中加入了一个系数 ψ，用于区分南半球和北半球)(许承权，2008)：

$$c = c_0 + \left[\left(\cos\left(\frac{doy - 28}{365} \cdot 2\pi + \psi\right) + 1\right) \cdot \frac{c_{11}}{2} + c_{10}\right] \cdot (1 - \cos\varphi) \tag{5.154}$$

式中，c_0、c_{11}、c_{10} 为常数，其值如表 5.10 所示。

表 5.10　**$VMF1$ 函数中的 c_0、c_{11}、c_{10} 系数**

	南/北半球	c_0	c_{11}	c_{10}	ψ
干分量的常系数	北半球	0.062	0.000	0006	0
	南半球	0.062	0.001	0.006	π
总投影函数的常系数	北半球	0.062	0.001	0.005	0
	南半球	0.062	0.002	0.006	π

参数 a 则是利用实测数据生成的格网内插得到的，内插系数可以从下列网址下载得到：http：//www. hg. tuwien. ac. at/ ~ecmwf1/#chapter_ 1。VMF1 被认为是目前精度最高、可靠性最好的投影函数(Boehm，2006)。计算实例表明：相对于 NMF，VMF1 可以提高基线的重复性精度，并改善测站高程方向的精度(NMF 与 VMF1 的静态单天解在高程方向的差异最大达到 10mm)(Boehm，2006)。不过，VMF1 需要利用实测数据估计出 a 系数，因此具有约 34 小时的时延。为解决时延问题，Boehm 还提供了预报的 VMF1 模型 VMF1-FC (Boehm，2008)(许承权，2008)。

(3)GMF 模型

GMF 模型是 Boehm 等人提出的经验投影函数模型(Boehm，2006)。该模型借鉴了 NMF 的方法，通过内插得到对流层投影函数的系数，并以年积日、经度、纬度、高程等作为输入参数进行计算。相比 VMF1 投影函数模型，GMF 模型无需输入实测数据，克服了 VMF1 的时延问题。但 GMF 能达到与 VMF1 相当的精度，体现了其优势。

GMF 构建时，常系数 b_d，c_d，b_w，c_w 的值与 VMF1 模型完全相同，差异在于参数 a_d，a_w 的计算方法。其确定参数 a_d，a_w 时，不再采用实测气象资料计算，而是通过格网内插得到的，计算公式如下

$$a = a_0 + A\cos\left(\frac{doy - 28}{365} \cdot 2\pi\right) \tag{5.155}$$

式中，a_0 由以下的球谐函数计算得到：

$$a_0 = \sum_{n=0}^{9}\sum_{m=0}^{n} P_{nm}(\sin\varphi) \cdot [A_{nm}\cos(m\lambda) + B_{nm}\sin(m\lambda)] \tag{5.156}$$

5.3.3　多路径误差

GNSS 接收机可以接收来自各个方位的 GNSS 信号，包括经过地面等物体反射的 GNSS 信号。经过反射面反射到达 GNSS 接收机的信号比直接到达 GNSS 接收机的信号因经过路程更长，两者进入接收机后将产生叠加干涉导致观测值产生偏差，这一现象称为多路径效应。多路径效应引起的观测值误差称为多路径误差。

从 GNSS 卫星天线相位中心直接到达 GNSS 接收机天线相位中心的信号，称为直接信号；而非沿这一路径到达 GNSS 信号接收天线相位中心的信号称为间接信号。多路径误差就是由间接信号引起的，间接信号有以下三种类型(刘基余，2003)：

①经过地面或地物反射的间接信号(简称为地面反射波)；

②经过 GNSS 卫星星体反射的间接信号(简称为星体反射波)；

③因大气传播介质散射而形成的间接信号(简称为介质散射波)。

从上面的类型可知，卫星发射端和接收机端都将发生多路径效应，接收机端是主要的多路径效应产生源(Hofmann-Wellenhof，2007)。接收机端附近的反射物主要有：光滑的地面、水面、高层建筑物、山坡等。图 5.11 为接收机端多路径效应产生示意图。

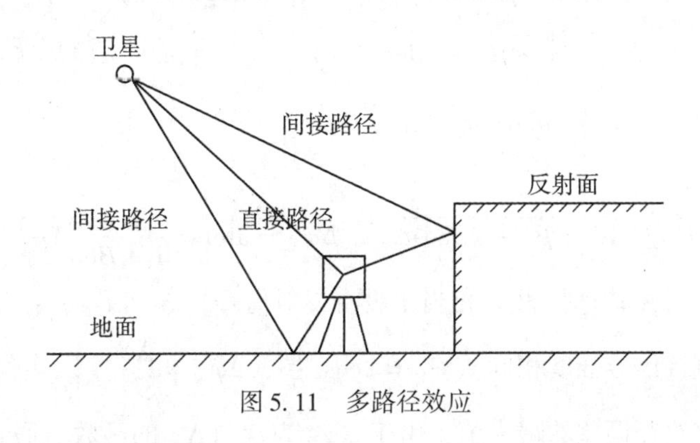

图 5.11　多路径效应

1. 对伪距的影响

伪距测量的过程是获取接收码与复制码相关系数最大值从而确定延迟时间的过程，该过程通过移动复制码来确定最大相关系数，因此，多路径效应将可能导致确定最大相关系数的时刻发生超前或者滞后，从而影响延迟时间的确定。

多路径误差对伪距的影响最大不会超过一个码元的宽度，美国加州理工学院喷气式推进实验室(JPL)，在1985—1986年的试验表明，P码伪距测量的多路径误差一般为1 m左右。P码观测值的多径误差在中等反射条件下为1～3 m，在高反射环境下为4～5 m(谢世杰，2003)。利用测距码辅助解算载波相位的模糊度时，也应注意消除伪距多径误差的影响。

2. 对载波的影响*

载波是一种余弦波，经过反射的多路径信号与直接信号之间将存在相位差。设GNSS接收机接收的直接信号为：

$$S_d = a\cos\varphi \tag{5.157}$$

接收到的多路径信号由于经过反射，路径必然比直接信号经过的路程更长，相比于直接信号，多路径信号存在相位延迟，并且强度有所减小(表现为相位振幅减小)。因此可设多路径信号为：

$$S_r = \beta a\cos(\varphi + \Delta\varphi) \tag{5.158}$$

式中，β 称为反射系数(或称阻尼系数)，与反射面有关，取值为 $0 \leqslant \beta \leqslant 1$；$\beta a$ 为反射信号的振幅，体现了反射信号的强度；$\beta = 0$ 时，表示没有反射，$\beta = 1$ 表示反射信号与直接信号的强度相同；$\Delta\varphi$ 表示反射信号相对于直接信号在一周期内的相位变化(Hofmann-Wellenhof，2007)。

直接信号与反射信号叠加，其合成信号可由下式计算：

$$\begin{aligned} S &= S_d + S_r \\ &= a\cos\varphi + \beta a\cos(\varphi + \Delta\varphi) \\ &= a\cos\varphi + \beta a[\cos\varphi\cos\Delta\varphi - \sin\varphi\sin\Delta\varphi] \\ &= (1 + \beta\cos\varphi)a\cos\varphi + (\beta\sin\Delta\varphi)a\sin\varphi \\ &= \sqrt{1 + \beta^2 + 2\beta\cos\Delta\varphi}\, a\cos\left(\varphi + \tan^{-1}\frac{\beta\sin\Delta\varphi}{1 + \beta\cos\Delta\varphi}\right) \\ &= \beta_M a\cos(\varphi + \Delta\varphi_M) \end{aligned} \tag{5.159}$$

其中

$$\beta_M = \sqrt{1 + \beta^2 + 2\beta\cos\Delta\varphi} \quad \Delta\varphi_M = \arctan\frac{\beta\sin\Delta\varphi}{1 + \beta\cos\Delta\varphi} \tag{5.160}$$

由上式可知，当 $\beta = 0$ 时(此时相当于没有反射信号)；$S = a\cos\varphi$；当 $\beta = 1$ 时(此时相当于反射信号与直接信号强度相同)，$\beta_M = 2\cos\frac{\Delta\varphi}{2}$，$\Delta\varphi_M = \frac{\Delta\varphi}{2}$。

下面来计算多路径误差的最大值，由于 $\Delta\varphi_M$ 为 β 和 $\Delta\varphi$ 的函数。假定 β 为常数，则当 $\frac{\partial(\Delta\varphi_M)}{\partial(\Delta\varphi)} = 0$ 时，$\Delta\varphi_M$ 取最大值，此时有：

$$\frac{\partial(\Delta\varphi_M)}{\partial(\Delta\varphi)}=\frac{\beta\cos\Delta\varphi+\beta^2}{[1+\beta^2+2\beta\cos\Delta\varphi]}=0 \tag{5.161}$$

即 $\Delta\varphi=\pm\arccos(-\beta)$ 时，有 $(\Delta\varphi_M)_{\max}=\pm\arcsin(\beta)$，此时再令 $\beta=1$，则得到最大多路径误差为 $\Delta\varphi_M=90°$，对应 $\lambda/4$，即多路径最大误差为波长的1/4。如果 $\lambda=20\text{cm}$，距离将发生最大5cm的改变。需要注意的是，如果采用线性组合观测值，这一值将会增加。

上述最大值只是单一的间接信号和直接信号叠加得到的最大值，实际情况中会有很多间接信号产生。如有多个多路径信号，则合成波可表示为：

$$\sqrt{1+\sum_{i=1}^{n}\beta_i^2+2\sum_{i=1}^{n}\beta_i\cos\Delta\varphi_i}\,a\cos\left(\varphi+\arctan\frac{\sum_{i=1}^{n}\beta_i\sin\Delta\varphi_i}{1+\sum_{i=1}^{n}\beta_i\cos\Delta\varphi_i}\right) \tag{5.162}$$

多路径信号载波相位延迟量 $\Delta\varphi$ 可表示为间接信号路径相对于直接信号产生的多余路径长度的函数：

$$\Delta\varphi=\frac{1}{\lambda}\Delta S=\frac{1}{\lambda}2h\sin E \tag{5.163}$$

在水平反射面(地面)情况下：

$$\Delta\varphi=\frac{1}{\lambda}\Delta S=\frac{1}{\lambda}2h\sin E$$

式中，h 为天线至地面的垂直距离，E 为卫星高度角。由于高度角 E 随时间循环变化，因此多路径效应呈现周期性。多路径信号的频率变为

$$f=\frac{\mathrm{d}(\Delta\varphi)}{\mathrm{d}t}=\frac{2h}{\lambda}\cos E\frac{\mathrm{d}E}{\mathrm{d}t} \tag{5.164}$$

将 $E=45°$，$\frac{\mathrm{d}E}{\mathrm{d}t}=0.07\text{mrad/s}$ 代入，得频率为1.5 GHz的载波的近似值为：$f=0.521\cdot10^{-3}h$，频率单位为Hz，h 单位为米(Wei 和 Schwarz，1995)。从而，2m的天线高将产生周期约为16 min的多路径误差。

载波相位值的多径误差对点位坐标的影响，一般条件下为1~5 cm，在高反射环境下可达19 cm(谢世杰，2003)。相关研究成果表明，在高反射环境下，多径误差对相位观测值的影响将成倍增加(谢世杰，2003)。

3. 多路径误差消除方法

多路经效应与卫星信号方向、反射物反射系数以及距离有关。由于测量环境复杂多变，多路径效应难以模型化，也不能用差分方法减弱(何海波，2002)，因而成为了高精度定位的一个主要的误差源。减少多路径误差的影响的方法主要有以下几种。

(1)选择合适的站址

在选择GNSS信号接收天线的安设地址时，应该避免在水面等具有强反射能力的地物附近设立GNSS信号接收天线。若因特殊需要而不能变更站址时，则应采取人为屏蔽反射波的有效措施。相反，稠密森林、菜草丛生或生长其他高度适当的植物之地面、深耕土地和其他粗糙不平的地面，能够较好地吸收微波能量，地面反射较弱，也难以产生较强的地

面反射波。GNSS 信号接收天线宜设在这些地方(刘基余，2003)。此外，在安置接收机时尽量降低 GNSS 信号接收天线的高度，增大 GNSS 卫星高度角，可以减小多路径效应导致的 GNSS 信号载波的总附加相移，也是可取的方法(刘基余，2003)。

(2)GNSS 接收机硬件、软件改进

硬件方面归结为卫星定位系统自身的改进及接收机和接收天线的改进，软件方面则为定位和处理方法的消除措施的研究(李玮，2011)。在天线下设置抑径板或抑径圈是较为有效的方法，尤其对于地面反射信号，该方法有较好的抑制效果。

软件方面，由于反射可大致分为远距反射和近距反射，远距反射多产生高频成分，可由特殊的相关技术在接收机中得以处理，如窄相关技术、MEDLL 技术等(Bryan R Townsend，1995)；近距反射多产生低频成分，其信号较难以与直接信号分离，因而是残余在观测值中主要的多路径效应，也是用户在观测值数据处理中应主要解决的部分。用户处理时可利用观测值信噪比分析、相位观测值平滑或组合观测值构建等方法减弱多路径误差的影响。Curtin 技术大学提出了采用半参数(Semi-patameter)方法克服静态定位中的多路径效应的技术(Jia，1999)。夏林元(2001)首次提出了用小波分析法分离双差相位值中多路径误差的方法。由于低高度角的卫星信号更容易产生多路径效应，数据处理时将低高度角卫星的观测数据过滤掉也是较为有效的方法。另外，正常 GNSS 信号为左旋极化波，经过反射的 GNSS 信号的极化特性将会改变，根据这一特性探测处理多路径信号也是非常有效的方法(Seeber，2003)。

(3)适当延长观测时间

长时间观测可对定位结果进行平滑，从而使难以模型化的各种系统误差减到极小，因而能有效减少多路径效应的影响。当点位精度要求较高时，测站最短观测时间应尽量大于多径效应的周期，这样就能通过取平均值削弱多径误差的影响。因此在静态测量时，观测时段长度通常要大于 20～30min(谢世杰，2003)。另外，在进行多个时段的测量时，也应尽量选择在一天的不同时间进行观测。

5.4 与接收机相关的误差

与接收机相关的误差主要包括接收机钟差、接收机硬件延迟，接收机噪声，接收机天线误差等。

5.4.1 接收机钟差

复制码和复制载波的产生都必须在接收机钟控制下进行，因此接收机钟是 GNSS 中极其重要的部件。与卫星钟一样，接收机钟不可避免地存在钟误差。GNSS 接收机钟面时与标准 GNSS 时之间的差值称为接收机钟差。接收机钟多采用石英钟，其性能远低于原子钟，稳定性约为 10^{-9}，因而会产生数值更大，更不稳定的钟差。

接收机钟差将引发两个问题(叶世榕，2002)：

①对卫星位置计算的准确性产生影响。数据处理时需要根据信号接收时间来反推发射时间，从而计算卫星位置。接收机钟差将使接收时刻不准确，因而反推得到的发射时刻同

样不准确，而卫星速度为4 km/s左右，从而将使卫星位置计算的准确性受到较大的影响。对于这一影响，只需采用标准单点定位方法将卫星钟差作为位置参数求取接收机钟差的概略值，即可满足要求。因为利用标准单点定位计算确定的接收机钟差，精度一般优于100 ns(李征航，2009)，在如此短的时间内，卫星位置的变化可以忽略不计。

②对观测值产生影响。由观测方程可知，接收机钟差将对测码伪距观测值和载波相位观测值产生影响。

接收机钟差改正方法包括采用多项式拟合、作为参数估计、外接原子钟授时系统、卫星间作差消除等。

(1)采用多项式拟合

接收机钟差可像卫星钟差那样用多项式来拟合，数据处理时仅解算接收机钟差多项式的系数。采用这种方法的改正效果将取决于接收机钟差的特性。如果利用多项式表达的钟差模型与接收机实际钟差变化相差较大，将会使定位精度受到较大的影响(蔡昌盛，2010)。

(2)作为参数估计

在绝大多数情况下，处理接收机钟差的方法是直接将其当做一个参数进行估计。在标准单点定位中，通常将接收机钟差与测站坐标一起作为参数进行估计得到。Zumberge (1997b)提出将接收机钟参数模型化为白噪声，即认为各历元之间的接收机钟差是互相独立的。

(3)采用外接原子钟授时系统

如将接收机与铷原子钟或铯原子钟连接，由外接原子钟来控制接收机的时间。采用这种方法可使接收机钟达到很高的精度，但由于原子钟极其昂贵，因而难以普遍采用。

(4)卫星间作差消除。

同一时刻，不同卫星至同一接收机产生的接收机钟差是相同的，因而可采用卫星间求差的方法消除接收机钟差的影响。

5.4.2 接收机硬件延迟*

在5.2.2节已经介绍，卫星信号在接收机中同样会产生硬件延迟，称为接收机硬件延迟。类似于卫星硬件延迟，不同卫星信号在接收机中产生的硬件延迟也不相同。由于接收机振荡器的不稳定性，接收机硬件延迟会产生很大的变化。零基线测试实验表明接收机的重启也将改变接收机硬件偏差的大小(Wang 和 Gao，2007)，因而接收机的硬件偏差改正处理十分复杂。对于相位观测值的接收机硬件延迟偏差，在非差数据处理时，相位观测值的硬件延迟将被吸收到接收机钟差、载波相位模糊度以及坐标参数等几种不同的参数当中，需特别注意(Banville，2008)。

接收机硬件延迟消除方法：

①对于 GNSS 接收机的硬件延迟偏差，直接的解决办法是由接收机的生产厂家进行标定，但随着接收机运行环境的变化，偏差值可能会漂移，因而需要经常标定(许承权，2008)。

②采用相对定位模式时，接收机硬件延迟则如同接收机钟差一样将在卫星间求差的过程中得以消除。

③对于单频GNSS精密单点定位，若使用伪距辅助L1载波定位，GNSS接收机的硬件偏差延迟可以通过参数估计的方法得到。

5.4.3　接收机天线偏差*

1. 接收机天线偏差

在5.2.5节中已经介绍，接收机天线相位中心与接收机天线参考点之间的偏差称为接收机天线偏差。

由于接收机天线相位中心并不是GNSS用户能实际确定的物理标志点，并且接收机天线相位中心并非一成不变，其随着卫星信号的高度角、方位角、强度的变化而变化，不同频率信号对应的天线相位中心也有所不同。换句话说，从每颗卫星接收到的卫星信号，其测量的天线相位中心都是不一致的。而通常情况下我们需要获取的是标识中心的位置坐标(可实际确定的物理标志点)，由于相位中心的位置是变化的，并且无法实际确定其位置。因此采取的办法是选取一个GNSS接收机可实际测量的位置点，称为天线参考点(ARP)，将ARP与实际待测量点位(如标识中心)对中，然后通过一定的处理方法将天线相位中心转换至天线参考点，实现测量定位。理论上说，确定了接收机天线相位中心与天线参考点之间的偏差——接收机天线偏差，才能进行准确的定位。

2. 接收机相对天线相位中心改正

对于接收机天线偏差，相对天线相位中心模型选定AOAD/M_ T天线为参照天线(不带整流罩)，假定该AOAD/M_ T天线的天线相位中心变化为零。然后将该天线与测试天线分别置于基线一端，进行短基线同步观测，确定测试天线随卫星高度角变化的天线偏差大小，并将测试天线数据发布给用户用于天线偏差改正。需要注意的是相对天线相位中心模型并没有测试天线偏差随卫星方位角的变化以及天线整流罩的影响。

相对天线相位中心改正模型的天线相位中心偏差(*PCV*)具体确定方法如下：在5 m的基线两端建立观测墩，一端用于安置参考天线，另一端用于安置测试天线。首先在基准端和测试端均安置参考天线，确定参考天线在测试端分别对应于L1和L2频率的天线相位中心的位置。然后将参考天线确定的位置作为先验值，将测试端的天线换成测试天线，从而确定测试天线对应于每一频率随高度角变化时平均相位中心偏差值。由于测试天线所得到的值是相对于参考天线值的结果，因而称为相对天线相位中心模型。

前面已提到，Mader(1999)没有确定*PCV*的方位角部分，仅考虑了高度角的依赖性。对于高度角的依赖性，Madar的实验表明当未应用*PCV*时，随着截止高度角从10°变化至25°，短基线的高程方向上变化约为1 cm，而应用*PCV*之后，高程方向的变化减少到仅为3 mm左右。

3. 接收机绝对天线相位中心改正

绝对相位中心改正模型的接收机天线改正由德国汉诺威大学和Geo++公司研制的机器系统提供改正值。目前该模型包含154种接收机天线的改正参数，其中只有48个参数包含配对的整流罩(Radome)(许承权，2008)。

Rothacher(1995)提出了一种球谐函数来模拟*PCV*的变化。该函数是水平和垂直方向上呈周期性变化的函数，因而可以很好地反映*PCV*随方位角和高度角(或天顶距)的变化，其函数表达式如下：

$$\Delta_{PCV(\alpha,z)} = \sum_{n=0}^{\infty} \sum_{m=0}^{n} (A_{nm}\cos m\alpha + B_{nm}\sin m\alpha) P_{nm}(\cos z) \tag{5.165}$$

式中，$\Delta_{PCV(\alpha,\ z)}$ 为 PCV，$(\alpha,\ z)$ 表示 $\Delta_{PCV(\alpha,\ z)}$ 是方位角 α 和天顶距 z 的函数；A_{nm} 和 B_{nm} 为球谐系数，将随时间变化；$P_{nm}(\cos z)$ 为勒让德函数。因此 $\Delta_{PCV(\alpha,\ z)}$ 模型的建立过程就是确定系数 A_{nm} 和 B_{nm} 的过程，系数 A_{nm} 和 B_{nm} 得以确定就可以计算得到任意方位角 α 和天顶距 z 的 Δ_{PCV}。确定方法是利用检定的方式确定多个 $\Delta_{PCV(\alpha,\ z)}$ 值，然后反算得到系数 A_{nm} 和 B_{nm}。

确定系数 A_{nm} 和 B_{nm} 时，必须消除多路径效应的影响。依据多路径效应的周期重复性，可通过重复观测并对观测值作差的方式消除多路径效应。但是这种方式易将 PCV 也消除掉。为了避免这一情况的发生，测定时每两天必须有一天要倾斜和旋转天线。两天 PCV 的差值就是测量值 $\Delta_{PCV(\alpha,\ z)}$。天线的旋转和倾斜是一个自动化的过程，由校准机器人来精确控制其运动(Wubbena，2000)，这一自动化过程将产生几千个不同天线角度的观测值。当获取足够多数量的 $\Delta_{PCV(\alpha,\ z)}$ 值后，系数 A_{nm} 和 B_{nm} 就可通过最小二乘平差方法计算得到。检校时，可以选择在消声室或野外检定场内的短基线上进行。德国 Geo++公司和伯恩大学的研究表明，两种方法独立确定的绝对天线相位中心偏差在 1 mm 左右。

提供给用户的绝对天线相位中心模型给出了各类接收机天线以高度角 5°、方位角 5°为梯度，从高度角 0～90°、方位角 0～360°之间的 PCV 改正值。除高度角和方位角外，接收机天线的整流罩同样也会对天线相位中心产生影响，其影响可以达到数厘米(Braun 等，1997)。绝对天线相位中心模型考虑了这一因素的影响，模型中加入了这一项改正。用户利用绝对天线相位中心模型改正文件可内插计算得到改正值，然后直接对观测值进行改正，消除接收机天线偏差的影响(Hofmann-Wellenhof，2007)。需要注意的是，在实际计算时，如果采用观测值组合进行计算，则天线相位中心的变化的改正量也应做相应的改变。

对于接收机来说，相比于相对天线相位中心模型，绝对天线相位中心模型作了很多改进，其提供的 PCV 同时考虑了随接收机天线的高度角和方位角的变化，并考虑了接收机天线整流罩的影响。此外，研究结果表明，卫星高度角低于 10°时，天线偏差的改正同样能取得较好的结果(Schmid 等，2005，2007)。因此，绝对天线相位中心模型成为目前主要采用的天线偏差改正模型。

5.4.4　接收机噪声

接收机噪声是指由于仪器设备及外界环境影响而引起的随机测量误差，其值取决于接收机性能及作业环境的优劣(李征航，2010)。接收机噪声与接收机振荡器及其他硬件有关，通常是由电子器件引起的，也与码相关模式、接收机机动状态、所处环境以及卫星仰角等有关系。

接收机噪声在数值上往往较小，并且观测值间不相关，具有高斯分布的特性。观测值噪声为白噪声，而且不同卫星的观测值噪声之间是独立的。接收机的测距码和载波相位观测值都存在噪声(何海波，2002)。码噪声的大小随接收机型号不同而相差较大，但通常为码长的 0.03%～1%。C/A 码观测值噪声在 0.1～3 m 之间变化，P 码的观测噪声为 10～30 cm。载波相位的噪声一般为波长的 1%，对于不同的接收机类型和信噪比，载波相位的观测噪声在0.1%～10%波长之间变化。L1载波相位观测值的噪声通常小于3 mm(Morley, 1997)(蔡昌盛, 2010)。

接收机噪声水平是反映接收机质量的一个重要指标，因而可通过改进接收机硬件降低噪声水平。由于噪声属于随机误差，因而观测足够长的时间后，测量噪声的影响通常可以忽略不计(李征航, 2010)。用户数据处理时通常不单独考虑观测噪声的影响。

5.5 其他误差*

1. *地球固体潮误差*

因月球、太阳等天体对地球的引力，地球表面将产生周期性的涨落，这一现象称为地球固体潮现象。由于地球地心与摄动天体(如月球、太阳)连线方向的地球部分受到引力最强，将被逐渐拉长；与连线方向垂直的地球部分几乎不受摄动天体引力影响，则逐渐趋于扁平。地球固体潮导致的地球表面的不断变形，将影响到各种地表测量数据采集的精度，包括对GNSS测量数据采集的影响。因此，在进行高精度的GNSS数据处理时，必须考虑地球固体潮的影响。

地球固体潮会使测站产生缓慢的偏移，其影响包括与纬度有关的长期偏移和主要由日周期和半日周期组成的周期项。对于精密单点定位，即使采用长时间的静态观测(如24小时)也只能消除大部分周期项的影响，长期项的影响依然存在，导致测站误差在高程方向可达12.5cm，在水平方向可达5cm(Heroux, 2001)。对于基线长度小于100 km相对定位，两测站的地球固体潮影响基本一致，可不考虑该项误差；但当基线长度大于100km的时候，必须采用模型加以改正。

地球固体潮引起的测站位移可用$n \times m$阶球谐函数表示，球谐系数采用Love数h_{nm}和Shida数l_{nm}。球谐系数的阶数与测站的纬度和地球固体潮的频率有关。当测站坐标定位精度要求为5 mm时，仅需考虑二阶项和高度改正项即可(IERS, 1989)。其引起的测站位移量$\Delta\vec{r} = |\Delta x, \Delta y, \Delta z|$可用下式计算

$$\Delta\vec{r} = \sum_{j=2}^{3} \frac{GM_j}{GM} \frac{r^4}{R_j^3} \left\{ [3l_2(\hat{R}_j \cdot \hat{r})]\hat{R}_j + \left[3l_2\left(\frac{h_2}{2} - l_2\right)(\hat{R}_j \cdot \hat{r})^2 - \frac{h_2}{2}\right]\hat{r} \right\} + [-0.025m \cdot \sin\phi \cdot \cos\phi \cdot \sin(\theta_g + \lambda)] \cdot \hat{r} \tag{5.166}$$

式中，GM为地球的引力参数；GM_j为摄动天体(月球$j=2$，太阳$j=3$)的引力参数，r为测站到地心的矢径；R_j为摄动天体至地心矢径；$\hat{r}$为测站地心框架下的单位矢量；$\hat{R}_j$为摄动天体在地心参考框架下的单位矢量；l_2和h_2为正则二阶Love数和Shida数($l_2=0.609$，$h_2=0.085$)；ϕ，λ为测站纬度和经度(东经为正)；θ_g为格林尼治平恒星时。采用上式计算得到的地球固体潮坐标改正量在径向最大可达30 cm，在水平方向上最大可达5 cm(Kouba, 2003)。

2. *海洋潮汐误差*

类似于摄动天体，海洋潮同样会使地球产生周期性形变。海洋潮汐是继地球固体潮后，地壳第二大的周期运动，其由能量巨大的海洋潮所引起(如大西洋的海洋潮)。海洋潮汐使地球表面产生形变引发的GNSS测量数据误差称为海洋潮汐误差，也称为大洋负荷

误差。虽然海洋潮汐量级小于地球固体潮，但其局部性更为明显。海洋潮汐同样包括日周期项和半日周期项，但不包含长期项。在海岸附近区域(到海岸线的距离<1000 km)开展厘米级动态精密单点定位，或开展观测时段远小于24小时的静态精密单点定位时，必须考虑海洋潮汐的影响。

潮汐现象可看成由许多周期不同且振幅各异的分潮所组成，根据相关研究，可将其分为11个潮汐波，分别为M_2，S_2，N_2，K_2，K_1，O_1，P_1，Q_1，M_f，M_m和S_{sa}。各个潮汐分量对坐标分量的合成影响可采用下式计算(IERS，1996)：

$$\Delta_C = \sum_j f_j A_{cj} \cos(\omega_j t + \chi_j + u_j - \Phi_{cj}) \tag{5.167}$$

式中，Δ_C为海洋潮汐对测站坐标分量的影响；j代表11个潮汐波的序号；f_j表示第j潮汐分量对坐标分量影响的比例因子；A_{cj}表表示第j潮汐分量对坐标分量影响的幅度；ω_j表示第j潮汐分量对坐标分量影响的角速度；t为时间参数；χ_j为第j潮汐分量对坐标分量影响的天文参数；u_j为第j潮汐分量对坐标分量影响的相位角偏差；Φ_{cj}为第j潮汐分量对坐标分量影响的相位角。

3. 大气负荷误差

地球表面上空的大气重量将对地球表面造成了一定的负荷，该负荷随大气压力而变化，因而同样会使得地球表面产生形变。大气负荷使地球表面产生形变引发的GNSS测量数据误差称为大气负荷误差。相关研究结果表明大气负荷可以造成地球表面产生径向10~25 mm的径向位移(Rabbel，1985；Vandam，1987；Rabble，1986)，相应的水平方向的位移为径向位移的三分之一到十分之一(Vandam，1994)。地表位移的周期近似为2星期，它是地理位置的函数。中纬度的位移量比高纬度的大(IERS，1996)。20世纪80年代迅速发展的空间大地测量技术使得从地面观测值探测大气压力负荷成为可能。这期间一些或简单或复杂的大气压力负荷位移模型已经被提出。

根据Farrell(1972)，测站的垂直位移可以表达为(Leonid，2004)：

$$u_r(\vec{r},t) = \int \Delta P(\vec{r}',t) G_R(\psi) \cos\varphi' \mathrm{d}\lambda' \mathrm{d}\varphi' \tag{5.168}$$

式中的格林函数为：

$$G_R(\psi) = \frac{fa}{g_0^2} \sum_{n=0}^{+\infty} h'_n P_n(\cos\psi) \tag{5.169}$$

上式中，f，a，g_0是引力常数，φ'和λ'分别是地心纬度和经度，ψ是坐标为$\vec{r}$的测站点和坐标为$\vec{r}'$的压力源点间的地心角，P_n为n阶勒让德多项式函数，$\Delta P(\vec{r}'t)$是地表压力变化量。h_n是n阶Shida数。水平位移可表示为：

$$u_h(\vec{r},t) = \iint \vec{q}(\vec{r},\vec{r}') \Delta P(\vec{r}',t) G_H(\psi) \cos\varphi' \mathrm{d}\lambda' \mathrm{d}\varphi' \tag{5.170}$$

切向的格林函数为：

$$G_H(\psi) = -\frac{fa}{g_0^2} \sum_{n=1}^{+\infty} l'_n \frac{\partial P_n(\cos\psi)}{\partial\psi} \tag{5.171}$$

上式中，$\vec{q}(\vec{r},\ \vec{r}')$是在测站点与地球表面相切方向的单位矢量，$l'_n$是$n$阶Love数。

4. 天线相位缠绕误差

GPS和GLONASS卫星信号采用右极化方式，这种极化方式的信号使得观测到的载波相位与卫星和接收机天线的朝向有关。接收机和卫星天线任何一方的旋转将使载波相位产生一周的变化，也就是在距离上一个波长的变化，这种效应叫天线相对旋转相位增加效应(Wu，1993)。对该效应进行改正通常也称为天线相位缠绕改正。对于接收机，除非为动态定位，天线为运动状态，天线通常是指向一个固定方向(北方向)；但对于卫星，由于它的太阳能面板需要始终朝向太阳，因而卫星天线在运动过程中会慢慢旋转，这就造成卫星和接收机间的几何距离发生变化。除此之外，在日蚀期间，卫星为了能重定向太阳能面板朝向太阳，将快速旋转，在半个小时之内，旋转将达一周，在这个期间，需要对相位数据进行改正或者将这段数据去掉。天线相位缠绕在大多数高精度差分定位软件中通常被忽略，这是因为对于跨距几百公里的基线，它的影响可以忽略不计，对于长至4000 km 的基线而言，它的影响最大也只有 4 cm(Wu，1993)。但是天线相位缠绕对于精密单点定位的影响是十分显著的，它能达到半个波长。自从 1994 年起，大多数 IGS 数据分析中心都开始考虑天线相位缠绕改正。忽略这项误差将使得定位只能达到分米级的水平。通常在动态定位或导航中，接收机天线才会发生旋转，天线相位缠绕的误差将会转移到接收机钟差解中(Kouba，2000)。

天线相位缠绕的误差改正可以通过下式进行(Wu，1993)(Kouba，2000)：

$$\Delta\phi = \mathrm{sign}(\zeta)\arccos\left(\frac{\vec{D}' \cdot \vec{D}}{|\vec{D}'||\vec{D}|}\right) \tag{5.172}$$

式中 $\zeta = \hat{k} \cdot (\vec{D}' \times D)$，$\hat{k}$ 为卫星指向接收机方向的单位向量，$\vec{D}'$，$\vec{D}'$ 分别为卫星和接收机的有效偶极矢量，由下式计算得到：

$$\vec{D}' = \vec{x}' - \hat{k}(\hat{k} \cdot \hat{x}') - \hat{k} \times \hat{y}' \tag{5.173}$$

$$\vec{D} = \hat{x} - \hat{k}(\hat{k} \cdot \hat{x}) + \hat{k} \times \hat{y} \tag{5.174}$$

其中 $(\hat{x}', \hat{y}', \hat{z}')$ 为卫星坐标系下的卫星单位向量，$(\hat{x}', \hat{y}', \hat{z}')$ 为接收机地方坐标系下接收机单位向量。

5. Sagnac 效应

GNSS 测量中，通常选择地心地固系作为参考坐标系进行数据处理。地心地固系属于协议地球坐标系，将随地球自转而旋转变化。信号从离开卫星到传输至接收机的传输时间段内，地球将产生自转，从而使地心地固系绕地球自转轴产生旋转，亦即信号发射时刻和信号接收时刻所对应的地心地固系是不同的，而 GNSS 卫星和传输的卫星信号并不会随地球自转产生同样的旋转变化，两者的差异将使观测值产生误差(也可理解为地心地固系旋转后使计算的卫星坐标产生了误差)。通常将信号发射时刻至信号接收时刻因地球自转导致的观测值产生相对误差的现象称为 Sagnac 效应。图 5.12 给出了 Sagnac 效应几何示意图。对 Sagnac 效应的改正也称为地球自转改正。

地球自转改正的方法有两种，一是对卫星坐标进行改正，其改正公式为

$$\begin{bmatrix}\delta x\\ \delta y\\ \delta z\end{bmatrix} = \begin{bmatrix}\cos\omega(t_r - t^s) & \sin\omega(t_r - t^s) & 0\\ -\sin\omega(t_r - t^s) & \cos\omega(t_r - t^s) & 0\\ 0 & 0 & 1\end{bmatrix}\begin{bmatrix}x_s\\ y_s\\ z_s\end{bmatrix} \tag{5.175}$$

式中，t_r 为接收时刻；t^s 为发射时刻；(x^s, y^s, z^s) 为根据发射时刻计算得到的卫星坐标；

(δx, δy, δz) 卫星坐标改正值。

另一种方法是对卫星至接收机的距离进行改正

$$\delta\rho = \frac{\omega}{c}\left[y^s(x_r - x^s) - x^s(y_r - y^s) \right] \tag{5.176}$$

式中, ω 为地球自转角速度; $\delta\rho$ 为观测值距离改正值。

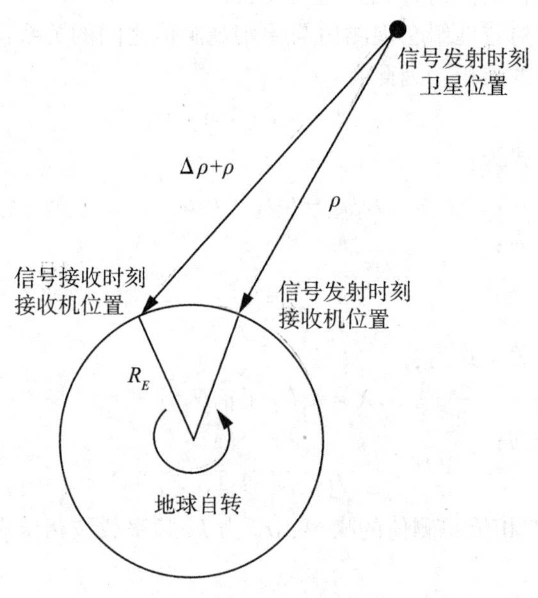

图 5.12 Sagnac 效应

5.6 观测值的线性组合

在 GNSS 数据处理中，经常利用原始载波相位和伪距观测值的线性组合观测值来进行辅助定位、模糊度的解算、周跳的探测和修复等工作。GNSS 中包含的原始观测量目前有 L1、L2、L5、P1、P2、L1C/A、L2C，利用这些原始观测量可组成各种线性组合观测值。

虽然线性组合的种类有无穷多种，但只有有限的几种类型对数据处理有帮助作用。一般按照如下原则来选取合适的线性组合观测值：

①具有比 L1、L2 更长的波长，且模糊度具有整数特性，有利于解算整周模糊度；

②能够消除或削弱某个因素的影响，如电离层、几何距离等；

③具有较小的量测噪声。

常用的观测值线性组合有宽巷组合、窄巷组合、无电离层组合等。

5.6.1 组合标准

设 m_1、m_2、n_1、n_2 为组合系数，伪距观测值组合用下式表示：

$$P_{m_1,m_2} = m_1 P_1 + m_2 P_2 \tag{5.177}$$

载波相位观测值组合用下式表示：

$$\phi_{n_1,n_2} = n_1\phi_1 + n_2\phi_2 \tag{5.178}$$

从而载波相位观测值组合的长度表达形式为：

$$L_{n_1,n_2} = \lambda_{n_1,n_2}\left(n_1\frac{L_1}{\lambda_1} + n_2\frac{L_2}{\lambda_2}\right) \tag{5.179}$$

式中，λ_{n_1,n_2} 为载波相位观测值组合的波长。

相对于原始观测值，线性组合观测值的波长、频率、噪声以及载波相位的整周模糊度都将发生变化。以下将对线性组合观测值与原始观测值之间的关系进行介绍。载波相位可表示为载波频率与时间的乘积，因此有：

$$f_{n_1,n_2}t = n_1f_1t + n_2f_2t \tag{5.180}$$

从而得到频率变化关系式为：

$$f_{n_1,n_2} = n_1f_1 + n_2f_2 \tag{5.181}$$

观测值组合波长关系式为：

$$\lambda_{n_1,n_2} = \frac{c}{f_{n_1,n_2}} \tag{5.182}$$

观测值组合整周模糊度关系式为：

$$N = n_1N_1 + n_2N_2 \tag{5.183}$$

观测值组合噪声关系式为：

$$\sigma_{n_1,n_2} = \sqrt{(n_1\sigma_1)^2 + (n_2\sigma_2)^2} \tag{5.184}$$

式中，σ_1 为 L_1 频率载波相位观测值的噪声，σ_2 为 L_2 频率载波相位观测值的噪声。

5.6.2　宽巷组合

取 $n_1 = 1$，$n_2 = -1$ 时，得到宽巷组合：

$$\phi_w = \phi_{L1} - \phi_{L2} \tag{5.185}$$

对应长度表达形式为：

$$L_w = \frac{f_1L_1 - f_2L_2}{f_1 - f_2} \tag{5.186}$$

其对应频率为：

$$f_w = f_1 - f_2 \tag{5.187}$$

其波长为：

$$\lambda_w = \frac{c}{f_w} = \frac{c}{f_1 - f_2} \approx 86.2\text{cm} \tag{5.188}$$

之所以称为宽巷组合是因为该组合的模糊度保持了整数特性，且波长较长，达 86.2 cm，约为原始观测值波长的4倍。但是，宽巷组合的测量噪声也较大，约为原始观测测量噪声的6倍。宽巷观测值可用于周跳探测及修复、整周模糊度的确定(Teunissen，1997)。宽巷模糊度可通过伪距和载波相位观测值计算。

$$N_w^P = \phi_w^P - \frac{f_1P_1^p + f_2P_2^p}{(f_1 + f_2)\lambda_w} \tag{5.189}$$

5.6.3　窄巷组合

取 $n_1 = 1$，$n_2 = 1$ 时，得到窄巷组合：

$$\phi_n = \phi_1 + \phi_2 \tag{5.190}$$

对应长度表达形式为：

$$L_n = \frac{f_1 L_1 + f_2 L_2}{f_1 + f_2} \tag{5.191}$$

其对应频率为：

$$f_n = f_1 + f_2 \tag{5.192}$$

其波长为：

$$\lambda_n = \frac{c}{f_n} = \frac{c}{f_1 - f_2} \approx 10.7\text{cm} \tag{5.193}$$

窄巷组合的模糊度同样保持了整数特性，但波长较短，为 10.7 cm，因而不利于整周模糊度的确定。但其噪声是所有双频组合观测值中噪声最小的线性组合，可以得到较精确的结果，主要用于短基线。窄巷观测值也可用于周跳探测及修复、整周模糊度的确定。

5.6.4 无电离层组合(Ionosphere-free combination)

无电离层组合是利用电离层延迟与载波频率平方成反比的特性，通过组成组合观测值来消除电离层延迟的影响。对于载波相位观测值，组合系数应满足下列条件：

$$n_1 f_1 + n_2 f_2 = 0 \tag{5.194}$$

对于伪距观测值，组合系数应满足条件：

$$m_1 f_2^2 + m_2 f_1^2 = 0 \tag{5.195}$$

从以上两式可知，无电离层组合的方式有多种。伪距观测值常用以下组合方式：

$$P_{IF} = \frac{f_1^2}{f_1^2 - f_2^2} P_1 - \frac{f_1^2}{f_1^2 - f_2^2} P_2 \tag{5.196}$$

相位观测值则存在三种常用的组合形式。

(1)第一种形式

相位组合形式为：

$$\phi_{IF} = \frac{f_1^2}{f_1^2 - f_2^2} \phi_1 - \frac{f_1 f_2}{f_1^2 - f_2^2} \phi_2 \tag{5.197}$$

长度表达形式为：

$$L_{IF} = \frac{f_1^2 L_1 - f_2^2 L_2}{f_1^2 - f_2^2} \tag{5.198}$$

相位组合观测值的波长等于 L1 载波的波长：

$$\lambda_{IF} = \lambda_1 \tag{5.199}$$

(2)第二种形式

组合相位表达式为：

$$\phi_{IF} = f_1 \phi_1 - f_2 \phi_2 \tag{5.200}$$

长度表达形式为：

$$L_{IF} = \frac{f_1^2 L_1 - f_2^2 L_2}{f_1^2 - f_2^2} \tag{5.201}$$

这种组合形式的波长很短，为 $\lambda_{IF}(L_1, L_2) = 6\text{mm}$。

(3)第三种形式

第三种形式也称为几何残差组合，其组合形式为：

$$\phi_{IF} = \phi_1 - \frac{f_2}{f_1}\phi_2 \tag{5.202}$$

无电离层组合消除了点电离层误差一阶项的影响，但模糊度不再为整数，噪声被放大，但是利用这种组合可以用来检测由于接收机本身的系统误差所引起的粗差(楼益栋，2008)。可以用于长距离的高精度定位和辅助确定原始载波相位的模糊度。Blewitt 提出了基于双频 iono-free 组合探测周跳的 TurboEdit 方法，可非常有效地进行周跳探测(Blewitt，1990)。

5.6.5　几何无关组合(Geometry-free)

(1)第一种形式

对于伪距观测值：

$$P_{GF} = P_1 - P_2 \tag{5.203}$$

对于载波相位观测值：

$$\phi_{GF} = \lambda_1\phi_1 - \lambda_2\phi_2 \tag{5.204}$$

采用长度表达形式为：

$$\phi_{GF} = L_1 - L_2$$

(2)第二种形式：

$$\phi_{GF} = \phi_1 - \frac{f_1}{f_2}\phi_2 \tag{5.205}$$

因其消除了卫星至接收机的几何距离(即不受历元间观测几何图形的影响)，故称为 Geometry-free 组合，或称电离层残差组合。同时该组合还消除了接收机钟差、卫星钟差及对流层等所有与频率无关的误差的影响，仅包含电离层影响和整周模糊度项及频率相关的观测噪声。由于在未发生周跳的情况下，整周模糊度保持不变，且电离层影响变化缓慢。因此该组合观测值尤为适合粗差的剔除、周跳的探测及修复。同时也可应用于模糊度固定。

5.6.6　Melbourne-Wübbena 组合

1985 年，Wübbena 和 Melbourne 两人分别提出了 Melbourne-Wübbena 组合观测值，命名即由此而来(Wübbena，1985；Melbourne，1985)。Melbourne-Wübbena 组合的公式为：

$$\begin{aligned}\phi_{M-W} &= \frac{1}{f_1 - f_2}(f_1\phi_1 - f_2\phi_2) + \frac{c}{f_1 - f_2}(N_2 - N_1) - \frac{1}{f_1 + f_2}(f_1P_1 + f_2P_2)\\ &= \phi_w\lambda_w + N_w\lambda_w - \frac{1}{f_1 + f_2}(f_1P_1 + f_2P_2)\end{aligned} \tag{5.206}$$

注意：上式中，ϕ_1 和 ϕ_2 的单位为长度单位，ϕ_w 和 N_w 的单位为周。该组合消除了电离层延迟、卫星钟差、接收机钟差以及卫星至接收机之间的几何距离，仅受测量噪声和多路径误差的影响，并且这些影响可以通过多历元平滑减弱或消除。该组合还可表述为下列形式：

$$L_6 = \lambda_w b_w + v_{L6} \tag{5.207}$$

式中，$\lambda_w = \dfrac{c}{f_1 - f_2}$ 为宽巷波长，b_w 为宽巷模糊度。因而可应用于周跳探测及修复和模糊度固定。如果它的中误差小于 0.5 倍的宽巷波长(43cm)，几乎可以直接确定宽巷模糊度。

第 6 章　单点(绝对)定位

由第一章无线电定位的基本方法可知：在理想状况下，地面上的观测者可利用测量其到三个(不重合)坐标位置已知的空间点的距离来确定观测者的位置，也就是测边交会定位。利用该定位方法，使用一台 GNSS 接收机，接收来自多颗 GNSS 卫星的同一时刻或不同时刻的卫星信号，测量卫星至接收机之间的几何距离，利用距离交会的方法独立确定接收机在地球坐标系中的绝对坐标的定位方法，称为单点定位或绝对定位。

根据所采用的观测值类型，可将绝对定位分为标准单点定位和精密单点定位，其中标准单点定位是以测码伪距作为观测值的一种绝对定位方式；精密单点定位则是以载波相位作为观测值，并采用 IGS 等机构提供的精密星历和精密钟差计算卫星位置和卫星钟差来进行高精度绝对定位的一种定位方式。根据接收机的状态，绝对定位又可分为静态绝对定位和动态绝对定位。

绝对定位的优点是只需一台接收机，数据处理简单。但绝对定位的大多数误差需要采用模型改正，定位精度通常低于相对定位的精度。传统上，绝对定位都是利用单频接收机采用测码伪距观测值进行定位，用户在观测计划制订方面无需太多布置，仪器设备较为低廉。虽然受到各种误差(如卫星钟误差、轨道误差)的影响较大，但是绝对定位实时解算和价格低廉的特点使其仍然具有广阔的市场。例如车辆导航就是这一技术很大部分的一种应用，只要几米的精度就可满足要求。近年来出现的精密单点定位技术也逐渐成为了研究中的热点。

6.1　单点(绝对)定位的观测方程

6.1.1　标准单点定位观测方程

标准单点定位所采用的观测值为测码伪距观测值或相位平滑伪距观测值，数据处理时默认采用如下方式：发射时刻的卫星位置采用广播星历计算，并作为已知值；卫星钟差和卫星硬件延迟同样利用广播星历进行计算，忽略卫星钟差残余误差的影响；对流层延迟采用经验模型计算；电离层延迟采用经验模型计算或双频方法消除；忽略接收机硬件延迟和多路径效应的影响。

双频用户可以通过组成无电离层组合来消除电离层效应的影响，而单频用户必须采用电离层模型来减少电离层误差对解算值的影响。单频测码伪距观测方程为：

$$P = \sqrt{(x^s - x)^2 + (y^s - y)^2 + (z^s - z)^2} - c(\mathrm{d}t^s + B_p) + c(\mathrm{d}t_r + b_p) + \mathrm{d}\rho + I_p + T \tag{6.1}$$

双频消电离层的测码伪距观测方程为：

$$P_{IF} = \sqrt{(x^s - x)^2 + (y^s - y)^2 + (z^s - z)^2} - c(\mathrm{d}t^s + B_{IF,P}) + c(\mathrm{d}t_r + b_{IF,P}) + \mathrm{d}\rho + T + B_{IF} + b_{IF} \tag{6.2}$$

式中，P_{IF} 参见式(5.196)；$(x^s,\ y^s,\ z^s)$ 为信号发射时刻的卫星轨道坐标；$(x,\ y,\ z)$ 为信号接收时刻的测站坐标(静态定位时，参数相同；动态定位时，参数随历元变化)；$\mathrm{d}t^s$ 为卫星钟差；$\mathrm{d}t_r$ 为接收机钟差(静态定位和动态定位中，参数都将随历元变化)；$\mathrm{d}\rho$ 为卫星星历误差；I 为电离层误差；T 为对流层误差；B 为卫星硬件延迟；b 为接收机硬件延迟。

标准单点定位的未知参数仅包含测站坐标参数和接收机钟差参数，每一历元的未知参数不会超过 4 个，因此只需观测 4 颗或 4 颗以上的卫星就能解算测站坐标。

6.1.2　精密单点定位观测方程

与标准单点定位不同，精密单点定位采用载波相位观测值进行定位。单频精密单点定位观测方程如下：

$$\begin{aligned}\lambda\phi = &\sqrt{(x^s - x)^2 + (y^s - y)^2 + (z^s - z)^2} - c(\mathrm{d}t^s + B_{\phi}) + c(\mathrm{d}t_r + b_{\phi}) \\ &+ \lambda N + I_{\phi} + m \cdot T_{zpd}\end{aligned} \tag{6.3}$$

双频精密单点定位观测方程如下：

$$\begin{aligned}\lambda_{IF}\phi_{IF} = &\sqrt{(x^s - x)^2 + (y^s - y)^2 + (z^s - z)^2} - c(\mathrm{d}t^s + B_{IF,\phi}) + c(\mathrm{d}t_r + b_{IF,\phi}) \\ &+ \lambda N + m \cdot T_{zpd}\end{aligned} \tag{6.4}$$

式中，λ 为载波波长；N 为整周模糊度；m 为对流层投影函数；T_{zpd} 为天顶对流层延迟参数，其他符号参见第 5 章。

从单频精密单点定位的观测方程可知，定位需要求解的参数增加了模糊度参数和天顶对流层延迟参数。天顶对流层延迟较为稳定，通常 1 ~ 2 小时才估计一次。为了分析模糊度参数对定位解算的影响，忽略天顶对流层延迟参数，此时每增加一颗卫星就将增加一个模糊度参数。设 n_s 为卫星个数，n_t 为观测值历元个数。在初始测量时，若采用单历元观测值，模糊度参数是未知的，未知数个数将有 n_s +4 个，观测值个数仅为 n_s 个，$n_s + 4 > n_s$，方程无法求解。若采用多个历元的观测值，根据卫星未失锁情况下模糊度参数随历元变化保持不变的特点，未知数为 $n_t + n_s + 3$ 个，观测值个数为 $n_t n_s$ 个，因此采用多历元观测时可以保证 $n_t n_s \geqslant n_t + n_s + 3$，此时可以对未知参数进行解算，这一解算过程是模糊度确定的过程，将其称为“初始化”。当模糊度参数得以确定后，之后的历元在未失锁的情况下，模糊度参数继续保持不变，但已变成已知值，此时的情形类似于标准单点定位，在单历元情况下未知数个数仅为 4 个，此时可以实现动态定位和静态定位。

6.2　单点(绝对)定位的数据处理

绝对定位数据处理中，卫星坐标均由卫星星历计算的卫星坐标提供，无地面坐标已知点参与计算。因此，绝对定位中计算得到的测站坐标与卫星星历所采用的坐标系一致。目前，不同星历所采用的坐标系并不相同。GPS 卫星的广播星历采用的是 1984 年世界大地坐标系 WGS-84；GLONASS 系统广播星历是基于 PZ90 坐标系统；北斗导航系统采用 CGCS2000 坐标系；Galileo 系统采用的是 GTRF 参考框架；而 IGS 所提供的精密星历则属于 ITRF 坐标框架。因此，用户进行绝对定位时需要注意所采用的星历，定位结果的坐标系将与所用星历对应的坐标系相一致。以下将主要对标准单点定位数据处理原理进行介绍，精密单点定位技术将在本章 6.4 节进行详细阐述。

6.2.1 标准单点定位数据处理

对于测站坐标参数（x，y，z）来说，观测方程是非线性方程。因此，解算之前必须先将方程线性化。令非线性项为

$$f(x_r,y_r,z_r)=\sqrt{(x^s-x_r)+(y^s-y_r)+(z^s-z_r)} \tag{6.5}$$

线性化之前先确定测站初始坐标（x_0，y_0，z_0），可选测站近似坐标，也可设为（0，0，0）。平差后的测站坐标（x_r，y_r，z_r）为

$$\begin{cases}x_r=x_0+\delta x\\ y_r=y_0+\delta y\\ z_r=z_0+\delta z\end{cases} \tag{6.6}$$

此时，（δx，δy，δz）为新的未知数，而（x_0，y_0，z_0）为已知值。在后续讨论中记 $d(\cdot)=\delta(\cdot)$，将函数式(6.5)在测站坐标近似值（x_0，y_0，z_0）处用泰勒级数展开，具体形式如下

$$\begin{aligned}f(x_r,\ y_r,\ z_r)&=f(x_0+\delta x,\ y_0+\delta y,\ z_0+\delta z)\\&=f(x_0,\ y_0,\ z_0)+\left.\frac{\partial f(x_r,\ y_r,\ z_r)}{\partial x_r}\right|_{x_r=x_0}\mathrm{d}x+\left.\frac{\partial f(x_r,\ y_r,\ z_r)}{\partial y_r}\right|_{y_r=y_0}\mathrm{d}y+\left.\frac{\partial f(x_r,\ y_r,\ z_r)}{\partial z_r}\right|_{z_r=z_0}\mathrm{d}z\end{aligned} \tag{6.7}$$

式中

$$\left.\frac{\partial f(x_r,y_r,z_r)}{\partial x_r}\right|_{x_r=x_0}=-\frac{x^s-x_0}{\rho_0}=l \tag{6.8}$$

$$\left.\frac{\partial f(x_r,y_r,z_r)}{\partial y_r}\right|_{y_r=y_0}=-\frac{y^s-y_0}{\rho_0}=m \tag{6.9}$$

$$\left.\frac{\partial f(x_r,y_r,z_r)}{\partial z_r}\right|_{z_r=z_0}=-\frac{z^s-z_0}{\rho_0}=n \tag{6.10}$$

为从测站近似位置至卫星方向上的方向余弦分量(反号)；

$$\rho_0=\sqrt{(x^s-x_0)+(y^s-y_0)+(z^s-z_0)} \tag{6.11}$$

为测站近似位置至卫星的距离。故

$$f(x_0,y_0,z_0)=\sqrt{(x^s-x_0)+(y^s-y_0)+(z^s-z_0)}=\rho_0 \tag{6.12}$$

因此

$$f(x_r,y_r,z_r)=\rho_0+l\delta x+m\delta y+n\delta z \tag{6.13}$$

以上线性化过程中，仅考虑了方程的一阶偏导数，认为高阶项是可以忽略的。将式(6.13)代入观测式(6.1)，得线性化观测方程为：

$$P=\rho_0+l\delta x+m\delta y+n\delta z+c(\mathrm{d}t_r+b)-c(\mathrm{d}t^s+B)+\mathrm{d}\rho+I+T+\varepsilon_P \tag{6.14}$$

误差处理：卫星坐标采用广播星历计算；忽略星历误差和观测值噪声的影响；卫星钟差(dt^s)通过广播星历改正(注意进行此项改正时还需要考虑相对论效应修正项)；接收机

钟差作为待估参数进行估计；对于单频定位，电离层误差 I 采用模型改正，如采用广播星历提供的 Klobuchar 模型进行改正，对于双频定位，双频组合观测值消除了电离层延迟的影响，无需再考虑；对流层误差 T 通过 5.3.2 节所介绍的各种经验模型改正；卫星硬件延迟 B 采用广播星历提供的 T_{gd} 和 ISC 进行改正(采用双频 P 码组合时无需考虑)；接收机硬件延迟则忽略其影响。

由于观测数据中记录的观测时刻为信号接收时刻的 GNSS 时，而卫星轨道坐标为信号发射时刻的轨道坐标，因此需要先计算信号发射时刻，再计算卫星轨道坐标。信号发射时刻的计算方法有两种：

①根据接收机信号接收时刻和卫地距离近似值反推信号发射时刻；

②直接根据观测时刻计算含误差的卫星轨道，然后对含误差的卫地距离进行改正。

忽略观测噪声影响，观测方程可写成：

$$P = l\delta x + m\delta y + n\delta z + c\mathrm{d}t_r + L_0 \tag{6.15}$$

式中，L_0 为常数项，由下式计算：

$$L_0 = \rho_0 + \mathrm{d}\rho - c(\mathrm{d}t^s + B) + I + T \tag{6.16}$$

根据以上处理方法建立误差方程，方程中含有 4 个未知参数，包括 3 个坐标参数和一个接收机钟差参数 $(\delta x, \delta y, \delta z, \mathrm{d}t_r)^{\mathrm{T}}$。

对于第 i 颗卫星单历元伪距观测值，误差方程写为

$$v^i = l^i x + m^i y + n^i z + c\mathrm{d}t_r + L_0^i \tag{6.17}$$

或

$$v^i = \begin{bmatrix} l^i & m^i & n^i & c \end{bmatrix} \begin{bmatrix} \delta x \\ \delta y \\ \delta z \\ \mathrm{d}t_r \end{bmatrix} + L_0^i \tag{6.18}$$

式中，v^i 为测码伪距观测值改正数，L_0^i 为误差方程常数项，且

$$L_0^i = \rho_0^i - P^i - c(\mathrm{d}t^i + B^i) + I^i + T^i \tag{6.19}$$

若采用二次多项式表示接收机钟差，则

$$v^i = l^i x + m^i y + n^i z + c(a_0 + a_1 t_r + a_2 t_r^2) + L_0^i \tag{6.20}$$

$$v^i = \begin{bmatrix} l^i & m^i & n^i & c & c\mathrm{d}t_r & c\mathrm{d}t_r^2 \end{bmatrix} \begin{bmatrix} \delta x \\ \delta y \\ \delta z \\ a_0 \\ a_1 \\ a_2 \end{bmatrix} + L_0^i \tag{6.21}$$

1. 动态标准单点定位

动态定位中，由于接收机的坐标是不断变化的，因此只能采取单历元解算的方式。每个历元的接收机钟差均视为是一个独立的未知参数时，每增加一个历元，将增加 4 个未知数。设历元数为 n_t，卫星数为 n_s，要保证观测方程有解，必须满足条件：

$$n_t n_s \geqslant 4n_t \tag{6.22}$$

从而，$n_s \geqslant 4$。因此，动态标准单点定位中，必须观测大于或等于4颗卫星，才能保证方程有解。

假定有4个观测值，则误差方程写为

$$\begin{bmatrix} v^1 \\ v^2 \\ v^3 \\ v^4 \end{bmatrix} = \begin{bmatrix} l^1 & m_1 & n^1 & c \\ l^2 & m_2 & n^2 & c \\ l^3 & m_3 & n^3 & c \\ l^4 & m_4 & n^4 & c \end{bmatrix} \begin{bmatrix} \delta x \\ \delta y \\ \delta z \\ \mathrm{d}t_r \end{bmatrix} + \begin{bmatrix} L_0^1 \\ L_0^2 \\ L_0^3 \\ L_0^4 \end{bmatrix} \tag{6.23}$$

将上式写为

$$v = \begin{bmatrix} v^1 \\ v^2 \\ v^3 \\ v^4 \end{bmatrix}, \delta X_{(t)} = \begin{bmatrix} \delta x \\ \delta y \\ \delta z \\ \mathrm{d}t_r \end{bmatrix}, l = \begin{bmatrix} L_0^1 \\ L_0^2 \\ L_0^3 \\ L_0^4 \end{bmatrix}, A = \begin{bmatrix} l^1 & m_1 & n^1 & c \\ l^2 & m_2 & n^2 & c \\ l^3 & m_3 & n^3 & c \\ l^4 & m_4 & n^4 & c \end{bmatrix} \tag{6.24}$$

由此可得，改正数方程为：

$$v = A\delta X + l \tag{6.25}$$

当观测值个数多于4个时，存在多余观测值，此时需用最小二乘法求解，对应的误差方程为：

$$\begin{bmatrix} v^1 \\ v^2 \\ v^3 \\ v^4 \\ \vdots \end{bmatrix} = \begin{bmatrix} l^1 & m_1 & n^1 & c \\ l^2 & m_2 & n^2 & c \\ l^3 & m_3 & n^3 & c \\ l^4 & m_4 & n^4 & c \\ \vdots & \vdots & \vdots & \vdots \end{bmatrix} \begin{bmatrix} \delta x \\ \delta y \\ \delta z \\ \mathrm{d}t_r \end{bmatrix} + \begin{bmatrix} L_0^1 \\ L_0^2 \\ L_0^3 \\ L_0^4 \\ \vdots \end{bmatrix} \tag{6.26}$$

2. 静态标准单点定位

静态定位中，接收机的坐标保持不变，因而可以利用多个历元的观测值求解。每增加一个历元，将增加1个接收机钟差未知数。设历元数为 n_t，卫星数为 n_s，要保证观测方程有解，必须满足条件：

$$n_t n_s \geqslant 3 + n_t \tag{6.27}$$

从而有：

$$n_t \geqslant \frac{3}{n_s - 1} \tag{6.28}$$

因此，静态标准单点定位中，观测 $n_t \geqslant 3$ 个历元时，最少卫星数只需2颗；存在4颗以上卫星时，仅需1个历元就可获得定位解。但以上条件只是理论推值，实际上，历元间的间隔通常很小，卫星在几个历元内的运动变化很小，因而对2颗卫星观测 $n_t \geqslant 3$ 个历元无法得到令人满意的结果，甚至将解算失败。除非将历元的间隔设定得非常大(如几个小时)，但这已没有任何意义。因而，采用标准单点定位时，必须保证同时观测4颗以上的卫星。

假定历元 t_j 卫星数为 n_s，历元 t_j 的观测方程为：

$$\begin{bmatrix} v^1(t_j) \\ v^2(t_j) \\ v^3(t_j) \\ v^4(t_j) \\ \vdots \end{bmatrix} = \begin{bmatrix} l^1(t_j) & m^1(t_j) & n^1(t_j) & c \\ l^2(t_j) & m^2(t_j) & n^2(t_j) & c \\ l^3(t_j) & m^3(t_j) & n^3(t_j) & c \\ l^4(t_j) & m^4(t_j) & n^4(t_j) & c \\ \vdots & \vdots & \vdots & \vdots \end{bmatrix} \begin{bmatrix} \delta x \\ \delta y \\ \delta z \\ \mathrm{d}t_r(t_j) \end{bmatrix} + \begin{bmatrix} L_0^1(t_j) \\ L_0^2(t_j) \\ L_0^3(t_j) \\ L_0^4(t_j) \\ \vdots \end{bmatrix} \tag{6.29}$$

设有 n_t 个历元，有：

$$\begin{bmatrix} v^1(t_1) \\ v^2(t_1) \\ \vdots \\ v^1(t_2) \\ v^2(t_2) \\ \vdots \end{bmatrix} = \begin{bmatrix} l^1(t_1) & m^1(t_1) & n^1(t_1) & c & 0 & \cdots \\ l^2(t_1) & m^2(t_1) & n^2(t_1) & c & 0 & \cdots \\ \vdots & \vdots & \vdots & \vdots & \vdots & \cdots \\ l^1(t_2) & m^1(t_2) & n^1(t_2) & 0 & c & \cdots \\ l^2(t_2) & m^2(t_2) & n^2(t_2) & 0 & c & \cdots \\ \vdots & \vdots & \vdots & \vdots & \vdots & \cdots \end{bmatrix} \begin{bmatrix} \delta x \\ \delta y \\ \delta z \\ \mathrm{d}t_r(t_1) \\ \mathrm{d}t_r(t_2) \\ \vdots \end{bmatrix} + \begin{bmatrix} L_0^1(t_1) \\ L_0^2(t_1) \\ \vdots \\ L_0^1(t_2) \\ L_0^2(t_2) \\ \vdots \end{bmatrix} \tag{6.30}$$

令

$$\boldsymbol{A} = \begin{bmatrix} l^1(t_1) & m^1(t_1) & n^1(t_1) & c \\ l^2(t_1) & m^2(t_1) & n^2(t_1) & c \\ \vdots & \vdots & \vdots & \vdots \\ l^1(t_2) & m^1(t_2) & n^1(t_2) & 0 \\ l^2(t_2) & m^2(t_2) & n^2(t_2) & 0 \\ \vdots & \vdots & \vdots & \vdots \end{bmatrix}, \boldsymbol{V} = \begin{bmatrix} v^1(t_1) \\ v^2(t_1) \\ \vdots \\ v^1(t_2) \\ v^2(t_2) \\ \vdots \end{bmatrix}, \delta\boldsymbol{X} = \begin{bmatrix} \delta x \\ \delta y \\ \delta z \\ \mathrm{d}t_r(t_1) \\ \mathrm{d}t_r(t_2) \\ \vdots \end{bmatrix} \tag{6.31}$$

接收机钟差采用多项式形式，则式(6.30)可写为：

$$\begin{bmatrix} v^1(t_1) \\ v^2(t_1) \\ \vdots \\ v^1(t_2) \\ v^2(t_2) \\ \vdots \end{bmatrix} = \begin{bmatrix} l^1(t_1) & m^1(t_1) & n^1(t_1) & c & c\mathrm{d}t_r(t_1) & c[\mathrm{d}t_r(t_1)]^2 \\ l^2(t_1) & m^2(t_1) & n^2(t_1) & c & c\mathrm{d}t_r(t_1) & c[\mathrm{d}t_r(t_1)]^2 \\ \vdots & \vdots & \vdots & \vdots & \vdots & \vdots \\ l^1(t_2) & m^1(t_2) & n^1(t_2) & c & c\mathrm{d}t_r(t_2) & c[\mathrm{d}t_r(t_2)]^2 \\ l^2(t_2) & m^2(t_2) & n^2(t_2) & c & c\mathrm{d}t_r(t_2) & c[\mathrm{d}t_r(t_2)]^2 \\ \vdots & \vdots & \vdots & \vdots & \vdots & \vdots \end{bmatrix} \begin{bmatrix} \delta x \\ \delta y \\ \delta z \\ a_0 \\ a_1 \\ a_2 \end{bmatrix} + \begin{bmatrix} L_0^1(t_1) \\ L_0^2(t_1) \\ \vdots \\ L_0^1(t_2) \\ L_0^2(t_2) \\ \vdots \end{bmatrix} \tag{6.32}$$

令

$$\boldsymbol{A} \begin{bmatrix} l^1(t_1) & m^1(t_1) & n^1(t_1) & c & c\mathrm{d}t_r(t_1) & c[\mathrm{d}t_r(t_1)]^2 \\ l^2(t_1) & m^2(t_1) & n^2(t_1) & c & c\mathrm{d}t_r(t_1) & c[\mathrm{d}t_r(t_1)]^2 \\ \vdots & \vdots & \vdots & \vdots & \vdots & \vdots \\ l^1(t_2) & m^1(t_2) & n^1(t_2) & c & c\mathrm{d}t_r(t_2) & c[\mathrm{d}t_r(t_2)]^2 \\ l^2(t_2) & m^2(t_2) & n^2(t_2) & c & c\mathrm{d}t_r(t_2) & c[\mathrm{d}t_r(t_2)]^2 \\ \vdots & \vdots & \vdots & \vdots & \vdots & \vdots \end{bmatrix}, \delta\boldsymbol{X} = \begin{bmatrix} \delta x \\ \delta y \\ \delta z \\ a_0 \\ a_1 \\ a_2 \end{bmatrix}, l = \begin{bmatrix} L_0^1(t_1) \\ L_0^2(t_1) \\ \vdots \\ L_0^1(t_2) \\ L_0^2(t_2) \\ \vdots \end{bmatrix} \tag{6.33}$$

此时有:

$$V = A\delta X + l \tag{6.34}$$

需要注意的是,历元变化时,由于卫星的运动,观测到的卫星数和卫星号都可能有所变化,建立误差方程时应予以注意。

3. 解算方法

当没有多余观测量时,解算是唯一的,不需要采用最小二乘法进行平差,解算结果为:

$$\delta X = -A^{-1}l \tag{6.35}$$

当观测值个数多于参数个数时,则须利用最小二乘法平差求解,计算式为:

$$\delta X = -(A^{T}A)^{-1}A^{T}l \tag{6.36}$$

计算时,待测点的坐标初始值可以任意给定。但当初始值与真实值存在较大偏差时,按上述方法一次解算的结果与真实值仍然会有很大的偏差。因此,通常采取迭代法求解,即在第一次求解后,利用求得坐标参数作为测站坐标初始值,再重新求解,依次迭代,直至解算结果收敛为止。对于标准单点定位,通常认为定位结果达到米级精度即达到收敛。实践表明,这一迭代过程收敛很快,一般迭代 2~3 次便可获得满意的结果。此外,还可采用卡尔曼滤波方法来求解测站坐标值,在此不再介绍。

6.2.2 精度评定

利用 GNSS 进行绝对定位时,定位精度与两个因素有关:一是观测量的精度,二是卫星在空间的几何分布。卫星在空间的几何分布是评定绝对定位精度的重要参考指标,而 DOP(Dilution Of Precision)值是反映单点定位卫星和接收机的几何结构的重要参数。因此常用 DOP 值来定量描述卫星空间几何结构分布的好坏,并对绝对定位精度进行评价。下面将介绍 DOP 值的计算方法。

根据式(6.36),可得到位置参数和接收机钟差参数的协因数阵,计算式如下:

$$Q_x = (A^{T}A)^{-1} = \begin{bmatrix} q_x & q_{xy} & q_{xz} & q_{xt} \\ & q_y & q_{yz} & q_{yt} \\ & & q_z & q_{zt} \\ \text{对称} & & & q_t \end{bmatrix} \tag{6.37}$$

将上述协因数阵中的位置参数转换至测站坐标系(包括北方向 n,东方向 e,高程方向 u),得到测站坐标系下的协因数阵为:

$$Q_w = \begin{bmatrix} q_n & q_{ne} & q_{nu} \\ & q_e & q_{eu} \\ \text{对称} & & q_u \end{bmatrix} \tag{6.38}$$

由上述协因数阵,根据不同的要求,不同的精度评价模型,可计算得到不同类型的 DOP 值。各种类型的 DOP 值计算公式如下:

(1)几何精度分布因子(GDOP)

$$\mathrm{GDOP} = \sqrt{q_n + q_e + q_u + q_1 c^2} \tag{6.39}$$

(2)三维位置精度因子(PDOP)

$$\mathrm{PDOP} = \sqrt{q_n + q_e + q_u} = \sqrt{q_x + q_y + q_z} \tag{6.40}$$

(3)平面位置精度分布因子(HDOP)

$$\mathrm{HDOP} = \sqrt{q_n + q_e} \tag{6.41}$$

(4)高程精度分布因子(VDOP)

$$\mathrm{VDOP} = \sqrt{q_u} \tag{6.42}$$

(5)接收机钟差精度分布因子(TDOP)

$$\mathrm{TDOP} = \sqrt{q_t} \tag{6.43}$$

上述DOP值中，GDOP值是反映坐标位置和接收机钟差解算精度的综合指标，其他类型的DOP值则从不同的角度对定位精度作评价。易知，各种DOP值之间存在如下关系：

$$\mathrm{GDOP}^2 = \mathrm{PDOP}^2 + \mathrm{TDOP}^2 = \mathrm{HDOP}^2 + \mathrm{VDOP}^2 + \mathrm{TDOP}^2 \tag{6.44}$$

另外，还可通过近似接收机位置和预报卫星星历来计算DOP值。当接收机只有4到5个接收通道时，DOP值是寻找最优卫星星座组合极其有用的参考值。目前虽然大部分接收机已配备了较多的接收机通道，可以观测到所有可见卫星，但DOP值仍然是在动态应用中识别几何结构强弱的重要参考值，尤其是当定位过程中有信号遮挡时(周忠谟，2004)。

选择最佳的GNSS定位星座，是获取高精度导航定位的有效方法之一。GNSS星座与用户构成的图形为多面体，研究表明，GDOP与星座多面体的体积成反比。因此，用户应尽量选择体积较大的GNSS卫星定位星座与用户构成的多面体，以便获得较小的GDOP值，减少几何精度因子对用户位置测定精度的损失(刘基余，2003)。图6.1给出了GDOP值与对应卫星几何结构的实例。

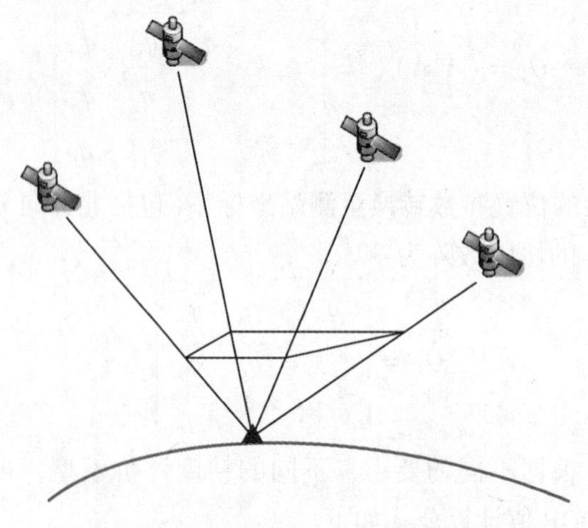

图6.1 GDOP值与对应卫星结构实例

6.3 速度测量与时间传递

6.3.1 速度测量

1. 测速方法

GNSS 测速大致有 3 种方法：第一是基于 GNSS 高精度定位结果，通过位置差分来获取速度；第二是利用 GNSS 原始多普勒观测值直接计算速度；第三是利用载波相位中心差分所获得的多普勒观测值来计算速度(Ryan，1997；Szarmes，1997)。三种方法最主要的区别在于所用观测值有所不同。

2. 多普勒观测量

多普勒观测值(也即站星径向速度观测值)的获取方式有两种：

①直接利用接收机输出的原始多普勒观测值；

②由载波相位观测值计算得到的导出多普勒观测值(简称导出多普勒观测值)。

导出多普勒观测值一般采用一阶中心差分近似法计算，其计算公式如下：

$$\dot{\phi}(t)=\frac{\phi(t+\Delta t)-\phi(t-\Delta t)}{2\Delta t} \tag{6.45}$$

式中，$\dot{\phi}(t)$ 为 t 时刻的导出多普勒观测值，$\phi(t+\Delta t)$ 、$\phi(t-\Delta t)$ 分别为 t 时刻后一历元和前一历元的载波相位观测值，Δt 为 GNSS 观测数据的采样间隔。

显然，根据两种方式所得到的多普勒观测值的精度有所不同。假定载波相位测量精度为 2 mm，当 GNSS 观测数据的采样率为 1Hz 时，由误差传播定律计算得到的导出多普勒观测值的测量精度约为 1.4 mm/s。对于原始多普勒观测值的测量精度，则不同的文献给出了不同的结论。部分文献认为原始多普勒观测值精度优于导出多普勒观测值的精度(肖云等，2000)。另有部分文献则认为其精度低于导出多普勒观测值的精度(Luis Serrano et al.，2004)，这主要与接收机的性能有关。但在通常情况下，原始多普勒观测值的测量精度要低于导出多普勒观测值。

3. 测速原理

对载波相位观测值方程两边对时间 t 求导，得到接收机速度向量与多普勒观测值之间的关系为

$$\lambda\cdot\dot{\phi}=\frac{\mathrm{d}\rho}{\mathrm{d}t}+c\cdot d\dot{t}_r-c\cdot d\dot{t}^s+\dot{T}+\dot{I}+\dot{\varepsilon} \tag{6.46}$$

将式(5.21)代入上式，则上式可写为

$$\lambda\cdot\dot{\phi}=e\cdot\dot{r}^s-e\cdot\dot{r}_r+c\cdot d\dot{t}^r-c\cdot d\dot{t}^s+\dot{T}+\dot{I}+\dot{\varepsilon} \tag{6.47}$$

式中，ϕ 为 GNSS 卫星的多普勒观测值，即卫星径向速度观测值；e 为卫星指向接收机的单位向量；r^s 和 $\dot{r}^s$ 分别为 GNSS 卫星的位置向量和速度向量；r_r 和 $\dot{r}_r$ 分别为接收机的位置向量和速度向量；$d\dot{t}_r$ 和 $d\dot{t}^s$ 分别为接收机和 GNSS 卫星的钟速；$\dot{I}$ 为电离层延迟的变化率，$\dot{T}$ 为对流层延迟的变化率；$\dot{\varepsilon}$ 为测量噪声的变化率。根据式(6.47)，可得误差方程为

$$v^j = -e^j \cdot \dot{r}_r + c \cdot d\dot{t}_r - \lambda\dot{\phi}^j + e^j \cdot \dot{r}^j + \dot{T} + \dot{I} - c \cdot d\dot{t}^j \tag{6.48}$$

式中，j 表示卫星号。令

$$l_v = -\lambda\dot{\phi}^j + e^j \cdot \dot{r}^j + \dot{T} + \dot{I} - c \cdot d\dot{t}^j \tag{6.49}$$

则误差方程可进一步写为：

$$v^j = [-e_x^j, -e_y^j, -e_x^j, -c]\begin{bmatrix} \dot{x}_x \\ \dot{x}_y \\ \dot{x}_z \\ cd\dot{t}_r \end{bmatrix} + l_v \tag{6.50}$$

数据处理时，接收机钟速与光速乘积 $cd\dot{t}_r$ 与接收机速度 $\dot{r}_r = [\dot{x}_x, \dot{x}_y, \dot{x}_z]^{\mathrm{T}}$ 一起作为待求参数估算；方向余弦向量 e^j 根据卫星坐标和接收机坐标计算，具体计算式如下

$$e^j = \left(\frac{x^j - x_r}{\rho}, \frac{y^j - y_r}{\rho}, \frac{z^j - z_r}{\rho}\right) \tag{6.51}$$

所需的卫星位置向量 r^s 根据广播星历文件计算得到；接收机位置向量则采用绝对定位的方法事先解算；卫星速度向量 $\dot{r}^s$ 和卫星钟差信息 $d\dot{t}^s$ 同样根据提供的广播星历进行计算；对流层和电离层在短时间较为稳定，因而对流层误差变化率和电离层误差变化率则对观测值的影响很小，通常不予考虑。

当观测到 $n \geqslant 4$ 颗卫星时，误差方程可以表示为

$$V_v = A_v \delta X_v - l_v \tag{6.52}$$

式中

$$V_v = \begin{bmatrix} v^1 \\ v^2 \\ v^3 \\ \vdots \\ v^n \end{bmatrix}, A_v = \begin{bmatrix} e_x^1 & e_y^1 & e_z^1 & -1 \\ e_x^2 & e_y^2 & e_z^2 & -1 \\ \vdots & \vdots & \vdots & \vdots \\ e_x^n & e_y^n & e_z^n & -1 \end{bmatrix}, \delta X_v = \begin{bmatrix} \dot{x}_x \\ \dot{x}_y \\ \dot{x}_z \\ d\dot{t}_r \end{bmatrix}, l_v = \begin{bmatrix} e^1 \cdot \dot{x}^1 - \lambda\dot{\phi}^1 - c \cdot d\dot{t}^1 \\ e^2 \cdot \dot{x}^2 - \lambda\dot{\phi}^2 - c \cdot d\dot{t}^2 \\ \vdots \\ e^n \cdot \dot{x}^n - \lambda\dot{\phi}^n - c \cdot d\dot{t}^n \end{bmatrix}$$

由于多普勒观测量是非等精度观测值，精度与高度角有很大关系。因此通常建立与卫星高度角有关的定权关系式对多普勒观测量定权(李征航等，2005)。具体计算公式如下

$$P^j = \tan^2(e^j) \quad (j = 1, 2, \cdots, n) \tag{6.53}$$

式中，n 为所观测到的 GNSS 卫星个数，P^j 为对应第 j 颗 GNSS 卫星的多普勒观测量的权，e^j 为第 j 颗 GNSS 卫星的卫星高度角。假定各卫星观测值相互独立，则对应观测值 L_v 的权阵为：

$$P_v = \begin{bmatrix} \tan^2(e^1) & & & \\ & \tan^2(e^2) & & \\ & & \ddots & \\ & & & \tan^2(e^n) \end{bmatrix} \tag{6.54}$$

建立误差方程并求得权矩阵后，即可采用最小二乘方法，求解接收机速度向量和钟速的解，具体计算式如下

$$\delta X_v = (A_v^{\mathrm{T}} P_v A_v)^{-1} A_v^{\mathrm{T}} P_v L_v \tag{6.55}$$

测量运动体速度时，需要知道卫星位置和卫星运行速度，利用广播星历计算卫星位置的方法在前面已经介绍，下面介绍利用广播星历计算卫星速度的方法。

前面已经介绍，在利用广播星历计算卫星位置时，t 时刻卫星在轨道平面坐标系中的位置由下式计算：

$$\begin{cases} x = r\cos u \\ y = r\sin u \end{cases} \tag{6.56}$$

式中，$(x,\ y)$ 为卫星轨道平面坐标，r 为卫星矢径，u 为升交角距。然后卫星在地心地固系中的位置可由下式计算：

$$\begin{bmatrix} x^s \\ y^s \\ z^s \end{bmatrix} = R(-L,\ -I)\begin{bmatrix} x \\ y \\ 0 \end{bmatrix} = \begin{bmatrix} x\cos L - y\cos I\sin L \\ x\sin L + y\cos I\cos L \\ y\sin I \end{bmatrix} \tag{6.57}$$

式中，L 为升交点的大地经度；I 为轨道平面的倾角；$R(-L,\ -I)$ 为旋转矩阵，其具体形式如下：

$$R(-L,\ -I) = \begin{bmatrix} \cos L & -\sin L\cos I & \sin L\sin I \\ \sin L & \cos L\cos I & -\cos L\sin I \\ 0 & \sin I & \cos I \end{bmatrix} \tag{6.58}$$

将卫星在地心地固系中的位置坐标和卫星在轨道平面坐标系中的位置坐标分别表示为：

$$\vec{\boldsymbol{r}}_{ECEF} = \begin{bmatrix} x^s \\ y^s \\ z^s \end{bmatrix}, \vec{\boldsymbol{r}}_{orb} = \begin{bmatrix} x \\ y \\ 0 \end{bmatrix} \tag{6.59}$$

则式(6.57)可简写为：

$$\vec{\boldsymbol{r}}_{ECEF} = \boldsymbol{R}(-L,\ -I) \cdot \vec{\boldsymbol{r}}_{orb} \tag{6.60}$$

对式(6.60)进行微分，可得到卫星在地心地固系中速度的计算式：

$$\dot{\vec{\boldsymbol{r}}}_{ECEF} = \dot{\boldsymbol{R}}(-L,\ -I) \cdot \vec{\boldsymbol{r}}_{orb} + \boldsymbol{R}(-L,\ -I) \cdot \dot{\vec{\boldsymbol{r}}}_{orb} \tag{6.61}$$

式中

$$\dot{\vec{\boldsymbol{r}}}_{ECEF} = \begin{bmatrix} \dot{x}^s \\ \dot{y}^s \\ \dot{z}^s \end{bmatrix}, \dot{\vec{\boldsymbol{r}}}_{orb} = \begin{bmatrix} \dot{x} \\ \dot{y} \\ 0 \end{bmatrix} \tag{6.62}$$

$$\dot{\boldsymbol{R}}(-L,\ -I) = \begin{bmatrix} -\sin L \cdot \dot{L} & -\cos L\cos I \cdot \dot{L} + \sin L\sin I \cdot \dot{I} & \cos L\sin I \cdot \dot{L} + \sin L\cos I \cdot \dot{I} \\ \cos L \cdot \dot{L} & -\sin L\cos I \cdot \dot{L} - \cos L\sin I \cdot \dot{I} & \sin L\sin I \cdot \dot{L} - \cos L\cos I \cdot \dot{I} \\ 0 & \cos I \cdot \dot{I} & -\sin I \cdot \dot{I} \end{bmatrix} \tag{6.63}$$

由于轨道倾角变率 $\dot{I}$ 的量级通常为 $10^{-10} \sim 10^{-12}$ rad/s(Gurtner, 2004)，且 $\cos I$、$\sin I$ 的值小于1，所以式(6.63)中凡是与之相关的项都可以忽略不计。于是，式(6.63)可以简化为：

$$\dot{\boldsymbol{R}}(-L,-I)=\begin{bmatrix}-\sin L\cdot\dot{L} & -\cos L\cos I\cdot\dot{L} & \cos L\sin I\cdot\dot{L}\\ \cos L\cdot\dot{L} & -\sin L\cos I\cdot\dot{L} & \sin L\sin I\cdot\dot{L}\\ 0 & 0 & 0\end{bmatrix} \tag{6.64}$$

另外，由式(6.61)可得：

$$\dot{\vec{\boldsymbol{r}}}_{orb}=\begin{bmatrix}\dot{x}\\ \dot{y}\\ 0\end{bmatrix}=\begin{bmatrix}\dot{r}\cdot\cos u-r\sin u\cdot\dot{u}\\ \dot{r}\cdot\sin u+r\cos u\cdot\dot{u}\\ 0\end{bmatrix} \tag{6.65}$$

式中，$\dot{r}$、$\dot{u}$ 在卫星位置时可推导得到。推导得到卫星速度计算公式，经简化后具体计算式如下：

$$\begin{aligned}\dot{x}_s&=-x\dot{L}\sin L-y(\dot{L}\cos L\cos I-\dot{I}\sin L\sin I)+\dot{x}\sin L-\dot{y}\cos L\cos I\\ \dot{y}_s&=-x\dot{L}\cos L-y(\dot{L}\sin L\cos I+\dot{I}\cos L\sin I)+\dot{x}\sin L-\dot{y}\cos L\cos I\\ \dot{z}_s&=y\dot{I}\cos I+\dot{y}\cos L\cos I\end{aligned} \tag{6.66}$$

4. 测速误差分析*

影响单站 GNSS 测速的误差源同样可以分为三类：一是与卫星有关的误差源，包括卫星轨道误差、卫星速度误差、卫星钟差及钟速误差、相对论效应等；二是与接收机有关的误差源，包括接收机位置误差，接收机测量噪声等；三是站星径向速度观测值误差。

为了更好地分析各误差源对单站 GNSS 测速的影响量级，对式(6.47)进行微分可得

$$\begin{aligned}\lambda\cdot\mathbf{d}\dot{\phi}=&\frac{(\dot{r}^s-\dot{r}_R)(\mathbf{d}\boldsymbol{r}^s-\mathbf{d}\boldsymbol{r}_R)}{\rho}-\frac{(r^s-r_R)\cdot\mathbf{d}\dot{\boldsymbol{r}}^s}{\rho}+c\cdot\mathbf{d}d\dot{t}_r-c\cdot\boldsymbol{d}\mathrm{d}\dot{t}^s\\ &-\frac{(r^s-r_R)\cdot(\dot{r}^s-\dot{r}_R)}{\rho^2}\frac{r^s-r_R}{\rho}\mathbf{d}\boldsymbol{r}^s+\frac{(r^s-r_R)\cdot(\dot{r}^s-\dot{r}_R)}{\rho^2}\frac{r^s-r_R}{\rho}\mathbf{d}\dot{\boldsymbol{r}}_R\end{aligned} \tag{6.67}$$

上式中，最后两项的影响很小，可以忽略不计(王甫红等，2007)。以下将依据式(6.67)分析各项误差源对单站 GNSS 测速的影响。

(1)卫星轨道误差和钟误差的影响

卫星轨道误差对单站 GNSS 测速的影响有两个方面：①直接导致站星方向余弦的计算误差；②与卫星钟差一起通过影响定位精度，间接对测速产生作用。这些间接影响将归入接收机位置误差中分析。可以看出，卫星轨道误差对站星径向速度观测量的影响可概算为

$$\delta\ddot{\rho}=\frac{(\dot{r}^s-r_R)\cdot\mathrm{d}r^s}{\rho} \tag{6.68}$$

假定接收机与 GNSS 卫星间的距离为 20 000 km，卫星运行速度为 3.2 km/s，如果卫

星轨道误差为 10 m，对站星径向速度观测值的最大影响为 1.6 mm/s。目前，IGS 公布的 GNSS 广播星历的精度约为 1 m，卫星钟差的精度为 5 ns(IGS，2012)。因此，卫星轨道误差对 GNSS 测速精度的影响很小。

(2)卫星速度误差的影响

卫星速度误差将通过方向余弦直接作用于站星径向速度观测值。SA 政策取消后，用广播星历计算卫星速度精度优于 1 mm/s(Luis Serrano 等，2004)。因此，卫星速度误差对 GNSS 测速精度的影响同样很小。

(3)卫星钟速误差的影响

GNSS 卫星配置的原子钟的稳定度约为 $10^{-12} \sim 10^{-13}$(王甫红等，2007)，其对站星径向速度观测值的影响量级为 0.3 ~ 0.03 mm/s。经过广播星历的钟差参数改正后，卫星钟速的残差对单站 GNSS 测速影响可忽略不计。

(4)相对论效应的影响

由于地球的运动和卫星轨道高度的变化，以及地球重力场的变化，相对论效应对卫星钟速将产生影响。对式(5.60)微分，得相对论效应改正项对卫星钟速影响的计算式为：

$$\delta \dot{t}^j = \frac{2}{c^2} e \sqrt{a\mu} \cos E \frac{\mathrm{d}E}{\mathrm{d}t} = -4.443 \times 10^{-10} e \sqrt{a} \cos E \frac{\mathrm{d}E}{\mathrm{d}t} \tag{6.69}$$

式中，e 为卫星轨道偏心率；a 为卫星轨道长半径；E 为偏近点角，$\frac{\mathrm{d}E}{\mathrm{d}t}$ 为偏近点角变化率。数据分析表明，相对论效应对卫星钟速的影响可达 0.01 ns/s，因而需要予以考虑。测速计算中可直接采用式(6.68)进行改正。

(5)接收机位置误差的影响

接收机位置误差将会导致站星方向余弦的计算误差，从而影响单站 GNSS 测速精度。和卫星轨道误差不同的是，接收机的位置误差对所有观测卫星的站星径向速度观测值均产生影响。其对站星径向速度观测值的影响概算与卫星轨道误差相同。如果接收机位置误差为 10 m，对站星径向速度观测值的最大影响约为 1.6 mm/s。SA 政策取消后，GPS 单点定位的精度可达到 20 m(刘基余，2003)，对测速精度的影响量级为 mm/s。

6.3.2 时间传递

1. 时间传递概念

时间传递是指采用特定的设备和技术方法确定并保持时间基准，并通过一定的技术手段把精确的时间信息传送给用户使用，也称为时间服务或授时服务。时间传递的方法有很多种，包括短波传递、长波传递、低频时码传递、导航卫星传递、通讯卫星传递、电话网络传递、计算机网络传递等。导航卫星时间传递方法因其精度高、空间覆盖范围广、长期稳定性好、实时性强、不易受自然环境影响、地面接收设备轻便简单等特点而被广泛推崇。GNSS 卫星系统能够实现卫星间的精确时间同步，构成了一个空基的高精度基准时间-GNSS 时(GNSST)，可以提供精确的时间信息，因而 GNSS 是一种非常好的授时工具。目前的国际协调世界时 UTC 和国际原子时 TAI 就是基于 GNSS 和卫星双向时间频率传递(TWSTFT)两种空间技术进行时间传递工作。

GNSS 时间传递方法主要有 GNSS 共视法(common view，CV)和 GNSS 单站授时法

(carrier phase, CP)两种。

2. GNSS 单站授时法

在5.4.1节已介绍，接收机钟差是GNSS接收机钟面时与标准GNSS时之差。GNSS卫星轨道数据采用的是GNSS时，将GNSS接收机与本地钟相连(即接收机采用本地钟时间)，GNSS接收机对卫星进行观测，并对观测数据进行处理，可以解算得到GNSS接收机钟面时与标准GNSS时间之间的接收机钟差，该接收机钟差即为本地钟时间与GNSS时之间的差值，用户利用这一差值即可实现时间传递，这是GNSS导航卫星单站授时法的基本原理。

本地钟时与GNSS时的关系可由下式表示

$$\mathrm{d}t_r = t_r - t_{\mathrm{GNSS}} \tag{6.70}$$

式中，t_r 为接收机钟对应的本地钟时间，GNSST为GNSS时。根据绝对定位的数据处理方法即可计算得到接收机钟差。由于提供授时的接收机坐标通常精确已知，因此理论上只需要一颗卫星就可以确定接收机钟和GNSS时之间的偏差。

单站授时的技术水平也随着GNSS定位技术的发展而不断提高，最初利用C/A码观测值进行授时。20世纪90年代末，开始采用双频P码观测值来进行授时工作。近年来，PPP技术也逐渐应用到了授时工作中。采用PPP技术进行授时的授时频率高，又因载波相位观测值的噪声小，因而授时具有很高的精度和短期稳定性。源于IGS轨道和钟差产品精度的提高，从2006年开始，国际计量局(BIPM)组织开始研究采用PPP技术来辅助用于TAI原子时的计算。

3. GNSS 共视法

早在20世纪80年代，the Common View (CV) 技术就已成为GNSS授时的主要技术(Alla n D W，1980)(G Petit and Z Jiang，2008，GPS All in View time transfer for TAI computation)。GNSS共视法并不确定接收机钟与GNSS时之间的差值，而是通过求解两个测站当地参考时间之间的差值来实现两测站参考时间之间的时间同步。在共视技术中，两个测站均需安置GNSS接收机，并对GNSS卫星进行同步观测，然后对同步观测数据进行数据处理，从而确定同一瞬间两测站本地钟之间的差值，然后在两测站之间进行观测结果传递交换和再处理，实现两测站之间的高精度时间传递。假定两测站分别为A和B，与测站A对应的本地钟时间为 t_a，与测站B对应的本地钟时间为 t_b，两站本地钟与GNSS时的差值为

$$\mathrm{d}t_{\mathrm{A}} = t_a - t_{\mathrm{GNSS}} \tag{6.71}$$

$$\mathrm{d}t_{\mathrm{B}} = t_b - t_{\mathrm{GNSS}} \tag{6.72}$$

对上述两值作差，得

$$\mathrm{d}t_{\mathrm{A}} - \mathrm{d}t_{\mathrm{B}} = (t_a - t_{\mathrm{GNSS}}) - (t_b - t_{\mathrm{GNSS}}) \tag{6.73}$$

由上式可知，共同的GNSS时被消去，因此利用上式可以计算两个本地钟之间的差值。该方法独立于GNSS时，是简单而又精确的方法。共视法的优势在于其可以消除或减弱共同误差，从而获得极其精确的相对时钟同步差。

共视法一直是BIPM各实验室之间进行时间传递的主要技术。

6.4 精密单点定位(PPP)技术简介*

6.4.1 精密单点定位基本原理

精密单点定位(Precise Point Positioning, PPP)指的是利用全球若干地面跟踪站的GNSS观测数据计算出的精密卫星轨道和卫星钟差，对单台GNSS接收机所采集的相位和伪距观测值进行定位解算，获得待定点高精度的ITRF框架坐标的一种定位方法。

GNSS精密单点定位一般采用单台双频GNSS接收机，利用IGS提供的精密星历和卫星钟差，基于载波相位观测值进行的高精度定位。观测值中的电离层延迟误差通过双频信号组合消除，对流层延迟误差通过引入未知参数进行估计。其观测方程如下：

$$l_p = \rho + c(\mathrm{d}t_r - \mathrm{d}T^i) + M \cdot zpd + \varepsilon_p \tag{6.74}$$

$$l_\phi = \rho + c(\mathrm{d}t_r - \mathrm{d}T^i) + a^i + M \cdot zpd + \varepsilon_\phi \tag{6.75}$$

式中，l_p为无电离层伪距组合观测值；l_ϕ为无电离层载波相位组合观测值(等效距离)；ρ为测站(X_r, Y_r, Z_r)与GNSS卫星(X^i, Y^i, Z^i)间的几何距离；c为光速；$\mathrm{d}t_r$为GNSS接收机钟差；$\mathrm{d}T^i$为GNSS卫星i的钟差；a^i为无电离层组合模糊度(等效距离，不具有整数特性)；M为投影函数；zpd为天顶方向对流层延迟；ε_p和ε_ϕ分别为两种组合观测值的多路径误差和观测噪声。

将l_p、l_ϕ视为观测值，测站坐标、接收机钟差、无电离层组合模糊度及对流层天顶延迟参数视为未知数X，在未知数近似值X^0处对式(6.73)和式(6.74)进行级数展开，保留至一次项，其具体的展开系数的表达式见本章第一节，误差方程矩阵形式为：

$$V = Ax - I \tag{6.76}$$

式中，V为观测值残差向量；A为设计矩阵；x为未知数增量向量；I为常数向量。

式(6.75)中A和I的计算用到的GNSS卫星钟差和轨道参数需采用IGS事后精密钟差和轨道产品内插求得。

精密单点定位计算主要过程包括：观测数据的预处理、精密星历和精密卫星钟差拟合成轨道多项式(精密单点定位中要求卫星轨道精度需达到厘米级水平，卫星钟差改正精度需达到亚ns级水平)、各项误差的模型改正及参数估计等。下面简要介绍精密单点定位的数据预处理方法和参数估计方法，各项误差的模型改正参见前文章节内容。

1. 数据预处理

精密单点定位中数据预处理的好坏直接决定其定位精度及可靠性，而数据预处理的关键就是要准确可靠地探测相位观测值中出现的周跳。非差相位观测值的周跳探测较双差相位观测值难，有些双差模式中使用的周跳探测方法在精密单点定位模式中不再适用。学者们对非差相位数据周跳的探测方法进行了大量的试验分析，结果表明TurboEdit方法(Blewitt, 1990)比较有效。在吸收TurboEdit方法的基础上，学者们对算法进行了改进，改进后的方法可有效探测出GNSS相位观测数据中出现的小周跳或L1和L2上出现相同周数的周跳。鉴于非差相位数据中周跳的修复比探测更为困难，甚至不可能准确修复。所以数据预处理一般只探测周跳，而不修复出现的周跳，对于每个出现周跳的地方增加一个新的模糊度参数。若某卫星相邻两个周跳间的有效弧段小于预先设定的阈值(阈值的大小取决于数据的采样率)，则剔除该短弧段的观测数据。

2. 参数估计方法

在静态精密单点定位中，接收机天线的位置固定不变，接收机的钟差每个历元都在变化。因此，除了相位模糊度参数和天顶对流层延迟参数(zpd)外，静态定位中每个历元还有一个钟差参数必须估计。举例来说，如果某个静态观测时段接收机以1秒的采样率采集了1小时(共3600历元)的GNSS数据，那么要解求的总未知数个数是：

➤ 3个坐标参数；

➤ 3600×1(接收机钟差)= 3600个钟差参数；

➤ N(N ≥4)个模糊度参数；

➤ 至少一个天顶对流层延迟参数。

在动态定位中，接收机天线的位置每个历元都在变化，接收机的钟差每个历元也不一样。因此，除了相位模糊度参数和天顶对流层延迟参数(zpd)外，动态定位中每个历元还有四个必须估计的参数(三个位置参数和一个钟差参数)。举例来说，如果某个动态接收机以1秒的采样率采集了1个小时(共3600历元)的动态GNSS数据，那么要解求的总未知数个数是：

➤ 3600×4(3个站坐标+1个接收机钟差)= 14400个(站坐标和钟差参数)；

➤ N(N≥4)个模糊度参数；

➤ 至少一个天顶对流层延迟参数。

目前，精密单点定位的参数估计方法主要有两种：一种是Kalman滤波。Kalman滤波方法在动态定位中应用较为广泛，计算效率高。但是采用Kalman滤波方法，如果先验信息给得不合适，往往容易造成滤波发散，定位结果会严重偏离真值。另外一种就是最小二乘法，在最小二乘法中又有两种估计方法，下面主要介绍最小二乘估计方法：

(1)序贯最小二乘估计方法

设待估参数作为带权观测值并设其先验权矩阵为 $\boldsymbol{P}^0$，则由式(6.75)按最小二乘平差方法可求解未知数为：

$$\boldsymbol{x} = (\boldsymbol{P}^0 + \boldsymbol{A}^{\mathrm{T}}\boldsymbol{P}\boldsymbol{A})^{-1}\boldsymbol{A}^{\mathrm{T}}\boldsymbol{P}\boldsymbol{l} \tag{6.77}$$

由此可得到被估计参数为：

$$\boldsymbol{X} = \boldsymbol{X}^0 + \boldsymbol{x} \tag{6.78}$$

未知数的协因数阵为：

$$\boldsymbol{Q}_{xx} = (\boldsymbol{P}^0 + \boldsymbol{A}^{\mathrm{T}}\boldsymbol{P}\boldsymbol{A})^{-1} \tag{6.79}$$

式(6.76)的求解采用的是一种高效序贯滤波算法，迭代过程中需要考虑相邻观测历元间的参数在状态空间的变化情况，并用合适的随机过程来自适应地更新参数的权矩阵。若用下标 i 表示历元号，在序贯滤波中将上一历元参数的估计值作为当前历元的初始值，即 $\boldsymbol{X}_i^0 = \boldsymbol{X}_{i-1}$。

设第 i 历元和第 i-1 历元间隔 Δt，那么第 i 历元参数的先验权矩阵为：

$$\boldsymbol{P}_i^0 = (Q_{xx} + Q_{\Delta t})^{-1} \tag{6.80}$$

式中，

$$Q_{\Delta t}=\begin{bmatrix} q(x)_{\Delta t} & 0 & 0 & 0 & 0 & 0 \\ 0 & q(y)_{\Delta t} & 0 & 0 & 0 & 0 \\ 0 & 0 & q(z)_{\Delta t} & 0 & 0 & 0 \\ 0 & 0 & 0 & q(dt)_{\Delta t} & 0 & 0 \\ 0 & 0 & 0 & 0 & q(z)_{\Delta t} & 0 \\ 0 & 0 & 0 & 0 & 0 & q(N^j,(j=1,n))_{\Delta t} \end{bmatrix} \tag{6.81}$$

在没有发生周跳的情况下，模糊度参数是常数，故 $q(N^j,(j=1,n))_{\Delta t}=0$；对于 $q(x)_{\Delta t}$，$q(y)_{\Delta t}$，$q(z)_{\Delta t}$，应根据测站的运动情况来确定；接收机钟差的过程噪声通常视为白噪声，对流层天顶延迟误差可用随机游走方法进行估计。

(2)最小二乘参数消元法

对上述一个小时的动态 GNSS 数据，采用最小二乘法进行精密单点定位解算，待估参数将超过 14400 个。可以想象，使用常规的最小二乘方法，用 PC 机要完成如此大型的法方程组成并求解几乎没有可能。即使我们采用相当优化的矩阵存取和矩阵运算算法，耗时也会相当长，可能是以天来计算。若采用大型工作站计算就另当别论了，但大部分 GNSS 用户还是习惯或喜欢使用 PC 机来处理 GNSS 数据。而经典最小二乘中的参数消元法可以极大地提高法方程的解算效率。其核心思想是分类处理不同的参数，在 GNSS 精密单点定位的数学模型中有四类参数：测站的位置、接收机钟差、对流层天顶延迟以及组合后的相位模糊度参数。动态定位中站坐标参数随着时间而发生变化，这主要取决于观测时接收机天线的运动状态，比如有些情况下站坐标变化数米每秒，有些情况下接收机天线位置变化每秒达几公里(如低轨卫星上 GNSS 接收机)。接收机钟的漂移主要取决于钟的质量，比如石英钟的频率稳定性约为 10^{-10}。相对来说，天顶对流层延迟参数在短时间内变化量相对较小，一般为几厘米每小时。而对于组合模糊度参数，若不发生周跳，组合模糊度参数为常数。因此，对于随历元时间变化的参数可以通过消元的办法将这些参数先从法方程中消去，只计算不随历元时间变化的参数，然后将计算结果回代到原观测方程，再逐历元计算随历元时间变化的参数，这样就大大降低了法矩阵的维数。

6.4.2 精密单点定位主要误差源及其改正模型

GNSS 精密单点定位中使用非差观测值，没有组成差分观测值。所以 GNSS 定位中的所有误差项都必须考虑，具体的误差项请参见第五章。目前主要通过两种途径来处理非差观测值误差。

①对于能精确模型化的误差采用模型改正，比如卫星天线相位中心的改正，各种潮汐的影响，相对论效应等都可以采用现有的模型精确改正。

②对于不能精确模型化的误差加参数进行估计或使用组合观测值。比如对流层天顶湿延迟，目前还难以用模型精确模拟，可加参数对其进行估计；而电离层延迟误差可采用双频组合观测值来消除低阶项。

6.4.3 精密单点定位的技术优势

GNSS 精密单点定位技术单机作业，灵活机动，作业不受作用距离的限制。它集成了标准单点定位和差分定位的优点，克服了各自的缺点，它的出现改变了以往只能使用双差定位模式才能达到较高定位精度的现状，较传统的差分定位技术具有显著的技术优势。

首先，随着国家真三维基础地理空间基准的建立，不管是动态用户还是传统的静态用户，都希望实现在ITRF框架下的高精度的定位。过去广大GNSS用户要通过使用Gamit，Bernese等高精度静态处理软件，并同IGS永久跟踪站进行较长时间的联测方能获取高精度的ITRF起算坐标。但对很多生产单位的技术人员来讲，要熟练掌握上述高精度软件的处理并非易事。而现在的商用相对定位软件只能处理几十公里以内的基线。采用精密单点定位技术就可以解决这些问题。IGS有多个不同的数据处理中心，每天处理全球几十个甚至几百个永久GNSS跟踪站的数据，计算并发布高精度的卫星轨道和卫星钟差产品。也就是说大量复杂的GNSS数据处理已经交给IGS数据处理中心的专业人员处理，而广大的GNSS普通用户可直接利用IGS的产品，基于精密单点定位技术就可以实现在ITRF框架下的高精度定位。

其次，采用精密单点定位技术可以节约用户购买接收机的成本，用户使用单台接收机就可以实现高精度的动态和静态定位，也可以提高GNSS作业效率。Galileo系统的建成以及我国二代卫星导航定位系统的实现，将为精密单点定位技术提供更多的可用卫星。这将显著提高精密单点定位的可靠性和精度。其原因是精密单点定位同标准单点定位一样，定位误差同卫星几何图形强度有关(PDOP)。上述系统建成后，空中的可用卫星几乎成倍增加，几何图形强度将大大提高。此外，由于精密单点定位基于非差模型，没有在卫星间求差，所以在多系统(GPS；Galileo；GLONASS等)组合定位中，其处理要比双差模型简单。没有在观测值间求差，模型中保留了所有的信息，这对于从事大气、潮汐等相关领域的研究也具有优势。

6.4.4　精密单点定位中的坐标框架

精密单点定位采用IGS精密星历(事后精密星历或快速精密星历)，所以精密单点定位解算出的坐标是基于所使用的IGS精密星历的坐标框架(ITRF框架系列)的，而非各GNSS广播星历所用的坐标系统(IGS精密星历与GNSS广播星历所对应的参考框架不同)。另外，不同时期IGS精密星历所使用的ITRF框架也不同，所以在进行精密单点定位数据处理时，需要明确所用精密星历对应的参考框架和历元，并通过框架和历元的转换公式进行统一。

6.4.5　精密单点定位技术的应用前景

随着人们对地理空间数据需求的不断增长，航空动态测量技术(包括航空重力测量、航空摄影测量，以及航空LiDAR和机载InSAR等)逐步得到越来越多人的关注，其高效的作业方式是地面常规测量手段无法相比的。在航空动态测量中，GNSS动态定位扮演着关键角色。目前航空动态测量中的GNSS定位一般都采用传统的双差模型，基于OTF等方法解算双差模糊度，进行动态基线处理。大部分的商用动态处理软件也都采用类似的方法。为了保证动态基线解算的可靠性和精度，进行航空测量时往往要求地面布设有一定密度(30～50km)的GNSS基准站，这将大大增加人力、物力和财力的投入。但是对于一些难以到达的地区，根本无法保证足够密度的基准站，甚至找不到近距离的基准站。此时的动态基线长度可能达几百公里，甚至上千公里，OTF 方法不再适用，必须寻求新的解决方法。

精密单点定位技术的出现，为我们进行长距离高精度的事后动态定位提供了新的解决方案。精密单点定位可以实现亚分米级的飞机动态定位，能在不需要地面基准站的条件下达到双差固定解相当的精度水平。我国地域辽阔，一旦开展航空测量(包括航空重力、航空摄影、航空 LiDAR 等)，采用精密单点定位技术实现无地面控制点的航空测量，可以大大地节约成本。结合 INS 等技术可以实现真正无地面控制的航空测量，应用潜力巨大。

此外，精密单点定位技术还可应用于：①高精度静态定位；②精密时间确定和时间传递；③对流层参数估计等。我们也可以基于 IGS 预报星历或广播星历实现同 RTD 或广域差分 GNSS 精度(米级)相当的动态实时定位，可以满足米级实时定位用户的需求。

精密单点定位通过处理单台 GNSS 接收机的非差伪距与相位观测值，可实现毫米级到厘米级的单点静态定位和厘米级到分米级的动态单点定位，直接得到 ITRF 框架坐标，无需地面基准站的支持，不受作用距离的限制，可广泛应用于车船飞机等载体的动态定位、精密授时、对流层参数估计。精密单点定位技术具有单机作业，灵活机动等优点，不仅大大节约用户成本，定位精度也不受作用距离的限制，在全球范围内，利用单台接收机可实现高精度的定位和测时，可广泛应用于测绘、航空、交通、水利、电力、国土、农业、规划、海洋、石油物探等国民经济建设的诸多部门。

第7章 差分(相对)定位

通过前面章节的学习可知：GNSS定位的精度，受到诸多因素的影响，尽管可以通过模型改正加以消除或减弱，但其残差误差的影响仍然很严重。为了提高定位精度，通过在观测值间求差的办法，可有效消除了参考站与流动站间的公共相关误差，实现了高精度的相对定位，因此称为差分(相对)定位或差分GNSS简称DGNSS(Differential GNSS)。

7.1 差分(相对)定位概论

7.1.1 基本概念

差分定位指使用两台以上的GNSS接收机作同步观测，其最基本情况是使用两台GNSS接收机，分别安置在两个测站上，并同步观测相同的GNSS卫星，如图7.1所示，以确定测站T1和T2在地固地心坐标系中的相对位置或坐标差(dx，dy，dz)，T1-T2称为基线，坐标差称为基线向量。如果使用多台GNSS接收机安置在若干条基线上时，同步观测GNSS卫星，可以同步确定多条基线的基线向量(黄丁发，熊永良，周乐韬等，2009)。

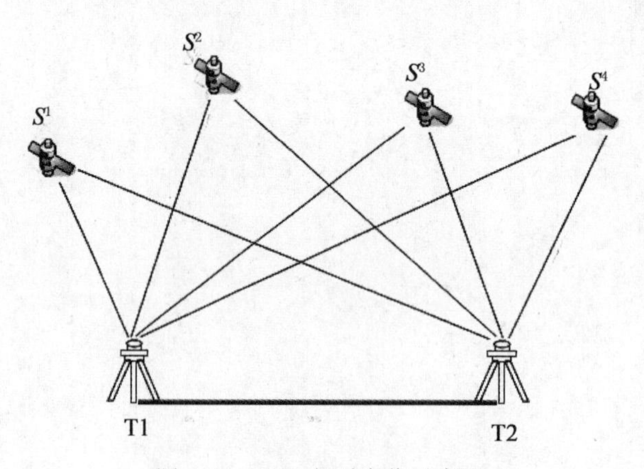

图7.1 GNSS相对定位示意图

在差分定位中，至少选一个测站为参考站，参考站的坐标通常设定为已知值，图7.1中，如果将T1设为**基准站或参考站**，则所获得的基线向量即为流动站T2相对于T1的坐标差，又称**相对定位**。根据求差的对象不同，差分定位可分为位置域和观测值域差分两种，前者算法简单但精度低，应用较少；后者理论模型复杂、精度高、应用广泛。

7.1.2 差分定位的分类

根据基准站的布设数量和布设范围可分为单基准站差分、局域差分、广域差分。单基准站是指仅通过一个基准站来确定差分改正数的差分定位方式，是最简单的差分定位方式。一般应用于精度要求较高但相对较小的区域，且单基站差分定位精度会随着基线长度的增长而降低。为了使差分改正的服务范围进一步扩大，逐渐产生了布设多个基准站的差分定位方式，随之差分改正算法也进一步改进。

局域差分 GNSS 是通过布设 3 个以上的基准站确定用户改正信息的差分 GNSS 定位方式，其系统覆盖区域站间距可达 70 ~ 100 km。广域差分 GNSS 则是在更为广阔的区域布设站网稀疏的多个基准站，实现服务区域更为广阔的差分定位。由于基准站和流动站之间的距离较远，必须采用更为先进的改正数计算方式。需要注意的是，如何根据距离来划分局域差分和广域差分，目前并没有明确的标准。许多文献中，常根据差分改正数的计算方式对两者进行区分。

根据改正数计算方式可分为坐标域改正、距离(观测值域)改正、空间状态域改正。坐标改正将采用 GNSS 观测值计算的参考站坐标值与其已知坐标值相减，得到坐标改正值 Δx、Δy、Δz 或 Δb、Δl、Δh，发送给流动站用户。距离改正将基准站观测值与已知卫星坐标至基准站已知坐标的距离作差，将差值发送给流动站，用于对流动站的观测值进行改正。空间状态域改正则是利用多个参考站的观测值来估计服务区域内各类误差随空间和时间变化的改正量或改正参数，并将这些改正的信息发布给用户，用户根据所处的位置和时间状态计算各类误差改正数，进行相应改正。空间状态域改正是广域差分所采用的改正方式。

(1)单基准站差分 GNSS

单基准站是指仅通过一个基准站来确定差分改正数，并且改正数将所有误差源的影响合并为一个值播发给用户。由于仅采用一个基准站，布设相对简单。通常单基准站差分，用户和基准站的距离不大于 15 km。单基准站差分 GNSS 由基准站、数据通信链、用户组成。如果是事后处理，就不需要数据通信链，将数据下载到计算机上处理即可。

- 基准站需要满足以下条件：精确已知三维地心坐标、接收机能跟踪视场中所有卫星、位于地质条件良好和点位稳定的地方、视野开阔、周围无高度角超过 10°的障碍物、周围无较强的信号反射物(如大面积水域、大型建筑物等)、可方便地播发或传送差分改正信号、配备计算差分改正数并将改正数进行编码的硬件和软件(李征航，2010)。
- 数据通信链由信号调制编码器、信号发射器、信号接收器、信号解调器等部件以及相应软件组成，其功能是将差分改正信号传送至用户端。对于单基准站差分 GNSS，可通过 VHF、UHF 无线电台来播发差分改正信号，也可选择广播电视台中的空闲信号部分作为数据通信链路来发射差分改正信号。
- 用户：用户根据需要选择合适的接收机，单频或双频均可。需要注意的是，用户不仅要接收来自 GNSS 卫星发送的信号，还要接收基准站发送的差分改正信息，因此用户端还需要配备差分改正信号接收装置、信号解调器、计算软件及相应的接口。

单基准站差分 GNSS 技术对硬件软件要求不高、维持费用较低、结构和算法简单、技术较为成熟、特别适用于小范围的差分定位工作。但由于仅存在一个基准站，单基准站差分也存在明显的缺陷。当基准站与用户站距离增大时，基准站和流动站之间的误差相关性将减弱，除对流层误差在地形类似情况下相差不大外，卫星星历误差和电离层的影响对两者明显不同(陈俊勇，1996)，从而使定位精度迅速下降。另外，当基准站或信号发射出现故障时，整个系统就将无法运行，因而系统可靠性较差(李征航，2010)。

(2)局域差分 GNSS

为了将差分 GNSS 的服务范围扩大，沿服务区周围布设 3 个以上的基准站，利用多个基准站的信息联合计算用户的改正数，这种定位模式称为局域差分 GNSS。用户需要根据各个基准站的差分改正数计算对应于用户的最优差分改正数来改善用户定位的精度。

局域差分 GNSS 由多个基准站、数据通信链和用户组成。

- 基准站：各基准站独立进行观测，分别计算差分改正数并向外播发，但对改正数的类型，信号的内容、结构、格式及各站的标识符等作统一规定。
- 数据通信链：采用长波和中波无线电通信。
- 用户：用户接收卫星信号和多个基准站发送的差分改正数信息，并按照某种算法对来自多个基准站的改正信息(坐标改正数或距离改正数)进行平差计算，以求得综合的差分改正数，并利用差分改正数和 GNSS 观测值进行定位。差分改正数计算可采用的算法主要有加权平均法、偏导数法、最小方差法等。

由于布设了多个基准站，整个系统可靠性有较大的提高。当个别基准站出现故障时，整个系统仍能维持运行。系统的服务范围和精度也有较大提高，作用距离可增加至 600 km，定位精度提高到 3 ~ 5m(李征航，2010)。局域差分 GNSS 通常采用坐标差分或距离差分的方式，是将各种误差源的影响合并在一起考虑的。这些误差源有部分误差会受到基准站至用户距离变化的影响，例如对流层误差、电离层误差，这些误差随着空间距离的增大，相关性会逐步减弱。因此，当用户至基准站的距离增大到一定程度时，与空间相关性有关的误差在基准站端和用户端的差异将会十分明显，无法再视为共同误差。此时仍采用坐标差分或距离差分的方式，差分定位的效果将大大削弱。因此，局域差分 GNSS 也较为明显地受到用户与基准站之间距离的限制。应用于较大范围的导航定位，如船舶的导航定位(李征航，2010)。

(3)广域差分 GNSS

当服务范围要求很大时，若采用区域差分 GNSS 的方式布设基准站，数量会非常多，大大增加建设和维护费用，并且恶劣条件地区无法布设永久性的基准站。为了解决这一问题，人们开始思考如何仅通过建立少量的基准站达到区域差分 GNSS 布设大量基准站才能达到的精度，从而促发了广域差分 GNSS 的出现。广域差分 GNSS 即试图通过在大区域布设少量的基准站，达到采用区域 GNSS 需在同一区域布设大量参考站才能达到的米级精度。由于基准站数量少，要求基准站发布的改正数的有效作用距离更远，因此，基准站必须采用不同的数据处理策略，采用更优的改正方式或改正数。广域差分 GNSS 所采取的方法是将总的误差按误差源分为若干类，估计每一类误差在整个区域的变化情况，而不仅仅是估计基准站所处位置的误差。利用这种误差改正方法能有效地提高差分改正的精度，且改正范围基本与用户离基准站的距离无关(仅受数据通信链的限制)。对于全天候大范围的服务应用，常采用广域差分 GNSS 定位方式。

广域差分 GNSS 包括基准站网，一个或多个中心处理站，一个数据传输器为用户提供改正值。每个基准站都安置一个或多个接收机，接收所有可视卫星的观测值。这些数据传输给中心处理站，中心处理站对这些原始数据进行处理，计算卫星精密星历和精密钟差，以及服务区域内对流层模型和电离层模型等。

广域差分 GNSS 由主站、基准站、数据处理中心、数据通信链、用户组成。

- 基准站。基准站的数量视覆盖面积及用途而定。广域差分由于需要计算更为精确的改正数，因此配备的设备往往需要更为先进和全面，GNSS 接收机可选择双频接收机并配备原子钟，还可配备自动气象仪等。基准站负责采集 GNSS 原始观测数据以及气象数据等，并将各类数据传送给主站。
- 主站。根据各基准站的 GNSS 观测量，以及各基准站的已知坐标，计算 GNSS 卫星星历的修正量、时钟修正量及电离层的时延参数。并将这些修正量和参数，通过适当的传输方式，实时地发送给用户。
- 数据通信链。包括两个部分，一是基准站、监测站、数据处理中心等固定站间的数据通信链；二是系统与用户之间的数据通信链。固定站间的数据通信一般可通过计算机网络和其他公用通信网(如电话网、VSAT 等)进行。系统与用户间的数据通信则采用卫星通信、短波广播、长波广播和电视广播等方式进行，因数据面大，且覆盖面要求较广，常用长波和卫星通信(李征航，2010)。
- 用户。接收 GNSS 观测数据和来自主站的差分改正信息，利用正确的卫星星历、大气延迟模型和卫星钟差进行单点定位。

广域差分 GNSS 的优点：①覆盖距离更远；②提高了定位精度，定位误差基本上与用户至基准站的距离无关，作用范围可以扩展到远洋、沙漠等地区。缺点是：需要较好的硬件和通信设备，运行和维护费用相对较高。

(4)增强系统 WAAS 和 LAAS

WAAS：WAAS 为 Wide Area Augmentation System 的缩写，称为广域增强系统。广域增强系统是广域差分 GNSS 的进一步扩展或增强，系统通过将差分改正信号经由地球同步卫星转发给用户的方式很好地解决了广域差分 GNSS 的数据通信问题，提高了广域差分 GNSS 技术的可用性和精度。

广域增强系统由基准站、主站、地球同步卫星和用户组成。主站兼有基准站的功能，同时也是系统的数据处理中心，主要完成对基准站数据的收集、误差模型建立、完好性综合处理、增强信息发布及对基准站的状态监测与控制等。中心站将处理后的数据通过上行注入设备以 C 频段信号发送给地球同步卫星，同步卫星形成 L 频段导航信号播发给用户。同步卫星发送给用户的信号也采用 L1 作为载波，在载波上同样调制 C/A 码，并将自己的卫星星历和差分改正信息当做导航电文转发给用户。具有差分处理功能的用户接收机是系统的应用终端，除具有一般 GNSS 接收机功能，还应具有差分信息接收处理功能。目前，市场上典型的 GNSS 接收机都具有差分信息处理功能，并设有标准的差分数据输入接口，符合 RTCM- 104 格式要求。

广域增强差分导航系统在广域差分的基础上增加了可观测卫星，增加了可观测卫星显然可以提高导航精度，但更重要的是增加了系统的可用性，即因 GNSS 卫星的几何分布或个别卫星工作不正常而导致可测卫星数少于 4 时，加上增强的卫星仍然可以满足导航解算对可测卫星数不少于 4 颗的要求。

该系统具有下列优点：第一，由于同步卫星所发射的卫星信号与 GNSS 卫星的卫星信号相同，故用户只需用 GNSS 接收机即可接收到差分改正信息，无需配备其他装置，而且同步卫星所发射的信号具有很大的覆盖面，从而较好地解决了数据通信问题。第二，同步卫星也可作为 GNSS 卫星来使用，提高了 GNSS 导航的精度和可靠性，这就是所谓的空基伪卫星技术(李征航，2010)。如果增加覆盖全球的广域增强系统，使它成为全球通用的主要无线电导航手段，就可以形成完整的星基增强系统(SBAS)。

美国联邦航空局(FAA)于 1992 年提出了 WAAS，于 2003 年 7 月正式投入了运行。该系统由 2 个主站、25 个基准站以及 4 颗海事卫星(Inmarsat)组成(目前启用 2 颗海事卫星运行，主要覆盖美国本土)，主要用于为民航飞行和最终着陆阶段的飞行提供精确的导航信息。在美国开始建设 WAAS 后，全球其他国家或地区也纷纷建设了各自独立的广域增强系统，如欧洲的 EGNOS 系统、日本的 MSAS 系统和天顶星系统(QZSS)、我国的卫星导航增强系统(SNAS)以及印度的 GAGAN 系统等(Interoperation and integration of Satellite Based Augmentation Systems)。

LAAS：LAAS 为 Local Area Augmentation System 的缩写，称为局域增强系统。局域增强系统是指在需要进行高精度 GNSS 定位的局部区域周围建立若干个地基伪卫星，地基伪卫星和 WAAS 中的同步卫星一样可发射 GNSS 卫星信号和差分改正信号，用户仅需利用 GNSS 接收机就能接收上述信号，从而极大改善导航定位的精度和可靠性(李征航，2010)。

局域增强系统由主站、地面基准站、地基伪卫星、用户组成。地基伪卫星实际也为地面站，因其能发射 GNSS 卫星信号而称为地基伪卫星。地基伪卫星的布设本质上增加了用户可视卫星个数，增强了用户定位的几何结构。

7.2　差分定位的方法

7.2.1　坐标(位置)域差分

坐标域差分，是向用户发布坐标差值作为差分改正数的一种差分改正方式，称为坐标差分改正数(Δx，Δy，Δz)，坐标差改正数为基准站的已知坐标与其实测坐标之差。用户接收机接收来自基准站接收机的坐标差分改正数，采用单点(绝对)定位方式计算用户三维坐标(x，y，z)，并利用改正数对其测定的三维坐标(x，y，z)进行改正，进而求得用户精确坐标。改正后的坐标如下：

$$\begin{cases} x_{corr} = x + \Delta x \\ y_{corr} = y + \Delta y \\ z_{corr} = z + \Delta z \end{cases} \tag{7.1}$$

顾及用户坐标改正数因数据传输产生的瞬时变化，则观测方程可写为：

$$\begin{cases} x_{corr} = x + \Delta x + \frac{d\Delta x}{dt}(t - t_0) \\ y_{corr} = y + \Delta y + \frac{d\Delta y}{dt}(t - t_0) \\ z_{corr} = z + \Delta z + \frac{d\Delta z}{dt}(t - t_0) \end{cases} \tag{7.2}$$

式中：$\frac{d\Delta x}{dt}$，$\frac{d\Delta y}{dt}$，$\frac{d\Delta z}{dt}$ 为坐标差分改正数变化率，t_0 为基准站生成改正数的时刻，t 为流动站接收改正数的时刻；x_{corr}，y_{corr}，z_{corr} 为经过差分改正的用户三维坐标。

采用坐标差分方式计算较为简单，数据传输量也较少，适用于各种 GNSS 接收机。经过坐标差分改正的用户坐标中消去了基准站与用户站的共同误差，例如卫星轨道误差、SA 影响、大气影响等。但是由于定位坐标需要多颗卫星来确定，不同的卫星组合所造成的误差引起的坐标偏移量是不相同的。只有基准站接收机所采用的卫星组合与接收机组合相同时，利用基准站播发的改正数进行改正才是合理的。然而基准站上配备的接收机通常通道数较多，能同时跟踪视场中所有 GNSS 卫星，而用户则大多配备通道数较少的导航型接收机。当视场中的 GNSS 卫星较多时，基准站所采用的卫星组合的卫星数通常多于用户的卫星组合的卫星数。此时，将影响定位改正的精度(李征航，2010)。并且当距离较长时，观测同一组卫星的要求很难满足。坐标差分只适用于基准站与用户站相距 100 km 以内的情况。

7.2.2 观测值(距离)域差分

观测值(距离)差分是目前应用最为广泛的一种差分定位技术。在基准站上利用已知的坐标及卫星星历所确定的卫星位置求出站星间的距离，将其与含有误差的伪距观测值进行比较，求得伪距差分改正数传输给用户，用户接收伪距差分改正数并对用户伪距观测值进行相应改正。

改正后的观测值可表示为下式形式：

$$P_{corr} = P + V + \frac{dV}{dt}(t - t_0) \tag{7.3}$$

其中：伪距由真实卫地距离 ρ 和误差组成，将误差分为三部分，与卫星有关的误差 $\Delta\rho^s$，与用户接收机有关的误差 $\Delta\rho_r$，与用户至卫星传播路径有关的误差 $\Delta\rho_r^s$。V 为观测值(距离)改正数，$\rho = P + V$；从而伪距观测值可写为：

$$P = \rho + \Delta\rho^s + \Delta\rho_r + \Delta\rho_r^s + \varepsilon_r \tag{7.4}$$

基准站发送的距离改正数由站星的距离与含有误差的距离观测值作差计算得到，同样将距离改正数分为三部分，与卫星有关的误差 V^s，与基准站接收机有关的误差 V_r，与基准站至卫星传播路径有关的误差 V_r^s。距离改正数可写为：

$$V + \frac{dV}{dt}(t - t_0) = V^s + V_r + V_r^s - \varepsilon_u \tag{7.5}$$

对用户观测值进行距离差分改正，得

$$P_{corr} = P + V + \frac{dV}{dt}(t - t_0) = \rho + (\Delta\rho^s + V^s) + (\Delta\rho_r + V_r) + (\Delta\rho_r^s + V_r^s) + (\varepsilon_u - \varepsilon_r) \tag{7.6}$$

卫星相关的误差可以完全消除；当基准站与流动站的距离较近时，卫星传播相关的误差将有很强的相关性，与空间有关的误差也被消除。此时：

$$P_{corr} = P + V + \frac{\mathrm{d}V}{\mathrm{d}t}(t - t_0) = \rho + (\Delta\rho_r + V_r) + (\varepsilon_u - \varepsilon_r) \tag{7.7}$$

因此，经过改正后的伪距仅存在接收机钟差和接收机硬件延迟的影响。此时，观测方程可写为：

$$P_{corr} = \sqrt{(x^s - x)^2 + (y^s - y)^2 + (z^s - z)^2} + c(\Delta \mathrm{d}t_r + \Delta b_r) + \varepsilon_{ur} \tag{7.8}$$

式中，$\Delta \mathrm{d}t_r = \mathrm{d}t_{r,u} - \mathrm{d}t_{r,r}$，$\Delta b_r = b_{r,u} - b_{r,r}$，表示由基准站与用户两端的多路径和接收机噪声所引起的测量误差。定位数据处理时可将（$\Delta \mathrm{d}t_r + \Delta b_{ur}$）作为一个参数求解，也可在基准站和流动站各自绝对定位过程中作为未知参数分别解出(李征航，2010)，此时：

$$P_{corr} = \sqrt{(x^s - x)^2 + (y^s - y)^2 + (z^s - z)^2} + c(\mathrm{d}t_r + b_r) + \varepsilon_{ur} \tag{7.9}$$

仅将（$dt_r + b_r$）作为参数求解。基准站发射改正数时需要对将进行的发射误差和延迟检核，可采用载波相位滤波来减少接收机相关的误差水平，如测量噪声和多路径。

7.2.3　广域差分

广域差分改正时，所提供的改正数并不是观测值误差的综合影响值，而是根据不同误差来源分类计算得到的差分改正数。基准站对观测数据进行处理，对各项误差加以分离，建立各自的改正模型，将每一误差源的数值通过数据链传输给用户站，改正用户站的GNSS定位误差。误差源模型主要包括电离层模型、对流层模型、卫星星历误差模型和卫星钟差模型等。

用户定位时，采用主站提供的区域电离层模型和区域对流层模型分别计算电离层改正量和对流层改正量，同时不再采用导航电文提供的星历和卫星钟差系数来计算卫星位置和卫星钟差，而是利用基准站区域精密定轨确定的精密星历来计算卫星位置(其中精密星历通常用广播星历及相应的改正数来表示以节省播发的数据量)，利用基准站提供的精密卫星钟差信息改正卫星钟误差。观测方程如下：

$$P_{corr} = P + V_I + V_T + V_{\mathrm{d}t^s} + \cdots \tag{7.10}$$

式中，V_I为电离层改正量，V_T为对流层改正量，$V_{\mathrm{d}t^s}$卫星钟差改正数。

7.3　差分改正数计算

7.3.1　坐标差分改正数计算

坐标差分改正计算的数学模型非常简单。基准站上的接收机对GNSS卫星进行观测，确定出基准站的观测坐标，将基准站的已知坐标与观测坐标作差即得到位置改正数。其计算公式如下：

$$\begin{cases} \Delta x = x_{ref} - x_{obs} \\ \Delta y = y_{ref} - y_{obs} \\ \Delta z = z_{ref} - z_{obs} \end{cases} \tag{7.11}$$

式中：x_{obs}，y_{obs}，z_{obs} 为基准接收机所测得的基准站三维坐标；x_{ref}，y_{ref}，z_{ref} 为基准站在WGS-84世界大地坐标系内的已知三维坐标。若基准站的已知三维坐标是属于地方大地坐标系，则需要进行坐标变换，才可算得位置校正值。

采用坐标差分的特点如下：

①基准站只需向动态用户发送三个差分GNSS数据（Δx，Δy，Δz），易于实施差分GNSS数据传输；

②基准站和流动站必须观测同一组可视GNSS卫星，才能够高精度地测得流动站三维坐标；

③有效距离通常在100 km以内。

坐标差在很大程度上代表了测量时间内基准站坐标与流动站坐标解算值的共同误差，因而用户可采用这些差值来改正用户坐标的单独解算值。采用这种方式进行差分定位，数据处理、数据传输以及组织实施都极为简单。但采用坐标差分同样也存在不少缺陷。首先，其要求所有接收机测量得到同一组卫星的伪距观测值，以保证共同的误差存在。因此，用户接收机必须根据基准站的观测值来调整所选择观测的卫星；或者基准站能计算所有可见卫星组合的坐标改正数，供用户选择。当可视卫星达到8颗以上时，采用第二种方式的卫星组合数量将非常庞大(四颗卫星就有80种以上的组合)。其次，当用户和基准站采用不同解算方式进行解算时将产生解的不稳定性。由于坐标改正方式存在这些缺点，因而目前的差分GNSS系统中很少采用这种方法。

7.3.2 距离差分改正数计算

基准站向流动站发送的改正数为观测值的改正数，包括：测码伪距观测值改正和载波相位观测值改正两种改正。伪距修正量包含星历误差、卫星钟差、大气传播误差等误差的综合影响。相比于坐标差分，距离差分改正计算的数学模型较复杂、差分数据的数据量较多，但基准站与流动站不要求观测完全相同的一组卫星。

目前的单基准站差分GNSS系统和多基准站局域差分GNSS系统，也很少采用坐标差分的方式，而更多的是采用距离改正的方式。

设 x_{ref}，y_{ref}，z_{ref} 为基准站坐标，(x^s，y^s，z^s) 为第 i 颗GNSS卫星的坐标。基准站至卫星之间的距离为：

$$\rho^s_{ref} = \sqrt{(x^s - x_{ref})^2 + (y^s - y_{ref})^2 + (z^s - z_{ref})^2} \tag{7.12}$$

考虑到各种误差，基准站至第 i 颗卫星的伪距观测值可以表示为：

$$P^s_{ref} = \rho^s_{ref} + c(\mathrm{d}t^s - \mathrm{d}t_r) + \mathrm{d}\rho^s_r + I^s + T^s \tag{7.13}$$

式中，$\mathrm{d}t^s$ 为卫星钟差，$\mathrm{d}t_r$ 为接收机钟差，I^s 为电离层误差，T^s 为对流层误差，$\mathrm{d}\rho^s_r$ 为星历误差。

将基准站至卫星的距离与伪距观测值作差，得到差分改正数(播发的改正数应进行修正，除去基准站接收机误差和卫星钟误差的影响)：

$$V = \rho^s_{ref} - P^s_{ref} = -c(\mathrm{d}t^s - \mathrm{d}t_r) - \mathrm{d}\rho^s_r - I^s - T^s \tag{7.14}$$

上式即为播发改正数的形式，该改正数可正可负。除计算观测值改正数外，还需要计算观测值变化率改正数 $\frac{\mathrm{d}V}{\mathrm{d}t}$。

7.3.3　局域差分改正数计算*

多基准站局域差分 GNSS 可采用坐标差分或距离差分的方式进行差分改正数的计算。但是由于存在多个基准站，需要将各个基准站计算得到的改正数进行综合，计算出一组对应于用户位置的最优改正数，发送给用户用以改正。

综合计算时，主要将用户与各基准站的相对位置关系作为考虑因素，计算的方法有多种，如加权平均法、偏导数法、最小方差法等。

(1)加权平均法

采用这种方法时，用户将来自各基准站的改正数的加权平均值作为自己的改正数。权根据用户与基准站的距离成反比的原则计算，计算公式如下：

$$P_j = \frac{u}{D_j} \tag{7.15}$$

从而得到用户改正数的计算式：

$$V_u = [P_j V_j]/[P_j] \tag{7.16}$$

(2)偏导数法

采用这种方法时，首先选定一个基准站的改正数作为参考改正数，然后以变化率 $\partial V/\partial L$ 及 $\partial V/\partial B$ 作为未知数，根据其余基准站相对该基准站的相对位置列立方程，方程式如下：

$$\begin{cases} V_2 = V_1 + \dfrac{\partial V}{\partial L}(L_2 - L_1) + \dfrac{\partial V}{\partial B}(B_2 - B_1) \\ V_2 = V_1 + \dfrac{\partial V}{\partial L}(L_3 - L_1) + \dfrac{\partial V}{\partial B}(B_3 - B_1) \\ \cdots\cdots \end{cases} \tag{7.17}$$

式中，V_j 表示第 j 个基准站发布的差分改正数，L_j、B_j 分别表示第 j 个基准站的经度和纬度。显然，采用偏导数法进行二维定位时，局域差分 GNSS 系统至少需要 3 个基准站。求得变化率 $\partial V/\partial L$ 及 $\partial V/\partial B$ 后，即可根据用户的近似坐标(L_u，B_u)计算用户处的改正数 V_u：

$$V_u = V_1 + \frac{\partial V}{\partial L}(L_u - L_1) + \frac{\partial V}{\partial B}(B_u - B_1) \tag{7.18}$$

近似坐标(L_u，B_u)可采用标准单点定位解算得到。当覆盖区域较大时，也可将上述公式扩充至二阶偏导数。上述公式主要用于海上船舶的导航定位。若基站站间的高差很大时，还应考虑引入 $\dfrac{\partial V}{\partial H}$ 项。

7.3.4　广域差分改正数计算*

广域差分改正的方法与距离差分改正一样，也需要利用改正数对观测值进行改正。但广域差分改正方法并不是发送单一的伪距和伪距变化率，而是将误差源予以细分和模型化，分离成电离层效应改正、卫星星历改正、卫星时钟改正，甚至对流层效应改正，然后再播发给用户，这是广域差分 GNSS 与单基准站差分 GNSS 和局域差分 GNSS 的基本区别。

广域差分 GNSS 区分误差源的目的是为了有效降低基准站与用户站间定位误差的时空相关性，使播发的改正数较少地受到用户与基准站的距离限制，改善和提高差分定位的精度。广域差分主要针对的误差源是星历误差、大气延迟误差和卫星钟误差。

(1)星历误差

由于广播星历是一种预报星历，精度不高，因而是 GNSS 定位的主要误差来源之一。广域差分通过区域精密定轨的方式自行确定精密星历来取代广播星历，能较好地消除星历误差的影响。处理计算时，主站根据各基准站传输的观测数据，构建无电离层组合观测值，并结合精确的地面基准站坐标，确定并外推卫星轨道坐标。

(2)大气延迟误差(包括电离层延迟和对流层延迟)

采用单基准站差分和局域差分定位时，默认为用户与基准站的大气状况是一致的。而大气状况随地域的不同会有所差异，当用户离基准站距离较远时，两站点的大气状况差异将变得明显，进而使改正值产生误差。广域差分 GNSS 技术通过建立精确的区域大气延迟模型，能够精确地计算出服务区域内的大气延迟量，因而能解决改正数随距离增加而失效的问题。中心站利用基准站的双频观测值可计算电离层延迟变化量，从而能确定一个反映电离层折射实时变化的改正模型。根据基准站观测值还可计算得到各个基准站上空的天顶对流层延迟，据此能建立对流层延迟实时变化的区域模型。

(3)卫星钟误差

卫星钟差也是限制定位精度提高的一个重要因素。利用广播星历提供的卫星钟差改正数改正的结果仍然会有较大的误差，因而广域差分需要估计精确钟差改正数对流动站进行改正。

不同的改正数变化情况不同，因而主控站向用户发送改正数的更新率也有所不同。较常用的更新方式如下：卫星星历 1 次/3 min；卫星钟改正 1 次/6 s；电离层改正及对流层改正 1 次/1 h。并且，改正数的传输必须是高速率的，否则差分改正的数据龄期和时间差会变大而降低导航和定位的精度。

7.3.5 流动站数据处理

在流动站，用户同步采集来自卫星的 GNSS 数据。对流动站和基准站来说，大部分卫星是共视的。接收卫星信号的同时，接收机还接收来自基准站或主站的差分改正数。不同差分定位方式的改正处理方式有所不同，具体处理方法如下：

①采用坐标差分改正时，先进行绝对定位，求得初始坐标定位结果，然后采用接收到的坐标改正数根据式(7.2)对初始定位结果进行坐标改正；

②采用距离差分改止时，先采用接收到的距离改正数根据式(7.3)对伪距观测值进行距离改正，然后利用经过改正的距离观测值采用绝对定位方式解算定位结果；

③采用广域差分改正时，卫星坐标和卫星钟差不再采用导航电文来计算，而是利用主站提供的精密星历和精密钟差模型计算；同时根据流动站的位置，利用主站提供的区域电离层模型、对流层模型及其他改正模型，计算流动站的电离层延迟改正数、对流层延迟改正数和其他改正信息；然后采用式(7.10)对伪距观测值进行精确改正，采用绝对定位方式解算定位结果。

流动站需计算的未知数包括接收机坐标 (x, y, z) 和接收机钟差 dt_r，因此每个观测历元至少需要 4 个观测值。解算方法可采用 6.2.1 节所介绍的绝对定位方法，采用最小二乘方法解算，得到流动站坐标值。

7.4　数据传输标准

进行差分 GNSS 定位时，流动站不仅要接收卫星信号信息，还要接收来自基准站或主站的数据。从而产生了基准站或主站与流动站之间的数据传输问题，在广域差分中还包括基准站与主站之间的数据传输问题，这些数据的传输均需要按照一定的传输标准进行。目前，已有多种数据传输格式存在。其中最重要的两种数据格式为服务于事后处理的 RINEX 格式和服务于实时应用的 RTCM 数据格式(Seeber，2003)。其他格式还有 RBDS DGPS 数据格式和 SCAT DGPS 数据格式等(刘基余，2003)。

对于实时差分 GNSS，仅将基准站的一系列改正数发送给流动站对信道的负荷比较小。对应于不同的精度要求，需要采用不同类型的改正数。对于普通 DGPS，测码伪距改正数就已足够，对于精密差分定位，则需要通过 RTCM 格式发送载波相位观测值改正数(Seeber，2003)。

7.4.1　RTCM-SC-104 传输格式

RTCM-SC-104 传输格式是由无线电海事服务委员会(RTCM)1985 年提出的数据传输格式。RTCM-SC-104 指无线电技术委员会(RTCM-The Radio Technical Commission for Maritime Services)第 104 专门委员会(SC-104-Special Committee 104)，该委员会为差分 GNSS 制定和提供数据传输的标准。最初仅针对于海事领域的服务来制定标准，之后由于差分 GNSS 逐渐应用到除海事以外的其他领域中，委员会在制定标准时逐渐考虑了海事以外的其他应用的需要。

标准制定的内容包括：①播发的数据内容；②信息格式；③应用这些改正信息的一系列规则。该委员会还提出了差分 GNSS 改正的伪卫星通信设计方案。下面将对 RTCM-SC-104 格式的具体内容进行介绍。

目前，RTCM-SC-104 数据传输格式已经成为国际认可的数据格式，且几乎所有的接收机类型均支持这一数据传输格式。RTCM 格式经历了多次版本的更新。最初版本为 1985 年发布的 RTCM 1.0。之后被 1990 年的 RTCM 2.0 所取代，这一版本的数据格式提供了伪距改正和伪距变化率改正，伪距差分 GNSS 的精度已能达到米级，并且所有必需的信息都能以小于或等于 1200 bps(bit/s)的带宽传输。1994 年开始采用 RTCM 2.1 版本，这一版本加入了载波相位观测数据，从而流动站有可能解算整周模糊度，该版本是精密差分 GNSS 实施所必需的格式，数据传输率在 4800 pbs 以上。RTCM 2.2 则于 1998 年开始采用，该版本又加入了更多的信息，尤其是加入了 GPS 以外的其他 GNSS 系统的改正信息，如 GLONASS 的改正信息。2001 年 5 月发布的 RTCM 2.3 版本又作了进一步的改进，例如加入了天线相位中心变化信息。新的版本 RTCM 3.0 加入了网络 RTK 传输所需的相关信息。

RTCM 3.0 定义用于增强信息传输的效率和操作完备性。主要专门设计用于 RTK 和网络 RTK，这都需要大容量的数据传输。信息包括 8 bit 的序文(preamble)，10 bit 的信息长度标识符(identifier)以及文件头 6 个额外 bit 保留用于将来备用。数据区域最大长度为 1024bytes，紧接着 24 bit 周期冗余核对(CRC)。

对于 RTCM 数据在 Internet 中的传输，通过 Internet 的网络传输的 RTCM 格式(NTRIP)

已由负责地图学和测地学的德国联邦机构提出。NTRIP 基于超文本传输协议(HTTP)。同时，NTRIP 格式已经被 RTCM 官方所接受。

RTCM 信息格式与 GNSS 导航电文信息格式非常类似，均采用二进制形式，字长和奇偶校验码相同。两者区别在于 GNSS 电文格式中各个子帧的长度是固定的，而 RTCM-104 电文采用可变长度的格式。

报头信息以 2 个字码开头，第一字码包括 8 位引导、6 位电文类型识别、10 位台站识别及 6 位奇偶检校。第二字码包括 13 位修正 Z 计数(标示改正数的参考时间，其分辨率由原 GPS 卫星电文的 6s 改进到 0.6s，以便对可变长度帧计数)、3 位序号、5 位帧长、6 位台站健康状况及 6 位奇偶检校。第二字码之后是差分改正数(第一类电文)。表 7.1 为 RTCM 电文类型。

第 1 字码			
引导字 8 位（1～8）	电文类型（帧识别） 6 位（9～14）	台站识别 10 位（15～24）	奇偶检校 6 位（25～30）

第 2 字码				
修正的 Z 计数 13 位（1～13）	序号 3 位	帧长 5 位（17～21）	台站状况 6 位（22～24）	奇偶检校 6 位（25～30）

表 7.1 **RTCM 电文类型**

电文类型	现状	内　容
1	已定	伪距差分 GPS 改正数
2	已定	Δ 差分 GPS 改正数
3	已定	参考站参数
4	停用	测地工作
5	已定	星座健康状态
6	已定	零
7	已定	信标历书
8	停用	伪卫星历书
9	已定	部分卫星差分改正数
10	备用	P 码差分改正数
11	备用	C/A 码，L1，L2 改正数
12	备用	伪卫星站参数
13	备用	地面发射机参数
14	备用	测地辅助电文

续表

电文类型	现状	内　容
15	备用	电离层、对流层电文
16	已定	专用电文
17	使用	星历历书
18	使用	原始载波相位观测量
19	使用	原始伪距观测量
20	使用	RTK 载波相位改正数
21	使用	RTK 伪距改正数
22 ~ 58	—	未定义
59	使用	专利信息
60 ~ 63	备用	其他用途

传统的 DGPS 需要信息类 1，2 和 9，精密 DGPS 包括信息类 18 ~ 21。若有 6 颗卫星，传统 DGPS 改正数的发射需要 480 位。

7.4.2　NMEA-0183 协议

美国国家海事电子协会(National Marine Electronics Association，NMEA)是一家专门从事海洋电子设备方面研究的机构，它制定了关于海洋电子设备之间的通信接口和协议的 NMEA 标准。NMEA-0183 数据标准解决了不同品牌、不同型号的 GNSS 接收机之间实现任意连接的接口问题。NMEA-0183 标准对数据串、通信协议的定义作了具体的规定。

美国国家海事电子协会成立于 20 世纪 50 年代，总部在美国北卡罗来纳州。NMEA 系列标准是其制定关于海洋电子设备直接通信接口和协议的标准。1980 年制定了最早的有关海洋电子设备通信接口和协议的标准，即 NMEA-0180 标准。不过，这一标准与 1982 年升级后的 NMEA-0182 标准，都仅仅是针对 LORAN-C(远距离无线导航系统)系统和自动驾驶仪及其相关设备的通信制定，二者在具体内容上没有太大的差别。只是在设备通信格式上有简单格式和复杂格式之分。

1983 年制定了 NMEA-0183 标准。这一标准在兼容 NMEA-0180 和 NMEA-0182 的基础上，增加了 GNSS、测深仪、罗经方位系统等多种设备的接口和通信协议定义，同时，标准还允许一些特定设备制造商对其设备(如 Garmin GPS-38、Trimble Ensign XL)通信进行定义。由于 NMEA-0183 标准的通用性和灵活性，因而在全世界被广泛使用。

1. NMEA-0183 格式数据串定义

NMEA-0183 格式数据串的所有字符均为 ASCII 文本字符。数据传输以“语句”方式进行，每个语句均以“ $ ”开头，紧接着是“会话 ID”和三个字母的“语句 ID”，其后是数据体，数据字段以逗号分隔，语句末尾为 checksum(可选)，以回车换行结束。每行语句最多包括 82 个字符(包括回车换行和“ $ ”符号)。

数据串以逗号分隔符识别，空字段保留逗号。语句结束的 checksum 由一个“ * ”和两个数据位的十六进制数组成。

NMEA-0183 标准允许个别厂商自己定义语句格式，这些语句以"$P"开头，其后是 3 个字符的厂家 ID 识别号，后接自定义数据体。

下面是几个常用的会话识别 ID：

①GP：Global Positioning System receiver，GPS 全球定位系统；

②LC：Loran-C，罗兰 C 无线电导航系统；

③OM：Omega Navigation receiver，欧米伽导航系统；

④II：Integrated Instrumentation 集成设备(如 AutoHelm Seatalk system)。

NMEA-0183 格式通信采用 RS232 通信标准，RS232 标准用于 DTE 和 DCE。GNSS 和微机之间的通信属于 DTE。标准的 RS232 通信连接采用 25 针串口(DB-25)，也可用于现在多数微机流行的 9 针串口(DE-9)，其串行连接如下：

Computer (DTE)				Modem
DB-25	DE-9	Signal	Direction	DB-25
2	3	Tx Data	→	2
3	2	Rx Data	←	3
4	7	Request to send	→	4
5	8	Clear to send	←	5
6	6	Data Set Ready	←	6
7	5	Signal ground		7
8	1	Data Carrier Detect	←	8
20	4	Data Terminal Ready	→	20
22	9	Ring Indicator	←	22

缺省的通信波特率定义为 4800。波特率是所传送的代码的最短码元占有时间的倒数。

NMEA-0183 标准应用于 GPS 方面时，数据串以"$GP"开头，主要有 GGA、GL、ZDA、GSV、GST、GSA、ALM 等格式，这些格式的作用分别是：

$GPGGA：输出 GPS 的定位信息；

$GPGLL：输出大地坐标信息；

$CPZDA：输出 UTC 时间信息；

$GPGSV：输出可见的卫星信息；

$GPGST：输出定位标准差信息；

$GPGSA：输出卫星 DOP 值信息；

$GPALM：输出卫星星历信息。

应用软件通过接收从 GPS 输出的信息，提取有用字段，可进行相关定位、显示、分析、存储等操作。

2. 数据解析实例

例 1：GGA-Global Positioning System Fix Data

GGA，123519，4807.038，N，01131.324，E，1，08，0.9，545.4，M，46.9，M，

，*42

123519	定位时间：12：35：19 UTC
4807.038，N	纬度：48 deg 07.038′ N
01131.324，E	经度：11 deg 31.324′ E
1	定位质量：0=invalid 1=GPS fix 2=DGPS fix
08	锁定卫星数
0.9	HDOP
545.4，M	绝对高程
46.9，M	大地水准面高

(empty field) time in seconds since last DGPS update

(empty field) DGPS station ID number

例 2：RMB，A，0.66，L，003，004，4917.24，N，12309.57，W，001.3，052.5，000.5，V*0B

A	Data status A=OK，V=warning
0.66，L	Cross-track error (nautical miles，9.9 max.)， steer Left to correct (or R=right)
003	Origin waypoint ID
004	Destination waypoint ID
4917.24，N	航迹终点纬度：49 deg. 17.24 min. N
12309.57，W	航迹终点经度：123 deg. 09.57 min. W
001.3	到终点距离：nautical miles
052.5	到终点的真方位角
000.5	速度：knots
V	到达提示：A=arrived，V=not arrived
*0B	mandatory checksum

例 3：RMC，225446，A，4916.45，N，12311.12，W，000.5，054.7，191194，020.3，E*68

225446	定位时间 Time of fix 22：54：46 UTC
A	接收机警告 A=OK，V=warning
4916.45，N	纬度：北纬 49 度 16.45 分
12311.12，W	经度：西经 123 度 11.12 分
000.5	地面速度，海里
054.7	Course Made Good，True
191194	定位日期：1994 年 11 月 11 日
020.3，E	磁方向变化：东偏 20.3 度
*68	检验位 checksum

NMEA 也支持厂家自己定义的地址域，其中第一个字符为 P，随后是 3 个字符的厂家

代码及一个字符的命令类型("S"为设置,"Q"为查询,"R"为反应)。更详细说明见www.nmea.org。

7.5 静态相对定位原理

在GNSS的差分(相对)定位中,载波相位相对定位是一种高精度差分定位方法,非常重要,通常采用观测值域差分,以原始观测值进行处理。本节和下一节将重点讨论其定位模型与原理。静态相对定位,由于接收机是固定不动的,这样便可能通过连续观测,取得丰富的多余观测数据,以改善定位的精度。在精度要求较高的测量工作中,均普遍采用这一方法,广泛地应用于工程测量、大地测量和地球动力学研究等领域(黄丁发,熊永良,周乐韬等,2009)。

7.5.1 概述

载波相位观测定位的关键的问题是可靠且正确地确定载波相位的整周模糊度。理论和实践均表明:如果整周模糊度参数已经确定,那么相对定位的精度,将不会再随观测时间的延长而明显提高。在较短的观测时间内,若忽略所测卫星几何图形变化的影响,则定位的精度,近似地与观测历元数的方根成反比(周忠谟,1997),如图7.2所示。可见,精密静态相对定位时,如何缩短观测时间,以提高作业效率,其关键在于,快速而可靠地确定整周模糊度。

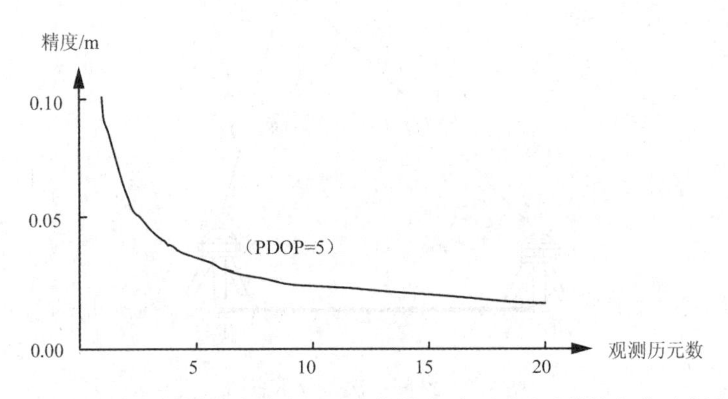

图7.2 当整周模糊度确定后,定位精度随观测历元数的变化示意图

GNSS相对定位,至少需要两台接收机同时工作。相对定位的结果,是基线的三维向量(坐标差)。在静态相对定位中,仅有两台接收机的情况下,一般应考虑,将单独测定的基线向量联结成向量网(闭合图形),以增强其几何强度,改善定位的精度。在有多台接收机(三台以上)同步观测的情况下,其构成的向量网络称为同步环。由于这种方式包含许多检核条件,网的几何强度好,可以检核和控制多种误差的影响,从而可能会明显地提高定位的可靠性。

7.5.2　基本的观测值组合

设有两台接收机 T_1 和 T_2 分别安置在基线的两端，对 GNSS 卫星 j 和 k 进行同步观测，在 t_i 历元时刻的载波相位观测量为：$\{\phi_1^j(t_i)$、$\phi_2^j(t_i)$、$\phi_1^k(t_i)$、$\phi_2^k(t_i)$、$i=1, 2\}$。

取符号 $\Delta\phi^j(t)$、$\nabla\phi_i(t)$ 和 $\delta\phi_i^j(t)$，表示在不同接收机、不同卫星和不同观测历元之间的差分，上标和下标分别表示卫星与接收机，在差分算子中作为不变量，则有：

$$\left.\begin{aligned}\Delta\phi^j(t)&=\phi_2^j(t)-\phi_1^j(t)\\ \nabla\phi_1(t)&=\phi_1^k(t)-\phi_1^j(t)\\ \delta\phi_1^j(t)&=\phi_1^j(t_2)-\phi_1^j(t_1)\end{aligned}\right\}\tag{7.19}$$

在式(7.19)线性组合的基础上，可进一步导出更多的组合，下面给出几个基本的观测值组合，其定义如下：

1. 单差(Single Difference/SD)

将两个不同测站上，同步观测相同卫星所得观测量求差，表示为：

$$\Delta\phi^j(t)=\phi_2^j(t)-\phi_1^j(t)\tag{7.20}$$

这实际上是站间单差，在相对定位中，是最基本的线性组合形式，如图 7.3 所示。

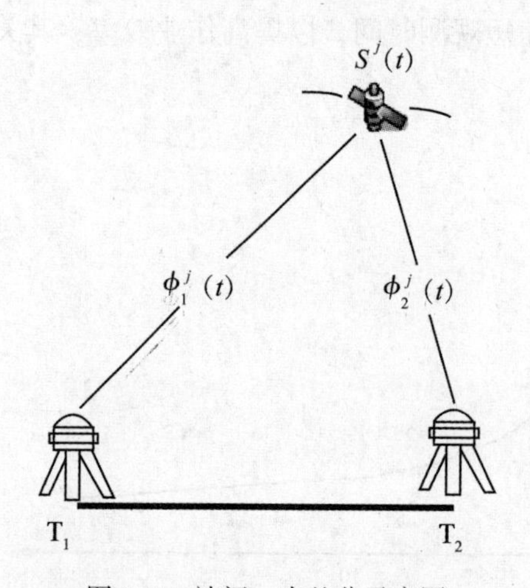

图 7.3　站间一次差分示意图

2. 双差(Double Difference/DD)

在站间单差的基础上，将同步观测的两颗不同卫星 j，k 的单差求差，如图 7.4 所示。顾及式(7.20)，双差组合可表示为：

$$\nabla\Delta\phi^{jk}(t)=\Delta\phi^k(t)-\Delta\phi^j(t)=[\phi_2^k(t)-\phi_1^k(t)-\phi_2^j(t)+\phi_1^j(t)]\tag{7.21}$$

3. 三差(Triple Difference/TD)

如果将双差组合在不同历元间求差，即：同步观测同一组卫星，所得观测量的双差之差，如图 7.5 所示，记为：

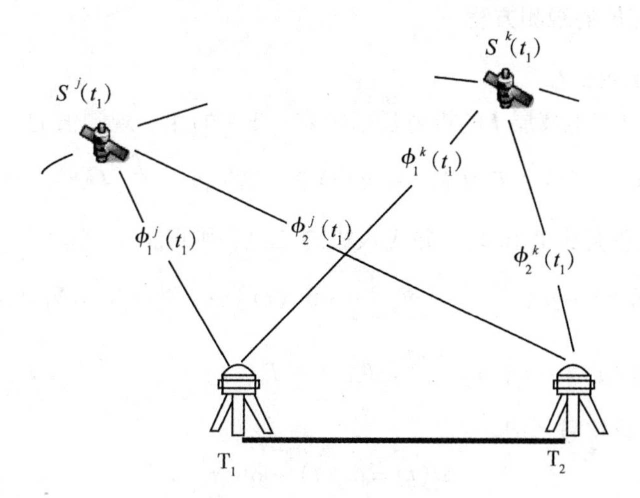

图 7.4 站间-星际双差示意图

$$\delta\nabla\Delta\phi^{jk}(t)=\nabla\Delta\phi^{jk}(t_2)-\nabla\Delta\phi^{jk}(t_1)$$
$$=[\phi_2^k(t_2)-\phi_1^k(t_2)-\phi_2^j(t_2)+\phi_1^j(t_2)]-[\phi_2^k(t_1)-\phi_1^k(t_1)-\phi_2^j(t_1)+\phi_1^j(t_1)] \tag{7.22}$$

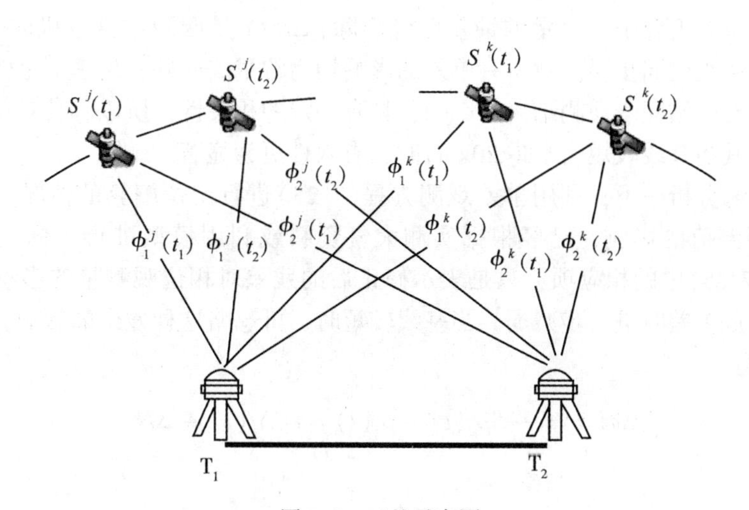

图 7.5 三差示意图

差分观测的主要优点在于：可消除或减弱一些具有系统性误差的影响，如卫星轨道误差、钟差和大气折射误差等，从而大大提高了 GNSS 定位的精度。减少了定位解算中未知参数的数量。但也存在明显的缺点，如：导致了差分组合之间的相关性，这种相关性在平差计算中不应忽视。差分在减弱系统性误差影响的同时，也削弱了有效的观测信息，使观测值的数目明显减少。因此，应用原始观测量的非差分模型，进行高精度相对定位的研究，日益受到重视。

7.5.3　差分定位的观测方程

1. 单差(SD)观测定位

若顾及对流层 T、电离层 I 的折射延迟影响，非差的相位观测值的一般表达式为：

$$\phi_1^j(t)=\frac{f}{c}\rho_1^j(t)+f[\delta t_1(t)-\delta t^j(t)]-N_1^j(t_0)-\frac{f}{c}[I_1^j(t)-T_1^j(t)] \tag{7.23}$$

将上式应用于观测站 T_1 和 T_2，并代入式(7.20)，则可得

$$\Delta\phi^j(t)=\frac{f}{c}[\rho_2^j(t)-\rho_1^j(t)]+f[\delta t_2(t)-\delta t_1(t)]-[N_2^j(t_0)-N_1^j(t_0)]$$
$$-\frac{f}{c}[I_2^j(t)-I_1^j(t)]+\frac{f}{c}[T_2^j(t)-T_1^j(t)] \tag{7.24}$$

同样的采用差分符号，记：

$$\Delta t(t)=\delta t_2(t)-\delta t_1(t)$$
$$\Delta N^j=N_2^j(t_0)-N_1^j(t_0)$$
$$\Delta I^j(t)=I_2^j(t)-I_1^j(t)$$
$$\Delta T^j(t)=T_2^j(t)-T_1^j(t)$$

则单差观测方程可写为：

$$\Delta\phi^j(t)=\frac{f}{c}[\rho_2^j(t)-\rho_1^j(t)]+f\Delta t(t)-\Delta N^j-\frac{f}{c}[\Delta I^j(t)-\Delta T^j(t)] \tag{7.25}$$

可见，在单差组合中，卫星的钟差已经消除，$\Delta t(t)$ 是两测站接收机的时钟同步差。在同一历元，接收机同步误差对所有单差的影响均为常量。此外，由于卫星轨道误差和大气折射误差，对两站同步观测结果的影响，具有一定的相关性，所以，其对单差的影响将明显减弱，尤其当基线较短(例如<20km)时，有效性更为显著。

下面我们来分析一下，利用单差观测方程(7.25)进行定位解算的情况。如果对流层和电离层对观测值的影响，已经根据实测大气资料或利用模型进行了修正，那么在式(7.24)和式(7.25)中的相应项，只是表示修正后的残差对相位观测量的影响。这些残差的影响，在组成单差时进一步减弱。当基线较短时，可忽略这种残余的影响，则单差观测方程可简化为：

$$\Delta\phi^j(t)=\frac{f}{c}[\rho_2^j(t)-\rho_1^j(t)]+f\Delta t(t)-\Delta N^j \tag{7.26}$$

若取

$$\Delta L^j(t)=\Delta\phi^j(t)+\frac{f}{c}\rho_1^j(t) \tag{7.27}$$

由于测站 T_1 为参考站，坐标已知。所以上式 $\Delta L^j(t)$ 的值已知。则单差观测方程(7.26)可改写为

$$\Delta L^j(t)=\frac{f}{c}\rho_2^j(t)+f\Delta t(t)-\Delta N^j \tag{7.28}$$

现在来分析式(7.28)可以解算出测站 T_2 的坐标的条件。设同步测站数为 N_r，同步观测的卫星数为 N_s，观测的历元数为 N_t。假定取一个测站为固定参考站，则可得

$$\text{单差观测方程总数：}(N_r-1)N_sN_t \tag{7.29}$$

由于接收机是静止的，所以其坐标未知数为 3，故：

$$未知数总数为：(N_r-1)(3+N_s+N_t) \tag{7.30}$$

因此，式(7.28)可解的条件为：

$$(N_r-1)N_sN_t \geqslant (N_r-1)(3+N_s+N_t)$$

即：

$$N_t \geqslant \frac{N_s+3}{N_s-1} \tag{7.31}$$

可见，必要的观测历元数，只与所测卫星数有关，而与观测站的数量无关。例如：当所观测的卫星数 $N_s=4$ 时，由式(7.31)可得 $N_t \geqslant \frac{7}{3}$。因为观测的历元数必为整数，所以这时应取 $N_t \geqslant 3$。这就是说，在所述条件下，在两个或多个观测站上，对同一组卫星至少同步观测 3 个历元。这样按单差模型式(7.26)进行平差计算时，全部未知参数才能唯一地确定。

2. 双差(DD)观测定位

将式(7.26)代入双差组合方程式(7.21)中，并顾及 T_1、T_2 两测站同步观测 j，k 两颗卫星，在忽略大气折射残差影响的情况下，双差观测方程为：

$$\nabla\Delta\phi^{jk}(t)=\frac{f}{c}[\rho_2^k(t)-\rho_2^j(t)-\rho_1^k(t)+\rho_1^j(t)]-\nabla\Delta N^{jk} \tag{7.32}$$

其中：

$$\nabla\Delta N^{jk}=\Delta N^k-\Delta N^j$$

可以看出接收机的钟差影响也已消除，这是双差模型的重要优点。

同理，取测站 T_1 为已知参考点，坐标已知，并将式(7.32)的已知值归并为一项，令

$$\nabla\Delta L^{jk}(t)=\nabla\Delta\phi^{jk}(t)+\frac{1}{\lambda}[\rho_1^k(t)-\rho_1^j(t)]$$

则由式(7.32)又可写出非线性化的双差观测方程形式：

$$\nabla\Delta L^{jk}(t)=\frac{1}{\lambda}[\rho_2^k(t)-\rho_2^j(t)]-\nabla\Delta N^{jk} \tag{7.33}$$

式(7.33)即为常用的双差定位观测方程，在该方程中，除了测站 T_2 的位置为待定参数之外，还包含整周模糊度参数项 $\nabla\Delta N^{jk}$。通常在构成双差观测时，除了取一个测站为参考点外，同时也要取一颗观测卫星为参考卫星。这样，若在 Nr 个观测站，同步观测 Ns 颗卫星，观测历元数为 Nt 时，如果信号不失锁，整周模糊度与观测历元无关，有：

$$双差观测方程总数：(Nr-1)(Ns-1)Nt \tag{7.34}$$

$$待定参数总数：3(Nr-1)+(Nr-1)(Ns-1) \tag{7.35}$$

要使得方程有解，必须满足方程数大于或等于未知数个数的条件。即：

$$(Nr-1)(Ns-1)Nt \geqslant 3(Nr-1)+(Ns-1)(Nr-1) \tag{7.36}$$

所以：

$$Nt \geqslant \frac{Ns+2}{Ns-1} \tag{7.37}$$

可见，不管采用多少测站同步观测多少颗卫星，均不可能在一个历元时刻实现定位解算。为了解算测站的坐标和载波相位的整周模糊度，至少必须观测 2 个历元以上。

如果要实现单历元解算(或进行实时动态定位/RTK)，则必须预先解算出整周模糊度，这个过程就是所谓的 RTK 初试化过程，将在下节详细讨论。

3. 三差(TD)观测定位

根据三差的定义式(7.22)，分别在 t_1 和 t_2 两个不同的观测历元，顾及式(7.32)可得：

$$\delta\nabla\Delta\phi^{jk}(t)=\frac{1}{\lambda}[\rho_2^k(t_2)-\rho_2^j(t_2)-\rho_1^k(t_2)+\rho_1^j(t_2)] \\ -\frac{1}{\lambda}[\rho_2^k(t_1)-\rho_2^j(t_1)-\rho_1^k(t_1)+\rho_1^j(t_1)] \tag{7.38}$$

可见，三差在双差的基础上，有消除了整周模糊度参数的影响。假设仍以观测站 T_1 为参考站，并取

$$\delta\nabla\Delta L=\delta\nabla\Delta\phi^{jk}(t)+\frac{1}{\lambda}[\rho_a^k(t_2)-\rho_a^j(t_2)-\rho_a^k(t_1)+\rho_a^j(t_1)] \tag{7.39}$$

于是式(7.38)，可简化为：

$$\delta\nabla\Delta L=\frac{1}{\lambda}[\rho_2^k(t_2)-\rho_2^j(t_2)-\rho_2^k(t_1)+\rho_2^j(t_1)] \tag{7.40}$$

这就是三差的观测方程，这时出现在观测方程右端的未知参数，只有观测站 T_2 的坐标，所以，当观测站数为 Nr 时，相对某一已知参考站，可得未知参数总量为 $3(Nr-1)$。

考虑到取一颗卫星为参考卫星，一观测历元为参考历元，则可得三差观测总数为 $(Nr-1)(Ns-1)(Nt-1)$。由此，为了确定测站坐标未知数，必须满足：

$$(Nr-1)(Ns-1)(Nt-1)\geqslant 3(Nr-1)$$

上式可改写为：

$$Nt\geqslant\frac{Ns+2}{Ns-1} \tag{7.41}$$

与式(7.37)相比较可见，三差法确定坐标参数所必需的观测历元数，仍与测站数无关，而只与同步观测的卫星数有关，且无法实现单历元解算。

三差模型的主要优点，是进一步消除了整周模糊度的影响，但是它使观测方程的数量进一步减少。严重地削弱了观测信息，这对未知参数的解算，可能产生不利的影响。所以，在实际工作中，采用双差模型比较适宜。

7.6　动态相对定位原理

7.6.1　概述

动态相对定位，是将流动站接收机安置在运动载体上，两台接收机同步观测相同的卫星，以确定运动点相对于参考站的位置或轨迹，如图 7.6 所示。动态相对定位，既可采用伪距观测量，也可以采用相位观测量。不同之处在于：伪距观测值没有模糊度参数，而相位观测值存在初始模糊度(黄丁发，熊永良，周乐韬等，2009)。

根据数据处理的方式不同，动态相对定位通常可分为实时处理和测后处理两种模式。实时处理要求观测过程中实时地获得定位的结果，无需存储观测数据。故在流动站与参考站之间，必须实时地传输观测数据或观测量的修正数据。这种处理方式，对于运动目标的

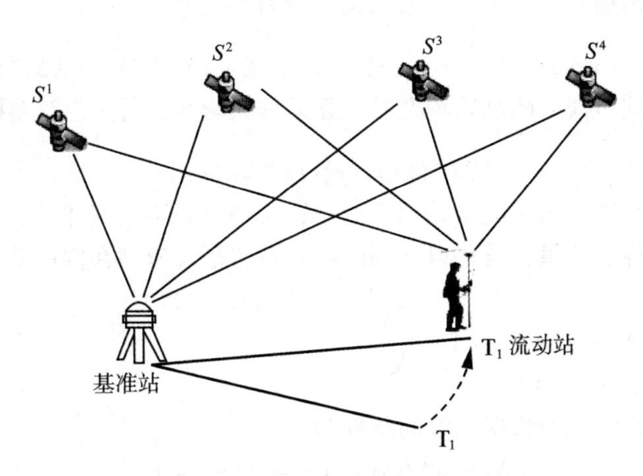

图 7.6　动态相对定位示意图

导航、跟踪、监测和管理具有重要意义。测后处理，通常在观测工作结束后，回到办公室进行，无需实时数据传输设备。因此，这种数据处理方法，可以对观测数据进行详细分析、诊断、发现粗差。测后数据处理的方式，主要应用于不需实时获取定位结果的定位工作。

伪距动态相对定位，由于不存在模糊度问题，所以只需在一个历元时刻同步观测 4 颗以上的 GNSS 卫星，就可以进行定位，精度可达米级。如果将参考站观测数据(或改正数)通过无线数据链路发送到流动站接收机，流动站接收机就可以实现所谓实时差分 GNSS 定位(RTD：Real Time DGPS)。由于差分技术可以有效地减弱卫星轨道误差、钟差、大气折射误差以及 SA 政策的影响，其定位精度，远较伪距动态绝对定位的精度为高，所以这一方法获得了迅速发展，并在运动目标的导航、监测和管理方面，得到了普遍应用。此外，在地球物理勘探、航空与海洋重力测量，以及海洋采矿等领域的应用也很广泛。

载波相位动态相对定位，由于载波相位观测值存在整周模糊度，要实现精密动态相位定位，必须预先解算载波相位整周模糊度(见 8.4 节)，一旦整周模糊度确定，则定位解算只需 4 颗以上卫星的一个历元同步观测值即可。如果将参考站观测数据(或改正数)通过无线数据链路发送到流动站接收机，流动站接收机在确定(或称固定)载波相位观测值的初始模糊度后(又称初始化)，就可以实现实时动态相对定位(RTK：Real Time Kinematic Positioning)。目前，在一定的范围内(例如：流动站与参考站间的距离<20km 时)，其定位精度可达 1～3 厘米。

下面根据其采用的伪距和相位观测量不同，分别介绍如下。考虑到双差模型的适应性效果是最好的，故下面的讨论只针对双差模型的情况展开。

7.6.2　伪距观测动态相对定位

由于伪距观测没有模糊度参数的问题，依式(7.32)已知，并顾及对流层和电离层延迟，伪距双差观测方程的一般形式为

$$\nabla\Delta P^{jk}(t)=[\rho_2^k(t)-\rho_2^j(t)-\rho_1^k(t)+\rho_1^j(t)]+[\nabla\Delta I^{jk}(t)+\nabla\Delta T^{jk}(t)] \tag{7.42}$$

一般认为大气传播延迟误差等可采用模型资料预先改正，令：

$$\nabla\Delta\widetilde{P}^{jk}(t)=\nabla\Delta P^{jk}(t)+[\rho_1^k(t)-\rho_1^j(t)]-[\nabla\Delta I^{jk}(t)+\nabla\Delta T^{jk}(t)] \tag{7.43}$$

如果忽略时钟同步误差的高阶项及其他误差残余影响，则伪距双差模型可写成：

$$\nabla\Delta\widetilde{P}^{jk}(t)=[\rho_2^k(t)-\rho_2^j(t)] \tag{7.44}$$

对于动态定位来讲，由于流动站用户的位置是随时间不断变化的，所以必须满足一个观测历元的求解条件。这里，若仍以 Nr 和 Ns 表示包括参考站在内的测站总数和同步观测的卫星数，则有：

方程总数为：$(Nr-1)(Ns-1)$

未知数总量：$3(Nr-1)$

由此，任一历元的观测数据求解的条件为：

$$(Nr-1)(Ns-1)\geqslant 3(Nr-1)$$

或

$$Ns\geqslant 4$$

单差模型可以得到同样的结果。由此可见，利用伪距的不同线性组合(单差或双差)，进行动态相对定位，与动态绝对定位一样，每一历元都必须同步观测 4 颗以上的卫星。

如果要实时获得动态定位结果，则在参考站与流动用户之间，必须建立可靠的实时数据传输链路。而根据传输的数据性质以及数据的处理方式，一般主要有以下两种情况：

①将参考站上的同步观测数据，实时传输给流动的接收机。在流动用户站上，根据接收到的数据，按式(7.43)或式(7.44)进行处理，实时确定流动点相对参考站的空间位置。这种处理方式，理论上较为严密，但其实时传输的数据量较大，对数据传输系统的可靠性要求也较为严格。

②根据参考站精确已知的坐标，计算该参考站至所测卫星的瞬时距离，及其相应的伪距观测值之差，并将这些差值作为伪距修正数，实时传输给流动用户接收机，以改正流动用户接收机相应的同步伪距观测值，这种数据处理方式较为简单，数据传输量较小，应用普遍。

其模型如下：

设参考站 T_1 的位置已知，伪距的非差观测方程为：

$$P_1^j(t)=\rho_1^j(t)+c[\delta t_1-\delta t^j]+[I_1^j(t)+T_1^j(t)] \tag{7.45}$$

若记：由卫星和参考站坐标反算出来的几何距离为 $\rho(t)$，那么伪距观测量与相应的计算值之差为：

$$d\rho_1^j(t)=P_1^j(t)-\rho_1^j(t) \tag{7.46}$$

则按上式可写为：

$$d\rho_1^j(t)=c[\delta t_1-\delta t^j]+[I_1^j(t)+T_1^j(t)] \tag{7.47}$$

由式(7.47)可以看出，伪距观测量与相应的计算值之差实际上就是各种误差源对于伪距观测的影响值，如果假定在任一流动点 $T_i(t)$ 上，这各类误差源的综合影响是相关的，那么这个差值就可以在流动站上作为对应卫星伪距的改正数使用。

在任意流动站 T_2上，有伪距观测方程：

$$P_2^j(t)=\rho_2^j(t)+c[\delta t_2-\delta t^j]+[I_2^j(t)+T_2^j(t)] \tag{7.48}$$

当流动用户通过数据链收到式(7.47)的改正数后，就可以对本站的伪距观测进行改正，将式(7.48)两端减式(7.47)得：

$$P_2^j(t) - d\rho_1^j(t) = \rho_2^j(t) + c[\delta t_2 - \delta t_1] + [I_2^j(t) + T_2^j(t)] - [I_1^j(t) + T_1^j(t)] \quad (7.49)$$

顾及式(7.46)，忽略大气折射对不同观测站伪距观测量的不同影响，以及不同接收机钟差的变化，则有：

$$P_2^j(t) - P_1^j(t) = \rho_2^j(t) - \rho_1^j(t) \quad (7.50)$$

由式(7.50)可知：这种改正的效果实际上等同于差分模型的效果。数据处理方式较为简单，数据传输量较小，应用普遍。其精度主要决定于：①流动站离开参考站的距离；②修正量的精度及其有效作用期。这一定位方法，在运动目标的导航、监控和管理，非常情况的报警与救援等方面，已获得了极为广泛的应用。这就是对式(7.2)观测值域(距离)差分的详细论证。

7.6.3 载波相位观测动态相对定位

载波相位观测的动态相对定位，与伪距动态相对定位的不同就在于存在整周模糊度解算问题，这就使得数据处理工作变得更加复杂化。以载波相位为观测量的高精度实时动态相对定位技术(Real Time Kinematic Positioning/RTK)，成为 GNSS 精密导航定位的重要研究内容，并取得了重要的进展。

载波相位观测动态相对定位的数学模型与静态数据处理模型形式是一样的，不同的是流动站的坐标是随时变化的。即：

$$\nabla\Delta L^{jk}(t) = \frac{1}{\lambda}[\rho_2^k(t) - \rho_2^j(t)] - \nabla\Delta N^{jk} \quad (7.51)$$

其中：$\nabla\Delta L^{jk}(t) = \nabla\Delta\phi^{jk}(t) + \frac{1}{\lambda}[\rho_1^k(t) - \rho_1^j(t)]$。

由于移动目标的位置是不断变化的，所以实时动态定位只能采用一个历元的观测值。若同样以 Nr 和 Ns 表示包括参考站在内的测站总数和同步观测的卫星数，则一个历元的双差观测方程式(7.51)的未知数个数和观测方程个数分别为：

未知数个数为：$3(Nr-1)+(Ns-1)(Nr-1)$

一历元双差观测值数为：$(Nr-1)(Ns-1)$

可见，单历元解算的条件是无法满足的，任意一个历元的观测数方程均小于未知参数的个数，其中：$3(Nr-1)$为测站坐标未知数个数，$(Ns-1)(Nr-1)$为双差模糊度参数个数。要实现解算必须减少未知数的个数，由于整周模糊度在信号锁定的情况下是保持不变的，一旦初始化完成(整周模糊度确定)，则在每个历元就只有$3(Nr-1)$个未知数。则可解的条件变为：

$$(Nr-1)(Ns-1) \geq 3(Nr-1) \quad (7.52)$$

或 $Ns \geq 4$

只要同步观测的卫星数 $Ns \geq 4$ 颗，就可以进行 RTK 定位。通常将参考站上的观测数据发往流动站接收机中进行解算，发送的数据包含参考站的原始观测值和已知坐标，一般以 RTCM 格式播发，参见(7.4)节。

显然，RTK 的主要缺点是，在动态观测过程中，要求保持对所测卫星的连续跟踪。

一旦发生失锁，则要重新进行上述初始化工作。为此，近年来许多学者都致力于这一方面的研究和开发工作，并提出了一些比较有效的解决方法。目前，RTK 定位方法的精度可达厘米级，它主要应用于测量工作和精密导航。依据其数据处理的方式，仍可分为测后处理和实时处理。测后处理，不需要建立观测数据的实时传输系统，因此，观测数据必须加以存储，以便在观测工作结束后进行处理。这种数据处理方式，目前主要应用于航空物探、水道测量、航空摄影测量与海洋测绘等领域。

当然，载波相位动态定位，也是可以采用连续的历元观测进行定位解算的。在这种情况下，由于待定点是运动的，所以坐标不断变化，可以顾及运动目标的动力模型或建立运动目标的状态方程，将运动目标的三维坐标、速度、加速度以及整周模糊度作为状态参数，采用卡尔曼滤波器处理，这里不再论述。

第 8 章　基线数据处理模型

GNSS 定位解算中基线是最基本的解算单元。在第 7 章我们已经学习了差分定位的观测方程，本章将以一条基线为例，假定有两台接收机分别安置在基线的两端进行了同步观测，来讨论载波相位观测量的不同线性组合的平差模型，此模型易于推广到采用多台接收机观测的情况。

8.1　间接观测平差引论

在间接平差里我们已经知道：通过选定 t 个与观测值有一定关系的独立未知数作为参数，将观测值与 t 个未知数之间建立起来的函数模型，即为观测方程。将观测方程中的真误差和参数的真值用其估值(或改正数)代替，则观测方程就变为误差方程，考虑到存在随机误差和多余观测值的问题，为此就需要采用最小二乘原理，求出参数(未知数)的最佳估值、消除观测值间的不符值，并进行精度评定。

在 GNSS 的基线解算中，其核心就是这个间接观测平差。首先，建立观测方程(误差方程)及其观测值的随机模型(方差和协方差阵)，然后引入最小二乘原理 $V^{\mathrm{T}}PV = \min$ ，使得多组解中满足这一约束的唯一最佳估值得以确定。对于 GNSS 数据处理而言，这组参数的最佳估值，可以是待定点的坐标、钟差参数、大气天顶延迟参数，以及相位观测值的整周模糊度等。

设有如下观测方程：$\widetilde{L} = L + \Delta = B\widetilde{X} + c$

式中：$\widetilde{L}$ 和 $\widetilde{X}$ 表示观测值和未知参数的真值；L、Δ 表示观测值和观测真误差；B 为设计矩阵(系数阵)；c 为常数。为了计算方便，将参数表示为一近似值的关系 $\widetilde{X} = X^0 + \widetilde{x}$ ，上式变化如下：

$$\Delta = B\widetilde{X} + c - L = B(X^0 + \widetilde{x}) + c - L = B\widetilde{x} + BX^0 + c - L$$

令：$u = X^0 + c - L$ ，然后用参数的估值 $\hat{x}$ 代替真值 $\widetilde{x}$ ，改正数 v 代替真误差 Δ ，并写成矩阵形式。观测方程就变为误差方程。

$$\boldsymbol{v} = \boldsymbol{B}\hat{\boldsymbol{x}} + \boldsymbol{U}$$

依最小二乘原理：

$$\hat{\boldsymbol{x}} = -(\boldsymbol{B}^{\mathrm{T}}(\boldsymbol{PB})^{-1}\boldsymbol{B}^{\mathrm{T}}\boldsymbol{Pu}$$

由以上可知：GNSS 基线解算的模型，其实非常容易理解，只要确定相位观测值与待定未知数关系的观测方程即可(具体在第 6、7 章有详细讨论)，按不同的线性组合观测写出其观测(误差)方程，然后按间接平差解算参数并评定精度。当观测方程是非线性函数时，通常先按 Taylor 级数展开线性化，下面详细讨论。

8.2　基线解算的数学模型

观测值域差分实际上是通过在观测值间求差实现的。为讨论方便，设有两台接收机分别安置在基线的两端 $T_i(i=1,\ 2)$，在历元时刻 t_1 和 t_2，对卫星 j 和 k 进行同步观测，得到以下八个独立的载波相位观测量：$\{\phi_1^j(t_i)$、$\phi_2^j(t_i)$、$\phi_1^k(t_i)$、$\phi_2^k(t_i)$，$i=1,\ 2\}$。若将它们进行求差处理，就可以获得很多的差分组合。取符号 $\Delta\phi^j(t)$、$\nabla\phi_i(t)$ 和 $\delta\phi_i^j(t)$，分别表示在不同接收机、不同卫星和不同观测历元之间的差分，对于任意卫星和测站式(7.19)变更如下：

$$\left.\begin{aligned} \Delta\phi^j(t) &= \phi_2^j(t) - \phi_1^j(t) \\ \nabla\phi_i(t) &= \phi_i^k(t) - \phi_i^j(t) \\ &\cdots\cdots \\ \delta\phi_i^j(t) &= \phi_i^j(t_2) - \phi_i^j(t_1) \end{aligned}\right\} \tag{8.1}$$

在式(8.1)线性组合的基础上，可进一步导出更多的，在 GNSS 定位中普遍应用的重要差分组合形式。

为了进行平差计算，一般先对观测方程进行线性化。在协议地球坐标系中，取测站 T_i 待定坐标的近似值向量为 $(X_{i0}\quad Y_{i0}\quad Z_{i0})^{\mathrm{T}}$，用下标 0 代表对应量的近似值(下同)，其改正数向量为 $\delta X_i=(\delta X_i\quad \delta Y_i\quad \delta Z_i)^{\mathrm{T}}$，则测站 T_i 至所测卫星 s^j 的距离，按 Taylor 级数展开并取至一阶项，得：

$$\rho_i^j(t)=\rho_{i0}^j(t)-\begin{bmatrix} l_i^j(t) & m_i^j(t) & n_i^j(t)\end{bmatrix}\begin{bmatrix}\delta X_i\\ \delta Y_i\\ \delta Z_i\end{bmatrix} \tag{8.2}$$

其中：$[l_i^j(t)\quad m_i^j(t)\quad n_i^j(t)]$ 为方向余弦，其表达式与式(6.7)相同；$\rho_{i0}^j(t)=\sqrt{(X^j(t)-X_{i0})^2+(Y^j(t)-Y_{i0})^2+(Z^j(t)-Z_{i0})^2}$；$(X^j(t),\ Y^j(t),\ Z^j(t))$ 为卫星 s^j 在历元 t 的瞬时坐标。在卫星的瞬时坐标和起始点坐标已知的情况下，下面按单差、双差和三差三种线性组合形式分别讨论如下。

8.2.1　单差模型

单差(Single Difference，SD)：将两个不同测站上，同步观测相同卫星所得观测量求差，这种站间单差常表示为：

$$\Delta\phi^j(t)=\phi_2^j(t)-\phi_1^j(t) \tag{8.3}$$

在相对定位中，上述表达式是最基本的线性组合形式，其差分示意图如图 7.3 所示。以 T_1 为参考站，则应用式(7.25)并忽略大气延迟，有单差观测方程式(8.3)的线性化形式如下：

$$\Delta\phi^j(t) = -\frac{1}{\lambda}[\,l_2^j(t) \quad m_2^j(t) \quad n_2^j(t)\,]\begin{bmatrix}\delta X_2\\ \delta Y_2\\ \delta Z_2\end{bmatrix} - \Delta N^j + f\Delta t(t) + \frac{1}{\lambda}[\rho_{20}^j(t) - \rho_1^j(t)]$$

(8.4)

其中，$\rho_1^j(t)$ 为测站 T_1 至所测卫星 s^j 的距离。于是相应的误差方程可写为：

$$\Delta v^j(t) = \frac{1}{\lambda}[\,l_2^j(t) \quad m_2^j(t) \quad n_2^j(t)\,]\begin{bmatrix}\delta X_2\\ \delta Y_2\\ \delta Z_2\end{bmatrix} + \Delta N^j - f\Delta t(t) + \Delta u^j(t) \tag{8.5}$$

其中：$\Delta u^j(t) = \Delta\phi^j(t) - \frac{1}{\lambda}[\rho_{20}^j(t) - \rho_1^j(t)]$。

由此，在两测站同步观测的卫星数为 n_s 的情况下，可得相应的误差方程组：

$$\begin{bmatrix}\Delta\boldsymbol{v}^1(t)\\ \Delta\boldsymbol{v}^2(t)\\ \vdots\\ \Delta\boldsymbol{v}^{n_s}(t)\end{bmatrix} = \frac{1}{\lambda}\begin{bmatrix} l_2^1(t) & m_2^1(t) & n_2^1(t)\\ l_2^2(t) & m_2^2(t) & n_2^2(t)\\ \vdots & \vdots & \vdots\\ l_2^{n_s}(t) & m_2^{n_s}(t) & n_2^{n_s}(t)\end{bmatrix}\begin{bmatrix}\delta X_2\\ \delta Y_2\\ \delta Z_2\end{bmatrix} + \begin{bmatrix}\Delta N^1\\ \Delta N^2\\ \vdots\\ \Delta N^{n_s}\end{bmatrix} - f\begin{bmatrix}1\\ 1\\ \vdots\\ 1\end{bmatrix}\Delta t(t) + \begin{bmatrix}\Delta u^1(t)\\ \Delta u^2(t)\\ \vdots\\ \Delta u^{n_s}(t)\end{bmatrix}$$

(8.6)

取符号：

$$\underset{(n_s\times 1)}{\boldsymbol{v}(t)} = [\,\Delta\boldsymbol{v}^1(t) \quad \Delta\boldsymbol{v}^2(t) \quad \cdots \quad \Delta\boldsymbol{v}^{n_s}(t)\,]^{\mathrm{T}};$$

$$\underset{(n_s\times 3)}{\boldsymbol{a}(t)} = \frac{1}{\lambda}\begin{bmatrix} l_2^1(t) & m_2^1(t) & n_2^1(t)\\ l_2^2(t) & m_2^2(t) & n_2^2(t)\\ \vdots & \vdots & \vdots\\ l_2^{n_s}(t) & m_2^{n_s}(t) & n_2^{n_s}(t)\end{bmatrix};$$

$$\underset{(n_s\times n_s)}{\boldsymbol{b}(t)} = \begin{bmatrix}1 & 0 & 0 & 0\\ 0 & 1 & \cdots & 0\\ \vdots & \vdots & & \vdots\\ 0 & 0 & \cdots & 1\end{bmatrix};$$

$$\underset{(n_s\times 1)}{\boldsymbol{c}(t)} = -f\begin{bmatrix}1\\ 1\\ \vdots\\ 1\end{bmatrix};$$

$$\underset{(n_s\times 1)}{\bar{\boldsymbol{u}}} = [\,\Delta u^1(t) \quad \Delta u^2(t) \quad \cdots \quad \Delta u^{n_s}(t)\,]^{\mathrm{T}};$$

$$\underset{(3\times 1)}{\delta\boldsymbol{X}_2} = [\,\delta X_2 \quad \delta Y_2 \quad \delta Z_2\,]^{\mathrm{T}};$$

$$\underset{(n_s\times 1)}{\Delta\boldsymbol{N}} = [\,\Delta N^1 \quad \Delta N^2 \quad \cdots \quad \Delta N^{n_s}\,]^{\mathrm{T}}。$$

则式(8.6)可改写为：

$$\boldsymbol{v}(t) = \boldsymbol{a}(t)\delta\boldsymbol{X}_2 + \boldsymbol{b}(t)\Delta\boldsymbol{N} + \boldsymbol{c}(t)\boldsymbol{\Delta t}(t) + \bar{\boldsymbol{u}}(t) \tag{8.7}$$

进一步假设：同步观测同一组卫星的历元数为 n_t，则相应的误差方程组可写为

$$\boldsymbol{V}=\boldsymbol{A}\boldsymbol{\delta}\boldsymbol{X}_2+\boldsymbol{B}\Delta\boldsymbol{N}+\boldsymbol{C}\Delta\boldsymbol{t}+\boldsymbol{L} \tag{8.8}$$

或

$$\boldsymbol{V}=(\boldsymbol{A}\quad\boldsymbol{B}\quad\boldsymbol{C})\begin{pmatrix}\boldsymbol{\delta}\boldsymbol{X}_2\\ \Delta\boldsymbol{N}\\ \Delta\boldsymbol{t}\end{pmatrix}+\boldsymbol{L} \tag{8.9}$$

其中：

$$\underset{(n_s\cdot n_t\times 1)}{\boldsymbol{V}}=[\boldsymbol{v}(t_1)\quad\boldsymbol{v}(t_2)\quad\cdots\quad\boldsymbol{v}(t_{n_t})]^{\mathrm{T}};$$

$$\underset{(n_sn_t\times 3)}{\boldsymbol{A}}=[\boldsymbol{a}(t_1)\quad\boldsymbol{a}(t_2)\quad\cdots\quad\boldsymbol{a}(t_{n_t})]^{\mathrm{T}};$$

$$\underset{(n_sn_t\times n_s)}{\boldsymbol{B}}=[\boldsymbol{b}(t_1)\quad\boldsymbol{b}(t_2)\quad\cdots\quad\boldsymbol{b}(t_{n_t})]^{\mathrm{T}};$$

$$\underset{(n_sn_t\times n_s)}{C}=\begin{bmatrix}\boldsymbol{c}(t_1)&0&0&0\\0&\boldsymbol{c}(t_2)&\cdots&0\\\vdots&\vdots&&\vdots\\0&0&\cdots&\boldsymbol{c}(t_{n_t})\end{bmatrix};$$

$$\underset{(n_t\times 1)}{\Delta\boldsymbol{t}}=[\Delta t(t_1)\quad\Delta t(t_2)\quad\cdots\quad\Delta t(t_{n_t})]^{\mathrm{T}};$$

$$\underset{(n_sn_t\times 1)}{\boldsymbol{L}}=[\bar{\boldsymbol{u}}(t_1)\quad\bar{\boldsymbol{u}}(t_2)\quad\cdots\quad\bar{\boldsymbol{u}}(t_{n_t})]^{\mathrm{T}}。$$

根据间接平差原理，可得相应的法方程式及其解：

$$\left.\begin{aligned}\boldsymbol{N}\Delta\boldsymbol{Y}+\boldsymbol{U}=0\\\Delta\boldsymbol{Y}=-\boldsymbol{N}^{-1}\boldsymbol{U}\end{aligned}\right\} \tag{8.10}$$

其中：

$$\Delta\boldsymbol{Y}=[\boldsymbol{\delta}\boldsymbol{X}_2\quad\Delta\boldsymbol{N}\quad\Delta\boldsymbol{t}]^{\mathrm{T}};$$

$$\boldsymbol{N}=(\boldsymbol{A}\quad\boldsymbol{B}\quad\boldsymbol{C})^{\mathrm{T}}\boldsymbol{P}(\boldsymbol{A}\quad\boldsymbol{B}\quad\boldsymbol{C});$$

$$\boldsymbol{U}=(\boldsymbol{A}\quad\boldsymbol{B}\quad\boldsymbol{C})^{\mathrm{T}}\boldsymbol{P}\boldsymbol{L}。$$

其中 $\boldsymbol{P}$ 为单差观测量的权矩阵。

当不同历元同步观测的卫星数不同时，情况略为复杂。这时应注意系数矩阵 A、B、C 中子阵的维数。这种情况，在下面要讨论的双差和三差模型中也会遇到。

解的精度可按下式估算：

$$m_y=\sigma_0\sqrt{q_{yy}} \tag{8.11}$$

其中：δ_0 为单差观测量的单位权中误差；$Q_y=N^{-1}$；q_{yy} 为权系数阵 Q_y 主对角线上的相应元素。

8.2.2　双差模型

双差(Double Difference，DD)：在站间单差的基础上，将同步观测的两颗不同卫星 j、k 的单差再进行一次求差，其示意图如图 7.4 所示。双差组合可表示为：

$$\nabla\Delta\phi^{jk}(t)=\Delta\phi^{k}(t)-\Delta\phi^{j}(t)=[\phi_2^k(t)-\phi_1^k(t)-\phi_2^j(t)+\phi_1^j(t)] \tag{8.12}$$

若两测站同步观测的卫星为 s^j 和 s^k，设 s^j 为参考卫星(为了简单起见，参考卫星 j 在以下方程的双差中不再标注)，顾及式(8.2)并忽略各项误差残余项，可得双差观测方程式(7.33)的线性化形式：

$$\nabla\Delta\varphi^{k}(t)=-\frac{1}{\lambda}\left[\nabla l_2^k(t)\ \nabla n_2^k(t)\ \nabla m_2^k(t)\right]\begin{bmatrix}\delta X_2\\ \delta Y_2\\ \delta Z_2\end{bmatrix}-\nabla\Delta N^k+\frac{1}{\lambda}\left[\rho_{20}^k(t)-\rho_1^k(t)-\rho_{20}^j(t)+\rho_1^j(t)\right] \tag{8.13}$$

其中：

$$\nabla\Delta\varphi^k(t)=\Delta\varphi^k(t)-\Delta\varphi^j(t);$$

$$\begin{pmatrix}\nabla l_2^k(t)\\ \nabla m_2^k(t)\\ \nabla n_2^k(t)\end{pmatrix}=\begin{bmatrix}l_2^k(t)-l_2^j(t)\\ m_2^k(t)-m_2^j(t)\\ n_2^k(t)-n_2^j(t)\end{bmatrix};$$

$$\nabla\Delta N^k(t)=\Delta N^k-\Delta N^j。$$

令：

$$\nabla\Delta u^k(t)=\nabla\Delta\varphi^k(t)-\frac{1}{\lambda}\left[\rho_{20}^k(t)-\rho_1^k(t)-\rho_{20}^j(t)+\rho_1^j(t)\right] \tag{8.14}$$

则可改写为如下误差方程式的形式：

$$\nabla\Delta v^k(t)=\frac{1}{\lambda}\left[\nabla l_2^k(t)\ \nabla m_2^k(t)\ \nabla n_2^k(t)\right]\begin{pmatrix}\delta X_2\\ \delta Y_2\\ \delta Z_2\end{pmatrix}+\nabla\Delta N^k+\nabla\Delta u^k(t) \tag{8.15}$$

当两测站同步观测的卫星数为 n_s 时，可得误差方程组如下：

$$\boldsymbol{v}(t)=\boldsymbol{a}(t)\delta X_2+\boldsymbol{b}(t)\ \nabla\Delta\boldsymbol{N}+\nabla\Delta\ \bar{\boldsymbol{u}}(t) \tag{8.16}$$

其中：

$$\underset{(n_s-1)\times 1}{\boldsymbol{v}(\boldsymbol{t})}=\left[\boldsymbol{v}^1(t)\quad \boldsymbol{v}^2(t)\quad\cdots\quad \boldsymbol{v}^{n_s-1}(t)\right]^{\mathrm{T}};$$

$$\underset{(n_s-1)\times 3}{\boldsymbol{a}(\boldsymbol{t})}=\frac{1}{\lambda}\begin{bmatrix}\nabla l_2^1(t) & \nabla m_2^1(t) & \nabla n_2^1(t)\\ \nabla l_2^2(t) & \nabla m_2^2(t) & \nabla n_2^2(t)\\ \vdots & \vdots & \\ \nabla l_2^{n_s-1}(t) & \nabla m_2^{n_s-1}(t) & \nabla n_2^{n_s-1}(t)\end{bmatrix};$$

$$\underset{(n_s-1)\times(n_s-1)}{\boldsymbol{b}(\boldsymbol{t})}=\begin{bmatrix}1 & 0 & \cdots & 0\\ 0 & 1 & \cdots & 0\\ \vdots & \vdots & & \vdots\\ 0 & 0 & \cdots & 1\end{bmatrix};$$

$$\underset{(n_s-1)\times 1}{\nabla\Delta\boldsymbol{N}}=\left[\nabla\Delta N^1\quad \nabla\Delta N^2\quad\cdots\quad \nabla\Delta N^{n_s-1}\right]^{\mathrm{T}};$$

$$\underset{(n_s-1)\times 1}{\nabla\Delta\bar{\boldsymbol{u}}(\boldsymbol{t})}=\left[\nabla\Delta u^1(t)\quad \nabla\Delta u^2(t)\quad\cdots\quad \nabla\Delta u^{n_s-1}(t)\right]^{\mathrm{T}};$$

$$\delta\boldsymbol{X}_2=\left[\delta X_2\quad \delta Y_2\quad \delta Z_2\right]^{\mathrm{T}}。$$

如果在基线的两端，对同一组卫星观测的历元数为 n_t，那么相应的误差方程组，由上式可得

$$\boldsymbol{V}=(\boldsymbol{A}\quad \boldsymbol{B})\begin{pmatrix}\delta \boldsymbol{X}_2\\ \nabla\Delta \boldsymbol{N}\end{pmatrix}+\boldsymbol{L} \tag{8.17}$$

其中：

$$\begin{aligned}
\underset{(n_s-1)n_t\times 3}{\boldsymbol{A}} &= [\boldsymbol{a}(\boldsymbol{t}_1)\quad \boldsymbol{a}(\boldsymbol{t}_2)\quad \cdots\quad \boldsymbol{a}(\boldsymbol{t}_{n_t})]^{\mathrm{T}};\\
\underset{(n_s-1)n_t\times (n_s-1)}{\boldsymbol{B}} &= [\boldsymbol{b}(\boldsymbol{t}_1)\quad \boldsymbol{b}(\boldsymbol{t}_2)\quad \cdots\quad \boldsymbol{b}(\boldsymbol{t}_{n_t})]^{\mathrm{T}};\\
\underset{(n_s-1)n_t\times 1}{\boldsymbol{L}} &= [\nabla\Delta\bar{\boldsymbol{u}}(\boldsymbol{t}_1)\quad \nabla\Delta\bar{\boldsymbol{u}}(\boldsymbol{t}_2)\quad \cdots\quad \nabla\Delta\bar{\boldsymbol{u}}(\boldsymbol{t}_{n_t})]^{\mathrm{T}};\\
\underset{(n_s-1)n_t\times 1}{\boldsymbol{V}} &= [\boldsymbol{v}(t_1)\quad \boldsymbol{v}(t_2)\quad \cdots\quad \boldsymbol{v}(t_{n_t})]^{\mathrm{T}}。
\end{aligned}$$

相应的法方程式及其解，可表示为：

$$\begin{aligned}\boldsymbol{N}\Delta\boldsymbol{Y}+\boldsymbol{W}&=\boldsymbol{0}\\ \Delta\boldsymbol{Y}&=-\boldsymbol{N}^{-1}\boldsymbol{W}\end{aligned} \tag{8.18}$$

其中

$$\begin{aligned}
\Delta\boldsymbol{Y}&=[\boldsymbol{\delta X}_2\quad \nabla\Delta\boldsymbol{N}]^{\mathrm{T}};\\
\boldsymbol{N}&=(\boldsymbol{A}\quad \boldsymbol{B})^{\mathrm{T}}\boldsymbol{P}(\boldsymbol{A}\quad \boldsymbol{B});\\
\boldsymbol{W}&=(\boldsymbol{A}\quad \boldsymbol{B})^{\mathrm{T}}\boldsymbol{PL};
\end{aligned}$$

其中 P 为双差观测量的权矩阵。

需要指出的是，上述的双差模型只适用于采用码分多址技术的卫星系统，即卫星系统使用了相同频率的载波相位，如 GPS、BDS 和 Galileo。对于采用频分多址的卫星系统而言，如 GLONASS 系统，不同卫星的载波相位频率不再相等，为了消除接收机钟差的影响，双差模型常表达为如下形式：

$$\nabla\Delta\phi^k(t)=\Delta\phi^k(t)\lambda^k-\Delta\phi^j(t)\lambda^j=[\phi_2^k(t)\lambda^k-\phi_1^k(t)\lambda^k-\phi_2^j(t)\lambda^j+\phi_1^j(t)\lambda^j]$$

上式对应的双差观测方程式的线性化形式为：

$$\begin{aligned}\nabla\Delta\phi^k(t)=&-[\nabla l_2^k(t)\quad \nabla n_2^k(t)\quad \nabla m_2^k(t)]\begin{bmatrix}\delta X_2\\ \delta Y_2\\ \delta Z_2\end{bmatrix}-\lambda^k\,\nabla\Delta N^{jk}+(\lambda^k-\lambda^j)\Delta N^j\\ &+[\rho_{20}^k(t)-\rho_1^k(t)-\rho_{20}^j(t)+\rho_1^j(t)]\end{aligned} \tag{8.19}$$

上述双差方程与双差方程式(8.13)的不同之处在于单差项 $(\lambda^k-\lambda^j)\Delta N^j$ 。此单差项给整周模糊度的解算带来不利影响，为了解算出方程式(8.19)中的双差模糊度，常需要先估算出参考卫星的单差整周模糊度。这个问题的详细解释请参考文献(Habrich, et al, 1999; Han, et al, 1999)。

8.2.3　三差模型

三差(Triple Difference, TD)：如果将双差组合在不同历元间求差，即同步观测同一组卫星，所得观测量的双差之差，其示意图如图 7.5 所示，记为：

$$\begin{aligned}\delta\,\nabla\Delta\phi^{jk}(t)&=\nabla\Delta\phi^{jk}(t_2)-\nabla\Delta\phi^{jk}(t_1)\\ &=[\phi_2^k(t_2)-\phi_1^k(t_2)-\phi_2^j(t_2)+\phi_1^j(t_2)]-[\phi_2^k(t_1)-\phi_1^k(t_1)-\phi_2^j(t_1)+\phi_1^j(t_1)]\end{aligned} \tag{8.20}$$

若在基线两端同步观测卫星 j, k 两个历元 $(t_1,\ t_2)$ ，同样选卫星 j 为参考卫星，则应用式(8.2)，可得三差观测方程式(7.40)的线性化形式：

$$\delta\nabla\Delta\varphi^k(t)=-\frac{1}{\lambda}\left[\delta\nabla l_2^k(t)\quad\delta\nabla m_2^k(t)\quad\delta\nabla n_2^k(t)\right]\begin{bmatrix}\delta X_2\\\delta Y_2\\\delta Z_2\end{bmatrix}$$

$$+\frac{1}{\lambda}\left[\delta\rho_{20}^k(t)-\delta\rho_1^k(t)-\delta\rho_{20}^j(t)+\delta\rho_1^j(t)\right]\tag{8.21}$$

其中：$\delta\nabla\Delta\varphi^k(t)=\nabla\Delta\varphi^k(t_2)-\nabla\Delta\varphi^k(t_1)$；

$$\begin{bmatrix}\delta\nabla l_2^k(t)\\\delta\nabla m_2^k(t)\\\delta\nabla n_2^k(t)\end{bmatrix}=\begin{bmatrix}\nabla l_2^k(t_2)-\nabla l_2^k(t_1)\\\nabla m_2^k(t_2)-\nabla m_2^k(t_1)\\\nabla n_2^k(t_2)-\nabla n_2^k(t_1)\end{bmatrix};$$

$$\begin{bmatrix}\delta\rho_{20}^k(t)\\\delta\rho_1^k(t)\\\delta\rho_{20}^j(t)\\\delta\rho_1^j(t)\end{bmatrix}=\begin{bmatrix}\delta\rho_{20}^k(t_2)-\delta\rho_{20}^k(t_1)\\\delta\rho_1^k(t_2)-\delta\rho_1^k(t_1)\\\delta\rho_{20}^j(t_2)-\delta\rho_{20}^j(t_1)\\\delta\rho_1^j(t_2)-\delta\rho_1^j(t_1)\end{bmatrix}。$$

令：

$$\delta\nabla\Delta u^k(t)=\delta\nabla\Delta\varphi^k(t)-\frac{1}{\lambda}\left[\delta\rho_{20}^k(t)-\delta\rho_1^k(t)-\delta\rho_{20}^j(t)-\delta\rho_1^j(t)\right]\tag{8.22}$$

可得相应的误差方程：

$$v^k(t)=\frac{1}{\lambda}\left[\delta\nabla l_2^k(t)\quad\delta\nabla m_2^k(t)\quad\delta\nabla n_2^k(t)\right]\begin{bmatrix}\delta X_2\\\delta Y_2\\\delta X_2\end{bmatrix}+\delta\nabla\Delta u^k(t)\tag{8.23}$$

若同步观测的卫星数为 n_s，取其中一颗卫星为参考卫星，可得：

$$\boldsymbol{v}(\boldsymbol{t})=\boldsymbol{a}(\boldsymbol{t})\boldsymbol{\delta X}_2+\bar{\boldsymbol{u}}(\boldsymbol{t})\tag{8.24}$$

其中

$$\underset{(n_s-1)\times 1}{\boldsymbol{v}(\boldsymbol{t})}=\left[v^1(t)\quad v^2(t)\quad\cdots\quad v^{n_s-1}(t)\right]^{\mathrm{T}};$$

$$\underset{(n_s-1)\times 3}{\boldsymbol{a}(\boldsymbol{t})}=\frac{1}{\lambda}\begin{bmatrix}\delta\nabla l_2^1(t)&\delta\nabla m_2^1(t)&\delta\nabla n_2^1(t)\\\delta\nabla l_2^2(t)&\delta\nabla m_2^2(t)&\delta\nabla n_2^2(t)\\&\cdots\cdots\cdots&\\\delta\nabla l_2^{n_s-1}(t)&\delta\nabla m_2^{n_s-1}(t)&\delta\nabla n_2^{n_s-1}(t)\end{bmatrix};$$

$$\underset{(n_s-1)\times 1}{\bar{\boldsymbol{u}}(\boldsymbol{t})}=\left[\delta\nabla\Delta u^1(t)\quad\delta\nabla\Delta u^2(t)\cdots\delta\nabla\Delta u^{n_s-1}(t)\right]^{\mathrm{T}}。$$

若对一组卫星同步观测 n_t 个历元，取某一历元为参考历元，则误差方程组式(8.24)可进一步写为：

$$\boldsymbol{V}=\boldsymbol{A\delta X}_2+\boldsymbol{L}\tag{8.25}$$

其中：

$$\underset{(n_s-1)(n_t-1)\times 1}{\boldsymbol{V}}=\left[\boldsymbol{v}(t_1)\quad\boldsymbol{v}(t_2)\quad\cdots\quad\boldsymbol{v}(t_{n_t-1})\right]^{\mathrm{T}};$$

$$\underset{(n_s-1)(n_t-1)\times 3}{\boldsymbol{A}}=\left[\boldsymbol{a}(t_1)\quad\boldsymbol{a}(t_2)\quad\cdots\quad\boldsymbol{a}(t_{n_t-1})\right]^{\mathrm{T}};$$

$$\underset{(n_s-1)(n_t-1)\times 1}{\boldsymbol{L}}=\left[\bar{\boldsymbol{u}}(t_1)\quad\bar{\boldsymbol{u}}(t_2)\quad\cdots\quad\bar{\boldsymbol{u}}(t_{n_t-1})\right]^{\mathrm{T}};$$

$$\delta X_2 = [\delta X_2 \quad \delta Y_2 \quad \delta Z_2]^{\mathrm{T}}。$$

得到相应的法方程及其解：

$$(\boldsymbol{A}^{\mathrm{T}}\boldsymbol{P}\boldsymbol{A})\boldsymbol{\delta X}_2 + (\boldsymbol{A}^{\mathrm{T}}\boldsymbol{P}\boldsymbol{L}) = \boldsymbol{0} \tag{8.26}$$

$$\boldsymbol{\delta X}_2 = -(\boldsymbol{A}^{\mathrm{T}}\boldsymbol{P}\boldsymbol{A})^{-1}(\boldsymbol{A}^{\mathrm{T}}\boldsymbol{P}\boldsymbol{L}) \tag{8.27}$$

其中，$\boldsymbol{P}$ 为相应三差观测量的权阵。

8.2.4　参考站坐标误差对基线解的影响

参考站的坐标在基线解算中通常作为已知值。如果参考站坐标存在误差，对精密GNSS基线解算的影响，往往不能忽略。这里来分析一下这种影响的规律和大小(周忠谟，1997，第二版)。

假设，基线两端点 T_1 和 T_2，其WGS84中的坐标向量分别为 X_1 和 X_2，ΔX_{12} 为 T_1、T_2 点间的坐标差向量。如果取 T_1 为参考站，并假设其坐标向量有微小变化 δX_1，则由此引起 T_2 点坐标向量的变化，可一般地写为

$$\delta X_2 = \delta X_1 + \delta\Delta X_{12} \tag{8.28}$$

这里 $\delta\Delta X_{12}$ 为参考站坐标的变化对基线向量解的影响。

可见参考站坐标误差的影响可分为两部分，其一为基线向量产生平移 δX_1，这种关系简单，容易处理，其值仅取决于参考站坐标的变化；其二，是参考站坐标的误差，在相对定位模型中，对所求基线向量的影响 $\delta\Delta X_{12}$，它是基线长度、方位、参考站位置以及所观测卫星几何分布等诸多因素的复杂函数。

将这个误差引入双差平差模型中，在最不利的情况下，可导出参考站坐标误差对基线长的影响关系为：

$$\delta S = 0.60 \cdot 10^{-4} \cdot D \cdot \delta X_1 \tag{8.29}$$

其中：D 为基线长度，以km计。

若要求 $\delta S \leqslant 0.01\mathrm{m}$，参考站坐标分量的误差，应不超过表8.1所列数值。可见，在长距离精密相对定位中，参考站坐标误差的影响是不能忽略的。在基线的重复测量中，起始点的坐标应尽可能选择一致，以避免由于参考点坐标值的选择不周，造成对所求基线重现度的影响。

表8.1　　参考站坐标分量的容许偏差

基线长(km)	10	100	1000
$\delta X_1(m) \leqslant$	16.7	1.7	0.17
相对精度	10^{-6}	10^{-7}	10^{-8}

根据理论与模拟数据的分析表明：

- ➢ 参考站坐标的误差，对GNSS基线向量的影响与基线的方位有关。其影响的相对变化幅度，最大约为20%，；
- ➢ 参考站坐标变化对GNSS基线向量的影响，与所观测卫星的几何分布有关。当PDOP由6.7变为14.2时，上述平均影响的最大增值约为13%；

➢ 参考站坐标变化对基线解的影响，主要与基线长度密切相关，在最不利的情况下，其影响的大小，可按式(8.29)近似估算。

8.3 周跳探测与修复

上述数据处理过程，其实还包含GNSS信号失锁或中断的情况。当接收机捕获卫星信号之后，如果接收机在整个观测时段中始终保持卫星信号锁定，则载波相位观测值是连续的。当卫星信号被障碍物遮挡或受无线电干扰时，会发生短时间失锁，从而引起相位观测值的整周数发生跳变，这种现象称为周跳。实际工作中，由于卫星信号被暂时阻挡，或外界干扰等因素的影响，经常引起卫星跟踪的暂时中断。这样一来，接收机对整周的计数也会随之中断。虽然在接收机恢复对该卫星的跟踪后，所测相位的小数部分不受跟踪中断的影响，仍是连续的，但整周计数，由于失去了在失锁期间载波相位变化的整周数，便不连续了。而且使其后的相位观测值，均含有同样的整周数跳变。

在GNSS定位中，同一观测时段延续的时间越长，产生周跳的可能性便越大。在经典静态相对定位中，处理周跳问题，是数据处理中的一个重要问题，它对成果的精度将产生显著影响。因此，在观测成果的平差计算之前，必须对其中可能存在的周跳，进行检验和修复。

检测周跳的原理与粗差检测原理类似。目前有多种检测周跳的方法。其共同之处都是利用载波相位观测值在无周跳时应是一个连续的平滑序列的性质。由于钟差的影响，非差和单差观测量的平滑性均较差，而双差及三差观测量由于消除了许多公共系统误差而具有很好的平滑性，因而常用双差及三差观测序列来检测周跳。

周跳具有继承性，即从周跳发生历元开始，以后的所有历元的相位观测量都受到这个周跳的影响。因此在修复周跳时，应对周跳开始的所有历元进行修复。周跳检测的方法很多，这里只介绍多项式拟合法、卡尔曼滤波法、基于三差的选权迭代法(黄丁发，熊永良，周乐韬等，2009)。

8.3.1 检测周跳的观测量

周跳的探测，有很多观测量可供选用，在一个测站上，可选择双频相位组合及单频相位与伪距的组合；在测站对上，可以构成差分观测量。然而各类观测值中所包含的误差项影响不相同，用于周跳检测的效果也各不一样。

1. 电离层残差观测量

$$\phi_I = \frac{\lambda_2^2 - \lambda_1^2}{\lambda_1} TEC + \left(N_1 - \frac{f_1}{f_2} N_2\right) \tag{8.30}$$

电离层的影响减小了65%，在电离层正常时，短基线电离层残差的短时变化是很小的。如果发生突变，可以认为发生周跳。要确定周跳到底发生在哪个频率上，还需作进一步分析。

2. 双差观测量

前述双差观测量由于消除了公共误差，具有较好的平滑性，因此是检测周跳的较好观测量。

3. 伪距与相位的组合构成的观测量

设有相位观测方程和伪距观测方程：

$$\lambda \phi(t) = \rho(t) + \lambda N + c \cdot \delta(t) - d_I + d_T \tag{8.31}$$

$$P(t) = \rho(t) + c \cdot \delta(t) + d_I + d_T \tag{8.32}$$

则有伪距与相位的组合构成的观测量为：

$$\lambda \phi(t) - P(t) = \lambda N - 2d_I \tag{8.33}$$

上式中的观测量同样只有电离层影响与时间相关，当然，这还取决于伪距 $P(t)$ 的精度。如今的接收机对伪距的测量精度已达到了码长的千分之一，也就是说对于 P 码，测距精度可达几个厘米，那么这种码和相位的组合对于检测周跳是非常理想的检验量。

8.3.2　多项式拟合法检测周跳

双差观测序列可以用一阶多项式来表示即：

$$\nabla\Delta\phi(i) = a_0 + a_1(t_i - t_0) + a_2(t_i - t_0)^2 + \cdots + a_q(t_i - t_0)^q, i = 1, 2, \cdots\cdots, n \tag{8.34}$$

由于周跳的继承性，用上式直接拟合双差序列时，拟合残差的大小不能完全反映出周跳的位置和大小。为此，在双差序列的历元间求差，即求 $\delta\nabla\Delta\phi(i+1, i) = \nabla\Delta\phi(i+1) - \nabla\Delta\phi(i)$，构成新的差分序列，对差分序列用多项式来拟合时，拟合残差的大小能较真实反映出周跳的位置。

多项式的阶数可根据拟合标准差的大小来选择。双差观测值的标准差通常不会大于 0.05 周。当拟合标准差大于给定的标准差时应调整多项式的阶数。

设拟合标准差为 σ，当拟合残差的绝对值 $|v_i| > 3\sigma$ 时，对该历元作周跳(粗差)标记，剔除该观测差后，重复拟合过程。当相邻两次拟合的标准差趋于一致时，周跳检测结束。

对周跳的修复，可根据拟合残差来确定，周跳应该是一个整数，可取最接近拟合残差的整数作为周跳的修复值。

8.3.3　卡尔曼滤波法检测周跳

前述多项式拟合法适合于测后数据处理的周跳探测，当需要动态检测周跳时，可用卡尔曼滤波法。卡尔曼滤波法的基本原理是根据预测残差的大小来判断周跳发生的历元及大小。

GNSS 双差观测序列可看做一个动态系统。将双差观测值、双差观测值的变化速度及其加速度作为状态向量，则其状态转移矩阵的形式为

$$\phi_{k,k-1} = \begin{pmatrix} 1 & \tau & \frac{1}{2}\tau^2 \\ 0 & 1 & \tau \\ 0 & 0 & 1 \end{pmatrix} \tag{8.35}$$

因此，卡尔曼滤波器的状态方程可表示为：

$$X_k = \phi_{k,k-1} X_{k-1} + d_k \tag{8.36}$$

式中 d_k 为动态噪声(有时称为过程噪声或系统噪声)。

假定 $E(d_k)=0$，$E(d_k d_l^T)=Q_{d_k}\cdot\delta_{k,\ l}$，

观测方程为：
$$Y_k = H_k \cdot X_k + e_k \tag{8.37}$$

式中 $H_k=(1\quad 0\quad 0)$，e_k为观测噪声，$E\{e_k\}=0$，$D\{e_k e_l^{\mathrm{T}}\}=Q_{lk}\delta_{kl}$。

因不同的应用，可根据 $k+l$ 个历元的所有观测量获得在第 k 历元的状态向量估计值，当 $l<0$ 时，称为预测；当 $l=0$ 时，称为滤波；当 $l>0$ 时称为平滑。

对于周跳检测，只用到滤波。滤波过程是一个递推过程，它由两步构成：即预测(时间更新)和滤波(测量更新)。

$$\hat{X}_{k,k-1} = \phi_{k,k-1}\hat{X}_{k-1,k-1} \tag{8.38}$$

$$\hat{X}_{k,k} = \hat{X}_{k,k-1} + K_k[Y_k - H_k\hat{X}_{k,k-1}] \tag{8.39}$$

以上这组方程称为 Kalman 滤波器(kalman，1960)。第一个方程称为时间更新，即通过动态模型(状态方程)将第 k-1 历元的状态向量估值传到下一历元 k，因此可给出第 k 历元的状态向量预测值；第二个方程是测量更新，它在最小二乘意义上，将预测向量与第 k 历元的观测值结合以产生滤波后的状态向量。

预测和滤波后的状态向量方差分别为：

$$Q_{\hat{X}_{k,k-1}} = \phi_{k,k-1} Q_{\hat{X}_{k-1,k-1}} \phi_{k,k-1}^T \tag{8.40}$$

$$Q_{\hat{X}_{k,k}} = [E - K_k H_k] Q_{\hat{X}_{k,k-1}} \tag{8.41}$$

式中 K_k为滤波增益矩阵

$$K_k = Q_{\hat{X}_k} H_k^T Q_{e_k}^{-1} = Q_{\hat{X}_{k,k-1}} H_k^T \left[Q_{lk} + H_k Q_{\hat{X}_{k,k-1}} H_k^T\right]^{-1} \tag{8.42}$$

预测残差为：

$$V_k = \hat{X}_{k,k-1} - Y_k \tag{8.43}$$

当预测线差超过预期噪声时，表明该历元有周跳发生。

8.3.4 基于三差的选权选代法

三差观测量不仅消除了卫星钟差和接收机钟差，同时还消除了整周模糊度。如果在某个历元出现周跳，则相当于从该历元起，整周模糊度发生变化。如果三差是在相邻历元间进行，则周跳将以粗差形式出现在三差观测值序列中。

由间接平差可知，当观测值含有粗差时，如果平差系统有足够的可靠性，则相应观测值的改正数可反映出粗差的大小。对于改正数 $|v_i|>3\sigma$ (为观测值中误差)的观测量赋予极小的权，这相当于该观测量对平差结果不起作用。

经过几次选权迭代可消去周跳的影响，所求出的坐标将不受周跳的影响。

周跳可分为两种情况：跳跃出现于相邻历元间，和跳跃发生在一定数量历元之间，此时，失锁接收机没有记录相位观测值。第一种情况称为“跳变”，第二种情况为“间断”，周跳是卫星信号受到阻碍，或低信噪比，接收机软件错误等因素造成的。

周跳的探测和修复即确定跳变的位置和大小，且对所有后续观测历元进行改正。下面

介绍基于三差模型的稳健最小二乘估计自动周调探测和修复方法。

三差观测方程式可写为：

$$\Delta^3\phi = \Delta^3\rho + \varepsilon = \Delta\rho_m^{jk}(i+s) - \Delta\rho_r^{jk}(i+s) - \Delta\rho_m^{jk}(i) + \Delta\rho_r^{jk}(i) + \varepsilon \tag{8.44}$$

其中，Δ 是星际一次差分算子；Δ^3 为三差算子；j，k 是卫星；r，m 是参考站和监测站；s 是间隔历元数；ε 是噪声。

方程中有三个未知数：待定点的坐标$(x,\ y,\ z)$。很容易写出误差方程：

$$V(i,i+s) = A(i,i+s)\delta X + T(i,i+s)$$

$$\delta X = -(A^{\mathrm{T}}PA)^{-1}A^{\mathrm{T}}PT \tag{8.45}$$

其中：

$$T(i,i+s) = \Delta^3\rho^0(i,i+s) - \Delta^3\phi(i,i+s);$$

$$A(i,i+s) = \frac{\partial\Delta\rho_m^{jk}(i+s)}{\partial(x_m,y_m,z_m)^{\mathrm{T}}} - \frac{\partial\Delta\rho_m^{jk}(i)}{\partial(x_m,y_m,z_m)^{\mathrm{T}}};$$

δX 为测站坐标改正向量；ρ^0 是卫星和接收机间的距离近似值；P 是三差观测的权阵。

一般而言，$T(i,\ i+s)$ 和 $V(i,\ i+s)$ 的值相对较小，当它的值大于某一阈值时可被视为可能存在周跳，这时在最小二乘平差的迭代计算中赋予三差观测值的权为 0，即：当 $T(i,\ i+s)$ 大于阈值或者当 $|V(i,\ i+s)| > 0.5\mathrm{cycl}$ 时，$P(i,\ i+s)=0$。

当坐标$(x,\ y,\ z)$值收敛时，迭代终止。此时，取整 $V(i,\ i+s)$，即历元 i 和 $i+s$ 间的周跳。为了自动处理“跳变”和“间断”，可按照下述程序，建立历元 i 和历元 $i+s$ 间的三差观测值。

当两个相邻历元间出现相位整周跳变时，间隔历元数 $s=1$，三差观测值通过历元 i 和 $i+1$ 间的双差观测值的差分组成。若信号失锁持续一定观测历元数(s 历元)，则在历元 i 和 $i+s$ 间组成三差观测值。

下面给出一个应用上述方法探测和修复周跳的实例。图 8.1 所示为含有周跳的原始相位观测值，图 8.2 显示了相位观测值周跳的自动探测和修复结果。

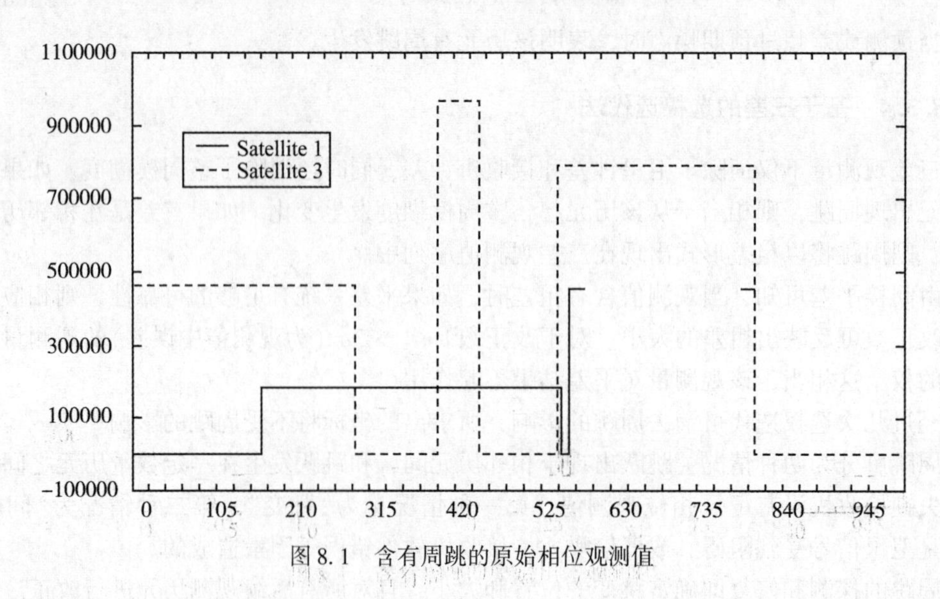

图 8.1　含有周跳的原始相位观测值

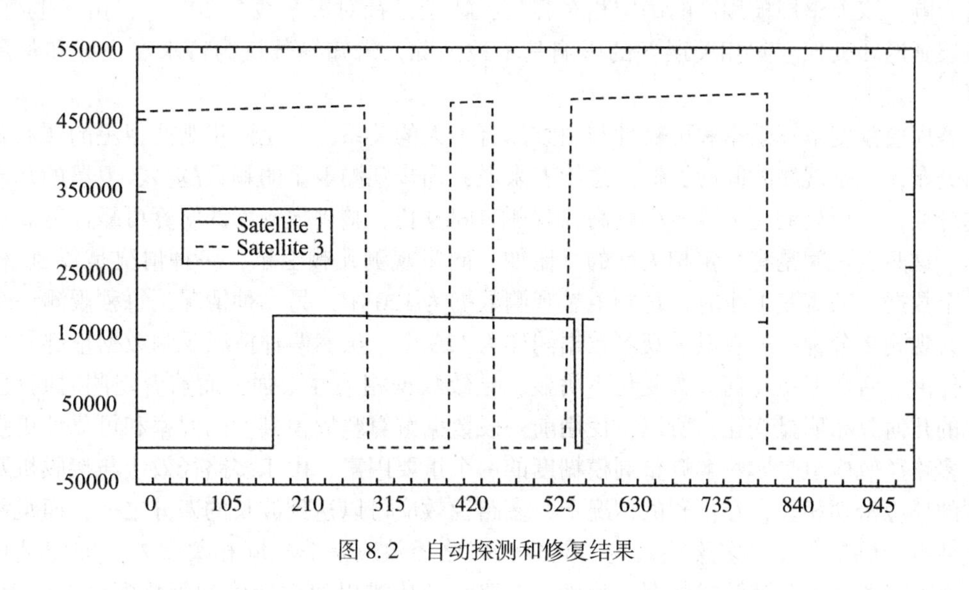

图 8.2 自动探测和修复结果

8.4 整周模糊度的解算与搜索技术

8.4.1 概述

根据观测模型的不同，整周模糊度分为非差模糊度、单差模糊度和双差模糊度。非差模糊度和单差模糊度是非常难以求解的，原因是其观测值含有很多较大的误差，如卫星轨道误差、卫星钟差、接收机钟差等。双差观测值大大削弱或消除了上述误差的影响，因此求解双差模糊度要容易些。整周模糊度的求解历来是 GNSS 载波相位精密定位的关键问题，连续跟踪卫星的载波相位观测值对应的整周模糊度是一个固定的值。

假设，在观测站 T_1 与卫星 $s^j(t)$ 之间，非差载波相位为 $\phi_i^j(t)$，则有：

$$\Phi_i^j(t) = \delta\phi_i^j(t) + N_i^j(t - t_0) + N_i^j(t_0) \tag{8.46}$$

其中：t_0 为起始观测历元；$\delta\phi_i^j(t)$ 为相位观测值非整周的小数部分；$N_i^j(t - t_0)$ 由历元 t_0 至 t 相位变化的积累整周数；$N_i^j(t_0)$ 为相应起始历元 t_0 的相位整周模糊度。

当卫星于历元 t_0 被捕获并跟踪后，$N_i^j(t - t_0)$ 可由接收机自动地连续计数，为已知量，所以在上式中，$\delta\phi_i^j(t) + N_i^j(t - t_0)$ 可视为已知观测值，而 $N_i^j(t_0)$ 为整周模糊度，它是与接收机、卫星和起始观测历元有关的未知量，具有整数性质。在观测过程中，只要对卫星的跟踪不中断，整周模糊度将保持为常量。很明显，高精度的载波相位观测值，只有准确地确定了整周模糊度的条件下，其在精密定位中才具有重要意义。一旦正确确定模糊度，则相当于得到了毫米级精度的伪距观测值。理论和实践均表明，正确地确定整周模糊度可以增加其他参数估值的精度(包括测站坐标)，而错误的整周模糊度将带来严重的误差。L1 上 1 周大小的整周模糊度偏差最大可能造成其他参数 19cm 的误差。由于其他误差的存在，正确确定整周模糊度并不容易，尤其是确定非差和单差整周模糊度。而由于消除了钟差的影响，双差整周模糊度的确定相对容易，特别是针对短基线(<20km)，由于电离层、对流层延迟和其他空间相关误差的影响基本被消除，未知参数仅为待求点坐标和整周模糊度。

整周模糊度解算效率和可靠性与两方面有很大的关系，一是同步观测卫星的颗数及其几何分布，二是观测时间的长短。总体上来说，同步观测卫星的颗数越多，卫星的几何分布越分散，整周模糊度解算效率越高；观测时间越长，整周模糊度的解算可靠性越高。实际上，这两点之间是有一定相关性的，比如，同步观测几颗卫星，一种情况是每 30 秒观测一个数据，共观测 1 小时，每颗卫星观测数据为 120 个，另一种情况是每秒观测一个数据，共观测 2 分钟，每颗卫星观测数据同样为 120 个，虽然两种情况观测数据量都是相同的，但由于后者卫星几何分布变化不明显，导致数据相关性太强，而前者观测时间更长，卫星的几何分布明显变化，所以，使用前一段数据解算整周模糊度的效率和可靠性更强。

多路径效应也是影响解算整周模糊度的一个重要因素，由于多路径效应与接收机及其周围的环境密切相关，在不利的情况下，多路径效应可以达到波长的四分之一，而观测值的线性组合更是放大了多路径效应。同时，多路径效应是非空间相关误差，即使是短基线，也不能通过差分消除或削弱。另外，多路径效应难以建立准确的函数模型予以消除，所以，在解算整周模糊度和待求点坐标的时候，该项误差将会被模糊度和待求点坐标吸收，给模糊度的正确求解带来困难。目前较好的解决办法一是使用抑制多路径效应的天线，二是延长观测时间，较长时间的观测可以平滑多路径效应，达到削弱其影响的目的。

整周模糊度的解算首先是要确定解算组合，确定解算组合就是确定观测量之间的线性组合，建立相应的观测方程组，比如，确定双差观测值的参考卫星 r，如图 8.3 所示。对于基线 AB，确定了参考卫星 r，也就确定了双差整周模糊度 $\Delta\nabla N_{AB}^{ri}$、$\Delta\nabla N_{AB}^{rj}$，又如，确定各频率之间的线性组合，如宽巷 $\phi_{1\_-1}=\phi_1-\phi_2$，相应的整周模糊度则为 $N_{1\_-1}=N_1-N_2$。

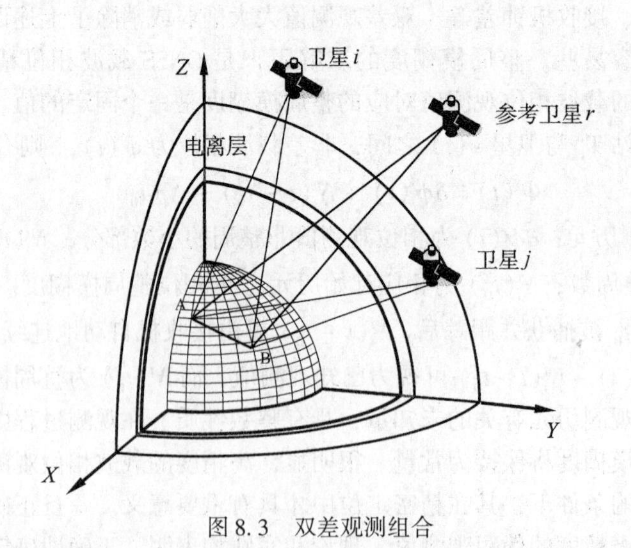

图 8.3　双差观测组合

模糊度解算主要包括三个步骤：

①建立候选模糊度集合，即所谓的模糊度搜索空间，该搜索空间必须包含正确的模糊

度组合。首先，通过建立平差模型进行平差计算，解算模糊度的浮点解(也叫实数解)，即先不考虑整周模糊度的整数性质，通过平差计算所求整周模糊度，不再进行凑整和重新解算。当所求得的整周模糊度不为整数，不满足其应有的整数特性时，如果是外界误差的影响较大，求解的整周模糊度精度较低，那么将其凑整为整数，无助于提高解的精度。假如模糊度浮点解精度较高，则可以将其取为相接近的整数，并作为已知数代入原观测方程，重新解算其他的待定参数。整周模糊度的整数解也叫固定解。比如，对于目标卫星 i、j、k 和参考卫星 r，假如通过平差计算求得模糊度浮点解为(34.6，13.1，27.4)，假设三颗卫星与接收机间连线都是正交的，并且其方差为(0.1，0.2，0.1)，则以三倍中误差为限获得其估值区间，基线的双差模糊度候选集合(模糊度搜索空间)为 $\Delta\nabla N_{AB}^{ri}$ (34，35)、$\Delta\nabla N_{AB}^{rj}$ (12，13，14)、$\Delta\nabla N_{AB}^{rk}$ (27，28)，括号中为相应模糊度的候选值，则候选模糊度组合数为 $C_2^1 C_3^1 C_2^1 = 12$ 个。搜索空间可以使用浮点模糊度来确定搜索空间中心点的位置，使用浮点模糊度的方差来确定搜索空间的大小，可以看出，较大的搜索空间将包含大量的候选模糊度组合，导致搜索效率变低，因此，有必要控制搜索空间的大小，提高搜索效率。

②从搜索空间中确定正确的模糊度的组合，正确的模糊度组合是统计意义上的最优模糊度，其最优准则是选择距离搜索中心(模糊度浮点解)加权距离最小的一组模糊度为最优模糊度。

③整周模糊度的可靠性检测，在模糊度候选组合中，加权距离达到最小的一组模糊度只是最优整数估值，由于观测模型、动态模型和随机模型的不准确使得该模糊度不一定很可靠，或者说其置信度不一定很高。因此必须对模糊度进行质量检验与质量控制。

8.4.2　模糊度搜索空间

在相对定位中，通常使用双频接收机，可以同时接收 GNSS 卫星两个频率的信号，因此就形成了很多双频技术，比如宽巷技术。宽巷观测值被定义为 $\phi_{1\_\ -1} = \phi_1 - \phi_2$，其频率为 $34f_0 = 347.82\text{MHz}$，波长约为 0.862m，由于其较长的波长，导致其他的误差对整周模糊度的影响相对表现较小，所以宽巷模糊度比单频的模糊度更容易求解，求解宽巷模糊度最常用的方法是 MW(Melbourne-Wubbena)组合，其观测方程为：

$$\nabla\Delta\phi_{MW}^{ri} = \nabla\Delta\phi_1^{ri} - \nabla\Delta\phi_2^{ri} + k \cdot (\nabla\Delta\rho_1^{ri} + \nabla\Delta\rho_2^{ri}) = \nabla\Delta N_{MW}^{ri} + \nabla\Delta\varepsilon_{MW}^{ri} \tag{8.47}$$

其中，$k = -17/137$，ρ 为归算后的码伪距观测值(码伪距观测值与相应频率的波长之比，单位为 cycle)，MW 组合消除了电离层延迟和几何项(包括卫星到接收机之间的距离、对流层延迟等)，如果码伪距观测值精度较高，则宽巷模糊度整数解可以实时得到解算，否则，可以通过几个历元进行平滑，求得宽巷模糊度的整数解(固定解)。

宽巷模糊度得到后，则只需解算 L1 模糊度，就可求出 L2 模糊度。建立 L1 模糊度求解观测方程如下：

$$\nabla\Delta\phi_1^{ri} = \frac{1}{\lambda_1}\nabla\Delta R^{ri} + \nabla\Delta N_1^{ri} + \nabla\Delta\varepsilon_1^{ri} \tag{8.48}$$

其中 R 为卫地距。在对 n 颗($n > 4$) 卫星进行了 m 个历元的观测之后，可以把这些方程进行线性化，并列在一起进行平差，平差方程为：

$$V = [A \quad B] \begin{bmatrix} X \\ N \end{bmatrix} + L, \quad D \tag{8.49}$$

其中，X 和 N 分别为接收机坐标和双差模糊度，D 为观测值方差阵。显然，未知参数仅为接收机坐标(或者坐标、速度和加速度)和 $n-1$ 个双差模糊度，通过平差可以求得双差模糊度浮点值 $\hat{N}_1$ 及其方差协方差阵 $Q_{\hat{N}\hat{N}}$，因此，下式是以 $\hat{N}_1$ 为椭球中心的超椭球，该超椭球就是 N_1 的搜索空间：

$$\Omega(N_1) = (\hat{N}_1 - N_1)^{\mathrm{T}} Q_{\hat{N}\hat{N}} (\hat{N}_1 - N_1) < \gamma^2 \tag{8.50}$$

其中，N_1 为候选模糊度整数值，γ 为超椭球缩放因子，它将超椭球的所有半径都变为原来的 γ 倍，使超椭球的体积变为原来的 γ^l 倍，比如缩放因子 $\gamma=2$，模糊度维数 $l=3$，则超椭球的体积变为原来的 8 倍，如图 8.4 和图 8.5 所示，椭球就是一个模糊度维数为 3 的搜索空间。

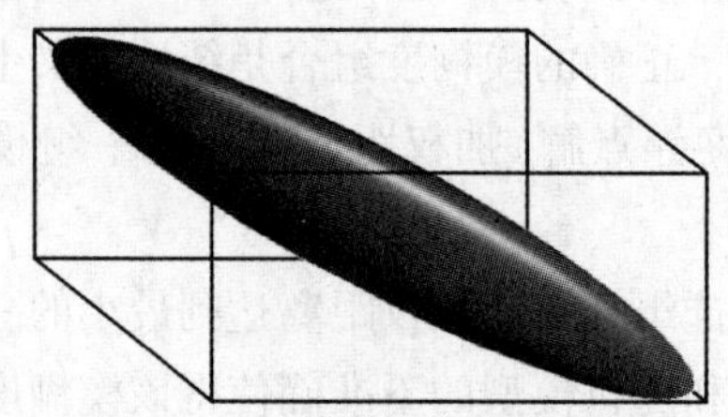

图 8.4　相关模糊度搜索空间

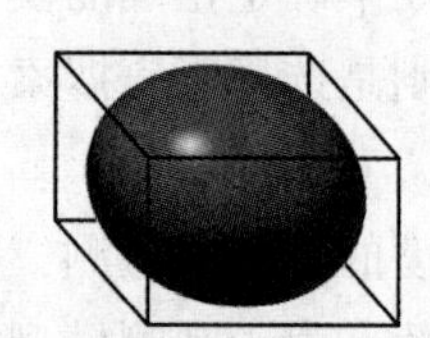

图 8.5　降相关模糊度搜索空间

如果以 99% 的概率为粗差限，即正确的模糊度落入该椭球的概率为 99%，椭球之外的模糊度不搜索。则不同维数的超椭球的缩放因子应该如下表选取：

表 8.2　**指定概率下的缩放因子 γ 和自由度的关系**

l	1	2	3	4	5	6	7	8	9	10
γ	2.58	3.03	3.37	3.64	3.88	4.10	4.30	4.48	4.65	4.82

8.4.3　模糊度搜索方法

1. 搜索法

经式(8.49)平差后，通过双差模糊度浮点解 $\hat{N}_1$ 及其方差协方差阵 $Q_{\hat{N}\hat{N}}$，在置信水平 α 条件下，可以得出，相应于任一整周模糊度的置信区间应为：

$$\hat{N}_i - \sqrt{Q_{\hat{N}_i\hat{N}_i}}\, t(\alpha/2) \leqslant N_i \leqslant \hat{N}_i + \sqrt{Q_{\hat{N}_i\hat{N}_i}}\, t(\alpha/2) \tag{8.51}$$

其中，i 为第 i 颗卫星的标识，$t(\alpha/2)$ 为显著水平 α 和自由度的函数。当置信水平和自由度(观测方程个数减去未知数的个数)确定后，$t(\alpha/2)$ 值可由 t 分布表中查得。

将上述整周模糊度的各种组合，依次作为固定值，代入式(8.50)进行计算，最终取坐标值的验后方差为最小的那一组平差结果，作为整周模糊度的最后取值。

2. FARA 法

第一种方法中搜索正确的模糊度组合并不容易，因为搜索空间是超方体(在图 8.4、图 8.5 中表现为内切椭球的长方体)，其搜索范围(体积)比超椭球大得多。如果观测卫星数为 6，而每个整周模糊度，在其置信区间内均有 7 个可能的整数取值，则候选模糊度组合数为 $7^{(6-1)}=16807$ 个，使用式(8.50)计算每个模糊度组合的 $\Omega(N_1)$，并找出使函数 $\Omega(N_1)$ 达到最小的 N_1 需要花费大量的计算资源，效率并不高。

1990 年 E. Fret 和 G. Beutler 提出了快速解算整周模糊度方法(fast ambiguity resolution approach，FARA)。这种方法以数理统计理论中的参数估计和假设检验为基础，利用模糊度浮点解及其精度信息，来确定在某一置信区间内整周模糊度可能的整数解组合，然后依次将整周模糊度的每一组合作为已知值重复进行平差计算。其中估值的验后方差最小的一组整周模糊度即为搜索的整周模糊度的最佳估值。

为了减少整周模糊度可能的整数取值，即在确定的置信水平条件下，缩小其置信区间，以提高整周模糊度的搜索速度，采用了以下两种策略：其一，利用初始平差所得到的模糊度浮点解信息(包括方差协方差阵)，对所取的模糊度整数解进行检验，以删除那些不能通过检验的整周模糊度的组合，缩小整周模糊度最佳估值的范围。其二，利用对双频观测数据的检验，以缩小搜索整周模糊度最佳估值的范围。

这一快速解算整周模糊度技术，已在徕卡公司的软件系统(SKI)中得到了有效的应用。实践经验表明，在基线较短时(15km 以内)，根据数分钟的双频观测结果，便可精确地确定出整周模糊度，使相对定位结果的精度达到厘米级，甚至更好的水平。

3. LAMBDA 法

从图 8.4 中可以看出，虽然超椭球的体积很小，但与模糊度轴正交的外切超方体体积却很大，这是由于模糊度间的强相关性导致的。实际满足式(8.50)的模糊度是很少的，搜索超椭球的体积就可以了，这就是最小二乘模糊度降相关平差法(Least square AMBiguity Decorrelation Adjustment Method) LAMBDA 方法。

LAMBDA 方法对模糊度进行降相关处理，大大减小了计算量(超椭球的体积不变，但减小了搜索空间的体积)。LAMBDA 方法的核心思想是：①对模糊度方差阵使用整数 Gauss 变换构造整数可逆保积阵 Z，使用 Z 矩阵对模糊度进行 Z 变换，对方差进行降相关 Z 变换；②搜索变换后的模糊度；③使用 Z^{-1} 反变换还原模糊度。由于在新空间中模糊度间的相关系数变小，精度提高，因此该方法使得模糊度的搜索效率和成功率大大提高。由于其解算的高效性，LAMBDA 方法已得到广泛的使用，成为当今模糊度解算的主流方法之一。关于 LAMBDA 方法，可以参考系统讲述该方法的文献(Teunissen P. J. G.，1995)。

8.4.4 整周模糊度显著性检验

在满足式(8.50)的模糊度候选值中，使 $\Omega(N_1)$ 达到最小的模糊度只是个最优整数估值，由于观测模型、动态模型和随机模型的不准确使得该模糊度不一定很可靠，或者说其置信度不一定很高。因此必须对模糊度进行质量控制。

当前的很多质量控制方法都是基于假设检验，即给定显著性水平，检验最小 $\Omega_{\min}(N_1)$ 和次小 $\Omega_{\sec}(N_1)$ 是否显著不同，如果是，则判定 N_1 为正确的模糊度，否则，需要继续滤波并对模糊度进行重新固定，直到找到是最小 $\Omega_{\min}(N_1)$ 和次小 $\Omega_{\sec}(N_1)$ 显著不同的模糊度 N_1 为止。构造检验统计量：

$$\text{ratio} = \frac{\Omega_{\sec}(N')}{\Omega_{\min}(N)} \tag{8.52}$$

如果 ratio>2 则判定 N_1 为正确的模糊度。

第9章　GNSS控制测量与网平差

利用GNSS技术建立测量控制网，与以往的控制网建立方式相比，其精度和易用性得到了显著改善，测量控制网(如区域性大地控制网、精密工程控制网、变形监测控制网和线路勘测控制网等)已基本采用GNSS测量技术来建网。与常规的测量控制网建立的过程类似，GNSS控制测量同样包括技术设计、外业测量和内业数据处理三个主要的工作阶段(黄丁发，熊永良，周乐韬等，2009)。本章涉及的具体技术要求请参考最新发布的规范。

9.1　控制网的技术设计

技术设计是控制网建网的基础性工作，依据国家相关GNSS测量规范和行业标准，针对特定GNSS控制网的用途及特定要求进行设计，如网形、精度及基准设计等。

9.1.1　技术设计的依据

1. GNSS测量规范(规程)

测量规范(规程)是国家质量技术监督局或相关行业部门所制定的技术标准，目前和GNSS控制网设计相关的规范(规程)主要包括：

①2009年国家质量技术监督局发布的国家标准《全球定位系统(GPS)测量规范(GB/T18314—2009)》，简称《规范》。

②各部委或地区根据本部门GNSS工程的实际情况制订的相关GNSS测量规程及技术细则，如2010年建设部发布的《全球定位系统城市测量技术规程(CJJ73—2010)》、2009年铁道部发布的《高速铁路工程测量规范(TB10601—2009)》等。

2. 测量任务书

测量任务书或测量合同是上级部门或委托方所提供的技术邀约文件。该文件对测量项目的范围、用途、精度及密度要求等内容提出了详细的要求，同时还规定了项目的完成时间、资料提交、经济指标等相关信息，这些信息也是进行后续方案设计的基础，承接方必须根据任务书(或合同)中的技术要求，同时结合国家及行业标准，进行相关的技术设计及项目实施。

9.1.2　控制网精度及分布设计

1. GNSS控制测量的精度分级

GNSS网的精度要求，主要取决于网的用途和定位技术所能达到的精度。精度指标通常是以相邻点间弦长的标准差来表示，即

$$\sigma = \sqrt{a^2 + (b \times d \times 10^{-6})^2} \qquad (9.1)$$

式中：σ ——标准差，mm；

a ——固定误差，mm；

b ——比例误差系数；

d ——相邻点间的距离，km。

GNSS 控制网无需像常规控制网那样实施由高到低的逐级控制策略，但鉴于 GNSS 网的不同用途，其精度标准也有所不同。一般将 GNSS 控制网划分成几个不同的等级。根据《规范》规定，GNSS 控制测量按其精度划分为 AA、A、B、C、D、E 六级，如表 9.1 所示。其中，

AA 级：主要用于全球性的地球动力学研究、地壳形变测量和精密定轨；

A 级：主要用于区域性的地球动力学研究、地壳形变测量；

B 级：主要用于局部形变监测和各种精密工程测量；

C 级：主要用于国家大、中城市及工程测量的基本控制网测量；

D、E 级：多用于中小城市、城镇及测图、地籍、土地信息、房产、物探及建筑施工等控制网测量。

表 9.1　**《规范》规定的 GNSS 测量精度分级**

级别	平均距离/km	固定误差 a/mm	比例误差系数/10^{-6}
AA	1000	≤3	≤0.01
A	300	≤5	≤0.1
B	70	≤8	≤1
C	10～15	≤10	≤5
D	5～10	≤10	≤10
E	0.2～5	≤10	≤20

为了进行城市和工程测量，《规程》按控制网相邻点的平均距离和精度将其划分为二、三、四等和一级、二级，如表 9.2 所列。并规定在布网时可以逐级布设、越级布设或布设同级全面网。

表 9.2　**《规程》规定的 GNSS 测量精度分级**

等级	平均距离/km	a/mm	b/10^{-6}	最弱边相对中误差
二等	9	≤10	≤2	1/12 万
三等	5	≤10	≤5	1/8 万
四等	2	≤10	≤10	1/4.5 万
一级	1	≤10	≤10	1/2 万
二级	<1	≤15	≤20	1/1 万

注：当边长小于 200m 时，边长中误差应小于 20mm。

实际的GNSS控制网构建中，应根据用户的实际需求合理设计，选择合理的等级、精度标准，避免出现过高或过低的情况，从而节约生产成本，加快工程进度。

2. 控制网点的分布

GNSS控制点的分布依任务和服务对象的不同有着不同的要求。例如，国家AA级基准点主要用于提供国家级基准，用于定轨、精密星历计算和大范围地壳形变监测，通常以近千公里的平均距离布满全国；而一般工程测量及测图加密所涉及的GNSS控制点，平均边长相对较短，通常在几公里之内，但其控制点密度设置相对较大，以满足测图及施工放样等的需求。顾及这些实际需要，《规范》对相邻控制点间的平均距离做出了具体规定，如表9.1所示。相邻点间最小距离应为平均距离的1/3～1/2；最大距离应为平均距离的2～3倍。针对城市及工程测量的实际情况，《规程》还规定，特殊情况下，控制网中个别点间距可以超出表中的规定，这使得城市及工程测量中控制网的布设具有一定的灵活性。

9.1.3 基准设计

由于GNSS测量获得的基线向量属于各自参考系统的三维坐标，而实际应用所需的是国家坐标系或地方独立坐标系的坐标。必须明确最终提交成果所采用的坐标系统和起算数据，这项工作称为GNSS网的基准设计。

控制网的基准包括位置基准、方位基准和尺度基准。根据实际的情况，通常选用以下的方法：

- 选取网中一点的坐标值并加以固定，或给予适当的权，可确定网的位置基准。
- 网中的点均不固定，通过自由网平差或拟稳平差，可确定网的位置基准。
- 在网中选取若干点的坐标值并加以固定，这些点的坐标必须足够精确，否则平差后将导致控制网畸变，选取三个以上点，可确定网的位置、方位和尺度基准。
- 选网中若干点的坐标值，并给予适当的权，可确定网的位置、方位和尺度基准。

在基准设计中应注意几个方面的问题：

①多数情况下，GNSS控制网点最终都必须转换至特定的参考坐标系统中，为获取GNSS控制网和特定参考坐标系间的转换关系，必须选择适度的联测点。在选择联测点时既要考虑充分利用已有资料，又要使新建的高精度GNSS网不受旧资料精度较低的限制。因此，大中城市的GNSS控制网至少应与附近的国家控制点联测3个以上，而小城市或工程控制可以联测2～3个点。

②为确保GNSS网进行约束平差后坐标精度的均匀性以及减少尺度误差的影响，对GNSS网内重合的高等级国家点或原城市等级控制网点，应构成闭合图形观测。

③GNSS网经平差计算后，即可得到GNSS点在地面参照坐标系中的大地高程，但要求得GNSS点的正常高，可根据具体情况联测高程控制点，联测的高程控制点需均匀分布于网中。具体高程控制点联测宜采用不低于四等水准或与其精度相当的方法进行。具体方案见9.7节。

④新建GNSS网的坐标系应尽量与测区已有的坐标系统一致，如果采用的是地方独立或工程坐标系，一般还应了解以下参数：a. 所采用的参考椭球；b. 坐标系所采用的中央子午线经度；c. 纵横坐标的加常数；d. 坐标系所采用的投影面高程及测区平均高程异常值；e. 起算点的坐标值等。

⑤平差方法的选择对控制网的基准也存在一定影响。无约束平差(只给定一个起算点坐标)对网的定向和尺度没有影响，平差后网的方向和尺度，以及网中元素(如边长、方位和坐标差)的相对精度都是相同的，而网的位置发生了变化；约束平差在确定网的位置基准的同时，对 GNSS 控制网的方向和尺度将产生影响，其影响程度与约束条件的多少和观测值的精度息息相关，当网中的已知点坐标含有较大误差或其权难以确定时，将对网的定向和尺度产生较严重的影响。对于一些区域性的 GNSS 控制网，如城市、矿山或工程网，其是否精确位于地心坐标系统并不重要，其相对精度的高低更显重要，此时宜更多地采用最小约束平差法来进行解算，这将在本章后续讨论。

9.1.4　图形设计

GNSS 控制网图形设计之前，应先了解 GNSS 基本图形构成方法及相关概念，如独立基线概念、网的特征条件计算方法、同步及异步网的构成方法等。

1. *术语及其定义*

为了解技术设计、外业观测和内业数据处理相关知识，有必要先介绍有关的专业术语，然后再对有关技术进行介绍。

①观测时段(Observation Session)。即从测站开始接收卫星信号起至停止观测间的连续工作时间段，简称时段。其持续时间称为时段长度。时段是 GNSS 测量中的基本单位，不同等级的 GNSS 测量对时段数及时段长度均有不同的要求，详见规范。

②同步观测(Simultaneous Observation)。即两台或两台以上的 GNSS 接收机同时对同一组卫星进行的观测。只有进行同步观测，才能保证基线两端的大气延迟等误差的强相关性，并通过在接收机间求差来消除或大幅度削弱。因此，同步观测是进行相对定位时必须遵循的一条原则。

③同步观测环(Simultaneous Observation Loop)，简称同步环。即三台或三台以上的 GNSS 接收机进行同步观测所获得的基线向量构成的闭合环，简称同步环。同步环闭合差从理论上讲应等于零，但由于计算环中各基线向量时所用的观测资料实际上并不严格相同，数据处理软件不够完善以及计算过程中舍入误差等原因，同步环闭合差实际上并不为零。同步环闭合差可以从某一侧面反映 GNSS 测量的质量。但是由于许多误差(如对中误差、量取天线高时出现的粗差等)无法在同步环闭合差中得以反映，因此，即使同步环闭合差很小也并不意味着 GNSS 测量的质量一定很好。

④独立观测环(Independent Observation Loop)，也叫异步观测环，简称异步环。即由非同步观测获得的基线所构成的闭合环。可以根据 GNSS 测量的精度要求，为独立环闭合差制定一个合适的限差(规范中已作了相应的规定)。这样，用户就能通过此项检验较为科学地评定 GNSS 测量的质量。与同步环检验相比，独立环检验能更加充分地暴露出基线向量中存在的问题，更客观地反映 GNSS 测量的质量。

⑤数据剔除率(Percentage of Data Rejection)。即同一时段中，删除的观测值个数与获取的观测值总数的比值。

⑥天线高(Antenna Height)。即观测时接收机天线相位中心至测站中心标志面的高度。

⑦参考站(Reference Station)。即在一定的观测时间内，一台或几台接收机分别固定在一个或几个测站上，一直保持跟踪观测卫星，其余接收机在这些测站的一定范围内流动

设站作业，这些固定站就称为参考站。

⑧流动站(Roving Station)。即在参考站的一定范围内流动作业的接收机所设立的测站。

2. 图形设计应遵循的原则

GNSS控制网的图形设计，主要取决于用户的实际要求，但也应顾及该工程相关的经费、时间、人力消耗、后勤保障以及自然及环境的影响。技术设计的最终目的是设计出一个比较实用的网形，既可以满足一定的精度、可靠性要求，又有较高的经济指标。因此，GNSS网形设计应遵循以下原则：

①GNSS一般应采用独立观测边构成闭合图形(如三角形、多边形或附合路线)，以保证具有一定的检核条件，提高网的可靠性。

②GNSS网应按“每个观测站至少应独立设站观测两次”的原则进行布网。这样由不同接收机所获取的观测量构成网的精度和可靠性指标比较接近。

③GNSS网中，相邻点间的基线向量精度应分布均匀。同一闭合条件中基线类型不宜过多，以免导致各边的粗差在求闭合差时相互抵消，从而不利于发现粗差。因此，网中各点最好有三条以上基线分支，以确保检核条件，提高网的可靠性。

④为实现GNSS网同原有地面控制网之间的坐标转换，GNSS网至少应与地面网有3个及以上(不足时应联测)重合点。实践表明，为了使GNSS成果能较好地转换到地面网中，一般应有3~5个精度高且分布均匀的地面点与GNSS网点重合。同时也应有相当数量的地面水准点与GNSS网重合，以便提供大地水准面的研究资料，从而实现GNSS大地高程向正常高程的转换。

⑤为便于施测，减少多路径影响，GNSS点应选在交通便利、视野开阔的地方。此外，尽管GNSS点间并不要求通视，但顾及今后采用常规方法加密的需要，一般应尽可能保证每个点至少有一个通视方向。

3. 独立基线向量的选取

若一组基线向量中的任何一条基线向量皆无法用该组中其他基线向量的线性组合来表示，则该组基线向量就是一组独立的基线向量。用n台GNSS接收机进行同步观测时，则每一观测时段可获得$n(n-1)/2$条基线向量(图9.1)，但其中只有$(n-1)$条基线向量是独立基线向量，其余的均为非独立基线向量，数量为$(n-1)(n-2)/2$。例如，当n为4时，每一观测时段可得基线数为6，其中独立基线3条，非独立基线3条。

参加同步观测仪器越多，选取独立基线的可能方式也随之增加，这为选用恰当的独立基线向量来构成最佳GNSS网形，提供了更多的可选择性。独立基线向量可以有许多不同的取法(图9.2和图9.3)，但具体的选取操作，可以根据GNSS网的要求和已有的经验来确定。各组独立基线向量从理论上讲都是等价的，平差结果与独立基线向量的取法无关。但是由于同步环闭合差实际上并不严格为零，因而取不同的独立基线向量参加控制网平差时其最终的结果也会有细微差别。

4. GNSS控制网的图形设计

如前所述，GNSS网中不存在单独基线(即完全不与其他基线相连的基线)，各观测边均应与邻近的观测边构成基本的几何图形。顾及GNSS网的精度指标及工程涉及的时间和经费等因素，GNSS控制网可由“三角形”、“多边形”、“附合导线”、“星形”等基本图形

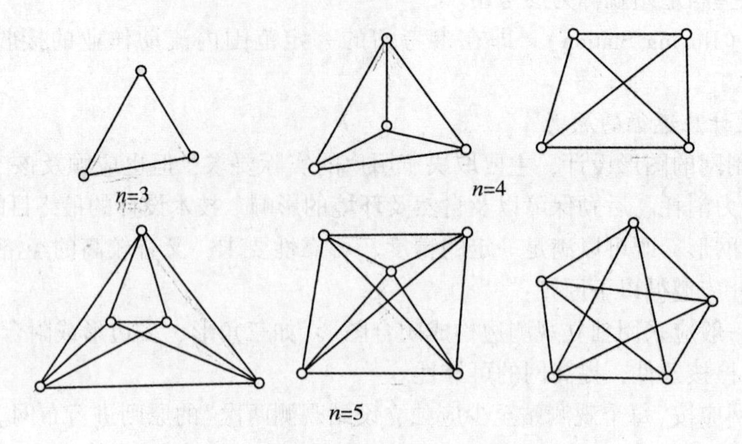

图 9.1　n 台接收机同步观测可获得的基线向量

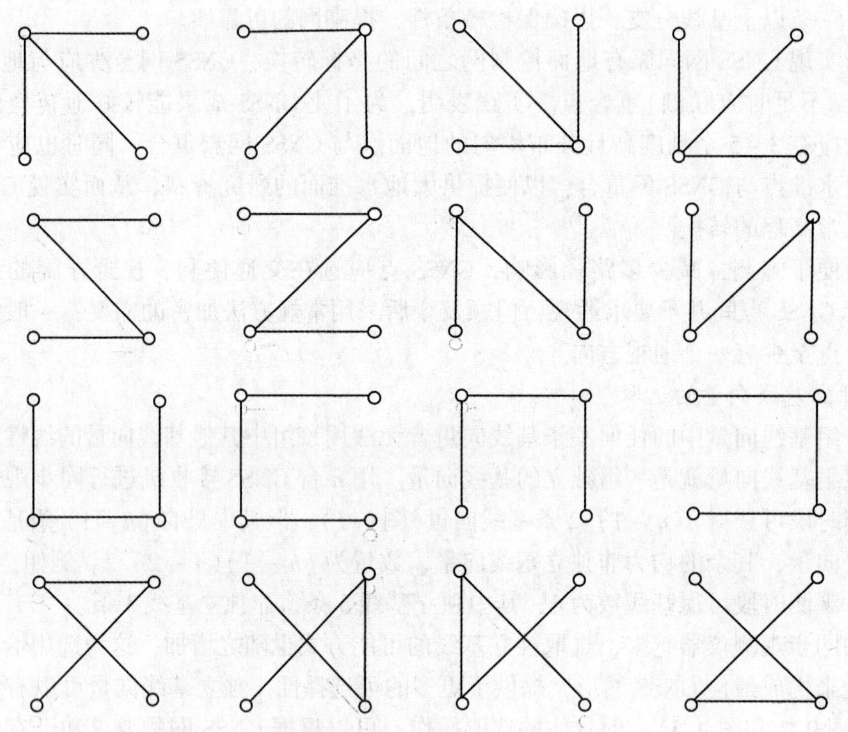

图 9.2　独立基线向量的选取方式($n=4$，单一时段)

组成。

(1)三角形网

以三角形作为基本图形所构成的 GNSS 网称为三角形网。三角形网的优点是网的几何强度好，具有良好的自检能力，抗粗差能力强，可靠性高。其主要缺点是工作量大，尤其是在接收机数量较少的情况下，需要耗费大量的时间。因此，该组网方式只有在精度及可

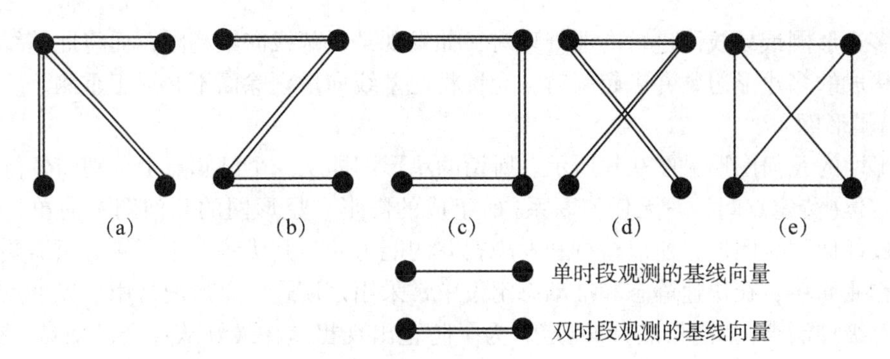

图 9.3　独立基线向量的选取方式(n =4，两个时段)

靠性要求较高时采用。

(2)多边形网

以多边形(n 边形)作为基本图形所构成的 GNSS 网称为多边形网。如图 9.4 中的多边形网是由 3 个四边形和 1 个五边形组成的，GNSS 网共由 12 条独立基线向量构成。多边形网的优点在于观测工作量较小，具有良好的自检性和可靠性，而其缺点主要在于，非直接观测基线边(或间接边)精度较直接观测边低，相邻点间基线精度分布不均匀。

(3)附合导线网

以附合导线作为基本图形所构成的 GNSS 网称为附合导线网(图 9.5)。附合导线网的工作量也较为节省，如图 9.5 中的 GNSS 网是由 10 条独立基线向量组成。附合导线网的几何强度一般不如三角形网和多边形网，但只要对附合导线的边数及长度加以限制，仍能保证一定的几何强度。

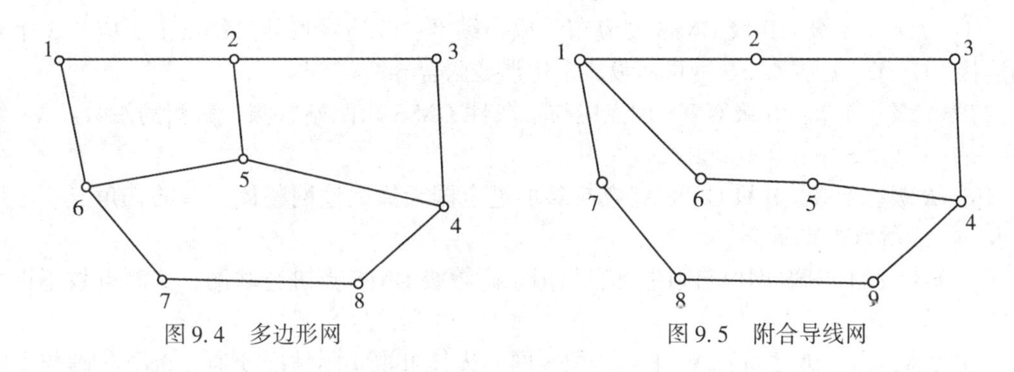

图 9.4　多边形网　　　　图 9.5　附合导线网

GNSS 测量规范中一般都会对多边形的边数和附合导线的边数做出限制，《规范》中有下列规定：

表 9.3　**《规范》对闭合环和附合导线的规定**

等级	A	B	C	D	E
闭合环和附合导线的边数	≤5	≤6	≤6	≤8	≤10

对多边形网或导线网进行内业处理时，如发现某一基线向量超限，而将此基线向量丢弃后新构成的多边形边数并未超限时，允许将此基线向量剔除而不必返工重测。

(4)星形网

星形网的几何图形见图9.6所示。所谓的星形网即从一个已知点上分别与各待定点进行相对定位(待定点间一般无任何联系)所组成的图形。星形网的几何图形简单，基线之间不构成任何闭合图形，所以检查和发现粗差的能力差。其优势在于观测时只需要两台接收机，作业简单，在快速静态和准动态定位中常采用该模式。星形网常用于界址点、碎部点及低等级控制点(如图根点)的测定。为了防止出现粗差，最好从2个已知点(参考站)上对同一待定点(流动站)进行观测。如果只设一个参考站，搬站后应选取若干个已测定过的流动站进行复测，以尽量减少粗差的产生(李征航，2005)。

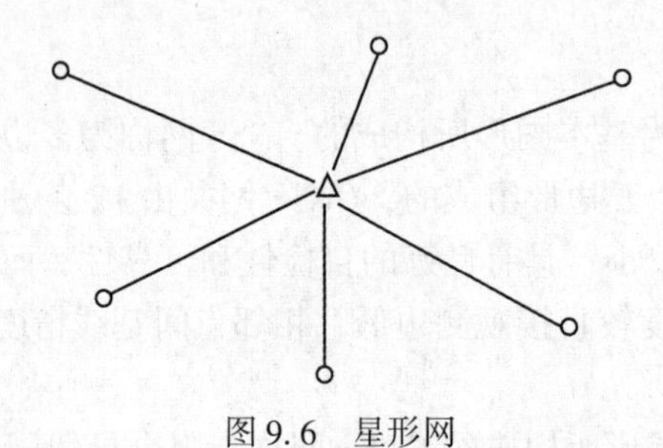

图9.6　星形网

5. 图形设计中的注意事项

GNSS 控制网的图形设计除了需顾及上述的一般性原则外，还必须满足《规范》中对各级控制网图形设计时的特殊规定和要求。

①AA 级、A 级、B 级 GNSS 网应布设成连续网，除边缘点外，每点至少应与3个点相连接，C、D、E 级 GNSS 网可布设成多边形或附合导线。

②AA 级、A 级、B 级 GNSS 网点应与永久性 GNSS 跟踪站联测。联测的站数：AA 级≥4站；A 级≥3站；B 级≥2站。

③AA 级、A 级、B 级 GNSS 点应与参加过全国天文大地网整体平差的三角点、导线点及一、二等水准点重合。

④新布设的 GNSS 网应与附近已有的国家高等级 GNSS 点进行联测，联测点数不得少于2个。

⑤大陆、岛、礁之间的 A、B 级 GNSS 网的边长可视实际情况变通。重要岛礁与大陆之间的联测点数不应少于3个。

⑥为求得 GNSS 点在某一参考坐标系中的坐标，应与该坐标系中的原有控制点进行联测，联测点数不得少于3个。

⑦为求得 GNSS 点的正常高，应进行高程联测。AA 级、A 级 GNSS 网应逐点联测高程，B 级网至少每隔2~3个点，C 级网每隔3~6个点联测一个高程点，D 级和 E 级网可视具体情况而定。

6. GNSS 网的特征条件

若某 GNSS 网由 n 个点组成，每点的设站次数为 m 次，用 N 台 GNSS 接收机来进行观测时，观测的时段数 C 为：

$$C = n \times m/N \tag{9.2}$$

如前所述，一个时段中用 N 台接收机来进行同步观测时可组成非独立的基线向量 $N(N-1)/2$ 条，所以在该GNSS网中共有非独立的基线向量数为：

$$J_{总} = C \times N \times (N-1)/2 \tag{9.3}$$

但每个时段中可测定的独立基线向量仅为 $N-1$ 条，故在该GNSS网中独立基线向量的总数为：

$$J_{独} = C \times (N-1) \tag{9.4}$$

在由 n 个点组成的GNSS网中，只需要有 $(n-1)$ 条基线向量就可确定这 n 个点的相对位置(如果其中有一个点的坐标是已知的，就可确定其余 $n-1$ 个点的坐标)。因此该GNSS网的必要基线向量数为：

$$J_{必} = n - 1 \tag{9.5}$$

但网中实际测定的独立基线向量数为 $C(N-1)$ 条，故网中的多余基线向量数为：

$$J_{多} = J_{独} - J_{必} = C \times N(-1) - (n-1) \tag{9.6}$$

例：某GNSS网由60个站组成，现准备用5台GNSS接收机来进行观测，每站设站次数为4次，则全网的观测时段数 C 为：

$$C = n \times m/N = 60 \times 4/5 = 48$$

全网共有基线向量数为：

$$J_{总} = C \times N \times (N-1)/2 = 48 \times 5 \times 4/2 = 480(条)$$

其中，独立基线向量数为：

$$J_{独} = C \times (N-1) = 48 \times 4 = 192(条)$$

必要基线向量数为：

$$J_{必} = n - 1 = 59(条)$$

多余基线向量数为：

$$J_{多} = J_{独} - J_{必} = 192 - 59 = 133(条)。$$

9.2 GNSS施测前的准备工作

在进行野外数据采集之前，一些基础性工作必须先行完成。包括测区的野外实地踏勘、测区相关资料的收集整理与论证、选点及埋石、GNSS设备的准备与检验、人员的安排、观测计划的拟定、设计书的编写等工作。

9.2.1 测区踏勘及资料收集

在接受下达任务和签订GNSS测量合同后，应组织人员进行相应的测区资料收集、整理，并进行实地勘查。

1. 资料的收集

在开展相关的GNSS控制测量工作之前，需借助各种手段尽可能地收集测区相关的详细资料，这些信息包括：

①已有的各种中小比例尺图件。主要包括：1∶1万~1∶10万比例尺的地形图、交通

图、重力异常图、规划图、国家等级点或城市已有控制网点分布图等。

②已有的各类控制点成果。主要包括：三角点、水准点、GNSS 点、天文重力水准点、多普勒点、导线点和各级各类控制点相关的基准信息资料等。

③测区的地质、气象、通讯及地震等方面的资料。

④其他资料，如行政区划图、地籍图等资料。

2. 测区踏勘

资料收集完成之后，很多信息(如控制点存在与否)需要进行实地确认，或需从实地进行获取，所以对测区进行实地踏勘是必需的，且对后续工作的顺利开展至关重要。通过实地踏勘需要了解和核实的信息包括：

①已有控制点的分布及现状。对于前面所收集的各种控制点信息，必须实地核实其是否存在、是否等级相同、点位的保持情况、实际点位的分布情况、所采用的基准等信息，对于存在疑问且需使用的控制点，可以借助仪器进一步确认。对于所有的已知控制点，实地核实后分为可用和不可用两类，后续的基准设计和联测方案设计必须采用可用的高质量的已有控制点。

②交通情况调查。通过实地调查，进一步了解测区的交通现状，包括公路(含公交及班车运营情况)、铁路、水运航道、乡村便道(尤其是能通行车辆的)等信息。

③植被情况。包括森林、草原、农作物的分布及范围等信息。

④居民点的分布情况。包括测区内城镇、乡村居民点的分布情况，所能提供的食宿条件及电力供应等信息。

⑤其他相关信息。如民族分布、民风及民俗情况、地方语言、饮食习惯、宗教信仰，以及当地的社会治安情况。

9.2.2　选点及埋石

在进行野外实地选点之前，必须充分利用已收集的各种资料、图件(如小比例尺地形图等)及相关信息，结合测量任务书(或合同)，顾及其精度及质量要求，进行所谓的图上设计，大致进行控制网点的位置确定。

GNSS 控制网中任意边的两点间并不存在必须通视的限制，且控制网的图形结构也比较灵活，所以选点的野外工作比较简便，但 GNSS 点的选择有不同于传统测量控制点的要求。

1. GNSS 选点的要求

①点位应选设在易于安置接收设备和便于操作的地方，天空开阔，地平 15 位以上遮挡物尽量少。

②点位应远离大功率无线电发射源(如电视台、微波站等，其距离不得小于 200m；并应远离高压输电线，其距离不得小于 50m)，以避免周围磁场对 GNSS 卫星信号的干扰。

③点位应远离房屋、围墙、广告牌、山坡及大面积水域(如湖泊、水池等)，以减弱多路径误差的影响。

④点位应选在交通方便的地方，有利于控制网的联测或扩展。

⑤点位应位于地质条件好、地面基础稳定，且利于保存的地方。

⑥应充分利用符合要求的旧有控制点。

2. 选点作业

选点人员在实地选定的点位上，加以标定。选点人员还应按技术设计的要求，确认该点是否进行水准联测，如需要进行水准联测，则应实地踏勘水准路线，并提出可选的水准线路建议。

GNSS 点名可取地名、单位名，当利用符合要求的已有控制点时，点名不宜更改。不论是新选定的点或利用原有点位，均应按《规范》或《规程》中规定的格式在实地绘制点之记，如表 9.4 所示。

表 9.4　　**GNSS 点点之记**

日期：20　　年　月　日　　记录者：　　绘图者：　　校对者：

<table>
<tr><td rowspan="4">点名及种类</td><td rowspan="2">GNSS 点</td><td>名</td><td></td><td rowspan="2">土质</td><td rowspan="4" colspan="2"></td></tr>
<tr><td>号</td><td></td></tr>
<tr><td rowspan="2">相邻点(名、号、里程、通视否)</td><td rowspan="2" colspan="2"></td><td>标示说明(单层、双层、类型)旧点</td></tr>
<tr><td>旧点名</td></tr>
<tr><td colspan="2">所在地</td><td colspan="5"></td></tr>
<tr><td colspan="2">交通路线</td><td colspan="5"></td></tr>
<tr><td colspan="2" rowspan="2">所在图幅号</td><td colspan="2" rowspan="2"></td><td rowspan="2">概略位置</td><td>X</td><td>Y</td></tr>
<tr><td>L</td><td>B</td></tr>
<tr><td colspan="7">(略图)</td></tr>
<tr><td colspan="2">备注</td><td colspan="5"></td></tr>
</table>

3. *标石埋设*

不同等级的控制点，需埋设不同类型的标石，《规范》中对标石类型及其适用等级都有着严格的规定(表 9.5)，一般可以直接根据欲建设的 GNSS 控制网等级来套用及选定。

表 9.5　　**标石类型及其适用级别**

标石类型	适用级别	标石类型	适用级别
基岩天线墩	AA、A	普通基本标石	B ~ E
岩层天线墩	AA、A	冻土基本标石	B
基岩标石	B	固定沙丘基本标石	B
岩层普通标石	B ~ E	普通标石	B ~ E
土层天线墩	AA、A	建筑物上的标石	B ~ E

各等级 GNSS 点的标石用混凝土灌制。新埋标石时，应依法办理征地手续和测量标志委托保管书。

9.2.3　GNSS 接收机的选择与检验

在开展 GNSS 控制测量之前，必须保证所使用的测量设备(GNSS 接收机)(可用性、可靠性)处于良好状态，并且能够满足将要进行的测量工作的基本技术要求，因此，选择正确的 GNSS 接收设备和确认其健康状况是 GNSS 外业测量前所必须完成的工作。

1. GNSS 接收机的选用标准

GNSS 接收机是进行 GNSS 控制测量中的关键性设备，其性能和数量的要求取决于建设控制的布设方案及其精度，按照不同的控制等级，《规范》和《规程》中对 GNSS 接收机的选用做出了明确的规定(表 9.6，表 9.7)。

表 9.6　**接收机选用(规范)**

级别	AA	A	B	C	D、E
单频/双频	双频/全波长	双频/全波长	双频	双频或单频	双频或单频
观测量(至少有)	L1、L2 载波相位	L1、L2 载波相位	L1、L2 载波相位	L1 载波相位	L1 载波相位
同步观测接收机数	≥5	≥4	≥4	≥3	≥2

表 9.7　**接收机选用(规程)**

项目 等级	二等	三等	四等	一级	二级
接收机类型	双频或单频	双频或单频	双频或单频	双频或单频	双频或单频
标称精度(≤)	$10mm+2\times10^{-6}d$	$10mm+5\times10^{-6}d$	$10mm+5\times10^{-6}d$	$10mm+5\times10^{-6}d$	$10mm+5\times10^{-6}d$
观测量	载波相位	载波相位	载波相位	载波相位	载波相位
同步观测接收机数	≥3	≥3	≥2	≥2	≥2

2. GNSS 接收机的检验

全面检验包括一般性检视、通电检验和试测检验，以及数据处理软件检验。对于正常使用的旧接收机，需定期地进行部分项目检验。

(1)一般性检视

如 GNSS 接收机及其天线的外观是否良好，仪器、天线等设备的型号是否正确；各种零部件及附件、配件等是否齐全完好，是否与主件匹配；需紧固的部件是否有松动和脱落的现象；仪器说明书、使用手册、操作手册及磁(光)盘等是否齐全等。

(2)通电检验

在正确连接电源后，检查有关的信号灯工作是否正常；按键及显示系统工作是否正常；仪器自测试的结果是否正常；接收机锁定卫星的时间是否正常；接收到卫星信号的强度是否正常；卫星信号的失锁是否正常。

(3)试测检验

除上述基本检验外，更为重要的是需进行 GNSS 接收机测量精度试验，该项工作一般应在不同长度的标准基线上或专用的标准 GNSS 基线鉴定场上进行。检测时按照一定的方式对短基线进行双差测量，观测的基线长度应与基线的标准长度比较，两者之差也能较为客观地反映出各接收机的仪器误差及其稳定性。

(4)随机数据处理软件的检验

数据处理软件是GNSS接收机的重要组成部分，其功能的检验一般是通过对实际观测数据的处理来验证的。对量测型接收机，其主要检验内容包括：卫星预报和观测计划拟定功能检验，静态定位及其平差软件功能检验，快速静态定位和实时定位软件功能检验，通过上述检验，综合评价软件在数据处理精度、自动化水平、数据筛选、周跳探测与修复、整周模糊度解算及控制网平差的能力，从而对整个软件质量的优劣做出正确评价。

除上述检验外，还有诸如接收机天线相位中心检验等其他关联的检验项目。对于GNSS接收机的检验细节描述，可以参阅国家测绘局的《全球定位系统(GNSS)测量型接收机检定规程》CH/T 8018—2009。

9.2.4 观测计划的拟定

为保证观测工作的顺利进行，在观测工作开始之前，仔细拟定观测计划，对于顺利完成观测任务、保障测量成果的精度、提高生产率都是极为重要的。

拟定观测计划的依据是：GNSS网的布设方案，规模大小，精度要求，GNSS卫星星座，参加作业的GNSS接收机数量以及后勤保障条件(运输、通信)等。观测计划的主要内容应包括：GNSS卫星的可见性预报图及最佳观测时间的选择，采用的接收机类型和数量，观测区的划分和观测工作的进程以及接收机的调度计划等。

①编制GNSS卫星的可见性预报图：在高度角大于15度的限制下，输入测区中心的概略坐标、日期和时间，并利用不超过20天的星历文件，即可编制GNSS卫星可见性预报图。

②选择卫星的几何图形强度：在GNSS定位中，观测卫星与测站构成的几何图形强度因子可用空间位置因子(PDOP)来表示，无论是绝对定位还是相对定位，PDOP值不应大于6。

③选择最佳的观测时段：卫星≥选颗且分布均匀，PDOP值小于6且气象元素比较稳定的时段就是最佳时段。

④观测区域的设计与划分：当GNSS网的规模较大，而参加观测的接收机数量有限，交通和通信又不便时，则可实行分区观测。但为了增强网的整体性，保证网的精度，相邻区域应设置公共观测点，且公共点数量不得少于3个。

⑤编排作业调度表：在观测前应根据测区的地形、交通、网的大小、精度的高低、仪器的数量、GNSS网设计、卫星预报表、测区的气候及地理环境等因素编制作业调度表，以提高工作效益。作业调度表内容包括观测时段、测站号、测站名称及接收机号等内容。

9.2.5 人员组织及后勤保障

要顺利完成相应的测量任务，尤其是规模较大、等级较高的GNSS控制网建设任务，合理的人员配置和良好的后勤保障是至关重要的。后勤保障及人员组织包括以下内容：

①根据观测等级，筹备仪器、计算机及配套设备。

②结合测区交通情况，筹备运输工具及通讯设备。

③结合测区材料借用情况，筹备施工器材、油料及其他消耗品等。

④根据测区具体情况，并结合测量技术力量组建施工队伍，拟定施工人员名单及岗位。

⑤结合测区情况，落实作业人员的食宿，设备电力供应等。

⑥结合测区情况和测量任务进行详细的投资预算。

9.3　GNSS 野外数据采集与处理

9.3.1　测量作业的基本技术规定

考虑到作业中需尽可能选取图形强度较好的卫星进行观测，因而在一个观测时段要多次更换跟踪的卫星。一般将时段中任一有效观测时间符合要求的卫星，称为有效观测卫星。测量等级越高，有效观测卫星总数需要越多，时段中任一卫星有效观测时间需要越长，与之相应就必须增加观测时段数，以及观测时段的长度。

各级 GNSS 测量作业的基本技术规定列于表 9.8 和表 9.9。

表 9.8　**《规范》规定的各级 GNSS 测量基本技术指标**

<table>
<tr><th colspan="3">级别
项目</th><th>AA</th><th>A</th><th>B</th><th>C</th><th>D</th><th>E</th></tr>
<tr><td colspan="3">卫星截止高度角/(度)</td><td>10</td><td>10</td><td>15</td><td>15</td><td>15</td><td>15</td></tr>
<tr><td colspan="3">同时观测有效卫星数(≥)</td><td>4</td><td>4</td><td>4</td><td>4</td><td>4</td><td>4</td></tr>
<tr><td colspan="3">观测有效卫星总数(≥)</td><td>20</td><td>20</td><td>9</td><td>6</td><td>4</td><td>4</td></tr>
<tr><td colspan="3">观测时段数</td><td>≥10</td><td>≥6</td><td>≥4</td><td>≥2</td><td>≥1.6</td><td>≥1.6</td></tr>
<tr><td rowspan="4">时段长度
/min</td><td colspan="2">静态</td><td>≥720</td><td>≥540</td><td>≥240</td><td>≥60</td><td>≥45</td><td>≥40</td></tr>
<tr><td rowspan="3">快速
静态</td><td>双频+P(Y)码</td><td>—</td><td>—</td><td>—</td><td>≥10</td><td>≥5</td><td>≥2</td></tr>
<tr><td>双频全波</td><td>—</td><td>—</td><td>—</td><td>≥15</td><td>≥10</td><td>≥10</td></tr>
<tr><td>单频或双频半波</td><td>—</td><td>—</td><td>—</td><td>≥30</td><td>≥20</td><td>≥15</td></tr>
<tr><td rowspan="2">采样间距
/s</td><td colspan="2">静态</td><td>30</td><td>30</td><td>30</td><td>10~30</td><td>10~30</td><td>10~30</td></tr>
<tr><td colspan="2">快速静态</td><td>—</td><td>—</td><td>—</td><td>5~15</td><td>5~15</td><td>5~15</td></tr>
<tr><td rowspan="4">时段中任一
卫星有效观
测时间/min</td><td colspan="2">静态</td><td>≥15</td><td>≥15</td><td>≥15</td><td>≥15</td><td>≥15</td><td>≥15</td></tr>
<tr><td rowspan="3">快速
静态</td><td>双频+P(Y)码</td><td>—</td><td>—</td><td>—</td><td>≥1</td><td>≥1</td><td>≥1</td></tr>
<tr><td>双频全波</td><td>—</td><td>—</td><td>—</td><td>≥3</td><td>≥3</td><td>≥3</td></tr>
<tr><td>单频或双频半波</td><td>—</td><td>—</td><td>—</td><td>≥5</td><td>≥5</td><td>≥5</td></tr>
</table>

注：1. 在时段中观测时间符合上表第七项规定的卫星，为有效卫星。

2. 计算有效卫星总数时，应将各时段的有效卫星数扣除其间的重复卫星数。

3. 观测时段长度，应为开始记录数据到结束记录的时间段。

4. 观测时段数大于等于 1.6，指每站观测一时段，至少 60% 测站再观测一时段。

表9.9　《规程》规定的各级 GNSS 测量基本技术指标

项　目	观测方法	等级				
		二等	三等	四等	一级	二级
卫星截止高度角/(度)	静态	≥15	≥15	≥15	≥15	≥15
	快速静态					
有效观测卫星数	静态	≥4	≥4	≥4	≥4	≥4
	快速静态	—	≥5	≥5	≥5	≥5
平均重复设站数	静态	≥2	≥2	≥1.6	≥1.6	≥1.6
	快速静态	—	≥2	≥1.6	≥1.6	≥1.6
时段长度/min	静态	≥90	≥60	≥45	≥45	≥45
	快速静态	—	≥20	≥15	≥15	≥15
数据采样间隔/s	静态	10～60	10～60	10～60	10～60	10～60
	快速静态					
PDOP	静态、快速静态	<6	<6	<6	<6	<6

GNSS 测量规范及规程中的各项规定和指标通常都是针对一般情况而制订的，并不适于所有场合。所以在特殊情况下，测量单位仍需按照测量任务书或测量合同书中提出的技术要求单独进行技术设计，而不可一概套用 GNSS 测量规范及规程中的相关规定。例如在混凝土大坝变形监测中，平面位移和垂直位移的监测精度均要求优于 1mm(精度要求优于 B 级 GNSS 测量)，而边长则通常仅为数百米至数千米(基本相当于 E 级 GNSS 测量)，故不宜直接套用规范和规程，应另行进行技术设计。如前所述，当某工程项目的精度要求介于两个等级之间而上靠一级又会大幅度增加工作量时，也应另行进行技术设计。对时段数、时段长度、图形结构等做出适当规定，以使成果既能满足要求，又不致付出过高的代价。

9.3.2 外业观测

观测工作主要包括：天线安置、观测作业、观测记录和观测数据的质量判定等。

1. 天线安置

天线的妥善安置，是实现精密定位的重要条件之一。其安置工作一般应满足以下要求：

①静态相对定位时，天线安置应尽可能利用三脚架，并安置在标志中心的上方直接对中观测。在特殊情况下，可进行偏心观测，但归心元素应精密测定。

②当天线需安置在三角点觇标的基板上时，应先将觇标顶部拆除，以防止对信号的干扰。这时，可将标志中心投影到基板上，作为安置天线的依据。

③天线底板上的圆水准器气泡必须居中。

④天线的定向标志线应指向正北，并顾及当地磁偏角影响，以减弱相位中心偏差的

影响。

⑤雷雨天气安置天线时，应注意将其底盘接地，以防止雷击。

⑥天线安置后，应在各观测时段的前后，各量测天线高一次，测量的方法按仪器的操作说明执行。两次量测结果之差不应超过3mm，并取其平均值。

2. 观测作业

在开机实施观测工作之前，接收机一般需按规定经过预热和静置。观测作业的主要任务是捕获GNSS卫星信号，并对其进行跟踪、处理和量测，以获取所需要的定位信息和观测数据。

利用GNSS接收机作业的具体操作步骤和方法，随接收机的类型和作业模式不同而异。而且，随着接收设备软件和硬件的不断发展，接收设备的操作方法也将有所变化，自动化水平将不断提高。用户可按随机操作手册执行。

一般来说，在外业观测工作中，操作人员应注意以下事项：

①当确认外接电源电缆及天线等各项连接正确无误后，方可接通电源，启动接收机。

②开机后，接收机的有关指示和仪表数据显示正常时，方能进行自测试和输入有关测站和时段控制信息。

③接收机在开始记录数据后，用户应注意查看有关观测卫星数量、卫星号、相位测量残差、实时定位结果及其变化、存储介质记录等情况。

④在观测过程中，接收机不得关闭并重新启动；不准改变卫星高度角的限值；不准改变天线高。

⑤如需记录气象参数，气象资料一般应在时段始末及中间各观测记录一次，如时段较长时(如超过60分)，应适当增加观测次数。

⑥观测站的全部预定作业项目，经检查均已按规定完成，且记录与资料均完整无误后方可迁站。

3. 观测记录

在外业观测过程中，所有的观测数据和资料，均须妥善记录。记录的形式主要有：

(1)观测记录

观测记录，由接收设备自动形成，均记录在存储介质(如磁带、磁卡或记忆卡等)上，其内容包括：

- 载波相位观测值及相应的观测历元；
- 同一历元的测码伪距观测值；
- GPS卫星星历及卫星钟差参数；
- 大气折射修正参数；
- 实时绝对定位结果；
- 测站控制信息及接收机工作状态信息。

(2)测量手簿

测量手簿是在接收机启动前及观测过程中，由用户实时填写完成。其记录格式和内容参见《规范》。其中，观测记事栏应记载观测过程中发生的重要问题，问题出现的时间及其处理方式。为了保证记录的准确性，测量手簿必须在作业过程中随时填写，不得事后补记。上述观测记录和测量手簿，都是GNSS精密定位的依据，必须妥善地保管。

9.3.3 基线数据处理与检核

1. 基线解算

对于两台以上接收机同步观测值进行独立基线向量(坐标差)的计算叫基线解算，基线解算的主要目的是对原始数据进行编辑、加工、整理、分流、计算基线向量并产生各种专用信息文件，为进一步平差计算做准备。其基本内容包括：

①数据传输：将GNSS接收机记录的观测数据传输到磁盘或其他介质上。

②数据分流：通过解码从原始记录中将各种数据分类整理，剔除无效观测值和冗余信息，形成各种数据文件，如星历文件、观测文件和测站信息文件等，以便进一步处理。

③统一数据文件格式：将不同类型接收机的数据记录格式、项目和采样间隔，统一为标准化的文件格式，以便统一处理。

④卫星轨道的标准化：采用多项式拟合法，平滑GNSS卫星每小时更新一次的轨道参数，使观测时段的卫星轨道标准化，以简化计算工作。

⑤探测周跳、修复载波相位观测值。

⑥对观测值进行必要改正：在GNSS观测值中加入对流层改正及电离层改正等。

基线数据处理软件可采用随机所带软件，或经正规鉴定过的软件来实现自动化处理。对于高精度的GNSS网成果处理，则可采用国际著名的GAMIT、GIPSY、GFZ、LGO和TGO等软件，基线解算包括以下几个步骤：

①观测数据的导入：针对不同的情况，提供多种数据导入方式，如从数据采集器导入，以及从存储介质导入原始观测数据，在实际的应用中，最后一种方式的使用最为普遍。因为在实际工作中，一般是先将原始观测数据(仪器内存或存储卡上的数据)集中存储在计算机的某个存储路径下，并进行必要的预处理(如统一转换为RINEX格式，进行点名和天线高的编辑)，然后再进行数据导入并继续后续的数据处理。外业观测采集的数据，按不同时段分别建立文件夹存储观测数据，可以用每天的日期命名文件夹(如5月15日外业观测了2个时段的数据，文件夹分别以0515A、0515B命名)，同一时段的观测数据放在同一目录；通过解算软件导入准备好的数据(观测数据及导航星历数据)；基线解算时应对每个时段的数据分别进行解算。

②处理基线选择：用户可以根据需要选择并建立自己的欲处理基线选择集，但这需要有一定的GNSS数据处理经验，所以，对初学者并不适合，初学者可以直接采用系统缺省，选择处理全部基线。

选择全部基线进行处理虽然简单，但会显著增加网中测量冗余度(过度的冗余会导致对已平差坐标误差估计的非准确性)，增加基线的处理时间，为减少网中的测量冗余度，可以通过创建独立基线集来确认必须处理的基线。独立基线集对于静态、快速静态测量及其后续的平差都极为重要。独立基线集的指定，可以采用下述方法之一：

➢ 从GNSS野外时段所有可能的基线中，只选择和处理基线的独立集。

➢ 处理 GNSS 野外时段所有可能的基线，在结果保存到项目的时候选择一个独立集。

➢ 处理 GNSS 野外时段所有可能的基线，并把所有结果保存到项目中，然后指定不在网平差中需考虑的相关基线。

③基线处理参数设置：基线处理涉及一系列的参数设置。首先应设置大地坐标系，通常使用 WGS84；其次设置基线起算点，一般软件会自动选择单点定位中误差较小的点；然后，选择解算模型，不同的基线解算软件设置了不同的解算模型，如 L1&L2（双频联合）、L1 Only（只使用 L1）、L2 Only（只使用 L2）、L1-L2（宽巷解）、L1+L2（窄巷解）等，通常使用软件的缺省设置；然后选择误差模型，如选择某种对流层延迟模型（通常选 Hopfield 模型）；最后，设置星历类型、高度截止角、最短基线观测时间等参数。在大多数情况下，无需更改任何参数，直接按照缺省的处理方式即可得到满意的基线处理结果。

④基线处理结果分析：在基线解算完成后还提供了一个完整的基线解算结果报告，提供了多个途径来分析所处理的基线，包括基线解算概略信息、基线解算报表。

a. 基线解算概略信息：基线处理完成后，将直接输出一个 GNSS 处理列表，该列表提供了基线处理的概略信息，显示的内容包括：基线标示 ID、从测站、到测站、基线长度、解算类型、比率、参考方差、RMS。通常情况下，“Ratio/模糊度解算次优与最优的比率”、“RMS”或其组合将作为验收标准，按照特定的验收标准，可以判定该基线是否通过，而对于低比率和高参考方差的基线，需进一步进行分析。

b. 基线解算报表：基线解算报表涉及内容较为广泛，包括处理概述、处理类型、基线分量、观测、跟踪概述、连续动态跟踪和残差。以下几个方面需要重点关注：第一，基线的显著性检验的 Ratio 值（次优与最优的比率）、参考方差和 RMS 等是否超过所设置的标准；第二，卫星的连续动态跟踪，良好的观测情况应该是连续跟踪和观测，而不应经常中断；第三，残差图，残差绝对值的大小应该在载波相位波长的 1/10 之内。对于残差较大的卫星和时段，可以进行卫星观测值开窗和删星操作，再重新进行基线解算。衡量基线精度有两个重要指标：其一是要求基线均方根中误差 $\mathrm{RMS} \leqslant \sigma = \sqrt{a^2 + (b \times d \times 10^{-6})^2}$；其二要求解算的基线为固定解，尽量避免浮点解的产生。固定解是基线向量解算过程中整周模糊度正确固定为整数，并将它们作为已知值，以此计算的基线向量，浮点解则是解算过程中整周模糊度没有被固定为整数，以此计算的基线向量叫浮点解。

⑤参数重新编辑及观测值调整：对于个别不能满足指标要求的基线，应该对其进行二次处理，通常选取其中 RMS 超限或浮点解的基线进行残差分析；每条基线解算后都可产生一个残差图，残差也称残余误差，残差越大则结果质量越差；残差图是直观表现基线质量好坏的重要手段，通常，若残差图上显示的某卫星残差大部分超过 0.2 周，则需要对该卫星数据进行处理，如删除该卫星的部分或全部数据，再重新解算，直到其 RMS 符合要求并生成固定解为止。

2. 成果检核

对野外观测资料首先要进行复查，内容包括：成果是否符合调度命令和规范的要求；进行的观测数据质量分析是否符合实际。然后进行下列项目的检核。

(1)每个时段同步边观测数据的检核

两端点的接收机，通过多历元同步观测，经平差计算的基线边称为同步边。同步边检核的内容如下。

①数据剔除率。剔除的观测值个数与应获取的观测值个数的比值称为数据剔除率。同一时段观测值的数据剔除率，其值应小于10%。

②平差值的中误差。计算同步边各时段平差值中误差和相对中误差。其中中误差应小于0.1m，相对中误差应符合表9.1的要求。

(2)重复观测边的检核

同一条基线边若观测了多个时段，则可得到多个边长结果。这种具有多个独立观测结果的边就是重复观测边。则任意两个基线长度之差 ds 应满足下式：

$$\mathrm{d}s \leqslant 2\sqrt{2}\sigma \tag{9.7}$$

其中：σ 为网的设计精度，见式(9.1)（按平均边长计算）。

(3)环闭合差的检核

①同步环检核：当各同步边构成闭合环形(如三角形、多边形)时，各边的坐标差之和应为零。但是由于多种误差的存在，环中各独立基线边的坐标差分量的闭合差不为零，三边同步环闭合差应满足下式：

$$\left.\begin{aligned} Wx &\leqslant \frac{\sqrt{3}}{5}\sigma \\ Wy &\leqslant \frac{\sqrt{3}}{5}\sigma \\ Wz &\leqslant \frac{\sqrt{3}}{5}\sigma \end{aligned}\right\} \tag{9.8}$$

对于四站或更多站同步观测而言，应用上述方法检查一切可能的三边环闭合差。

②独立闭合环检核：对于C、D、E级GNSS网及B级网，应满足下式：

$$\left.\begin{aligned} Wx &\leqslant 3\sqrt{n}\sigma \\ Wy &\leqslant 3\sqrt{n}\sigma \\ Wz &\leqslant 3\sqrt{n}\sigma \\ Ws &\leqslant 3\sqrt{n}\sigma \end{aligned}\right\} \tag{9.9}$$

式中：n 为闭合环边数；σ 为相应级别所规定的精度(按实际平均边长计算)。Wx 为闭合差矢量，即

$$Ws \leqslant \sqrt{W_x^2 + W_y^2 + W_z^2} \tag{9.10}$$

③环闭合差及基线重复性检核：对于B级及以上的(如AA级、A级)，还须对精处理后基线分量及边长的重复性、各时段较差、独立环闭合差或附合路线的坐标分量闭合差等进行必要的检查。GNSS闭合差报告可用于判定一组GNSS观测值的质量。一般来说，在报告的汇总中，超限的闭合环数应该为零，否则，应该仔细阅读失败闭合环的细节，判定不良基线和误差较大的基线，对于这些不良基线和超限基线，可以进行适当的取舍或再处理，重复该过程，直到没有不合格的闭合环为止。

3. 外业返工

①未按施测方案进行观测，外业缺测、漏测，或观测值不满足表9.8或表9.9中的相关规定应及时补测。

②复测基线的边长较差超限，同步环闭合差超限，独立环闭合差或附合路线的闭合差超限时，可剔除该基线而不必进行重测，但剔除该基线向量后新组成的独立环所含的基线不应超过表9.3中的相关规定，否则应重测与该基线有关的同步图形。

③当测站的观测条件很差而造成多次重测后仍不能满足要求时，经主管部门批准舍弃该点或变动测站位置后再进行重测。

④补测或重测的原因、处理方式等应写入数据处理报告。

9.4　GNSS控制网平差

9.4.1　网平差的目的

网平差的主要目的有三个：①检查GNSS基线向量有没有粗差或明显的系统误差，并考察GNSS网的内符合精度和GNSS基线向量的观测精度。主要表现为：环闭合差和重复基线较差不为零等。通过网平差，可以消除这些不一致。②精度评定与质量控制。通过网平差，一方面可以通过观测值改正数、观测值验后方差、观测值单位权中误差、相邻点距离中误差、点位中误差等指标评定GNSS网的精度。另一方面可以通过这些精度指标，发现质量不佳的观测值，并适当处理，改善GNSS网的质量。③确定GNSS点在指定参照系下的坐标以及其他所需的转换参数。在网平差过程中，通过引入起算数据，如已知点、已知边长、已知方向等，最终确定待定点在指定参照系下的坐标及精度信息(李征航，黄劲松，2005)。

9.4.2　网平差的类型

GNSS网平差的分类，还可以根据平差时是在三维还是二维坐标系统中进行来分。在空间直角坐标系统中，称为三维网平差，如WGS84；在平面直角坐标系中，称为二维网平差，如：高斯平面坐标系。GNSS控制网平差也可按已知数据的约束条件的类型和数量来分，将网平差分为无约束平差(自由网平差)、约束平差和联合平差(也可将这两种类型统称为约束平差)三种类型。网平差除了能消除由于观测值和已知条件所引起的GNSS网在几何上的不一致外，还具有各自不同的功能。无约束平差能够用来评定GNSS网的内符合精度和粗差探测，而约束平差和联合平差则能够确定点在指定参照系下的坐标。本章的详细数学模型将在下一节讨论。

1. 无约束平差

GNSS网的无约束平差所采用的观测量完全为GNSS基线向量，平差通常在WGS84坐标系下进行。除了引入一个提供位置基准信息的起算点坐标外，不再引入其他的外部起算数据(如：会使GNSS网的尺度和方位发生变化的起算数据)，GNSS网的几何形状完全取决于GNSS基线向量，而与外部起算数据无关，所以，GNSS网的无约束平差结果质量的优劣，都是观测值质量的真实反映。因此，通常用 GNSS 网无约束平差得到的精度指标来衡量 GNSS 网的内符合精度。

2. 约束平差

GNSS 网的约束平差与无约束平差所不同的是，在平差过程中引入了会使 GNSS 网的尺度和方位发生变化的外部起算数据。只要在网平差中引入了边长、方向或两个以上(含两个)的起算点坐标，就可能会使 GNSS 网的尺度和方位发生变化。GNSS 网的约束平差常被用于实现 GNSS 网成果与用户坐标之间的转换。

3. 联合平差

在进行 GNSS 网平差时，所采用的观测值不仅包括 GNSS 基线向量，而且还包含边长、角度、方向和高差等地面常规观测量，这种平差称为联合平差。联合平差的作用与约束平差基本相同，但联合平差主要用于大地测量和工程 GNSS 控制网的数据处理中。

目前，常见的局部 GNSS 网大致有以下几种类型：

①以地面已知控制点和方位角作为基准，建立局部的 GNSS 控制网。

②以多个已有的地面点作为固定点，建立加密 GNSS 网，或者在高一级的 GNSS 网中加密次级 GNSS 网。

③应用 GNSS 对原有的地面控制网进行扩展或改建。

④建立独立的 GNSS 控制网。

⑤其他特殊用途的局部 GNSS 网。

9.4.3 网平差的整体流程

GNSS 网平差，需要按以下几个步骤进行：

①提取基线向量，构建 GNSS 网。

②三维无约束平差。

③约束平差或联合平差。

④精度分析与评定。

1. 基线向量提取

提取基线向量时需要遵循以下几项原则：

①必须选取相互独立的基线，否则平差结果会与真实的情况不相符合。

②所选取的基线应构成闭合的几何图形。

③选取质量好的基线向量。基线质量的好坏可以依据 RMS、RDOP、RATIO、同步环闭和差、独立环闭合差及重复基线较差来判定。

④选取能构成边数较少的独立环的基线向量。

⑤选取边长较短的基线向量。

2. 三维无约束平差

构成了 GNSS 基线向量网后，通常在 WGS84 三维坐标系下进行 GNSS 网的无约束平差。通过无约束平差，主要达到以下两个目的：

①根据无约束平差的结果，进行 GNSS 网基线向量的粗差探测与剔除。如发现含有粗

差的基线，需要进行相应的处理。必须使得最后用于构网的所有基线向量均满足质量要求。

②调整各基线向量观测值的权，使得它们相互匹配。

3. 约束平差/联合平差

三维无约束平差后，需要进行约束平差或联合平差。平差可根据需要在三维空间或二维空间中进行，约束平差的具体步骤是：

①指定进行平差的基准和坐标系统，包括参考椭球、中央子午线、投影面高度等。

②输入起算数据，包括已知点坐标、方位角、边长等。

③进行起算数据的精度一致性分析，判断所采用的约束条件是否含有粗差。

④进行平差计算。

4. 质量分析与控制

GNSS网质量的评定，可以采用下面的指标：

(1)基线向量的改正数

根据基线向量改正数的大小，可以判断出基线向量中是否含有粗差。

具体判定依据是：如 $|v_i| < \hat{\sigma}_0 * \sqrt{Q_i} * t_{1-\alpha/2}$，则认为基线向量中不含有粗差；反之，则含有粗差。其中 v_i 为第 i 个观测值残差，$\hat{\sigma}_0$ 为单位权方差，Q_i 为第 i 个观测值的协因数，$t_{1-\alpha/2}$ 为在显著性水平 α 下的 t 分布的区间。

(2)相邻点的中误差和相对中误差

若在进行质量评定时发现有质量问题，则需要根据具体情况进行处理。如果发现构成GNSS网的基线中含有粗差，则需要采用删除含有粗差的基线、重新对含有粗差的基线进行解算或重测含有粗差的基线等方法加以解决；如果发现个别起算数据有质量问题，则应该放弃有质量问题的起算数据。

9.5　GNSS网的无约束平差

9.5.1　GNSS基线向量

GNSS网平差中涉及的观测值为GNSS基线向量，这些GNSS基线向量提供了以下信息：

①同步观测站之间的基线向量（$\Delta X \quad \Delta Y \quad \Delta Z$）。

②上述基线向量的方差-协方差阵 D，求逆后可得观测值的权阵 $P = D^{-1}$。

一条单基线解提供了如下信息：

$$B_i = (\Delta X_i \quad \Delta Y_i \quad \Delta Z_i)^{\mathrm{T}} \tag{9.11}$$

$$D_{B_i} = \begin{bmatrix} \sigma_{\Delta X_i}^2 & \sigma_{\Delta X_i \Delta Y_i} & \sigma_{\Delta X_i \Delta Z_i} \\ \sigma_{\Delta Y_i \Delta X_i} & \sigma_{\Delta Y_i}^2 & \sigma_{\Delta Y_i \Delta Z_i} \\ \sigma_{\Delta Z_i \Delta X_i} & \sigma_{\Delta Z_i \Delta Y_i} & \sigma_{\Delta Z_i}^2 \end{bmatrix} \tag{9.12}$$

式中 B_i 和 D_{B_i} 为第 i 条基线向量的值和方差-协方差阵。

所有参与构网的独立基线向量提供了下列信息：

$$B = (B_1 \quad B_2 \quad \cdots \quad B_n)^{\mathrm{T}} \tag{9.13}$$

$$D_B = \begin{bmatrix} D_{B_1} & & & 0 \\ & D_{B_2} & & \\ & & \ddots & \\ 0 & & & D_{B_n} \end{bmatrix} \tag{9.14}$$

9.5.2　以空间直角坐标为未知参数的 GNSS 网三维平差

设任意两点 i、j 的 GNSS 基线向量观测值为(ΔX_{ij}，ΔY_{ij}，ΔZ_{ij})，它们是 GNSS 坐标系中的空间直角坐标差。又设待定点在 GNSS 坐标系中的空间直角坐标为未知参数，并记为：

$$\begin{bmatrix} \hat{X}_i \\ \hat{Y}_i \\ \hat{Z}_i \end{bmatrix} = \begin{bmatrix} X_i^0 \\ Y_i^0 \\ Z_i^0 \end{bmatrix} + \begin{bmatrix} \hat{x}_i \\ \hat{y}_i \\ \hat{z}_i \end{bmatrix} \tag{9.15}$$

其中：(X_i^0，Y_i^0，Z_i^0) 为坐标近似值，$\hat{X}_i = (\hat{x}_i，\hat{y}_i，\hat{z}_i)$ 为空间直角坐标的改正数，符号“^”表示平差值。

可以看出，GNSS 基线向量观测值 (ΔX_{ij}，ΔY_{ij}，ΔZ_{ij}) 与未知参数间有以下简单的关系式：

$$\begin{bmatrix} \Delta\hat{X}_{ij} \\ \Delta\hat{Y}_{ij} \\ \Delta\hat{Z}_{ij} \end{bmatrix} = \begin{bmatrix} \Delta X_{ij} + \nu_{\Delta\hat{x}_{ij}} \\ \Delta Y_{ij} + \nu_{\Delta\hat{y}_{ij}} \\ \Delta Z_{ij} + \nu_{\Delta\hat{z}_{ij}} \end{bmatrix} = \begin{bmatrix} \hat{X}_j \\ \hat{Y}_j \\ \hat{Z}_j \end{bmatrix} - \begin{bmatrix} \hat{X}_i \\ \hat{Y}_i \\ \hat{Z}_i \end{bmatrix} \tag{9.16}$$

式中：($\nu_{\Delta\hat{x}_{ij}}$，$\nu_{\Delta\hat{y}_{ij}}$，$\nu_{\Delta\hat{z}_{ij}}$) 表示 (ΔX_{ij}，ΔY_{ij}，ΔZ_{ij}) 的改正值，由此可写出误差方程为

$$\begin{bmatrix} \nu_{\Delta\hat{x}_{ij}} \\ \nu_{\Delta\hat{y}_{ij}} \\ \nu_{\Delta\hat{z}_{ij}} \end{bmatrix} = \begin{bmatrix} \hat{x}_j \\ \hat{y}_j \\ \hat{z}_j \end{bmatrix} - \begin{bmatrix} \hat{x}_i \\ \hat{y}_i \\ \hat{z}_i \end{bmatrix} - \begin{bmatrix} \Delta X_{ij} - \Delta X_{ij}^0 \\ \Delta Y_{ij} - \Delta Y_{ij}^0 \\ \Delta Z_{ij} - \Delta Z_{ij}^0 \end{bmatrix} \tag{9.17}$$

其中：$\Delta X_{ij}^0 = X_j^0 - X_i^0$，$\Delta Y_{ij}^0 = Y_j^0 - Y_i^0$，$\Delta Z_{ij}^0 = Z_j^0 - Z_i^0$，可见，在空间直角坐标系中，GNSS 基线向量观测值的误差方程式的形式十分简单。

因为 GNSS 网是三维控制网，所以在对 GNSS 网进行平差时，应有三个位置基准、一个尺度基准和 3 个方位基准。而 GNSS 基线向量(坐标差)包含 GNSS 坐标系中的尺度和方位信息，因此，在 GNSS 坐标系中平差时，可以取 GNSS 基线向量提供的尺度和方位作为尺度基准和方位基准。在 GNSS 网中没有精度较高的起算点时，一般可以取单点定位的某个点的三维坐标作为位置基准，实用上可以令该点的坐标未知参数改正值为 0，设该点为 P_k，则可写出基准方程为

$$\begin{bmatrix} \hat{x}_k \\ \hat{y}_k \\ \hat{z}_k \end{bmatrix} = 0 \tag{9.18}$$

设由式(9.17)组成的全网误差方程为

$$\boldsymbol{V} = \boldsymbol{AX} - \boldsymbol{L} \tag{9.19}$$

其中：$\boldsymbol{X}$ 包含所有 GNSS 点坐标未知参数，$\boldsymbol{V}$ 表示全部 GNSS 基线向量观测值的改正数，L 是由 GNSS 基线向量观测值构成的常数项。顾及式(9.18)，基准方程写为

$$\boldsymbol{G}_k^{\mathrm{T}} \hat{\boldsymbol{x}}_k = 0 \tag{9.20}$$

其中：

$$G_k^{\mathrm{T}} = \begin{bmatrix} 0 & \cdots & 1 & 0 & 0 & \cdots & 0 \\ 0 & \cdots & 0 & 1 & 0 & \cdots & 0 \\ 0 & \cdots & 0 & 0 & 1 & \cdots & 0 \end{bmatrix} \tag{9.21}$$

再设全网 GNSS 基线向量观测值的方差阵和权阵为 D_L 和 $P = \sigma_0^2 D_L^{-1}$，则可得未知参数的解为：

$$\boldsymbol{X} = (\boldsymbol{A}^{\mathrm{T}}\boldsymbol{PA} + \boldsymbol{G}_k\boldsymbol{G}_k^{\mathrm{T}})^{-1}\boldsymbol{A}^{\mathrm{T}}\boldsymbol{PL} = \boldsymbol{Q}_k\boldsymbol{A}^{\mathrm{T}}\boldsymbol{PL} \tag{9.22}$$

式(9.22)中：$\boldsymbol{Q}_k = (\boldsymbol{A}^{\mathrm{T}}\boldsymbol{PA} + \boldsymbol{G}_k\boldsymbol{G}_k^{\mathrm{T}})^{-1}$，而 $\hat{\boldsymbol{X}} = \boldsymbol{X}^0 + \hat{\boldsymbol{x}}$ 的协因数阵为：

$$Q_{\hat{X}} = Q_k - Q_k G_k G_k^{\mathrm{T}} Q_k \tag{9.23}$$

其中：G 应满足

$$\boldsymbol{AG} = 0 \tag{9.24}$$

例如：可取 $\boldsymbol{G}^{\mathrm{T}}$ 为

$$\boldsymbol{G}^{\mathrm{T}} = \begin{bmatrix} 1 & 0 & 0 & 1 & 0 & 0 & \cdots & 1 & 0 & 0 \\ 0 & 1 & 0 & 0 & 1 & 0 & \cdots & 0 & 1 & 0 \\ 0 & 0 & 1 & 0 & 0 & 1 & \cdots & 0 & 0 & 1 \end{bmatrix} \tag{9.25}$$

实际计算时，也可以将式(9.18)代入式(9.19)，即在误差方程式中去掉 $\hat{x}_k$，$\hat{y}_k$，$\hat{z}_k$ 各项，然后再按最小二乘法间接平差法求解。

需要注意的是，因 GNSS 单点定位值的精度不高，所以经 GNSS 网平差后，各个点在 GNSS 坐标系中的坐标值精度也较低。但是，它们相对于网的位置基准，则具有相当高的精度。平差中求得的点位精度，也就是各个 GNSS 点相对于 GNSS 网位置基准的精度。从这个意义上说，该网中各点的坐标并不属于真正的 GNSS 坐标系，而只是属于一种独立的坐标系统，当然，这个独立坐标系相应的椭球几何参数与 GNSS 坐标系相同。

9.5.3　以大地坐标作为未知参数的 GNSS 网三维平差

在 GNSS 网平差时，可将大地坐标作为未知参数进行平差。点 P_i 在 GNSS 系统中的大地坐标未知参数为：

$$\begin{bmatrix} \hat{B}_i \\ \hat{L}_i \\ \hat{H}_i \end{bmatrix} = \begin{bmatrix} B_i^0 \\ L_i^0 \\ H_i^0 \end{bmatrix} + \begin{bmatrix} \hat{b}_i \\ \hat{l}_i \\ \hat{h}_i \end{bmatrix} \tag{9.26}$$

$\hat{g}_i = (\hat{b}_i, \hat{l}_i, \hat{h}_i)$ 为点 i 的大地坐标改正数。对 (X_i, Y_i, Z_i) 与 (B_i, L_i, H_i) 的关系式(2.14)微分，可得微分关系式

$$\begin{bmatrix} dX_i \\ dY_i \\ dZ_i \end{bmatrix} = R_i \begin{bmatrix} dB_i \\ dL_i \\ dH_i \end{bmatrix} \tag{9.27}$$

式(9.27)中：

$$R_i = \begin{bmatrix} -\frac{1}{\rho}(M_i + H_i)\sin B_i \cos L_i & -\frac{1}{\rho}(N_i + H_i)\cos B_i \sin L_i & \cos B_i \cos L_i \\ -\frac{1}{\rho}(M_i + H_i)\sin B_i \sin L_i & \frac{1}{\rho}(N_i + H_i)\cos B_i \cos L_i & \cos B_i \sin L_i \\ \frac{1}{\rho}(M_i + H_i)\cos B_i & 0 & \sin B_i \end{bmatrix} \tag{9.28}$$

其中：M_i 和 N_i 为子午圈和卯酉圈曲率半径。

以未知参数 $(\hat{b}_i, \hat{l}_i, \hat{h}_i)$ 代替式(9.27)中的微分项，并代入式(9.17)，则得以 $(\hat{b}_i, \hat{l}_i, \hat{h}_i)$ 为未知参数的误差方程

$$\begin{bmatrix} \Delta\hat{x}_{ij} \\ \Delta\hat{y}_{ij} \\ \Delta\hat{y}_{ij} \end{bmatrix} = R_j \begin{bmatrix} \hat{b}_j \\ \hat{l}_j \\ \hat{h}_j \end{bmatrix} - R_i \begin{bmatrix} \hat{b}_i \\ \hat{l}_i \\ \hat{h}_i \end{bmatrix} - \begin{bmatrix} \Delta X_{ij} - \Delta X_{ij}^0 \\ \Delta Y_{ij} - \Delta Y_{ij}^0 \\ \Delta Z_{ij} - \Delta Z_{ij}^0 \end{bmatrix} \tag{9.29}$$

式(9.29)按间接平差求解，同样，以大地坐标为未知参数所求得的结果也是相对于网平差的位置基准的。平差中求得的点位精度，也就是各个 GNSS 点相对于 GNSS 网位置基准的精度。当然，它们也不属于真正的 WGS84 坐标系，而只能说是属于一个椭球的几何元素与 WGS84 系统相同的坐标系。

9.6 GNSS 网的约束平差

GNSS 网的坐标通常需要转换到地面坐标系，为此需要使用地面已知点进行约束平差。约束平差可以在三维坐标系中进行，也可在二维平面坐标系(如：高斯坐标系)中进行。

9.6.1 三维约束平差

记 GNSS 基线向量观测值为 $(\Delta X_{ij}, \Delta Y_{ij}, \Delta Z_{ij})$，记 P_i 和 P_j 两点在地面坐标系(又称参心坐标系)中的空间直角坐标为 $(\bar{X}_i, \bar{Y}_i, \bar{Z}_i)$ 和 $(\bar{X}_j, \bar{Y}_j, \bar{Z}_j)$，相应的坐标差为 $(\Delta\bar{X}_{ij}, \Delta\bar{Y}_{ij}, \Delta\bar{Z}_{ij})$，并设该地面坐标系与 WGS84 坐标系的旋转参数是微小量，它们之间有如下关系：

$$\begin{bmatrix} \Delta\hat{X}_{ij} \\ \Delta\hat{Y}_{ij} \\ \Delta\hat{Z}_{ij} \end{bmatrix} = \begin{bmatrix} \Delta\hat{\bar{X}}_{ij} \\ \Delta\hat{\bar{Y}}_{ij} \\ \Delta\hat{\bar{Z}}_{ij} \end{bmatrix} + \delta\hat{u}\begin{bmatrix} \Delta\bar{X}_{ij}^0 \\ \Delta\bar{Y}_{ij}^0 \\ \Delta\bar{Z}_{ij}^0 \end{bmatrix} + \begin{bmatrix} 0 & -\Delta\bar{Z}_{ij}^0 & \Delta\bar{Y}_{ij}^0 \\ \Delta\bar{Z}_{ij}^0 & 0 & -\Delta\bar{X}_{ij}^0 \\ -\Delta\bar{Y}_{ij}^0 & \Delta\bar{X}_{ij}^0 & 0 \end{bmatrix}\begin{bmatrix} \hat{\varepsilon}_x \\ \hat{\varepsilon}_y \\ \hat{\varepsilon}_z \end{bmatrix} \tag{9.30}$$

式中 $\delta\hat{u}$ 表示尺度参数，$\varepsilon_x, \varepsilon_y, \varepsilon_z$ 表示旋转参数，符号“^”表示平差值。

以地面坐标系中各点的空间直角坐标和转换参数为未知参数，记

$$\begin{bmatrix} \hat{\bar{X}}_i \\ \hat{\bar{Y}}_i \\ \hat{\bar{Z}}_i \end{bmatrix} = \begin{bmatrix} \bar{X}_i^0 \\ \bar{Y}_i^0 \\ \bar{Z}_i^0 \end{bmatrix} + \begin{bmatrix} \hat{\bar{x}}_i \\ \hat{\bar{y}}_i \\ \hat{\bar{z}}_i \end{bmatrix}, \begin{bmatrix} \Delta\hat{X}_{ij} \\ \Delta\hat{Y}_{ij} \\ \Delta\hat{Z}_{ij} \end{bmatrix} = \begin{bmatrix} \Delta X_{ij} \\ \Delta Y_{ij} \\ \Delta Z_{ij} \end{bmatrix} = \begin{bmatrix} \Delta\hat{x}_{ij} \\ \Delta\hat{y}_{ij} \\ \Delta\hat{z}_{ij} \end{bmatrix} \tag{9.31}$$

由式(9.30)可得到 GNSS 基线向量的误差方程为：

$$\begin{bmatrix} \Delta\hat{x}_{ij} \\ \Delta\hat{y}_{ij} \\ \Delta\hat{z}_{ij} \end{bmatrix} = \begin{bmatrix} \hat{\bar{x}}_j \\ \hat{\bar{y}}_j \\ \hat{\bar{z}}_j \end{bmatrix} - \begin{bmatrix} \hat{\bar{x}}_i \\ \hat{\bar{y}}_i \\ \hat{\bar{z}}_i \end{bmatrix} + \delta\hat{u}\begin{bmatrix} \Delta\bar{X}_{ij}^0 \\ \Delta\bar{Y}_{ij}^0 \\ \Delta\bar{Z}_{ij}^0 \end{bmatrix} + \begin{bmatrix} 0 & -\Delta\bar{Z}_{ij}^0 & \Delta\bar{Y}_{ij}^0 \\ \Delta\bar{Z}_{ij}^0 & 0 & -\Delta\bar{X}_{ij}^0 \\ -\Delta\bar{Y}_{ij}^0 & \Delta\bar{X}_{ij}^0 & 0 \end{bmatrix}\begin{bmatrix} \hat{\varepsilon}_x \\ \hat{\varepsilon}_y \\ \hat{\varepsilon}_z \end{bmatrix} - \begin{bmatrix} \Delta X_{ij} - \Delta\bar{X}_{ij}^0 \\ \Delta Y_{ij} - \Delta\bar{Y}_{ij}^0 \\ \Delta Z_{ij} - \Delta\bar{Z}_{ij}^0 \end{bmatrix} \tag{9.32}$$

写成矩阵形式为：

$$\boldsymbol{V} = \boldsymbol{B}\boldsymbol{X} - \boldsymbol{L} \tag{9.33}$$

其中：

$$B = \begin{bmatrix} -1 & 0 & 0 & 1 & 0 & 0 & 0 & -\Delta\bar{Z}_{ij}^0 & \Delta\bar{Y}_{ij}^0 & \Delta\bar{X}_{ij}^0 \\ 0 & -1 & 0 & 0 & 1 & 0 & \Delta\bar{Z}_{ij}^0 & 0 & -\Delta\bar{X}_{ij}^0 & \Delta\bar{Y}_{ij}^0 \\ 0 & 0 & -1 & 0 & 0 & 1 & -\Delta\bar{Y}_{ij}^0 & \Delta\bar{X}_{ij}^0 & 0 & \Delta\bar{Z}_{ij}^0 \end{bmatrix} \tag{9.34}$$

$$X = \begin{bmatrix} \hat{\bar{x}}_i & \hat{\bar{y}}_i & \hat{\bar{z}}_i & \hat{\bar{x}}_j & \hat{\bar{y}}_j & \hat{\bar{z}}_j & \hat{\varepsilon}_x & \hat{\varepsilon}_y & \hat{\varepsilon}_z & \hat{u} \end{bmatrix}^{\mathrm{T}} \tag{9.35}$$

$$L = \begin{bmatrix} \Delta X_{ij} - \Delta\bar{X}_{ij}^0 \\ \Delta Y_{ij} - \Delta\bar{Y}_{ij}^0 \\ \Delta Z_{ij} - \Delta\bar{Z}_{ij}^0 \end{bmatrix} \tag{9.36}$$

式(9.32)为包含地心坐标系到参心坐标系的转换参数和参心坐标系下坐标参数的统一平差函数模型，平差后可直接得出待定点在参心坐标系下的坐标。

如果地面坐标系中 K 点的空间直角坐标为已知点，则可列出如下约束条件，按附有条件的间接平差处理：

$$\begin{bmatrix} \hat{x}_k \\ \hat{y}_k \\ \hat{z}_k \end{bmatrix} = \begin{bmatrix} 0 \\ 0 \\ 0 \end{bmatrix} \tag{9.37}$$

处理时，也可将上式代入式(9.32)，消去相应的改正数。对于局部 GNSS 网，平差时应根据具体情况选定平差基准和转换参数。通常有以下四种情况：

①如果仅在 GNSS 网中选取一个地面点的三维坐标作为位置基准，而没有其他地面数据，则 GNSS 网的尺度基准和方位基准均由 GNSS 基线向量给定，平差原理与 9.6.1 节中的三维无约束平差基本相同。平差中不存在尺度和旋转参数，仅对 GNSS 网进行平移。

②如 GNSS 网平差的主要目的是求定 GNSS 点的水平位置，一般只取一个大地高作为高程基准的起算数据，则转换参数只取两个，其中一个是尺度参数 u，另一个为旋转角 ε_z，误差方程中 $\varepsilon_x = \varepsilon_y = 0$。

③如果网中包含三个或更多的已知点平面坐标，则平差时应取四个参数(一个尺度参数和三个旋转参数)。此时，三维平差的尺度基准和方位基准均由该坐标系的已知点给定。

④当采用秩亏平差时，其基准称为重心基准，重心基准是由各点的近似坐标(参考系)给定的，秩亏平差的解也与它们有关，因此，应根据实际情况给定一组参考系。

9.6.2 二维约束平差

由于工程控制网通常采用二维平面坐标与正常高相结合的坐标系统，所以 GNSS 网的二维约束平差在工程控制网中用途非常广泛。通常，通过椭球参数、中央子午线经度和参考椭球面高等参数，可以将无约束平差后的控制网三维坐标投影到给定的高斯平面上，再进行二维约束平差。

GNSS 基线向量网在高斯平面上的联合平差包括 GNSS 基线向量网在高斯平面坐标系内的约束平差和 GNSS 基线向量网与地面网方向、边长观测值的联合平差两个内容。GNSS 基线向量网为经高斯投影归算到国家或地方参考椭球对应的高斯平面坐标系中的二维基线向量。

GNSS 网的二维平差以网中各待定点在地面坐标系中的平面坐标为未知参数，记为：

$$\begin{bmatrix} \hat{x}_i \\ \hat{y}_i \end{bmatrix} = \begin{bmatrix} x_i^0 \\ y_i^0 \end{bmatrix} + \begin{bmatrix} v_{\hat{x}_i} \\ v_{\hat{y}_i} \end{bmatrix} \tag{9.38}$$

二维平面坐标转换除两个平移参数外，还包括一个旋转参数 $\hat{\varepsilon}$ 和一个尺度参数 $\hat{u}$，因此，二维基线向量平差的观测方程为：

$$\begin{bmatrix} \Delta\hat{x}_{ij} \\ \Delta\hat{y}_{ij} \end{bmatrix} = \begin{bmatrix} \hat{x}_j - \hat{x}_i \\ \hat{y}_j - \hat{y}_i \end{bmatrix} + \hat{u}\begin{bmatrix} \Delta x_{ij}^0 \\ \Delta y_{ij}^0 \end{bmatrix} + \begin{bmatrix} \Delta y_{ij}^0 \\ -\Delta y_{ij}^0 \end{bmatrix}\frac{\hat{\varepsilon}}{\rho} \tag{9.39}$$

则误差方程为：

$$\begin{bmatrix} v_{\Delta\hat{x}_{ij}} \\ v_{\Delta\hat{y}_{ij}} \end{bmatrix} = \begin{bmatrix} v_{\hat{x}_j} - v_{\hat{x}_i} \\ v_{\hat{y}_j} - v_{\hat{y}_i} \end{bmatrix} + v_{\hat{u}}\begin{bmatrix} \Delta x_{ij}^0 \\ \Delta y_{ij}^0 \end{bmatrix} + \begin{bmatrix} \Delta y_{ij}^0 \\ -\Delta x_{ij}^0 \end{bmatrix}\frac{\nu_{\hat{\varepsilon}}}{\rho} - \begin{bmatrix} \Delta x_{ij} - \Delta x_{ij}^0 \\ \Delta y_{ij} - \Delta y_{ij}^0 \end{bmatrix} \tag{9.40}$$

当网中有已知点约束时，即上述 GNSS 基线向量的起点或端点与已知点相连时，则已知点相应的坐标改正数（$v_{\hat{x}_k}$，$v_{\hat{y}_k}$）为零。当网中有边长约束时，地面已知边长为 $\widetilde{S}_{ij}$，则有平差值为 $\hat{S}_{ij}=\widetilde{S}_{ij}$，即

$$\widetilde{S}_{ij}=\hat{S}_{ij}=\sqrt{(\hat{x}_j-\hat{x}_i)^2+(\hat{y}_j-\hat{y}_i)^2} \tag{9.41}$$

同理，有方位约束时，地面已知方位为 $\widetilde{\alpha}_{ij}$，则

$$\hat{\alpha}_{ij}=\arctan\frac{\hat{y}_j-\hat{y}_i}{\hat{x}_j-\hat{x}_i}=\widetilde{\alpha}_{ij} \tag{9.42}$$

可见，地面边长 $\widetilde{S}_{ij}$ 和方位 $\widetilde{\alpha}_{ij}$ 构成了 GNSS 网的外部尺度和方位基准。它们的误差方程与常规控制网相同，与 GNSS 基线向量一起组成法方程联合平差。

9.6.3　单位权方差及检验

在三维无约束平差中，单位权方差估值 $\hat{\sigma}_0^2$ 的检验主要用于确定如下两方面的问题：

①观测值的先验单位权方差是否合适。

②各观测值之间的权比例关系是否合适。

平差完成后，需要进行后验单位权方差估值 $\hat{\sigma}_0^2$ 的检验，它应与平差前的先验单位权方差 σ_0^2（通常设 $\sigma_0^2=1$）一致，判断它们是否一致可采用 χ^2 检验。后验单位权方差估值 $\hat{\sigma}_0^2$ 按照式(9.44)计算，其中 r 为多余观测数：

$$\hat{\sigma}_0^2=\sqrt{\frac{V^{\mathrm{T}}PV}{r}} \tag{9.43}$$

具体检验方法如下：

设统计检验量为 X，则

$$X=\frac{V^{\mathrm{T}}PV}{\sigma_0^2}\sim\chi^2(f) \tag{9.44}$$

原假设为 H_1：$\hat{\sigma}_0^2=\sigma_0^2$，备选假设 H_1：$\hat{\sigma}_0^2\neq\sigma_0^2$，若

$$\frac{V^{\mathrm{T}}PV}{\chi^2_{\alpha/2}}<\sigma_0^2<\frac{V^{\mathrm{T}}PV}{\chi^2_{1-\alpha/2}} \tag{9.45}$$

则 H_0 成立，检验通过；反之，则 H_1 成立，检验未通过。其中，α 为显著性水平。

当 χ^2 检验未通过时，通常表明可能具有如下三方面的原因：

①给定的先验单位权方差不恰当；

②观测值之间的权比例关系不合适；

③观测值之中可能存在粗差。

如果 $\hat{\sigma}_0^2$ 与其理论取值 1 相差甚远时，往往是由下述原因引起的：

①函数模型的缺陷。包括 GNSS 基线向量中有较明显的粗差或仍然有某些没有被模型化(或说参数化)的系统误差。如 GNSS 网中基线向量可能不是同一时期观测的，本身之间尺度标准不一致，或者地面网方向和边长观测数据有明显的粗差或没有被模型化的系统误差，或者引入的尺度或残余定向改正数参数不恰当等。

②起算数据的误差。当作为 GNSS 网约束平差的固定基准(如坐标、边长、方位)的误差过大时，往往也会导致验后方差因子 $\hat{\sigma}_0^2$ 与 1 相差甚远。检验哪些点上有较大的起算数据误差，最好的办法是选取一个点和一个方位约束进行约束平差，这时 $\hat{\sigma}_0^2$ 中不再含有起算数据误差，然后逐一加入新的起算数据约束，看平差后 $\hat{\sigma}_0^2$ 的大小与起算数据约束的关系，从而判定起算数据的质量。

③随机模型不准确。GNSS 的方差协方差因子与地面网边长、方向的方差因子比例可能取得不恰当。如果边长和方向的精度估算方法经检验后认为正确可信，这种比例不恰当多半是 GNSS 基线向量的方差因子不恰当引起的。通常有许多较为成熟的方法排除函数模型误差和起算数据误差，这时，如果拒绝 $\hat{\sigma}_0^2$，则认为平差中随机模型误差比较大，应该采用方差分量估计的原理改善随机模型；或者，人为调整观测值方差之间的比例关系，重新平差，如此反复两次，一般均可使 $\hat{\sigma}_0^2$ 落在接受域内。

9.7 GNSS 高程测量

我们所说的高程或高程控制网是以大地水准基点为起始高程的。通常的做法是借助于水准测量，测量每两个点间的高差，推求出高程控制网各点的高程，其参考面就是大地水准面。传统的高程测算方法我们已经非常熟悉了，然而空间技术的发展又给高程测量提供了新的途径。利用 GNSS 接收机可以测定点位的三维地心坐标，即经度、纬度和大地高，但大地高是相对于参考椭球面(而不是大地水准面)的高程。因此，出现了高程系统的差异问题，下面进一步讨论。

9.7.1 高程系统

1. 大地高

所谓大地高，记为 h，是相对于参考椭球而言的，地面上一点 P 的大地高，是指过 P 点沿椭球法线量测到参考椭球面上的距离，它是一个纯几何量，如图 9.7 所示。

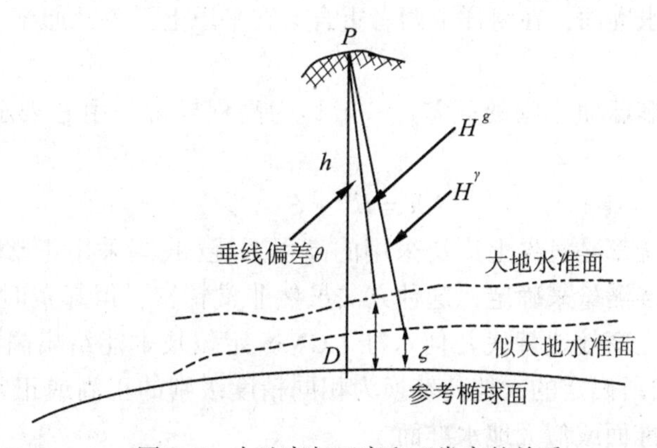

图 9.7　大地高与正高和正常高的关系

2. 正高

正高，记为 H^g，它是从地面上一点 P 沿垂线方向量测到大地水准面上所经历的路程，它相对于最逼近的参考椭球差异可达 100m，这种差异(即大地水准面相对于参考椭球面)称为大地水准面差距，记为 N，在不顾及垂线偏差的情况下，有：

$$h = H^g + N \tag{9.46}$$

而 P 点的正高定义为：

$$H_P^g = \frac{1}{g_m}\int_0^P g\mathrm{d}H \tag{9.47}$$

$\mathrm{d}H$ 为沿水准路线测得的高差，g 为沿该路线的重力值，g_m 为地面点 P 的垂线至大地水准面之间的平均重力值。

由于 g_m 同地面点以下的地壳密度有关，即无法实测，也不能精确计算，最多只能假定地壳密度后，近似地推算。因此，严格说来，地面上一点的正高是不能精确求定的。

3. 正常高

正常高系统是莫洛金斯基定义的高程系统，有别于正高系统，正高是以大地水准面为基准，大地水准面是重力等位面，通过实际测量求得。正常高是以似大地水准面为基准，似大地水准面不是重力的等位面，可以通过以下公式计算求得。其定义为：

$$H_P^\gamma = \frac{1}{r_m}\int g\mathrm{d}H \tag{9.48}$$

r_m 为地面沿垂线至大地水准面之间的平均正常重力值，可以精确计算，计算公式为：

$$r_m = r - 0.3086\left(\frac{H_P^\gamma}{2}\right) \tag{9.49}$$

r 为正常重力值，H_P^γ 为 P 点的概略高程。正常重力值由赫尔默特公式计算。

$$r = 978030(1 + 0.005302\sin^2 B - 0.0000058\sin^2 2B) \tag{9.50}$$

B 为水准点纬度。

似大地水准面是由地面点沿垂线向下量取正常高所得各点连接起来而形成的连续曲面，它是正常高的基准面。虽然似大地水准面不是重力的等位面，也没有确定的物理意义，但它很接近大地水准面，在海洋上两者重合，在平原上只差几厘米，在高山地区相差几米。

似大地水准面与椭球面之间的高差，一般称为高程异常，用 ξ 表示，它们之间的关系为：

$$h = H^\gamma + \xi \tag{9.51}$$

正高和正常高系统都是世界上广泛采用的高程系统(我国采用正常高系统)，它们均可以通过传统几何水准测量来确定，这种方法虽然非常精密，但却费时费力。GNSS 定位技术可以在一定程度上高效地替代几何水准。GNSS 定位技术能给出高精度的大地高(精度可优于 1cm)，要将所确定的大地高转换为相同精度级别的正高或正常高，需要具有相同精度级别的大地水准面或似大地水准面。

9.7.2　大地水准面高的计算方法

目前，求解大地水准面差距 N(或 ΔN)和高程异常 ξ(或 $\Delta\xi$)的方法有多种，主要有天文大地法、地球重力场模型法、重力法及数值拟合法等。为叙述方便，以下不再严格区分大地水准面差距和高程异常。

1. 天文大地水准法

天文大地法(The Astro-Geodetic Method)的基本原理是利用天文观测数据并结合大地测量成果，确定出一些点上的垂线偏差，然后利用这些垂线偏差来确定大地水准面差距，这些同时具有天文和大地观测资料的点称为天文大地点。

如图 9.8 所示，若 A、B 两点间的垂线偏差 θ 已知，则 $\mathrm{d}N=\theta\mathrm{d}S$，在 A、B 两点求积分，则

$$\Delta N=\int_A^B\theta\mathrm{d}S \tag{9.52}$$

θ 为垂线偏差，$\mathrm{d}S$ 为大地水准面上的微分段。但这种方法需要知道测点的天文大地垂线偏差，精度较低，如：我国境内似大地水准面(LQG-60)精度平均为±2.7 米，在边远地区则更差。

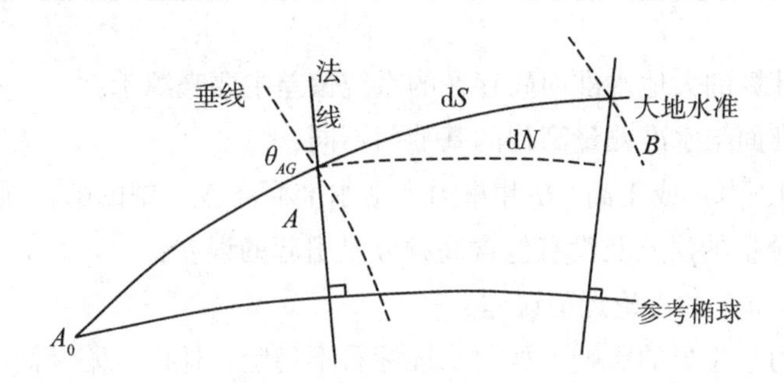

图 9.8 大地水准面与参考椭球面的关系

2. 地球模型法

由地球重力场模型计算任意一点的大地水准面高 N 的表达式为：

$$N=\frac{\mathrm{GM}}{r\cdot\gamma}\sum_{n=2}^{n_{\max}}\left(\frac{a}{r}\right)^n\sum_{m=0}^{n}(\bar{C}_{nm}\cos m\lambda+\bar{S}\sin m\lambda)\bar{P}_{nm}(\cos\varphi) \tag{9.53}$$

GM 为地心引力常数；

γ 为计算点的正常重力；

a 为参考椭球的长半径；

φ，λ 和 r 分别是计算点的地心纬度、经度和向径；

$\bar{C}_{nm}$，$\bar{S}_{nm}$ 为完全规格化系数；

$\bar{P}_{nm}(\sin\varphi)$ 是完全规格化缔合 Legendre 函数；

$n_{\max}$ 是计算模型的最大阶数。

EGM96 为美国 NASA/GSFC 和国防制图局联合研制的 360 阶全球重力场模型，WDM94 是原武汉测绘科技大学自行研制并适合中国局部重力场特征的 360 阶全球重力场模型，EIGEN_ gl04c 是联合卫星跟踪数据及目前能获得的其他所有重力场信息确定的最新 360 阶全球重力场模型。

表 9. 10 给出了几个不同重力场模型的计算实例，利用西南某地区 200 余个高精度 B/C 级 GNSS 点和二等水准点重合数据，对三种不同重力场模型计算结果进行比较，其精度级别基本一致。

表 9. 10　　**GNSS/水准测定的高程异常与地球重力场模型计算值之差异比较(m)**

重力场模型		最大值	最小值	平均值	标准差
EGM96	case 1	1. 121	−0. 945	−0. 044	±0. 406
	case 2	1. 520	−0. 482	0. 000	±0. 254
WDM94	case 1	3. 183	−0. 105	0. 846	±0. 529
	case 2	1. 607	−0. 528	0. 000	±0. 263
EIGEN_ gl04c	case 1	0. 384	−1. 429	−0. 600	±0. 399
	case 2	1. 668	−0. 478	0. 000	±0. 265

由重力场模型计算的大地水准面高存在的系统偏差主要来源于：

①重力大地水准面与水准测量高程的基准面不同；

②椭球高 h 、正常高(或正高) H 和重力大地水准面高 N_{GM} 中的随机误差；

③ N_{GM} 中长波分量的误差及没有包含高频分量引起的误差；

④计算 h，N_{GM} 和 H 的理论近似误差；

⑤各种地球动力学现象的影响，如：水准标石不稳定、地面沉陷及海平面上升等。

地球重力场模型公式求解 N 只能反映出全球或区域性大地水准面特征，不能表征局部状况，其精度达不到厘米级的精度要求。

3. 重力法

球面上任意一点 P 的扰动位 T 可以表示为(Heiskanen，et al，1967；管泽霖等，1980)：

$$T(P)=\frac{R}{4\pi}\int_{\alpha=0}^{2\pi}\int_{\psi=0}^{\pi}\Delta g(\psi,\ \alpha)S(\psi)\sin\psi\mathrm{d}\psi\mathrm{d}\alpha \tag{9.54}$$

其中，R 是地球平均半径，且 $R=\sqrt[3]{a^2b}$，Δg 是空间重力异常，α 是 PQ 的方位角，ψ 是计算点 P 与流动点 Q 间的球面角距。

根据 Bruns 公式，大地水准面高可写为：

$$N(P)=\frac{T(P)}{\gamma}=\frac{R}{4\pi\gamma}\int_{\alpha=0}^{2\pi}\int_{\psi=0}^{\pi}\Delta g(\psi,\ \alpha)S(\psi)\sin\psi\mathrm{d}\psi\mathrm{d}\alpha \tag{9.55}$$

式中，γ 是地球平均正常重力。

从上式可知，要确定大地水准面高，必须已知布满全球的重力异常。

目前，精确大地水准面差距的计算方法是基于移去-恢复技术，综合利用高阶重力场模型、局部重力数据和高分辨率 DTM 确定局部或区域大地水准面的计算模型如下：

$$N(\varphi_P,\ \lambda_P)=N_{GM}(\varphi_P,\ \lambda_P)+N_{RES}(\varphi_P,\ \lambda_P)+N_T(\varphi_P,\ \lambda_P) \tag{9.56}$$

其中，N_{GM}、N_{RES} 和 N_T 分别为重力场模型大地水准面、残差大地水准面和 DTM 的间接影响。利用式(8.70)的结果确定全球和区域大地水准面趋势(即中、长波分量)，短波分量利用具有足够分辨率的数字地形模型(DTM)来计算，残余部分则由残差重力异常按照 Stokes 公式计算确定。

4. 确定大地水准面高的内插法

上述计算方法，虽然其理论严密、效果也好，但它要求有一定范围的重力资料，在某些工程应用中，由于范围不大，大地水准面变化较平缓，采用内插法既简单又有效。内插法的核心在于利用一些分布较好的重合点，求出两种高程系统间的关系，然后按这种关系确定其他(非重合)点的高程。该方法的关键在于选择拟合函数和合理分布的重合点。常用的拟合函数有：

(1)加权平均法

顾名思义，加权平均法是取拟合点周围若干个点的高程异常的加权平均值作为该点的高程异常值，即

$$N(k)=\begin{cases}\sum^{n} N(x_i,\ y_j)\cdot\left(\frac{1}{r_k}\right)^{m}\Big/\sum_{1}^{n}\left(\frac{1}{r_k}\right)^{m}, & r_k\neq 0\\ N(x_i,\ y_j), & r_k=0\end{cases} \tag{9.57}$$

其中 i，j 表示格网的行和列号，r_k 为已知点至拟合点的距离，n 为计算的格网点个数，m 称为拟合度，取整数。

(2)多项式曲面拟合法

多项式拟合法的基本模型为：

$$N_i=f(x_i,\ y_i)+\varepsilon_i \tag{9.58}$$

其中，$f(x_i,\ y_i)$ 为 N_i 的趋势值，ε_i 为误差，选用空间曲面函数进行拟合，即

$$f(x,\ y)=a_0+a_1x+a_2y+a_3xy+a_4x^2+a_5y^2+\cdots \tag{9.59}$$

式中，a_i 为待定参数，于是有：

$$N_i=a_0+a_1x_i+a_2y_i+a_3x_iy_i+a_4x_i^2+a_5y_i^2+\cdots+\varepsilon_i\quad(i=1,\ 2,\ 3,\ 4,\ \cdots) \tag{9.60}$$

当已知点个数大于等于参数个数时，在 $[\varepsilon^2]=\min$ 条件下求出参数 a_i 的估值，进而可由式(9.60)求出测区内任意点的高程异常值，其中多项式 $f(x,\ y)$ 的阶数或参数 a_i 的个数由模型显著性检验结果来确定。

(3)双 B 样条函数拟合法

拟合函数为

$$N_i=B(x_i,\ y_i)=\sum_{q=1}^{n}\sum_{p=1}^{m}C_{pq}M\left(\frac{x_i-x_p}{W_x}\right)M\left(\frac{y_i-y_q}{W_y}\right) \tag{9.61}$$

C_{pg} 为样条系数，$M(x)$ 为磨光函数，m、n 为样条格网，W_x、W_y 为格网的间隔。

一次磨光函数 $M_1(x)$ 为：

$$M_1(x)=\begin{cases}0 & |x|\geqslant 1\\ 1-|x| & |x|<1\end{cases} \tag{9.62}$$

二次磨光函数 $M_2(x)$ 为：

$$M_2(x)=\begin{cases}0 & |x|\geqslant \frac{3}{2}\\ \frac{3}{4}-x^2 & |x|<\frac{1}{2}\\ \frac{x^2}{2}-\frac{3}{2}|x|+\frac{9}{2} & 其他\end{cases} \tag{9.63}$$

三次磨光函数 $M_3(x)$ 为：

$$M_3(x)=\begin{cases}0 & |x|\geqslant 2\\ \frac{|x|^3}{2}-x^2+\frac{2}{3} & |x|<1\\ -\frac{|x|^3}{6}+x^2-2|x|+\frac{4}{3} & 其他\end{cases} \tag{9.64}$$

值得注意的是 $m\times n$ 应小于支撑点的个数。

(4)移动曲面拟合法

移动曲面拟合属于点逼近曲面拟合。移动法最大的特点是：引进了权函数，根据内插点到数据点的距离给出了不同的影响程度，两点越近，影响越大。

移动法在计算时，通常采用切比雪夫多项式为移动多项式。

$$\Delta N'=\sum_{i=1}^{m}\sum_{j=0}^{n}\alpha_{ij}T_i(x)T_j(y) \tag{9.65}$$

α_{ij} 为拟合系数；

$T_i(x)$，$T_j(y)$ 为变量，分别为 x 和 y 的 m 和 n 次切比雪夫多项式；权函数可选取 $P(d)=\exp(-d^2/a^2)$。其中，a 为常数，一般宜取数据点平均间距的两倍；d 为内插点到数据点间的距离。

当观测值个数 $k>m\times n$ 时，可组成误差方程，解之可得拟合系数 α_{ij}，再利用内插点平面坐标 x，y 回代，即可获得内插点的高程异常值。

(5)组合方法精化大地水准面

目前，陆地局部大地水准面的精化普遍采用组合法，即以GNSS/水准等确定的高精度但分辨率较低的几何大地水准面作为控制，将移去恢复方法确定的高分辨率但精度较低的大地水准面与之拟合，以达到精化局部大地水准面的目的。如我国的CQG2000模型采用的是用重力方法确定分辨率为5′×5′的重力大地水准面与高精度但分辨率较低的几何大地水准面拟合。其中，以采用GNSS/水准纠正重力大地水准面的方法应用最为广泛。

采用GNSS/水准纠正重力大地水准面的方法也可以说是一种移去恢复的方法，即从GNSS水准点上测定的高程异常 ξ_{GPS} 中移去该点内插出来重力似大地水准面的高程异常 ξ_G，将所得到的残差高程异常 $\Delta\xi$ 进行拟合，然后再在拟合后的残差高程异常的基础上恢复重力似大地水准面。最终似大地水准面就是重力似大地水准面加上拟合后的残差高程异常。

用组合方法精化局部大地水准面不仅与GNSS/水准点的精度、分布和分辨率有关，也与该地区的地形和重力数据的精度和分辨率有关。

目前，我国部分省市已经建成高精度的局部似大地水准面模型。江苏省似大地水准面模型分辨率为2.5′×2.5′，精度为±7.8cm；深圳市似大地水准面模型高程异常的绝对和相对精度分别为±1.4cm 和±1.9cm（宁津生，罗志才等）。东莞2005年完成了精度为±1.6cm 的城市似大地水准面模型，标志着我国城市似大地水准面确定已经进入1厘米精度时代（李建成等）。

为了检验某市格网似大地水准面模型的精度和可靠性，选取110个C/D级GNSS和二/三等水准重合点（分布范围约1万平方米），分别利用加权平均、移动曲面、二次曲面数学模型进行内插计算，并与GNSS/水准数据进行比较，统计结果见表9.11。

表9.11　**WDM94 和 EGM96 重力场模型的内插方法比较表（单位：m）**

重力场模型	格网间隔	内插方法	最大值	最小值	平均值	标准差
WDM94	1′	加权平均	0.050	-0.034	0.005	±0.019
		二次曲面	0.038	-0.032	0.002	±0.017
		移动曲面	0.044	-0.038	0.007	±0.019
	2′30″	加权平均	0.071	-0.064	0.005	±0.026
		二次曲面	0.056	-0.050	0.001	±0.022
		移动曲面	0.073	-0.065	0.027	±0.042
EGM96	1′	加权平均	0.043	-0.043	0.003	±0.020
		二次曲面	0.041	-0.038	0.002	±0.019
		移动曲面	0.045	-0.038	0.007	±0.019
	2′30″	加权平均	0.068	-0.063	0.004	±0.025
		二次曲面	0.050	-0.047	0.001	±0.021
		移动曲面	0.093	-0.063	0.027	±0.043

从表9.11可以看出，基于EGM96和WDM94的成都市格网似大地水准面模型精度基本一致（WDM94略高于EGM96），二次曲面略优于其他拟合模型，1格网模型明显高于2格网模型。

9.7.3　地形起伏对大地水准面高计算的影响

由于大地水准面高的短波分量主要来自地形起伏的贡献，因此要精确确定大地水准面高必须顾及地形起伏的影响。其做法是计算参考面外的质量和不足部分所产生的扰动位，如图9.9所示。

计算点 P 的地形扰动位为：

$$T_C = G\rho\iint_{\sigma}\int_{H_0}^{H_P}\left(\frac{1}{r}\right)\mathrm{d}z\mathrm{d}\sigma \tag{9.66}$$

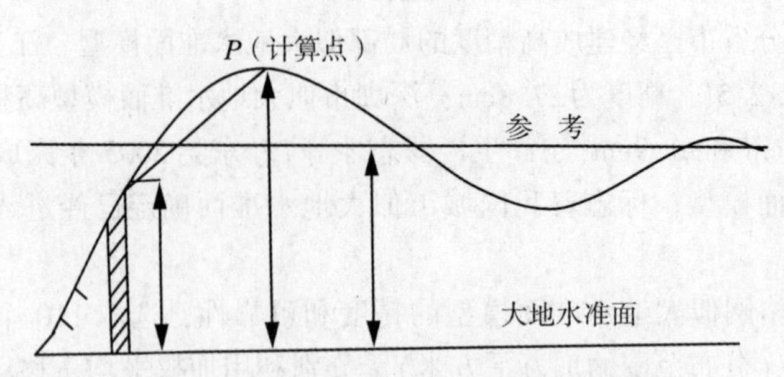

图 9.9　地形起伏对大地水准面高的改正

G 为万有引力常数；ρ 为平均体密度（$\approx 2.67\mathrm{g/cm^3}$），$H$ 为 $\mathrm{d}\sigma$ 积分面元的高程，化简式(9.67) 得：

$$T_c = G\rho\iint_\sigma \frac{H - H_0}{r_0}\mathrm{d}\sigma - \frac{G\rho}{6}\iint_\sigma \frac{(H - H_0)^3 - (H_0 - H_P)^3}{r_0^3}\mathrm{d}\sigma \tag{9.67}$$

$r_0 = \sqrt{(x - x_P)^2 + (y - y_P)^2}$，$x$，$y$ 为面元的平面坐标，所以地形对大地水准面高的影响为：

$$N_H = T_c/\gamma \tag{9.68}$$

其中：γ 是地球平均正常重力。

第 10 章 GNSS 参考站网络系统

10.1 概　　述

随着全球信息化程度的提高，电子交通、电子商务、数字城市和数字地球越来越实用化，各行各业对地理空间数据的信息量需求越来越大、精确性需求越来越高、实时性需求越来越强，建立满足多层次、多需求的地理空间数据基础设施和服务平台变得越来越紧迫和重要。

全球导航卫星定位技术是地理空间数据的重要来源，具有全球性的突出优势，为了应对高精度和实时性的应用，位置固定、不间断连续运行的 GNSS 参考站相继建成，并逐步覆盖成区域、广域甚至全球性的网络，形成了地理空间数据基础设施的一个重要组成部分——GNSS 连续运行参考站(Continuously Operating Reference Stations，CORS)网络。

GNSS 连续运行参考站网络系统是通过集中综合处理 GNSS 连续运行参考网的卫星观测数据，建立和维持高精度时空参考框架，并提供精确导航定位、授时、气象预测、空间天气监测、GNSS 卫星定轨和相关地球物理应用等服务的系统。

10.1.1 国内外 GNSS 参考站网络的发展现状

GNSS 参考站网络的广泛应用使其发展十分迅速。1994 年，IGS 网正式运行，它是全球覆盖范围最大的参考站网络，目前已经包含 400 多个参考站，如图 10.1 所示。主要用于确定和维持地球参考框架、卫星精确定轨和地球物理应用。该网络的运行实现了 GNSS 原始观测数据的全球共享，并生成了精密卫星星历、精密卫星钟、地球自转参数等用途广泛的产品。这些数据和产品的全球共享，使其在大地测量和地球动力学领域发挥巨大作用，并使人们认识到 GNSS 参考站网络的重要作用。

图 10.1　IGS 跟踪站分布(IGS，http：//igscb. jpl. nasa. gov/network/netindex. html)

众多的区域性 CORS 网络也在全球各个地区建立起来。德国的卫星定位服务网(SAPOS)，2004 年已经拥有 250 多个参考站。日本建立了密集的 GNSS 观测网(GEONET，目前已经拥有 1000 多个参考站)。美国的国家大地测量连续运行参考站网(NGS CORS Network，当前包含数百个站)。

我国也建立了多个区域级的 CORS 网络，比如 2003 年建设的深圳连续运行参考站网络，包括 2005 年以后蓬勃发展的省级参考站网，如四川省 GNSS 服务网和湖北、江苏、广东等地区的 CORS 网络。中国大陆构造环境监测网络(CMONOC)是“十一五”期间国家投资建设的国家重大科技基础设施，该网络是国家级层面的参考站网络，项目于 2007 年 12 月开工建设，2012 年 3 月通过验收。该网络以卫星导航定位系统(GNSS)观测为主，建成了由 260 个连续观测和 2000 个不定期观测站点构成的观测网络，如图 10.2 所示。

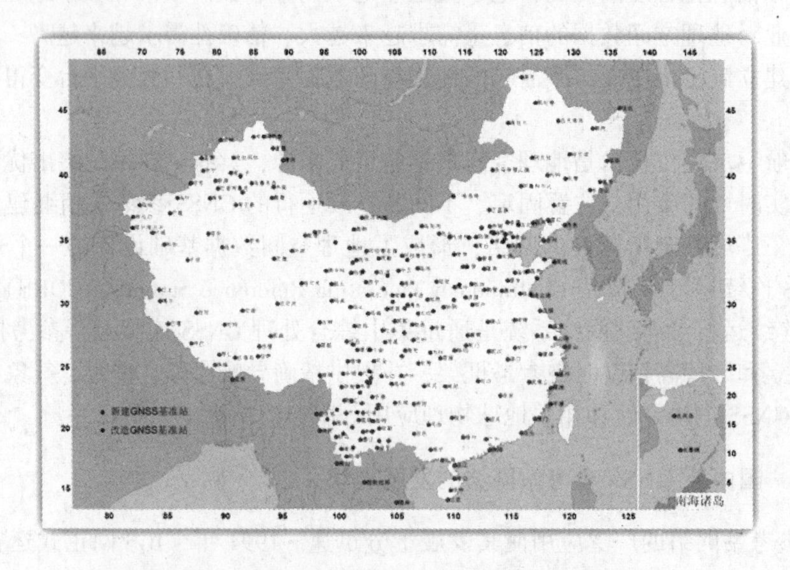

图 10.2　中国大陆构造环境监测网络(CMONOC，
http：//www.neiscn.org/xxx/index.jhtml？url=/jizhunlanmu2/375.jhtml=1)

10.1.2　网络 RTK 定位技术发展及其特点

GNSS 连续运行参考站网络系统最广泛的应用是提供无缝精确导航定位服务，也称为网络实时动态(Network Real-Time Kinematic，Network RTK)定位系统。

网络 RTK 定位技术的前身是常规 RTK 定位技术。1994 年，RTK 技术由 Edwards 等开发出来。常规 RTK 技术需要一个位置固定的参考站进行连续观测，并将其观测信息通过无线通信链路发送至流动站，流动站利用差分定位技术进行实时动态定位，获得与参考站间基线的精确坐标向量。常规 RTK 极大促进了实时动态高精度导航定位应用，但在实际应用中存在明显的制约：①覆盖范围小。通常流动站只能在参考站附近 15km 内的范围才能进行 RTK 精确定位。②精度不均匀。常规 RTK 流动站距离参考站越远，定位精度越差。③可靠性低。流动站只能获取单一的参考站差分信息，一旦参考站观测出现粗差或发生故障，即导致流动站定位错误或不能工作。

20 世纪末，出现了网络 RTK 技术，该技术通过集中综合处理 CORS 网的卫星观测数据，实时解算大气延迟等改正信息，并通过无线通信方式为用户提供改正信息，可以在其网络覆盖范围内为测码型接收机提供亚米级或米级精度的实时定位服务，为测相型接收机提供厘米级精度的实时定位服务；也可以提供毫米级精度的事后位置服务。

网络 RTK 定位技术与常规 RTK 定位技术相比有很多优点：①相同参考站数目，前者覆盖范围更广。图 10.3 比较了参考站个数相同的情况下，两种技术的覆盖范围。在中纬度地区，常规 RTK 使用 4 个参考站覆盖的面积不足一千平方千米，而网络 RTK 使用相同个数参考站覆盖面积约为一万平方千米。②网络 RTK 在其覆盖范围之内，精度分布较均匀。③更高的可靠性和可用性。在 CORS 网络中，如果某个参考站发生故障，网络 RTK 系统可以利用剩余的参考站估计空间相关误差，继续为用户提供服务。同时，系统还可根据 CORS 的冗余观测值有效探测某个参考站的观测粗差，提高了 RTK 的可靠性和完好性。

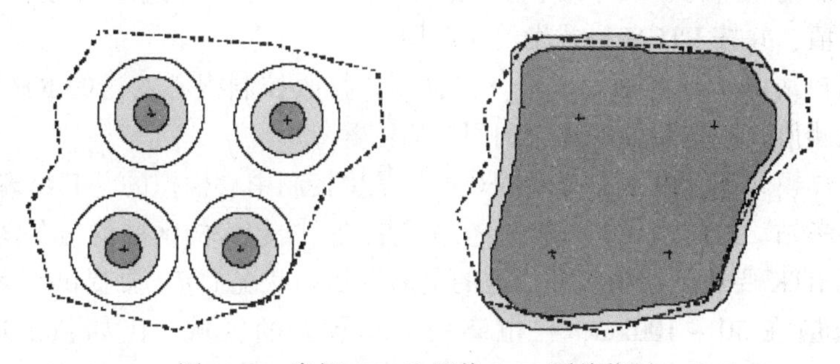

图 10.3　常规 RTK 和网络 RTK 覆盖范围

作为空间数据实时服务平台的一个重要组成部分，网络 RTK 定位技术以其突出的优越性而受到重视。随着 GNSS 技术、通信技术、计算机网络技术的广泛应用，网络 RTK 定位技术得到了迅速的发展。到目前为止，多数发达国家都建立了大规模 CORS 网络，并提供网络 RTK 定位服务。网络 RTK 已经成为 GNSS 定位技术中的热点技术。

10.2　GNSS 参考站网络 RTK 原理

GNSS 参考站网络最主要的作用是综合利用多个坐标精确已知的参考站同步观测数据，精确估计参考站间的对流层延迟、电离层延迟等空间相关误差，从而标定流动站上的此类误差，提高模糊度的解算成功率，以增加 RTK 作业距离和提高定位精度。参考站的精确坐标可以通过长基线解算软件对参考站的长时间观测数据进行解算得到。使用 24 小时的数据，通常可以达到毫米级精度。下面以虚拟参考站技术（Virtual Reference Station/VRS）为例，介绍网络 RTK 的基本流程和原理。

10.2.1　VRS/RTK 的构成与工作流程

虚拟参考站技术是利用地面布设的多个参考站组成连续运行参考站网络（CORS），综合利用各个参考站的观测信息，通过建立精确的误差模型来修正距离相关误差，在用户站附近产生一个物理上不存在的虚拟参考站（VRS）。由于 VRS 一般通过流动站用户接收机的单点定位解来确定，故 VRS 与用户站构成的基线通常只有十几米，只要能够生成 VRS 的观测值/或 RTCM 差分改正数，就可以在 VRS 和用户站间实现常规差分解算。VRS 系统包括 3 个组成部分：数据处理与控制中心(包括：数据传输)、连续运行参考站和流动用户。其工作原理和流程如下：

①各个参考站连续采集观测数据，并实时传输到数据处理与控制中心的数据库中。

②数据中心在线解算参考站网内各条基线的载波相位整周模糊度值。

③在参考站网络间的整周模糊度确定后，利用参考站(网)相位观测值反算出每条基线上各种误差源的实际/或综合误差影响值，并依此建立电离层、对流层、轨道误差等距离相关误差的空间参数模型。

④流动用户将单点定位/或 DGPS 确定的用户概略坐标(NMEA-0183 格式)，通过无线移动数据链路传送给数据处理中心，中心就在该位置创建一个虚拟参考站(VRS)，利用中央计算服务器结合用户、参考站和卫星的相对几何关系，通过内插得到 VRS 上各误差源影响的改正值，并按 RTCM 格式发给流动用户。

⑤流动用户站与 VRS 构成短基线。流动用户接收控制中心发送的 RTCM 差分改正信息或者虚拟观测值，进行差分解算得到用户的位置。

在这种工作模式下，由于参考站的观测值是由控制中心模拟的，其物理上不存在，所以称为虚拟参考站。总的来说，虚拟参考站网是在一个较大的区域均匀布设参考站，参考站间距离依据 RTK 要达到的精度和当地的电离层活动状况而定(要提供 1～2cm 的基线精度，站间距离应在 50～100km，在电离层活动频繁的区域，比如新加坡多参考站网 SIMRSN network，站间距离小于 40km，而在有些大气稳定的区域，站间距离可以超过 100km)。

10.2.2　VRS 观测值推导

1. 虚拟参考站上卫地距的计算

参考站 R 以及虚拟参考站 V 与卫星之间的几何距离为已知值，可以通过精确参考站坐标以及卫星广播星历求得(忽略轨道误差影响)：

$$\rho_V^s = \sqrt{(x^s - x_V)^2 + (y^s - y_V)^2 + (z^s - z_V)^2} \tag{10.1}$$

式中，s、V 分别表示卫星以及接收机。x，y，z 分别表示卫星以及接收机的三维坐标。

2. 虚拟观测值的计算

由于相位观测值表现为几何距离以及多种系统误差的和，忽略卫星轨道误差和多路径效应影响，则可以建立主参考站 R 与虚拟参考站 V 的观测方程：

$$\varphi_R - \frac{T_R + \rho_R}{\lambda} - \kappa \cdot TEC_R = N_R + \varepsilon_R \tag{10.2}$$

$$\varphi_V - \frac{T_V + \rho_V}{\lambda} - \kappa \cdot TEC_V = \varepsilon_V \tag{10.3}$$

其中，φ 为载波相位观测值，以周为单位，ρ 为卫地几何距离，T 和 TEC 分别是信号传播路径上的对流层延迟和电离层总电子含量，λ、f 是相应的载波的波长和频率，c 为光速，$\kappa = -\dfrac{40.28}{cf}$，$N$ 为整周模糊度，ε 为观测噪声，下标代表测站标识，R 为参考站，V 为虚拟参考站。

上述观测方程分别在相同卫星对(r, s)求一次差，则：

$$\nabla \varphi_R^{rs} - \frac{\nabla T_R^{rs} + \nabla \rho_R^{rs}}{\lambda} - \kappa \cdot \nabla TEC_R^{rs} = \nabla N_R^{rs} + \nabla \varepsilon_R^{rs} \tag{10.4}$$

$$\nabla \varphi_V^{rs} - \frac{\nabla T_V^{rs} + \nabla \rho_V^{rs}}{\lambda} - \kappa \cdot \nabla TEC_V^{rs} = \nabla \varepsilon_V^{rs} \tag{10.5}$$

再求二次差，有：

$$\nabla\Delta \varphi_{RV}^{rs} - \frac{\nabla\Delta T_{RV}^{rs} + \nabla\Delta \rho_{RV}^{rs}}{\lambda} - \kappa \cdot \nabla\Delta TEC_{RV}^{rs} = \nabla N_R^{rs} + \nabla\Delta \varepsilon_{RV}^{rs} \tag{10.6}$$

式中，$\nabla \varphi_R^{rs}$ 为主参考站 R 的载波相位观测值星际一次差分，可直接根据载波相位观测值计算，为已知值；$\nabla\Delta$ 为双差算子；$\nabla\Delta \rho_{RV}^{rs}$ 为星际站间几何距离双差，由于参考站 R 和虚拟参考站 V 的坐标已知，因此可以根据几何距离计算公式直接得到；系统误差残差 $\nabla\Delta T_{RV}^{rs}$ 以及 $\nabla\Delta TEC_{RV}^{rs}$ 可以根据多基站系统空间相关误差建模方法计算得到(将在下节中讨论)；由于虚拟参考站 V 不存在模糊度参数，整周模糊度参数 ∇N_R^{rs} 只与主参考站的模糊度参数的星际一次差分有关，易于确定。

方程中唯一的未知量为虚拟观测站 V 上的单差观测值 $\nabla \varphi_V^{rs}$。因此可以得到虚拟观测站观测值的单差观测值计算公式：

$$\nabla \varphi_V^{rs} = \nabla \varphi_R^{rs} + \frac{\nabla\Delta T_{RV}^{rs} + \nabla\Delta \rho_{RV}^{rs}}{\lambda} + \kappa \cdot \nabla\Delta TEC_{RV}^{rs} \tag{10.7}$$

10.2.3 流动站双差方程的建立

与上面的计算过程类似，可以建立流动站 K 上的观测方程：

$$\varphi_K = \frac{\rho_K + T_K}{\lambda} + \kappa \cdot TEC_K + N_K \tag{10.8}$$

流动站 K 的星际一次差观测方程为：

$$\nabla \varphi_K^{rs} = \frac{\nabla \rho_K^{rs} + \nabla T_K^{rs}}{\lambda} + \kappa \cdot \nabla TEC_K^{rs} + \nabla N_K^{rs} + \nabla \varepsilon_K^{rs} \tag{10.9}$$

则 K 与虚拟参考站 V 间的双差观测方程为：

$$\nabla \varphi_K^{rs} - \nabla \varphi_V^{rs} = \frac{\nabla\Delta \rho_{VK}^{rs} + (\nabla T_K^{rs} - \nabla T_V^{rs})}{\lambda} + \kappa \cdot (\nabla TEC_K^{rs} - \nabla TEC_V^{rs}) + \nabla\Delta N_{VK}^{rs} + \nabla\Delta \varepsilon_{VK}^{rs} \tag{10.10}$$

由于虚拟参考站 V 与用户流动站 u 距离较近，因此其距离相关的系统误差残差近似相等，即

$$\begin{cases} \nabla T_K^{rs} = \nabla T_V^{rs} \\ \nabla TEC_K^{rs} = \nabla TEC_V^{rs} \end{cases} \tag{10.11}$$

将式(10.7)、式(10.11)代入式(10.10)，得到：

$$\nabla \varphi_K^{rs} - \left(\nabla \varphi_R^{rs} + \frac{\nabla\Delta T_{RK}^{rs} + \nabla \rho_{RV}^{rs}}{\lambda} + \kappa \cdot \nabla\Delta TEC_{RK}^{rs} \right) = \frac{\nabla\Delta \rho_{VK}^{rs}}{\lambda} + \nabla\Delta N_{VK}^{rs} + \nabla\Delta \varepsilon_{VK}^{rs} \Rightarrow$$

$$\nabla \varphi_{RK}^{rs} - \frac{\nabla\Delta T_{RK}^{rs}}{\lambda} - \kappa \cdot \nabla\Delta TEC_{RK}^{rs} = \frac{\nabla\Delta \rho_{RK}^{rs}}{\lambda} + \nabla\Delta N_{VK}^{rs} + \nabla\Delta \varepsilon_{VK}^{rs} \tag{10.12}$$

由此可见，虚拟参考站 V 与流动站 K 的双差观测方程式(10.10)和参考站 R 与流动站 K 的双差观测方程式(10.12)是等价的。由于上述双差方程系统误差残差的影响得到消除或减弱，一旦模拟出虚拟观测值，虚拟参考站就可以当做普通的参考站使用。这就是虚拟参考站和流动站之间的双差方程，解之得出流动用户相对于 VRS 的位置向量。VRS 技术通用性很强，可用于任何常规 RTK 接收机(如果使用的无线数据链路是 Internet，需要在用户端配备 PDA 及无线 Modem)；在参考站网络的覆盖范围内(70～100km)，用虚拟参考站技术进行实时动态定位的精度可达 2～3cm，而且初始化的时间大大减少。

由上述原理可知，参考站网络 RTK 的关键在于参考站网络中，参考站间长基线模糊度的快速、在线解算，以及空间相关误差的建模。下面进行详细讨论。

10.3　网络 RTK 的解算模型*

10.3.1　参考站基线解算模型

由于参考站坐标精确已知，对流层干延迟使用精确模型(Petit and Luzum，2010)，因此，可建立如下观测模型：

$$\nabla\Delta\varphi - \frac{\nabla\Delta\rho + \nabla\Delta H}{\lambda} = \frac{\nabla\Delta W}{\lambda} + \kappa \cdot \nabla\Delta TEC + \nabla\Delta N + \nabla\Delta\varepsilon \tag{10.13}$$

其中：$\nabla\Delta$ 为双差算子，φ 为载波相位观测值，以周为单位，ρ 为卫地几何距离，H、W 和 TEC 分别是信号传播路径上的对流层干延迟、湿延迟和电离层总电子含量，λ、f 是相应的载波的波长和频率，c 为光速，$\kappa = -\frac{40.28}{cf}$，$N$ 为整周模糊度，ε 为观测噪声。

上式中，双差对流层湿延迟可以写成(Hu，Khoo et al. 2003)：

$$\nabla\Delta W_{ab}^{rs} \approx (Z_b - Z_a)(MF(\theta^s) - MF(\theta^r)) = \Delta Z_{ab} \nabla MF^{rs} \tag{10.14}$$

其中：ΔZ 是参考站间的相对天顶对流层湿延迟，MF 是用以建立天顶对流层湿延迟与倾斜对流层湿延迟间的对应关系的对流层湿延迟映射函数(Niell，1996)，高度角参数采用两个站的平均高度角。下标表示参考站标识，上标表示卫星标识。

选择该基线上高度角较高的卫星 r 作为参考卫星，若观测了 s+1 颗卫星，则可以建立双频观测方程 $2s$ 个，联立这些方程并写成矩阵形式(下标表示频率标识)：

$$\begin{bmatrix} \nabla\Delta\varphi_1^{r1} - \frac{\nabla\Delta\rho^{r1} + \nabla\Delta H^{r1}}{\lambda_1} \\ \nabla\Delta\varphi_2^{r1} - \frac{\nabla\Delta\rho^{r1} + \nabla\Delta H^{r1}}{\lambda_2} \\ \vdots \\ \nabla\Delta\varphi_1^{rs} - \frac{\nabla\Delta\rho^{rs} + \nabla\Delta H^{rs}}{\lambda_1} \\ \nabla\Delta\varphi_2^{rs} - \frac{\nabla\Delta\rho^{rs} + \nabla\Delta H^{rs}}{\lambda_2} \end{bmatrix} = \begin{bmatrix} \nabla MF^{r1} & \kappa_1 & \cdots & 0 & 1 & 0 & \cdots & \cdots & 0 & 0 \\ \nabla MF^{r1} & \kappa_2 & \cdots & 0 & 0 & 1 & \cdots & \cdots & 0 & 0 \\ \vdots & \vdots & \ddots & \vdots & \vdots & \vdots & \ddots & \ddots & \vdots & \vdots \\ \vdots & \vdots & \ddots & \vdots & \vdots & \vdots & \ddots & \ddots & \vdots & \vdots \\ \nabla MF^{rs} & 0 & \cdots & \kappa_1 & 0 & 0 & \cdots & \cdots & 1 & 0 \\ \nabla MF^{rs} & 0 & \cdots & \kappa_2 & 0 & 0 & \cdots & \cdots & 0 & 1 \end{bmatrix} \begin{bmatrix} \Delta Z \\ \nabla\Delta TEC^{r1} \\ \vdots \\ \nabla\Delta TEC^{rs} \\ \nabla\Delta N_1^{r1} \\ \nabla\Delta N_2^{r1} \\ \vdots \\ \nabla\Delta N_1^{rs} \\ \nabla\Delta N_2^{rs} \end{bmatrix} + V \tag{10.15}$$

用符号表示为：

$$L = BX + V \tag{10.16}$$

在式(10.15)的基础上，再增加 $s+1$ 个约束方程。用天顶湿延迟模型(Petit and Luzum, 2010)约束相对天顶对流层湿延迟；用双频码伪距观测值约束 s 个双差电离层总电子含量；并给予适当的权，与式(10.15)进行联合平差，求解参数的浮点解和其方差协方差矩阵，在此基础上进行模糊度解算。模糊度求解方法非常多，比如 ClosetPoint 方法(Agrell, Eriksson et al. 2002)、LAMBDA 方法(Teunissen 1995)等，若模糊度得到固定，即可将整数模糊度代入式(10.15)，求出双差对流层湿延迟 $\nabla\Delta W$ 和双差电离层延迟 $\kappa \cdot \nabla\Delta TEC$ 的固定解。

10.3.2 空间相关误差及其标定方法

基线两端对于同一颗观测卫星的某些误差与基线的距离相关，通常随着基线距离的增加，这类基线两端这类误差的相关性越小，反之，相关性越强。当基线距离为零时，相关性最强，即基线两端的这类误差相等，具有这种性质的误差即为空间相关误差。空间相关误差包括对流层延迟、电离层延迟和卫星轨道误差。由于参考站间距大多都在几十千米，因此，卫星轨道误差导致的双差残差很小，可以忽略不计，本小节主要介绍大气延迟。如图 10.4 所示，由于测站 A 与参考站 R 的距离更近，与测站 B 相比，测站 A 的信号传播路径的环境与参考站 R 的更相似，所以测站 A 与参考站 R 的空间相关误差相关性比测站 B 强。由此可以推论，与测站 B 相比，测站 A 与参考站 R 差分后的对流层、电离层残差更小。

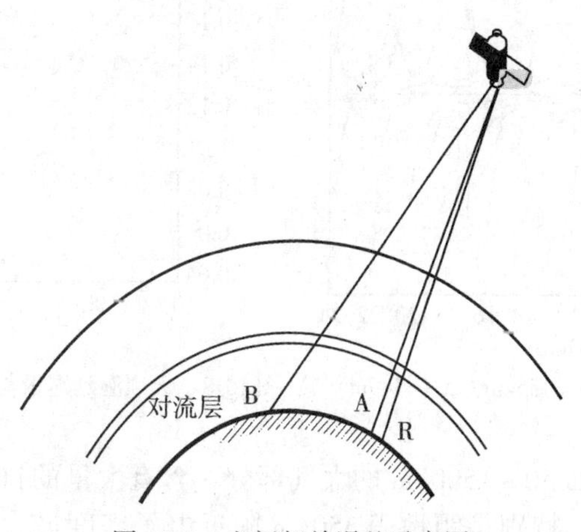

图 10.4 空间相关误差示意图

对流层 90% 质量分布在地球表面 30km 以内，水汽分布在地表 10km 以内。为了定量分析差分后的对流层残差(双差对流层延迟)与基线长以及基线高差的关系，本书选取了某 CORS 网络中三条不同基线。计算了三条基线上 24 小时多颗卫星的双差对流层延迟，如图 10.5 ~ 图 10.7 所示。图中 L 表示基线长度，ΔH 表示基线端点大地高差。

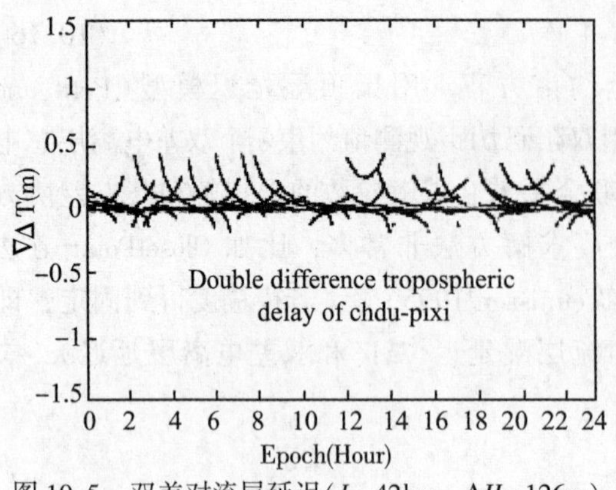

图 10.5　双差对流层延迟($L=42$km，$\Delta H=126$m)

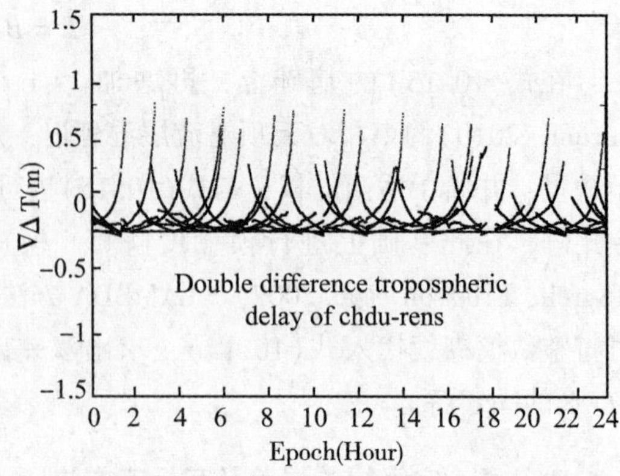

图 10.6　双差对流层延迟($L=49$km，$\Delta H=300$m)

对比图 10.5 和图 10.6 可以看出：在基线长度相当的情况下，高差越大的基线两端的对流层延迟量相关性越小，表现出双差对流层延迟量越大；对比图 10.5 和图 10.7，说明基线高差相当的情况下，距离越大的基线两端的对流层延迟量相关性越小，表现出双差对流层延迟量越大。图 10.8 是通过标准大气模型和天顶湿延迟的经验公式计算的天顶湿延迟和高程的关系，在高程起伏较小的区域内，可以作为线性关系处理。图 10.5 ~ 图 10.8 说明对流层延迟是典型的空间相关误差，而且对长距离、大高差基线上整周模糊度的求解有很大影响。

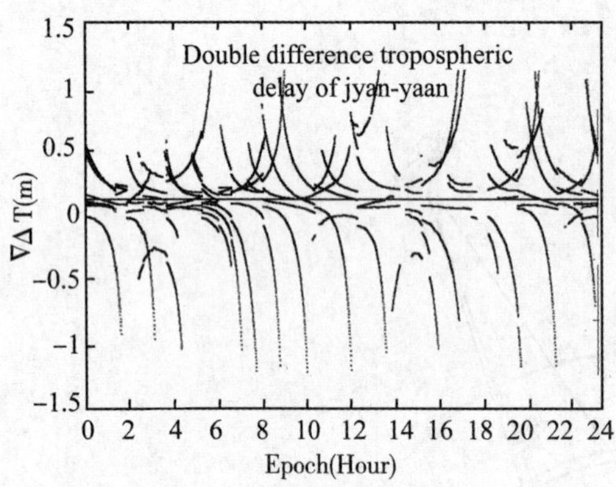

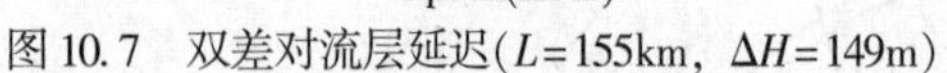

图 10.7　双差对流层延迟($L=155$km，$\Delta H=149$m)

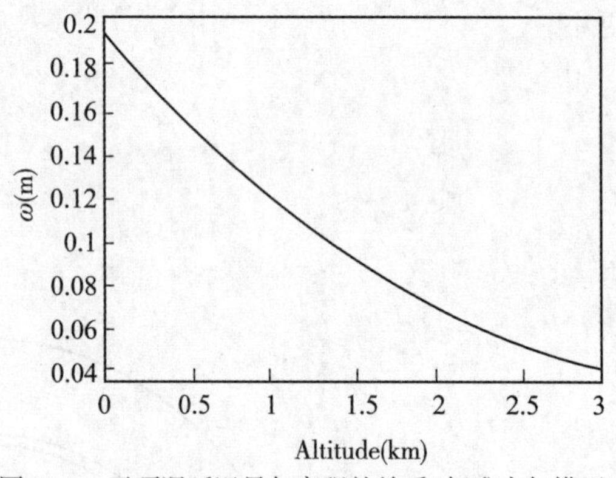

图 10.8　天顶湿延迟量与高程的关系(标准大气模型)

电离层是距地球表面 50 ~ 1500km 的大气部分，含有大量的自由电子和离子，对电磁波的传播有显著的影响，特别是距地表 350km 附近电子密度最大的区域。同时，电子的分布在空间中很不均衡，它与太阳活动、地磁变化相关，具有很强的日周期性、季周期性和年周期性(10 年左右)。由于电离层分布距地表很高，所以，地基测站上的电离层延迟与测站所在的高程无关。为了定量分析差分后的电离层残差(双差电离层延迟)与基线长的关系，本书选取了某 CORS 网络中的两条基线。计算了两条基线上 24 小时多颗卫星的双差电离层延迟，如图 10.9 ~ 图 10.10 所示，图中 L 表示基线长度。

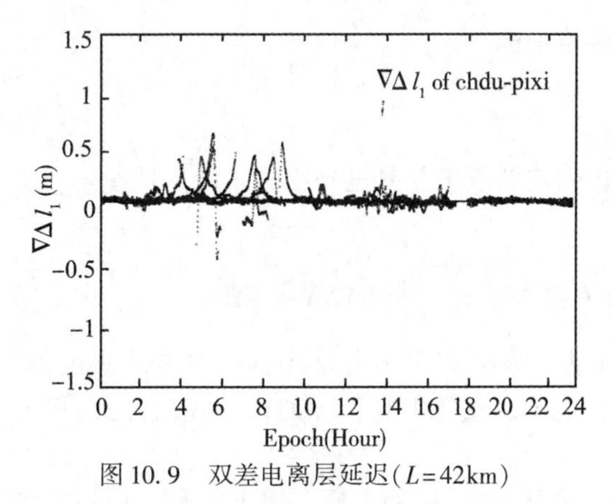

图 10.9 双差电离层延迟(L=42km)

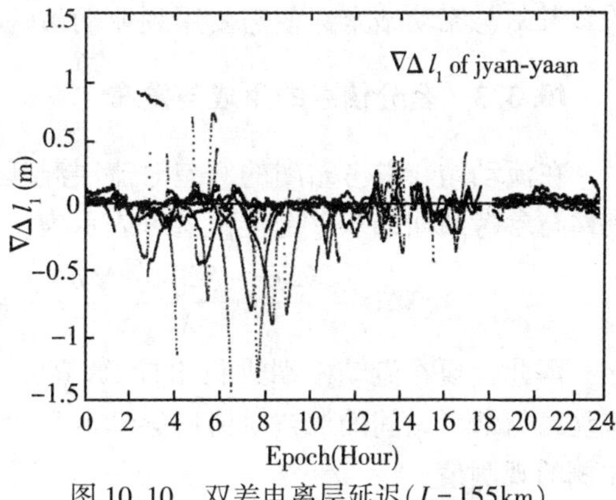

图 10.10 双差电离层延迟(L=155km)

统计上看，对比图 10.9 和图 10.10，说明距离越大的基线两端的电离层延迟量相关性越小，表现出双差电离层延迟量越大。同时说明电离层延迟也是典型的空间相关误差，对长距离基线上整周模糊度的求解也有很大影响。

由于参考站间的双差对流层湿延迟已经在 10.3.1 节中得到解算，故流动站与参考站间的双差对流层湿延迟可以通过参考站间的双差对流层湿延迟误差进行建模。通常建立平面模型进行内插：

$$L = BX = \begin{bmatrix} \nabla\Delta W_{R1} \\ \vdots \\ \nabla\Delta W_{RN} \end{bmatrix} = \begin{bmatrix} \Delta n_{R1} & \Delta e_{R1} & \Delta h_{R1} \\ \vdots & \vdots & \vdots \\ \Delta n_{RN} & \Delta e_{RN} & \Delta h_{RN} \end{bmatrix} \begin{bmatrix} a_n \\ a_e \\ a_h \end{bmatrix} \Rightarrow \hat{X} = (B^{\mathrm{T}} B)^{-1} B^{\mathrm{T}} L \tag{10.17}$$

其中，n、e、h 分别表示当地坐标系下的北东方向坐标和大地高，下标 R 表示选定的主参考站，下标 $1 \sim N$ 是参与建立平面模型的其他参考站(至少需要 3 个站)，这样就可以得到平面内插系数 $\hat{X} = [\hat{a}_n \quad \hat{a}_e \quad \hat{a}_h]^{\mathrm{T}}$。任意流动站 K 与参考站 R 的双差对流层湿延迟为：

$$\nabla\Delta W_{RK} = \hat{a}_n \Delta n_{RK} + \hat{a}_e \Delta e_{RK} + \hat{a}_h \Delta h_{RK} \tag{10.18}$$

同样的，由于参考站间的双差电离层延迟也已经在 10.3.1 节中得到解算，故流动站与参考站间的双差电离层延迟可以通过参考站间的双差电离层延迟误差进行建模。建立平面模型进行内插：

$$L = BX = \begin{bmatrix} \nabla\Delta TEC_{R1} \\ \vdots \\ \nabla\Delta TEC_{RN} \end{bmatrix} = \begin{bmatrix} \Delta n_{R1} & \Delta e_{R1} \\ \vdots & \vdots \\ \Delta n_{RN} & \Delta e_{RN} \end{bmatrix} \begin{bmatrix} a_n \\ a_e \end{bmatrix} \Rightarrow \hat{X} = (B^{\mathrm{T}} B)^{-1} B^{\mathrm{T}} L \tag{10.19}$$

其中，下标 R 表示选定的主参考站，下标 $1 \sim N$ 是参与建立平面模型的其他参考站(至少需要 2 个站)，平面内插系数 $\hat{X} = [\hat{a}_n \quad \hat{a}_e]^{\mathrm{T}}$。任意流动站 K 与参考站 R 的双差电子总量为：

$$\nabla\Delta TEC_{RK} = \hat{a}_n \Delta n_{RK} + \hat{a}_e \Delta e_{RK} \tag{10.20}$$

在网络 RTK 定位过程中，流动站与参考站间的距离通常很远。因此，流动站与参考站间的对流层延迟、电离层延迟等空间相关误差必须得到准确估计。估计这些参数必须要有流动站的概略坐标，可以通过流动站的单点定位方法计算。式(10.17)和式(10.19)中的参考站与流动站坐标差需要用到流动站的概略坐标。

10.3.3　差分信息的生成与发布

在流动站与参考站间的双差对流层湿延迟和双差电子总量已经得到求解的情况下，流动站与参考站间的双差定位模型可表示为：

$$\nabla\Delta\varphi - \frac{\nabla\Delta H + \nabla\Delta W - \nabla\rho_R}{\lambda} - \kappa \cdot \nabla\Delta TEC = \frac{\nabla\rho_K}{\lambda} + \nabla\Delta N + \nabla\Delta\varepsilon \tag{10.21}$$

因此，要在流动站端进行 RTK 解算，流动站最终需要参考站坐标、参考站观测值、流动站与参考站间的双差对流层湿延迟和双差电子总量等信息，才能构成式(10.21)等号左侧的观测值。

根据差分信息的生成与发布方式的不同，网络 RTK 技术主要有以下三种：虚拟参考站(Virtual Reference Station，VRS)技术、区域改正数(德语 Flächen Korrektur Parameter，FKP)技术和主辅站(Master Auxiliary Concept，MAC)技术。

1. *虚拟参考站*

由于参考站 R 和流动站 K 之间的距离通常很远，流动站端的解算系统并不清楚接收到的观测值中是否已经经过空间相关误差改正，若系统再次使用模型对其进行改正，很有可能引入较大误差。为了避免这种情况的发生，20 世纪 90 年代末产生了虚拟参考站技术。

在 VRS/RTK 定位中，当数据处理中心接收到流动站发来的流动站概略坐标后，就可在此坐标处生成一个虚拟参考站 V，同时利用参考站精确已知的坐标和参考站实时观测数据来对对流层湿延迟和电离层延迟进行建模，并生成 VRS 的虚拟观测值：

$$\varphi_V^i = \varphi_R^i - \frac{\nabla\Delta H_{RV}^{ri} + \nabla\Delta W_{RV}^{ri} - \Delta\rho_{RV}^i}{\lambda} - \kappa \cdot \nabla\Delta TEC_{RV}^{ri} \tag{10.22}$$

其中，下标为参考站标识，V 表示虚拟参考站，上标为卫星标识，r 为参考卫星，当 i 为参考卫星时，新观测值 $\varphi = \varphi_R^r + \Delta\rho_{RV}^r/\lambda$。新的码伪距观测值构成与式(10.22)相似，需要把相位换成伪距，同时对电离层项反号。将上式的虚拟观测值和虚拟参考站坐标发送到流动站，当流动站接收到虚拟参考站的这些信息时，认为其与虚拟参考站构成超短基线，因此避免了再使用空间相关误差模型进行改正。用该观测值与流动站观测值建立双差方程即可形成形如式(10.21)的观测模型。

处理中心建立虚拟观测值后，对虚拟观测值进行 RTCM 编码(如：RTCM TYPE3/18/19，RTCM v2.3；RTCM TYPE1004/1005，RTCM v3.1)，并在 RTCM 互联网传输协议(Networked Transport of RTCM via Internet Protocol，NTRIP)的基础上，通过 Internet 网络发送到流动站端。如流动站接收到差分信息，则可按常规 RTK 的方法进行解算。由于虚拟参考站和流动站之间是超短基线，空间相关误差基本被消除，所以模糊度易于求解，流动站即可实现 RTK 定位。

如图 10.11 所示，虚拟参考站技术主要特点是：①流动站需要将本站概略位置传递给数据处理中心；②数据处理中心实时生成并发送虚拟观测值及差分改正数；③流动站仅要求支持常规 RTK 功能的接收机，流动站上基线解算与常规 RTK 无异。不需要另外的软件支持，兼容性强；④数据处理中心和流动站间需要双向数据传输。总的说来，VRS 相对

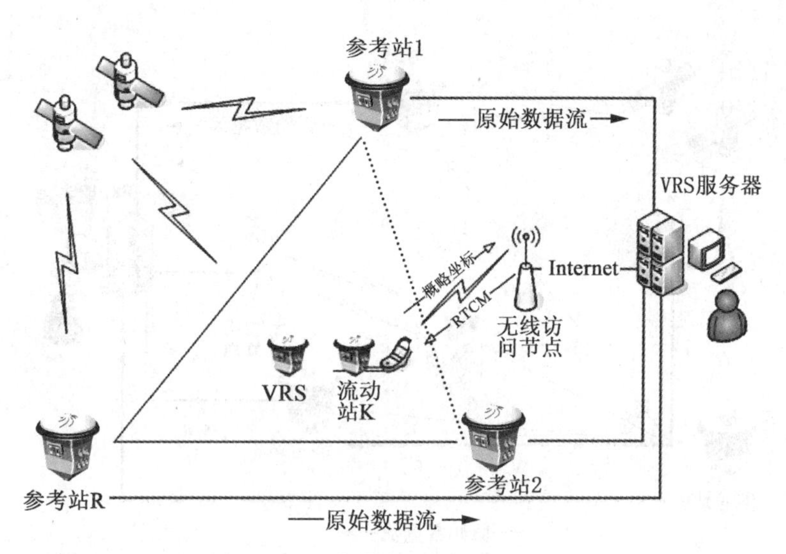

图 10.11 虚拟参考站技术示意图

于其他模式而言，具有很多优势，发展很快，应用最广。

2. 区域改正数

FKP 技术应用也非常广泛。该技术只需要单向通信，即数据处理中心向区域内所有用户广播相同信息，不需要流动站向数据处理中心发送概略坐标，主参考站和流动站间的空间相关误差只能在流动站端生成。因此，FKP 广播的信息是主参考站的坐标、观测值以及对流层延迟和电离层延迟的内插系数，流动站通过内插系数和自身的概略坐标由式(10.7)和式(10.9)求出对流层湿延迟和电离层延迟，再通过下式构建新的参考站观测值：

$$\varphi = \varphi_R^i - \frac{\nabla\Delta H_{RK}^{ri} + \nabla\Delta W_{RK}^{ri}}{\lambda} - \kappa \cdot \nabla\Delta TEC_{RK}^{ri} \tag{10.23}$$

其中，上标为卫星标识，r 为参考卫星，当 i 为参考卫星时，新观测值等于原观测值 $\varphi = \varphi_R^r$。将上式新观测值和参考站坐标发送到流动站，即可进行解算。新的码伪距观测值构成与式(10.23)相似，需要把相位换成伪距，同时对电离层项反号。用该观测值与流动站观测值建立双差方程即可形成形如式(10.21)的观测模型。

处理中心实时解算内插系数后，对主参考站坐标、观测值、内插系数进行 RTCM 编码(如：RTCM TYPE3/18/19/59，RTCM v2.3；RTCM TYPE1004/1005/1034，RTCM v3.1)，并广播给用户。也可以在 RTCM 互联网传输协议(Networked Transport of RTCM via Internet Protocol，NTRIP)的基础上，通过 Internet 网络发送给流动端。

如图 10.12 所示，区域改正数技术主要特点是：①数据处理中心实时计算空间相关误差区域内插系数；②处理中心广播主参考站坐标、观测值及空间相关误差区域内插系数；③流动站通过接收到的区域内插系数和主参考站坐标以及自身概略坐标，计算与主参考站间的空间相关误差，并生成双差观测模型进行解算；④数据处理中心只需广播差分信息，不需流动站间双向数据传输，用户数量可以无限制增加。

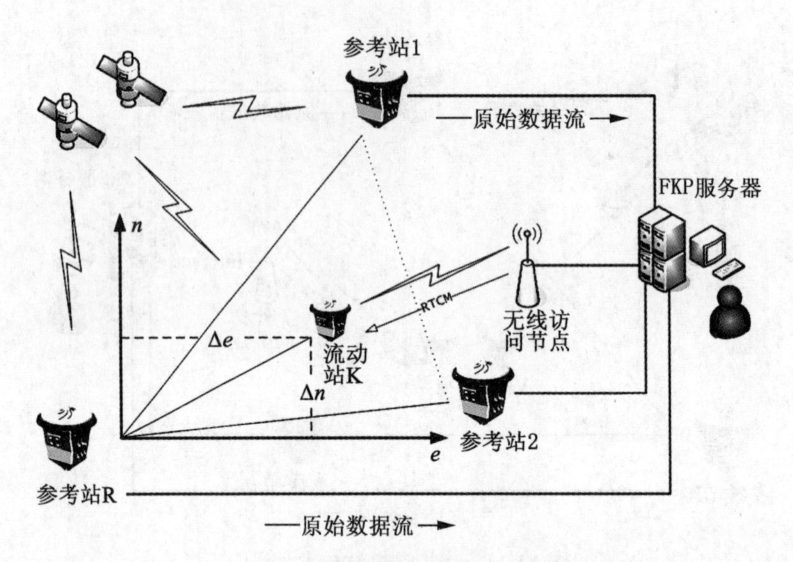

图 10.12　区域改正数技术示意图

3. 主辅站

为了减少数据传输负荷，VRS 技术和 FKP 技术都是使用单参考站传输 RTK 数据，不提供多个参考站的数据，MAC 技术在尽可能减小数据传输量的同时，提供多个参考站的观测数据。VRS 和 FKP 都是以基线作为解算单元，MAC 技术以子网作为解算单元，子网中选定一个站作为主参考站(通常选择子网几何中心的站做主站)，其他站作为辅参考站，辅站与主站相连形成星形网络。在主辅站基线上，每颗同步观测卫星都有以下站间单差模型：

$$\Phi = \Delta\varphi_{RN}^{i} - \frac{\Delta\rho_{RN}^{i} + \Delta H_{RN}^{i} + \Delta A_{RN}^{i}}{\lambda} - \Delta N_{RN}^{i} = \frac{\Delta W_{RN}^{i} + c\Delta t_{RN}}{\lambda} + \kappa \cdot \Delta TEC_{RN}^{i} \quad (10.24)$$

其中，Δ 为单差算子，A 为天线相位中心偏差，Δt_{RN} 为相对接收机钟差。由于单差整周模糊度 ΔN_{RN}^{i} 无法准确求出，只需要使每颗卫星的站间单差模糊度都包含相等的相对接收机钟差残差，即处于同一模糊度水平即可：$\Delta N_{RN}^{i} = \Delta N_{RN}^{r} + \nabla\Delta N_{RN}^{ri}$，$\nabla\Delta N_{RN}^{ri}$ 是通过 10.3.1 节求得，ΔN_{RN}^{r} 是个可能含有相对接收机钟差残差的整数，该值不必太精确，可以通过估计确定；但对每颗卫星，该值都相同。

通过不同频率的式(10.24)模型，可以求出主辅站基线上每颗同步观测卫星的空间相关误差，即电离层相关部分 ΔTEC 和电离层无关部分 $\Delta W + c\Delta t$：

$$\begin{cases} \Delta TEC = \dfrac{60\Phi_1 - 77\Phi_2}{60\kappa_1 - 77\kappa_2} \\ \Delta W + c\Delta t = \dfrac{\lambda_1\lambda_2(77\Phi_1 - 60\Phi_2)}{77\lambda_2 - 60\lambda_1} \end{cases} \quad (10.25)$$

其中，下标表示频率标识。

式(10.25)电离层相关部分和电离层无关部分的值域范围都非常小，因此数据量得到了极大的压缩，只需要主辅站坐标及主站的观测值即可恢复所有辅站的原始观测值。流动站获取上述空间相关误差、主参考站的坐标、原始观测值以及主辅参考站的坐标差，即可内插流动站与每个参考站(包括主站和辅站)的空间相关误差，并与每个参考站都可建立形如式(10.21)的双差观测模型。这样就可以进行多基线求解，增强了定位精度和可靠性。

处理中心通过流动站发送的概略坐标判断其处于哪个子网中，并对空间相关误差、主参考站的坐标、主站原始观测值以及主辅参考站的坐标差进行 RTCM 编码(如：RTCM TYPE3/20/21/25，RTCM v2.3；RTCM TYPE1004/1005/1014/1015/1016，RTCM v3.1)，并在 RTCM 互联网传输协议(Networked Transport of RTCM via Internet Protocol，NTRIP)的基础上，通过 Internet 网络发送到流动站端。

如图 10.13 所示，主辅站技术主要特点是：①流动站需要将本站概略位置传递给数据处理中心；②数据处理中心实时生成并发送具有相等的相对接收机钟差残差的站间单差空间相关误差、主参考站的坐标、主站原始观测值以及主辅参考站的坐标差；③流动站通过接收到的空间相关误差和主辅参考站坐标以及自身概略坐标，计算与各参考站间的空间相关误差，并构成与各参考站间的双差观测模型进行解算；④数据处理中心和流动站间需要双向数据传输。总的说来，MAC 技术相对于其他模式而言，具有可靠性高的优点，但数据传输量有所增加。

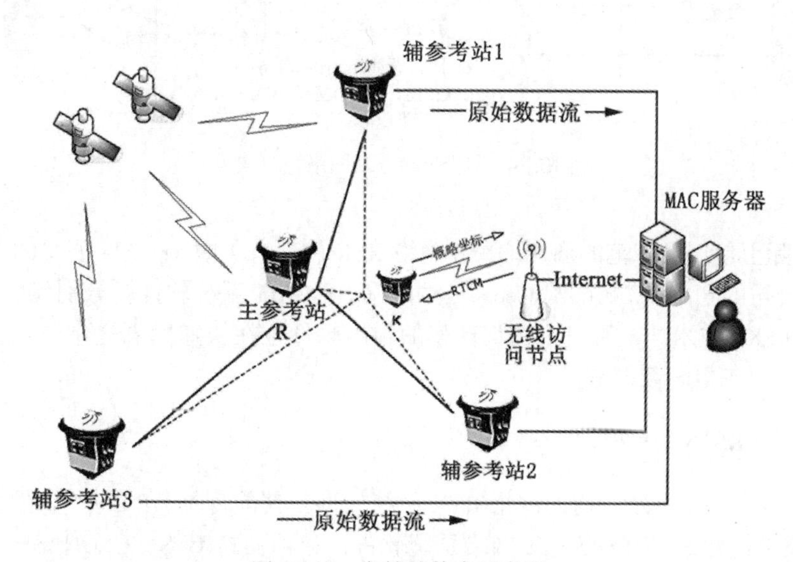

图 10.13 主辅站技术示意图

10.4 典型 GNSS 参考站网络系统

GNSS 参考站网络系统包含软件和硬件部分。硬件部分包括 CORS 参考站接收机及其基础设施、网络通讯设备、处理中心计算设备和用户端接收机；软件部分包括基站网管理软件、GNSS 网络 RTK 系统软件等，后者是系统核心部分。广义的 GNSS 参考站网络系统构成如图 10.14 所示，分为数据获取段、数据传输段、数据处理段、数据发布段和应用段。

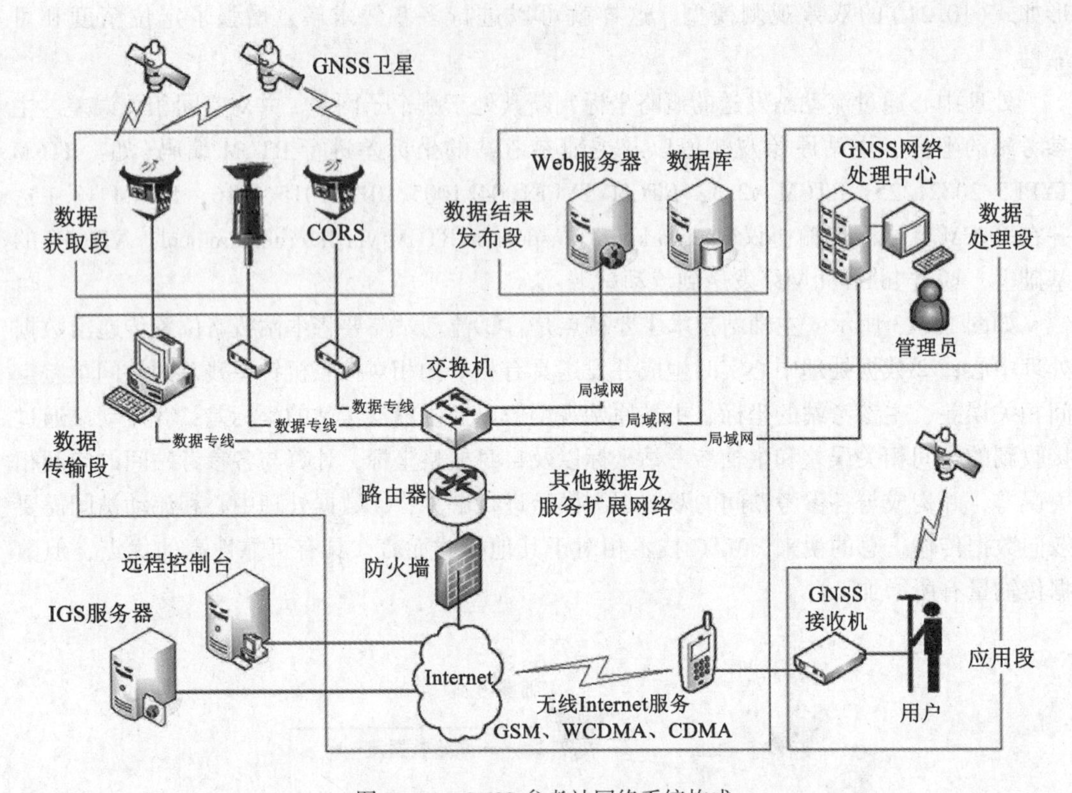

图 10.14　GNSS 参考站网络系统构成

当前国际上使用最广范的商用 GNSS 网络 RTK 软件有美国 Trimble 公司的 VRS^3Net^{TM}、瑞士 Leica 公司的 $Spider^{TM}$ 和德国 Geo++公司的 GNSMART 系统软件，分别代表 VRS 技术、MAC 技术和 FKP 技术。具有自主知识产权的国内软件也在快速发展之中，如西南交通大学的 ARSNet \ VENUS 系统等。

10.4.1　VRS^3Net 系统软件

Trimble VRS^3Net 是新一代的网络 RTK 系统软件，其前身是 $GPSNet^{TM}$ 软件，它们都是基于 VRS 技术构建的 GNSS 参考站网络系统软件，目前支持 GPS、GLONASS、QZSS 三种系统。该系统支持稀疏 GLONASS 站点，即支持只有少量 GLONASS 参考站的网络。系统有管理上百个站的能力，能够提供连续的实时 RTK 定位服务和后处理定位服务。VRS^3Net^{TM} 系统能够提供完善的参考站位移和速度分析。支持 RTCM2. x、3. x 和 NTRIP 协议。软件主界面如图 10.15 所示。

10.4.2　SpiderNet 系统软件

Leica SpiderNet 系统是基于 MAC 技术构建的 GNSS 参考站网络系统软件，目前支持

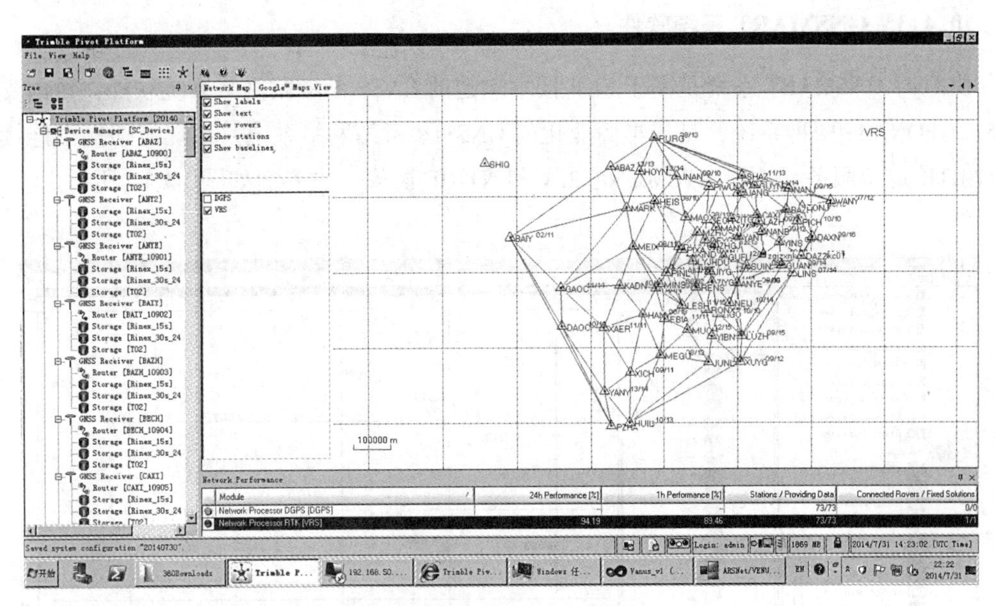

图 10.15 VRS3Net 系统

GPS、GLONASS 两种系统。系统有管理上百个站的能力，能够提供连续的实时 RTK 定位服务和后处理定位服务。SpiderNet™系统能够提供完善的参考站位移和观测质量分析功能。支持 RTCM2. x、3. x 和 NTRIP 协议。主界面如图 10.16 所示。

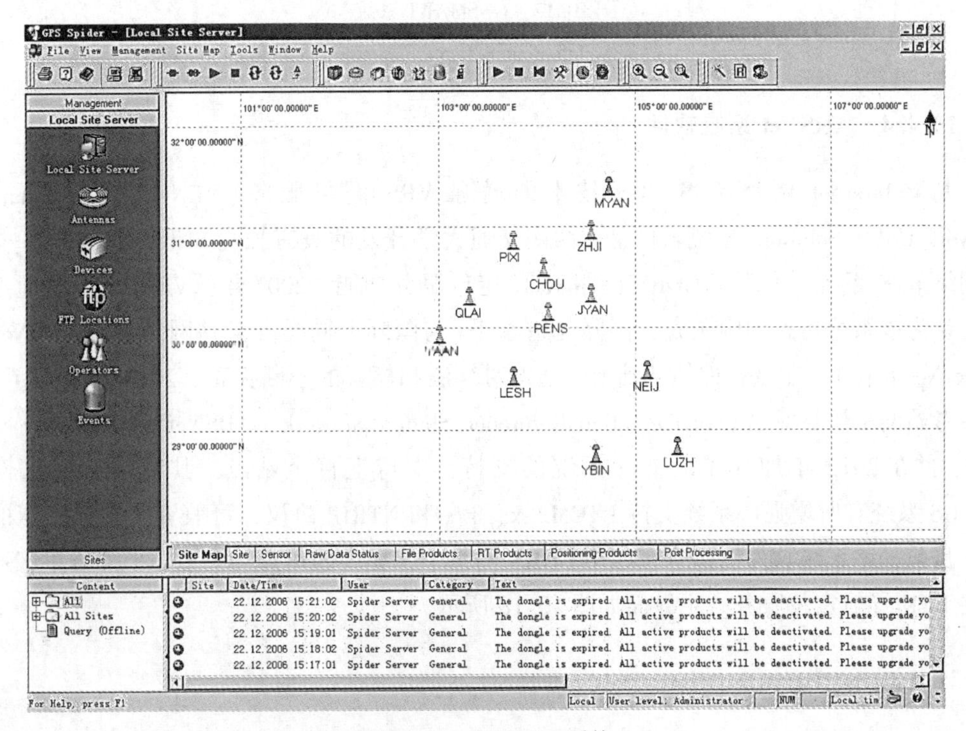

图 10.16 SpiderNet 系统

10.4.3　GNSMART系统软件

GEO++ GNSMART系统是基于FKP技术构建的GNSS参考站网络系统软件，目前支持GPS、GLONASS两种系统，是最早商业化的GNSS参考站网络系统。系统能够提供连续的实时RTK定位服务。支持RTCM2.x、3.x和NTRIP协议。主界面如图10.17所示。

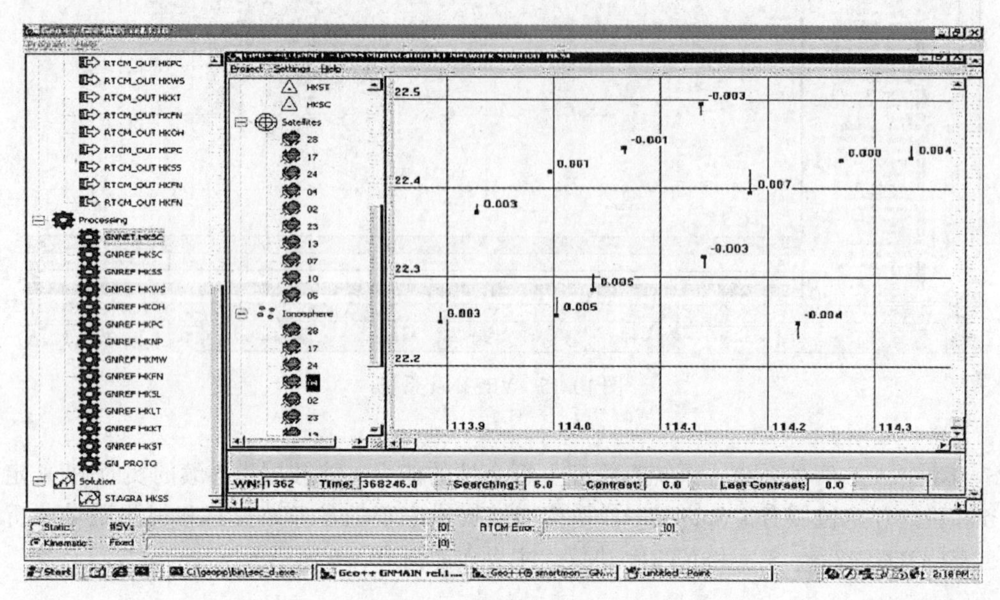

图10.17　GNSMART系统

10.4.4　ARSNet系统软件

基于Internet网络GPS/VRS技术的增强VRS网络服务(VENUS，Vrs-Enhanced Network Utility Solution)系统软件是由西南交通大学开发的具有独立知识产权的GPS参考站网络RTK系统，实现了CORS网络RTK定位服务功能。2007年，VENUS系统通过鉴定，认为该系统达到国内领先、国际先进水平(与国际上同类参考站网络系统GPSNet和SipderNet相比)。在该软件的基础上，通过对算法和模块的不断完善，2010年完成了“增强参考站网络服务系统(Augmentation Reference Station Network，ARSNet)”。ARSNet支持GPS，并在2012年加入了对北斗系统的支持，支持上百个站点，其精度和可靠性比VENUS系统有所增强。系统支持RTCM2.x、3.x和NTRIP协议，可兼容大多数厂商的终端。目前，该系统软件已运行在四川CORS网络中，提供四川省二十多万平方公里区域的网络RTK导航定位服务。主界面如图10.18所示。

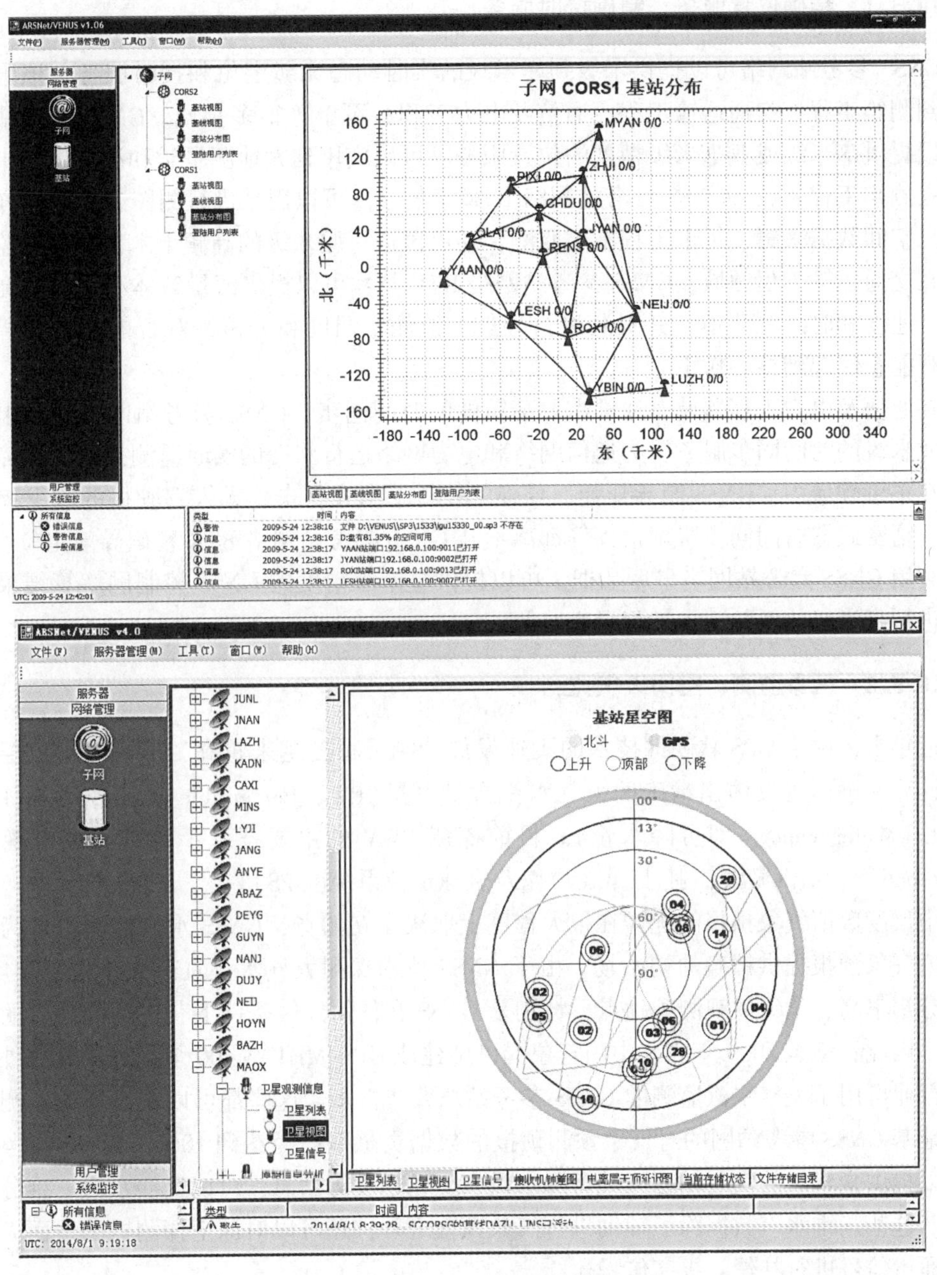

图 10.18　ARSNet 系统

10.5　GNSS 参考站网络的应用

GNSS 参考站网络系统可以提供精确位置授时服务、气象监测、空间天气监测、GNSS 卫星精确定轨以及地球物理应用等服务。

10.5.1　精确位置服务、精确授时服务

GNSS参考站网络可以提供米级到厘米级的实时动态无缝定位和授时服务，该服务可衍生到测绘工程、交通运输工程、通信及电力工程、军事等很多领域。GNSS参考站网络也可以提供毫米级或亚毫米级精度的位置服务，可以应用到大地测量学和测量工程中。

在测绘工程领域，GNSS参考站网络RTK定位服务可以用来进行测图、施工放样、地理信息空间数据采集、土木工程施工监测，还可以进行厘米级的高频土木工程形变监测。

在交通运输工程领域，GNSS参考站网络RTK技术可以提供海量载体和目标的高精度位置、速度和时间观测值，并对其进行导航、监测、调度和分析，对智能交通、智能运输、智能仓储起到核心作用。

在通信及电力工程领域，通常需要高精度的时间同步，GNSS参考站网络可以提供米级到厘米级的时间同步服务，为通信网络和电力网络运行状态的实时监测提供了保障。

在军事领域中，GNSS制导炸弹、导弹的外科手术式打击，无人驾驶机的舰上控制与回收、精密武器时间同步协调指挥等都离不开GNSS参考站网络RTK精确导航定位服务。

利用GNSS参考站网络事后数据，可以提供毫米级精度的GNSS控制网解算结果，也可以进行毫米级的低频土木工程形变监测。

10.5.2　气象监测、空间天气监测

近年来，由于GPS软硬件技术的飞速发展，测量精度越来越高，精确的对流层延迟值的计算，进而可反演出精确的大气水汽含量总量(PW，Perceptible Water，也称PWV/Potential Water Vapor，即可降水量)。目前探测PWV的主要技术手段有无线电探空仪(radiosonde)、水汽微波辐射计(WRV)以及全球定位系统(GPS)。

中尺度数值气象预报的优劣在很大程度上取决于初始场，GNSS水汽监测可以为中尺度数值气象预报提供精确的初始场。由于GNSS技术探测大气水汽具有成本低、精度高、时间分辨率高、全天候观测等优点，特别是GNSS在任何天气条件下获得精确信号的能力较强。因此，截至2009年底，中国气象局已经建成GPS/MET站400多个。除此之外，全国各行业可用于大气水汽监测的GNSS参考站总数非常多，这些都可以用于气象监测。目前，地基GNSS参考站网的对气象预测预报的数据贡献率已经达到10%。GNSS参考站网络可以提供毫米级的实时动态区域可降水量、变化速度等信息，可以反演水汽三维分布和变化。这些三维水汽数据除了辅助进行气象预报之外，还可以对深空探测器的地面天线组阵的通讯信号进行补偿，提高信噪比。

由于运用GPS技术估算大气水汽总量是20世纪90年代兴起的一种极有潜力、实用价值很大、多学科交叉的研究领域，所以近年来GPS气象学(GPS Meteorology，GPS/Met)的研究已成为GPS应用的热点方向之一。研究表明，水汽作为温室气体在全球变暖中具有明确的反馈效应，较高的大气温度会提高大气保持水汽的能力。由于GPS技术探测大气水汽具有成本低、精度高、时间分辨率高、全天候观测等优点，特别是GPS在任何天气条件下获得精确信号的能力较强(包括在有很厚的云层覆盖时)，所以GPS技术已开始作为一种新的大气探测手段应用于大气水汽的研究和业务应用试验，并已开始或即将开始成为下一代高

空大气观测系统重要的组成部分，在未来天气预报技术的发展中也将扮演重要角色。

根据 GPS 接收机的位置精确已知，反演大气水汽含量利用地面分布式布设的 CORS 网络，能以较高的水平分辨率测定大气水汽总量，其精度可达 1～2mm。地基 GPS 探测大气水汽有诸多优点，可显著提高天气预报(包括数值天气预报)的准确性和可靠性。但也应看到，由于地基 GPS 只能遥测观测路径上的大气水汽总量，不能提供水汽的垂直分布信息，因此，地基 GPS 水汽观测具有良好的时间覆盖率(近于实时)但缺乏空间分辨率。

电离层是围绕地球的一层离子化了的大气，它的电子密度、稳定程度和厚度等都在不断变化着，这些变化主要是受太阳活动的影响。太阳发生质量喷发时(如日珥质量喷发)可产生数以百万吨计的物质磁云飞入空间，当这些磁云到达地球电离层时，就会使电离层的电子密度发生很大变化，产生所谓的电离层暴，严重时可以中断无线电通信系统和损害地球轨道卫星(如通信卫星)。因此，对电离层活动的监测和预报，或许可以给出早期的预警信息，以便及时保护贵重的通信卫星，揭示太阳和电离层中某些现象发生的规律性，以及了解地球磁场及其他圈层变化和相互作用的规律。

GPS 监测电离层自 20 世纪 90 年代就已开始，其方法不断更新和提高，逐渐趋于高精度、近实时、高分辨率的时间和空间监测，对电离层活动的监测也越来越实用和精确，为电离层活动及其所反映的太阳活动规律的监测和研究提供了一条新的途径，也为地球上层大气动力学的研究注入了新的活力。近几年来，地球低轨道卫星(LEO)在电离层监测中的应用引起了人们的关注。用于掩星研究的 LEO 卫星有 OERSTED、CHAMP、SAC-C 和 GRACE 等，它们为全球尺度的电离层监测开辟了一条新途径。在电离层中对 GPS 的掩星观测，将成为提供电子密度结构垂直剖面的新的有效手段。尤其利用 CHAMP、SAC-C 和 GRACE 等卫星可有望获得电离层顶端离子层极有价值的信息。应用资料同化技术，海量的 LEO 掩星数据将从根本上改善有关电离层外层电子密度结构的知识，而这正是当前建立电离层模型最欠缺的内容。全球范围内地基 GPS 和 LEO 卫星掩星得到的监测结果综合分析，有望获得一个全球尺度的四维电离层电子结构的图像，它们将为电离层研究的各个领域，如等子体的生成、衰减和传输，电离层磁暴，电离层扰动的移动(TID)、闪烁，低槽和电离层与等离子层之间的耦合等做出重要的贡献。

地基和星基 GNSS 是监测电离层活动最主要的技术手段。全球范围的地基 GNSS 网已成为提取全球电离层垂直方向信息的主要手段。目前，IGS 网站已经可以提供 2～8 TECU 精度的快速(延迟小于 1 天)的 5°(经)×2.5°(纬)空间分辨率，2 小时时间分辨率的全球格网垂直电离层总电子含量产品。

10.5.3　GNSS 卫星精确定轨

实现 GNSS 卫星精确定轨必须使观测网在几何上有足够的强度，也就是 GNSS 参考站的分布需要足够广，区域 GNSS 参考站网络无法进行卫星精确定轨。目前，IGS 全球 GNSS 参考站网包含 400 多个参考站，全球分布非常均匀(图 10.1)。其中，控制站是少量的甚长基线干涉站和卫星激光测距站，通过各分析中心对全网数据进行联合解算，可以对 GNSS 卫星进行精确轨道确定。

IGS 各分析中心可以提供实时的精密卫星轨道和卫星钟差产品，目前的定轨精度为

5cm，钟差精度为 3ns，时间分辨率为 15 分钟。

10.5.4　地壳运动监测与地球动力学研究

GNSS 参考站网络在地壳运动监测与地球动力学研究方面的应用非常广泛，比如：地壳运动与地震监测、地球动力学、地球固体潮汐、海洋潮汐、地球质心运动、冰后期地壳回弹、地球磁场和高空物理等方面。地球动力学是由地球物理学、大气构造学、大地测量学和天体测量学等学科相互渗透而形成的一门新学科。地球动力学的基本任务是应用上述各学科方法来研究地球的动力现象及其机理。它的主要内容涉及地球的自转和极移，地球重力场及其变化，地球的潮汐现象及地壳运动等。其中地壳运动所涉及的板块运动和断层位移是大地测量和地震监测的重要数据，板块和断裂构造又与地下矿藏的分布有关。所以，研究板块的运动及其动力学机制，对地震预报、矿产勘查具有重要的实用意义。

板块构造学说认为，位于软流圈之上的岩石圈，被一些构造活动带分割成许多既不连续，又相互嵌接的球面块体——岩石圈板块。由于地幔的对流作用，这些板块均在不停地运动，板块之间产生相对滑动和俯冲，因而板块的边缘是地球表面最活跃的地带，大多数地震、火山都分布在那里，同时也是生成矿源的地方。地质学家认为，全球的岩石圈已破裂为几大板块，即太平洋板块、欧亚板块、印度洋板块、菲律宾板块、非洲板块、北美板块、南美板块、南极板块等。由这些大板块还可进一步细分为更多的小板块。

由于板块间相对运动的速率很小，要精确地分辨有关板块运动的信息，要求相对定位精度应小于 10^{-7}(0.1ppm)，甚至更低。这对经典大地测量技术来说，是难以达到的。目前，证明板块运动的主要方法是在各板块上设立固定观测站，利用空间测量技术，如甚长基线干涉测量系统(VLBI)、卫星激光测距系统(SLR)和 GPS，长期观测各站的位置和各站间的长度及高差变化。通过观测发现，大西洋在扩大，太平洋在缩小。VLBI 的特点是基线长、精度高。实践表明，对于几千公里长的基线，其定位精度可达达 10^{-8}；利用 SLR 也可以达到相似的精度。但是，这两种定位技术的共同缺点，是设备较为复杂，投资巨大，只能在少数的参考站使用，用于全球性板块运动的研究。根据经验，一般大的形变均接近于板块的边缘，典型的板块边界宽为 30～300km。所以，就区域性板块运动的研究工作而言，尤其当观测站数较多时，GPS 测量技术具有显著的优越性。

为了研究 GPS 技术用于板块监测的可能性，1992 年全球组织了 GPS 地球动力学服务的 92 联测，联测结果表明了 GPS 定位技术非常适合于地区性甚至全球性板块运动的监测与研究。联测的成功加速了全球 GPS 的国际合作进程。国际大地测量协会(IAG)成立了一个全球 GPS 机构——国际地球动力学服务机构(IGS)，其目的就是为全球的地球动力学研究和大地测量提供 GPS 数据和高精度的星历，以支持世界范围内的地球科学研究。IGS 于 1994 年 1 月正式运行。IGS 在全球有 200 多个 GPS 观测参考站，包括我国的上海、武汉、拉萨、西安、昆明、北京、乌鲁木齐和台北站。通过对这些观测站进行连续的精密定位，测定各大板块的相互运动速率，以确定全球板块运动模型，并用来研究板块的现今短时间运动规律，与地球物理和地质研究的长期运动规律进行比较分析，研究地球板块边缘的受力和形变状态，预测地震灾害。图 10.19 为全球各大板块运动速率图，图 10.20 为中国大陆板块相对于欧亚板块的 GPS 速度场。

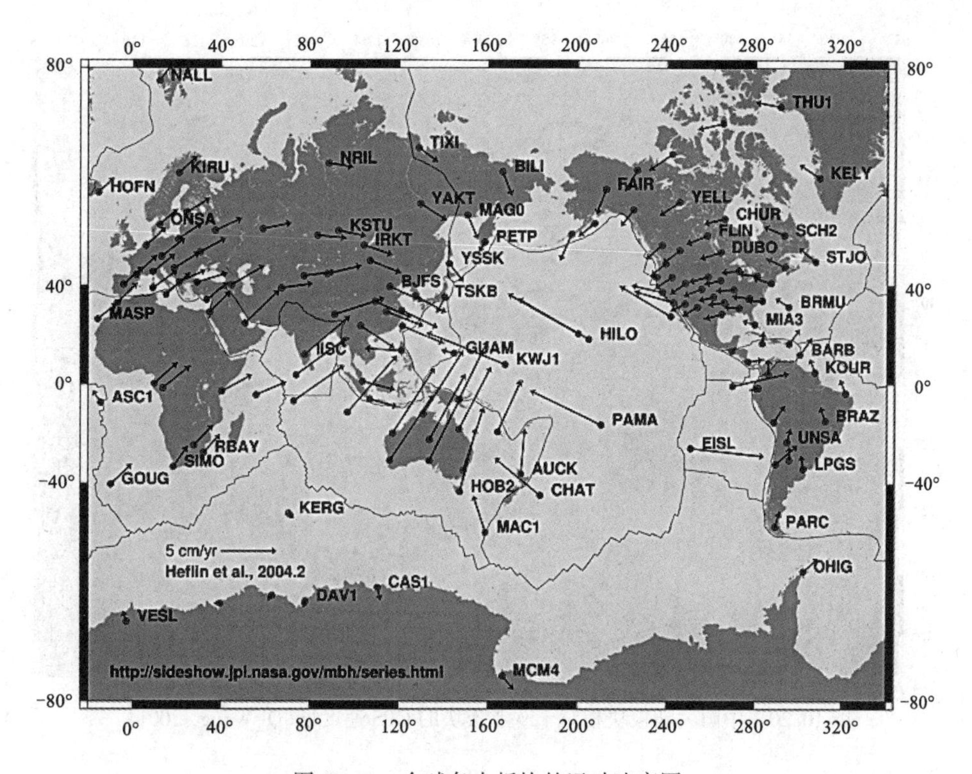

图 10.19 全球各大板块的运动速率图
(http://sideshow.jpl.nasa.gov/mbh/series.html)

除了监测全球及洲际板块运动的 IGS 全球网外，世界上许多国家在本国领土板块边缘地壳运动剧烈、地震活动频繁的地区也布设了许多区域性的地壳运动 GPS 监测网。

在美国西部从阿拉斯加到加利福尼亚沿板块边界区域布设了多个永久台与流动台结合的监测网。这些台网的观测数据已服务于地震监测与科学研究，包括区域性中长期地震危险性估计、地壳结构、断层演化过程及地震破裂动力学过程研究等。

日本则建立了由 1200 多个固定 GPS 观测站组成的日本地壳运动连续观测网络，大大强化了对日本列岛地壳运动和变形的监测。由观测资料初步确立了由于太平洋与菲律宾板块下插造成地壳形变的运动学模型，并在局部地区观测到由于断层及岩浆活动造成的地表形变，为研究形变源的时空演化提供了重要依据。

我国位于欧亚板块的东南端，被印度洋板块、菲律宾海板块、太平洋板块、西伯利亚和蒙古板块所包围。受印度洋板块的碰撞和菲律宾海板块的俯冲，是全球板块及板内地壳构造运动最强烈的地区，由此隆起了喜马拉雅山，形成了青藏高原，创造了数条大尺度的走滑断裂构造，也形成了西北高山、巨大盆地的再生和华北新生代裂陷伸展构造以及很强的地震活动。

1998 年国家批准了由中国地震局、总参测绘局、中国科学院和国家测绘局四部门共同参加实施的“中国地壳运动观测网络”工程。它是一项重大的国家科学工程，其建设速度之快和质量之优秀令世人瞩目。中国地壳运动观测网络与美国 GPS 观测网、日本 GPS 观测网在世界已形成三足鼎立之势。中国地壳运动观测网络旨在以服务地震预测预报为

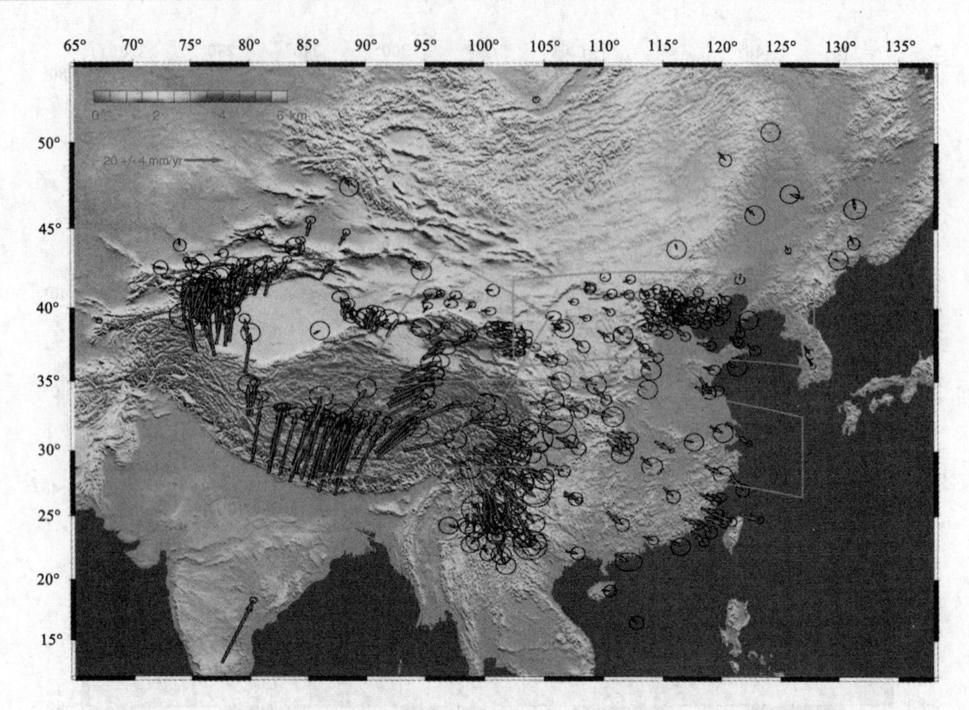

图 10.20　中国大陆板块相对于欧亚板块的 GPS 速度场(Qi Wang, 2001)

主，兼顾国家大地测量和国防建设的需要，同时服务于气象预报、电离层监测、海平面监测和 GPS 导航等领域。它以全球定位系统(GPS)观测为主，辅以甚长基线射电干涉测量(VLBI)和人卫激光测距(SLR)等空间技术，结合精密重力和精密水准测量，构成高精度、高时空分辨率、综合多用、开放共享、全国统一的地壳运动监测系统。网络工程覆盖了我国大陆 95% 的国土，建成后使我国对地壳运动的监测精度提高了三个数量级，GPS 联测的基线平均相对精度达到 3×10^{-9}，观测效率提高了几十倍，所产出的大范围和时空密集的地壳运动数据，成为地球科学定量研究的基础，网络工程从根本上改善了我国对地球表层固、液、气三个圈层的动态监测方式。此外，国家还建立了如青藏高原地壳运动与形变监测网(1993、1995、1997)、华北地区地壳运动监测网(1995、1996)、新疆地区地壳运动监测网(1995、1996、1997、1998)等区域性的 GPS 监测网工程。

青藏高原地壳运动与形变监测网跨越多个板块及断裂带，观测成果揭示出：由于印度次大陆的北移插入和欧亚板块的挤压效应，青藏高原各块体由西南向东北方向运动；年水平运动速率最大值发生在雅鲁藏布江深大断裂附近，运动速率由西南向东北逐渐递减，其值与地质、地球物理方法得到的结果十分吻合。2008 年 5 月 12 日汶川大地震前的 GPS 观测表明：整个龙门山推覆断裂带的构造变形速率很小，每年只有 3～4mm，每条断裂上的滑动速率平均只有 1～2mm，地震地质研究得到的万年时间尺度的断裂滑动速率也证实了这一量值。但是，从若尔盖草原以西的整个青藏高原东部向东和向北的运动速率都很大，到龙门山的突然变慢说明应变和能量在龙门山发生积累，这也许是导致如此巨大的 8 级强震的重要原因之一(黄丁发，熊永良，周乐韬等，2009)。

参 考 文 献

[1] ACQUISITION ACSD. CANADIAN ACTIVE CONTROL SYSTEM DATA ACQUISITION AND VALIDATION[C]//1993 IGS Workshop. 1993: 49.

[2] Agnew D C. SPOTL: Some programs for ocean-tide loading[J]. 2012.

[3] Agreement on the promotion, provision and use of Galileo and GPS satellite-based navigation systems and related applications.

[4] Agrell E, Eriksson T, Vardy A, et al. Closest point search in lattices[J]. Information Theory, IEEE Transactions on, 2002, 48(8): 2201-2214.

[5] Allan D W, Weiss M A. Accurate time and frequency transfer during common-view of a GPS satellite[M]. Electronic Industries Association, 1980.

[6] Ashby N. Relativity in the global positioning system[J]. Living Rev. Relativity, 2003, 6(1).

[7] Banville S, Santerre R, Cocard M, et al. Satellite and receiver phase bias calibration for undifferenced ambiguity resolution[C]//Proc. ION NTM. 2008: 711-719.

[8] Beutler G. Himmelsmechanik I. Mitteilungen der Satellite-Beobachtungsstation Zimmerwald, Bern, 1991, 25.

[9] Bilitza D. International reference ionosphere 2000[J]. Radio Science, 2001, 36(2): 261-275.

[10] Bilitza D. IRI: An international rawer initiative [J]. Advances in Space Research, 1995, 15(2): 7-10.

[11] Blewitt G. An automatic editing algorithm for GPS data[J]. Geophysical Research Letters, 1990, 17(3): 199-202.

[12] Blewitt G. Carrier phase ambiguity resolution for the Global Positioning System applied to geodetic baselines up to 2000 km[J]. Journal of Geophysical Research: Solid Earth (1978—2012), 1989, 94(B8): 10187-10203.

[13] Boehm J, Werl B, Schuh H. Troposphere mapping functions for GPS and very long baseline interferometry from European Centre for Medium—Range Weather Forecasts operational analysis data[J]. Journal of Geophysical Research: Solid Earth (1978—2012), 2006, 111(B2).

[14] Böhm J, Niell A, Tregoning P, et al. Global Mapping Function (GMF): A new empirical mapping function based on numerical weather model data[J]. Geophysical Research Letters, 2006, 33(7).

[15] Braasch D A, Liu Y, Corey D R. Multipath effects[C]//Global positioning system: theory

and applications. 1996.

[16] China Satellite Navigation Office. BeiDou Navigation Satellite System Signal In Space Interface Control Document(BeiDou ICD, Test Version) [R]. Beijing, December 2011.

[17] Coco D S, Coker C, Dahlke S R, et al. Variability of GPS satellite differential group delay biases[J]. Aerospace and Electronic Systems, IEEE Transactions on, 1991, 27(6): 931-938.

[18] CODE ftp: //ftp. unibe. ch/aiub/CODE/.

[19] Collins J P, Langley R B. Estimating the residual tropospheric delay for airborne differential GPS positioning [J]. PROC ION GPS, INST OF NAVIGATION, ALEXANDRIA, VA, (USA), 1997, 2: 1197-1206.

[20] Collins J P. Assessment and development of a tropospheric delay model for aircraft users of the global positioning system[D]. University of New Brunswick, 1999.

[21] Collins P, Langley R B. Tropospheric delay- Prediction for the WAAS user[J]. GPS world, 1999, 10(7): 52-58.

[22] Coordination Scientific Information Center. GLONASS Interface Control Document (GLONASS ICD, Version 5.0) [R]. Moscow, 2002.

[23] Dach R, Hugentobler U, Fridez P, Meindl M (2007) Bernese GPS Software Version 5.0. Astronomical Institute, University of Bern, Bern

[24] Davis J L, Herring T A, Shapiro I I, et al. Geodesy by radio interferometry: Effects of atmospheric modeling errors on estimates of baseline length[J]. Radio science, 1985, 20 (6): 1593-1607.

[25] Dieter G L, Hatten G E, Taylor J. MCS Zero Age of Data Measurement Techniques[R]. BOEING HOMELAND SECURITY AND SERVICES SCHRIEVER AFB CO, 2004.

[26] Dragert H, James T S, Lambert A. Ocean loading corrections for continuous GPS: A case study at the Canadian coastal site Holberg[J]. Geophysical research letters, 2000, 27 (14): 2045-2048.

[27] Farrell W E. Deformation of the Earth by surface loads[J]. Reviews of Geophysics, 1972, 10(3): 761-797.

[28] Force U S A. NAVSTAR GPS Space Segment/Navigation User Interfaces[J]. Interface Specification IS-GPS-200D, US Air Force, 2006, 3.

[29] Frei E, Beutler G. Rapid static positioning based on the fast ambiguity resolution approach FARA: theory and first results[J]. Manuscriptageodaetica, 1990, 15(6): 325-356.

[30] Galileo O S. SIS ICD: Galileo Open Service, Signal In Space Interface Control Document Draft 1. European GNSS Supervisory Authority[J]. 2008.

[31] Gendt G, Altamimi Z, Dach R, et al. GGSP: realisation and maintenance of the Galileo terrestrial reference frame[J]. Advances in Space Research, 2011, 47(2): 174-185.

[32] GPS Wing, "Navstar GPS Space Segment / Navigation User Interfaces," IS-GPS-200E, 8 June, 2010.

[33] Gurtner W. INNOVATION: RINEX--THE RECEIVER INDEPENDENT EXCHANGE

FORMAT[J]. GPS world, 1994, 5(7): 48-53.

[34] Gurtner W. RINEX: The Receiver Independent Exchange Format Version 2. 10, ftp[J]. igscb. jpl. nasa. gov/igscb/data/format, 2002.

[35] Habrich H. Double difference ambiguity resolution for GLONASS/GPS carrier phase[C]// Proceedings of the 12th International Technical Meeting of the Satellite Division of The Institute of Navigation (ION GPS 1999). 1999: 1609-1618.

[36] Han S, Dai L, Rizos C. A new data processing strategy for combined GPS/GLONASS carrier phase-based positioning[C]//Proc. ION GPS-99. 1999: 1619-1627.

[37] Hegarty C J, Chatre E. Evolution of the global navigation satellitesystem (gnss) [J]. Proceedings of the IEEE, 2008, 96(12): 1902-1917.

[38] Héroux P, Kouba J. GPS precise point positioning using IGS orbit products[J]. Physics and Chemistry of the Earth, Part A: Solid Earth and Geodesy, 2001, 26(6): 573-578.

[39] Hilla S. Extending the standard product 3 (SP3) orbit format[C]//Proceedings of the international GPS service network, data, and analysis center workshop, Ottawa, Canada. 2002.

[40] Hofmann-Wellenhof B, Lichtenegger H, Wasle E. GNSS—global navigation satellite systems: GPS, GLONASS, Galileo, and more[M]. Springer, 2007.

[41] Hopfield H S. Two - quartic tropospheric refractivity profile for correcting satellite data[J]. Journal of Geophysical research, 1969, 74(18): 4487-4499.

[42] Hu G R, Khoo H S, Goh P C, et al. Development and assessment of GPS virtual reference stations for RTK positioning[J]. Journal of Geodesy, 2003, 77(5-6): 292-302.

[43] IGS, http: //igsws. unavco. org/components/prods. html.

[44] J. G. Proakis, Digital Communications, McGraw-Hill, New York (1983).

[45] Jakowski N, Mielich J, Borries C, et al. Large-scale ionospheric gradients over Europe observed in October 2003[J]. Journal of Atmospheric and Solar-Terrestrial Physics, 2008, 70(15): 1894-1903.

[46] Kaplan, Elliott D., and Christopher J. Hegarty, eds. Understanding GPS: principles and applications. Artech house, 2005.

[47] Klobuchar J A. Ionospheric time-delay algorithm for single-frequency GPS users [J]. Aerospace and Electronic Systems, IEEE Transactions on, 1987 (3): 325-331.

[48] Kouba J, Héroux P. Precise point positioning using IGS orbit and clock products[J]. GPS solutions, 2001, 5(2): 12-28.

[49] Kouba J. A guide to using International GNSS Service (IGS) products[J]. International GNSS, 2009.

[50] Leick A. GPS satellite surveying[M]. John Wiley & Sons, 2004.

[51] Lewandowski W, Arias E F. GNSS times and UTC[J]. Metrologia, 2011, 48(4): S219.

[52] Mader G L. GPS antenna calibration at the National Geodetic Survey[J]. GPS solutions, 1999, 3(1): 50-58.

[53] McCarthy D D, Boucher C, Eanes R, et al. IERS Standards (1989)[J]. IERS Technical

Note, 1989, 3: 1.
[54] McCarthy D D. IERS technical note 21[J].. IERS Conventions, 1996.
[55] Melbourne W G. The case for ranging in GPS-based geodetic systems[C]. Proc. 1st Int. Symp. on Precise Positioning with GPS, Rockville, Maryland (1985). 1985: 373-386.
[56] Merrigan M J, Swift E R, Wong R F, et al. A refinement to the World Geodetic System 1984 reference frame[C]. Proceedings of the ION-GPS-2002. 2002.
[57] Morley T G. Augmentation of GPS with pseudolites in a marine environment [M]. University of Calgary, Department of Geomatics Engineering, 1997.
[58] Navstar G P S. space segment/user segment L5 interfaces[J]. Ref: ICD-GPS-705, 2001.
[59] Niell A E. Global mapping functions for the atmosphere delay at radio wavelengths[J]. Journal of Geophysical Research: Solid Earth (1978—2012), 1996, 101(B2): 3227-3246.
[60] Pagiatakis S D. Program LOADSDP for the calculation of ocean load effects [J]. Manuscriptageodaetica, 1992, 17: 315.
[61] Petrov L, Boy J P. Study of the atmospheric pressure loading signal in very long baseline interferometry observations[J]. Journal of Geophysical Research: Solid Earth (1978—2012), 2004, 109(B3).
[62] PratapMisra, Per Enge. 全球定位系统——信号、测量与性能[M]. 罗鸣, 曹冲等译. 北京: 电子工业出版社, 2008. 04.
[63] Rabbel W, Schuh H. The influence of atmospheric loading on VLBI-experiments[J]. Journal of Geophysics Zeitschrift Geophysik, 1986, 59: 164-170.
[64] Rabbel W, Zschau J. Static deformations and gravity changes at the Earth's surface due to atmospheric loading[J]. Journal of Geophysics Zeitschrift Geophysik, 1985, 56: 81-89.
[65] Remondi B W. NGS second generation ASCII and binary orbit formats and associated interpolation studies [M]. Permanent satellite tracking networks for geodesy and geodynamics. Springer Berlin Heidelberg, 1993: 177-186.
[66] Romero I, Dow J M, Zandbergen R, et al. The ESA/ESOC IGS Analysis Center Report 2002 [R]. IGS 2001-2002 Technical Report, 53-58, IGS Central Bureau, JPL-Publication, 2004.
[67] Rothacher M, Schaer S, Mervart L, et al. Determination of antenna phase center variations using GPS data[C]. G. Gendt, G. Dick (Hg.): Special Topics and New Directions, 1995 IGS Workshop. Potsdam. 1995: 205-220.
[68] Ryan S, Lachapelle G, Cannon ME. DGPS kinematic carrier phase signal simulation analysis in the velocity domain[C]. Proceedings of ION GPS. 1997, 97: 16-19.
[69] Saastamoinen J. Contributions to the theory of atmospheric refraction [J]. Bulletin Géodésique (1946-1975), 1973, 107(1): 13-34.
[70] Scherneck H G. A parametrized solid earth tide model and ocean tide loading effects for global geodetic baseline measurements[J]. Geophysical Journal International, 1991, 106(3): 677-694.

[71] Scherneck H G. Ocean tide loading: Propagation of errors from the ocean tide into loading coefficients[J]. Manuscripta Geodaetica, 1993, 18: 59-71.

[72] Seeber G. Satellite geodesy: foundations, methods, and applications[M]. Walter de Gruyter, 2003.

[73] Smith R W. Department of Defense World Geodetic System 1984: its definition and relationships with local geodetic systems[M]. Defense Mapping Agency, 1987.

[74] Spofford P R, Remondi B W. The national geodetic survey standard GPS format SP3[J]. SP3-a format available from the IGS website: http: //igscb. jpl. nasa. gov/igscb/data/format/sp3_ docu. txt, 1994.

[75] Szarmes M, Ryan S, Lachapelle G, et al. DGPS high accuracy aircraft velocity determination using Doppler measurements [C]. Proceedings of the International Symposium on Kinematic Systems (KIS), Banff, AB, Canada. 1997.

[76] Taylor J, Barnes E. GPS current signal-in-space navigation performance[C]. Proceedings of the 2005 National Technical Meeting of The Institute of Navigation. 2001: 385-393.

[77] Teunissen P J G. On the GPS widelane and its decorrelatingproperty[J]. Journal of Geodesy, 1997, 71(9): 577-587.

[78] Teunissen P J G. Some remarks on GPS ambiguity resolution[J]. Artificial Satellites, 1997, 32(3): 119-130.

[79] Teunissen P J G. The least-squares ambiguity decorrelation adjustment: a method for fast GPS integer ambiguity estimation[J]. Journal of Geodesy, 1995, 70(1-2): 65-82.

[80] Townsend B, Fenton P, Van Dierendonck K, et al. L1 carrier phase multipath error reduction using MEDLL technology[C]//PROCEEDINGS OF ION GPS. INSTITUTE OF NAVIGATION, 1995, 8: 1539-1544.

[81] Townsend B, Fenton P. A practical approach to the reduction of pseudorange multipath errors in a L1 GPS receiver[C]. Proceedings of the 7th International Technical Meeting of the Satellite Division of theInstitute of Navigation, Salt Lake City, UT, USA. 1994.

[82] Undertaking G J. Galileo open service, signal in space interface control document (OS SIS ICD)[J]. Draft 0, 19th May, 2006.

[83] Van Dam T M, Wahr J M. Displacements of the Earth's surface due to atmospheric loading: Effects on gravity and baseline measurements [J]. Journal of Geophysical Research: Solid Earth (1978—2012), 1987, 92(B2): 1281-1286.

[84] Vandam T M, Blewitt G, Heflin M B. Atmospheric pressure loading effects on Global Positioning System coordinate determinations[J]. Journal of Geophysical Research: Solid Earth (1978—2012), 1994, 99(B12): 23939-23950.

[85] Vey S, Calais E, Llubes M, et al. GPS measurements of ocean loading and its impact on zenith tropospheric delay estimates: a case study in Brittany, France [J]. Journal of Geodesy, 2002, 76(8): 419-427.

[86] Wahr J M. The forced nutations of an elliptical, rotating, elastic and oceanless Earth[J]. Geophysical Journal International, 1981, 64(3): 705-727.

[87] Wang M, Gao Y. An investigation on GPS receiver initial phase bias and its determination [C]. Proceedings of the 2007 National Technical Meeting of The Institute of Navigation. 2001: 873-880.

[88] Wei M, Schwarz K P. Analysis of GPS-derived acceleration from airborne tests [C]. International Association of Geodesy Symposium G. 1995, 4.

[89] Werner Gurtner. RINEX: The Receiver Independent Exchange Format Version 2.10[OL]. ftp://igscb. jpl. nasa. gov/pub/data/format/rinex210. txt, 2007.

[90] Witchayangkoon B. Elements of GPS precise point positioning[D]. University of New Brunswick, 2000.

[91] Wu J T, Wu S C, Hajj G A, et al. Effects of antenna orientation on GPS carrier phase[J]. Manuscripta Geodaetica, 1993, 18: 91-91.

[92] WübbenaG, Schmitz M, Menge F, et al. Automated absolute field calibration of GPS antennas in real-time[C]. Proceedings ION GPS. 2000: 2512-2522.

[93] Wübbena G. Software developments for geodetic positioning with GPS using TI-4100 code and carrier measurements[C]. Proceedings of the First International Symposium on Precise Positioning with the Global Positioning System. [sl]: [sn], 1985, 19.

[94] Zhu S Y, Groten E. Relativistic effects in GPS[M]. GPS-Techniques Applied to Geodesy and Surveying. Springer Berlin Heidelberg, 1988: 41-46.

[95] Zumberge J F, Heflin M B, Jefferson D C, et al. Precise point positioning for the efficient and robust analysis of GPS data from large networks[J]. Journal of Geophysical Research: Solid Earth (1978—2012), 1997, 102(B3): 5005-5017.

[96] 伯恩哈德·霍夫曼-韦伦霍夫(Hofmann-Wellenhof), 利希特内格尔(Lichtenegger), 瓦斯勒(Wasle)著, 程鹏飞等译. 全球卫星导航系统(GPS GLONASS Galileo 及其他系统)[M]. 北京: 测绘出版社, 2009, 08: 246-298.

[97] 蔡昌盛. GPS/GLONASS 组合精密单点定位理论与方法[D]. 徐州: 中国矿业大学, 2010.

[98] 陈俊勇. 差分 GPS 实时定位技术概论[J], 1996.

[99] 葛奎, 王解先. GLONASS 卫星位置计算与程序实现[J]. 测绘与空间地理信息, 2009, 32(2): 137-140

[100] 葛茂荣. GPS 卫星精密定轨理论及软件研究[D]. 湖北: 武汉测绘科技大学, 1995.

[101] 何海波. 高精度 GPS 动态测量及质量控制[D]. 郑州: 中国人民解放军信息工程大学, 2002.

[102] 胡松杰. GPS 和 GLONASS 广播星历参数分析及算法[J]. 飞行器测控学报, 2005, 24(3): 37-42.

[103] 胡友健, 罗昀, 曾云编. 全球定位系统(GPS)原理与应用[M]. 武汉: 中国地质大学出版社, 2003: 14-34.

[104] 黄丁发, 熊永良, 周乐韬等. GPS 卫星导航定位技术与方法[M]. 北京: 科学出版社, 2009. 06.

[105] 黄丁发，周乐韬，李成钢等. GPS 参考站网络系统理论[M]. 北京：科学出版社，2011.
[106] 黄文彬. GPS 测量原理与方法[M]. 北京：中国水利水电出版社，2010. 04.
[107] 李庆海，崔春芳. 卫星大地测量原理[M]. 北京：测绘出版社，1989.
[108] 李玮，程鹏飞，秘金钟. 基于 PPP 技术的伪距多路径效应分析. 大地测量与地球动力学，2011(3).
[109] 李征航，黄劲松. GPS 测量与数据处理[M]. 武汉：武汉大学出版社，2010.
[110] 李征航，黄劲松编著. GPS 测量与数据处理[M]. 武汉：武汉大学出版社，2005：152-181.
[111] 李征航，张小红. 卫星导航定位新技术及高精度数据处理方法[M]. 武汉：武汉大学出版社，2009.
[112] 刘本培，蔡云龙. 地球科学导论[M]. 北京：高等教育出版社，2000.
[113] 刘大杰，白征东，施一民，沈云中. 大地坐标转换与 GPS 控制网平差计算及软件系统[M]. 上海：同济大学出版社，1997.
[114] 刘大杰，施一民，过静珺. 全球定位系统(GPS)的原理与数据处理[M]. 上海：同济大学出版社，1996.
[115] 刘基余，李征航，王跃虎，桑吉章. 全球定位系统原理及其应用[M]. 北京：测绘出版社，1993.
[116] 刘基余. GPS 卫星导航定位原理与方法[M]. 北京：科学出版社，2005，1.
[117] 刘基余. GPS 卫星导航定位原理与方法[M]. 2003.
[118] 楼益栋. 导航卫星实时精密定轨与钟差确定[D]. 武汉：武汉大学，2008.
[119] 宁津生，陈俊勇，李德仁，刘经南等. 测绘学概论[M]. 武汉：武汉大学出版社，2008.
[120] 沈镜祥等. 空间大地测量[M]. 武汉：中国地质大学出版社，1990.
[121] 唐卫明. 大范围长距离 GNSS 网络 RTK 技术研究及软件实现[D]. 武汉：武汉大学，2006.
[122] 王解先. GPS 精密定位定轨[M]. 上海：同济大学出版社，1997(05)：1-9.
[123] 魏子卿，葛茂荣. GPS 相对定位数学模型[M]. 北京：测绘出版社，1998.
[124] 吴雨航，陈秀万，吴才聪. 电离层延迟修正方法评述[J]. 全球定位系统，2008(02).
[125] 夏林元. GPS 观测值中的多路径效应理论研究及数值结果[D]. 武汉：武汉大学，2001.
[126] 向淑兰，何晓薇，牟奇锋. GPS 电离层延迟 Klobuchar 与 IRI 模型研究[J]. 微计算机信息，2008(16).
[127] 谢世杰，种绍龙，袁铭. 论 GPS 测量中的多径误差[J]. 测绘通报. 2003(05).
[128] 熊介. 椭球大地测量学[M]. 北京：解放军出版社，1989.
[129] 徐绍铨等. GPS 测量原理及应用[M]. 武汉：武汉测绘科技大学出版社，1998.
[130] 许承权. 单频 GPS 精密单点定位算法研究与程序实现[D]. 武汉：武汉大学，2008.

[131] 许其风. GPS 卫星导航与精密定位[M]. 北京：解放军出版社，1989.
[132] 杨元喜，李金龙，王爱兵，徐君毅，何海波，郭海荣，申俊飞，戴弦. 北斗区域卫星导航系统基本导航定位性能初步评估[J]，中国科学：地球科学，2014, 44(1)：72-81.
[133] 杨元喜. 2000 中国大地坐标系[J]. 科学通报，2009, 54(16)：2271-2276.
[134] 叶世榕. GPS 非差相位精密单点定位理论与实现[D]. 武汉：武汉大学，2002.
[135] 袁建平等. 卫星导航原理与应用[M]. 北京：中国宇航出版社，2003.
[136] 袁运斌. 基于 GPS 的电离层监测及延迟改正理论与方法的研究. 武汉：中国科学院测量与地球物理研究，2002.
[137] 张宝成. 利用非组合精密单点定位技术确定斜向电离层总电子含量和站星差分码偏差[J]. 测绘学报，2011：40(4)：447-453.
[138] 张勤，李家权. 全球定位系统(GPS)测量原理及其数据处理基础[M]. 西安：西安地图出版社，2001.
[139] 张勤，李家权等编著. GPS 测量原理及应用[M]. 北京：科学出版社，2005. 08：9-19.
[140] 张绍成. 基于 GPS/GLONASS 集成的 CORS 网络大气建模与 RTK 算法实现[M]. 武汉：武汉大学出版社，2010.
[141] 张双成. 地基 GPS 遥感水汽空间分布技术及其应用的研究[D]. 武汉：武汉大学，2009.
[142] 郑炜，王解光. GPS 卫星预报星历的解码及卫星预报[J]. 工程勘察，2000，(3)：52-55.
[143] 郑祖良. 大地坐标系的建立与统一[M]. 北京：解放军出版社，1993.
[144] 中国卫星导航系统管理办公室. 北斗卫星导航系统发展报告(2.0 版). 2012 年 5 月
[145] 中国卫星导航系统管理办公室. 北斗卫星导航系统空间信号接口控制文件. 公开服务信号 BI1(1.0 版). 2012 年 12 月.
[146] 周忠谟，易杰军，周琪. GPS 卫星测量原理与应用[M]. 北京：测绘出版社，1997.
[147] 朱华统. 常用大地坐标系及其变换[M]. 北京：解放军出版社，1990.
[148] 朱华统. 大地坐标系的建立[M]. 北京：测绘出版社，1986.